高校经典教材同步辅导丛书

物理化学（第五版）同步辅导及习题全解

主 编 边文思 孟祥曦

中国水利水电出版社
www.waterpub.com.cn

内 容 提 要

本书是与天津大学物理化学教研室主编的《物理化学（第五版）》（高等教育出版社出版）一书配套的同步辅导和习题解答辅导书。

本书按教材内容安排全书结构，各章均包括知识点归纳、课后习题全解两部分内容。针对教材各章全部习题给出详细解答，思路清晰、逻辑性强，循序渐进地帮助读者分析并解决问题，内容详尽，简明易懂。

本书可作为高等院校“物理化学”课程的同步辅导，也可作为研究生入学考试的复习资料，还可供相关工程技术人员参考。

图书在版编目（CIP）数据

物理化学（第五版）同步辅导及习题全解 / 边文思，孟祥曦主编. -- 北京 : 中国水利水电出版社，2010.2（2014.12 重印）
（高校经典教材同步辅导丛书）
ISBN 978-7-5084-7162-4

Ⅰ. ①物… Ⅱ. ①边… ②孟… Ⅲ. ①物理化学－高等学校－教学参考资料 Ⅳ. ①O64

中国版本图书馆CIP数据核字(2010)第012281号

策划编辑：杨庆川　责任编辑：杨元泓　加工编辑：杨谷　封面设计：李佳

书　名	高校经典教材同步辅导丛书 **物理化学（第五版）同步辅导及习题全解**
作　者	主　编　边文思　孟祥曦
出版发行	中国水利水电出版社 （北京市海淀区玉渊潭南路 1 号 D 座　100038） 网址：www.waterpub.com.cn E-mail：mchannel@263.net（万水） sales@waterpub.com.cn 电话：（010）68367658（发行部）、82562819（万水）
经　售	北京科水图书销售中心（零售） 电话：（010）88383994、63202643、68545874 全国各地新华书店和相关出版物销售网点
排　版	北京万水电子信息有限公司
印　刷	北京正合鼎业印刷技术有限公司
规　格	170 mm×227mm　16 开本　17 印张　436 千字
版　次	2010 年 1 月第 1 版　2014 年 12 月第 7 次印刷
印　数	35001—39000 册
定　价	22.80 元

前 言

《物理化学》是化学专业重要的课程之一，也是报考该类专业硕士研究生的考试课程。天津大学物理化学教研室编写的《物理化学(第五版)》以体系完整、结构严谨、层次清晰、深入浅出等特点成为这门课程的经典教材，被全国许多院校采用。

为了帮助读者更好地学习这门课程，掌握更多的知识，我们根据多年的教学经验编写了这本与该教材配套的辅导书。本书旨在使广大读者理解基本概念，掌握基本知识，学会基本解题方法、解题技巧，进而提高应试能力。

本书作为辅助性教材，具有较强的针对性、启发性、指导性和补充性。考虑到读者的不同情况，本辅导书以教材内容为依据，对教材的主要内容、基本公式进行了知识点归纳，并对教材的课后习题进行了全面解答。在内容上作了以下安排：

1. 知识点归纳。对每章知识点做了简练概括，梳理了各知识点之间的脉络联系，突出各章的主要定理及重要公式，使读者在各章学习过程中目标明确，有的放矢。

2. 课后习题全解。教材中课后习题丰富、层次多样，许多基础性问题从多个角度帮助学生理解基本概念和基本理论，促其掌握基本解题方法。我们对教材课后的全部习题给出了详细解答。

由于编写时间仓促及编者水平有限，书中不妥之处在所难免，恳请广大读者批评指正。

编　者

2012 年 12 月

目 录

contents

前言

第一章　气体的 *pVT* 关系 …… 1

知识点归纳 …… 1

课后习题全解 …… 3

第二章　热力学第一定律 …… 16

知识点归纳 …… 16

课后习题全解 …… 19

第三章　热力学第二定律 …… 45

知识点归纳 …… 45

课后习题全解 …… 49

第四章　多组分系统热力学 …… 85

知识点归纳 …… 85

课后习题全解 …… 89

第五章　化学平衡 …… 106

知识点归纳 …… 106

课后习题全解 …… 108

第六章　相平衡 …… 127

知识点归纳 …… 127

课后习题全解 …… 130

第七章　电化学 …… 147

知识点归纳 …… 147

目录

contents

课后习题全解 …… 150

第八章　量子力学基础 …… 169

知识点归纳 …… 169

课后习题全解 …… 173

第九章　统计热力学初步 …… 179

知识点归纳 …… 179

课后习题全解 …… 184

第十章　界面现象 …… 198

知识点归纳 …… 198

课后习题全解 …… 201

第十一章　化学动力学 …… 211

知识点归纳 …… 211

课后习题全解 …… 215

第十二章　胶体化学 …… 257

知识点归纳 …… 257

课后习题全解 …… 259

第一章

气体的 pVT 关系

知识点归纳

一、理想气体状态方程

$$pV = (m/M)RT = nRT \tag{1.1}$$

或

$$pV_m = p(V/n) = RT \tag{1.2}$$

式中 p、V、T 及 n 的单位分别为 Pa、m^3、K 及 mol。$V_m = V/n$ 称为气体的摩尔体积，其单位为 $m^3 \cdot mol^{-1}$。$R = 8.314510 J \cdot mol^{-1} \cdot K^{-1}$，称为摩尔气体常数。

此式适用于理想气体，近似地适用于低压下的真实气体。

二、理想气体混合物

1. 理想气体混合物的状态方程

$$pV = nRT = (\sum_B n_B)RT \tag{1.3}$$

$$pV = \frac{m}{M_{mix}}RT \tag{1.4}$$

式中 M_{mix} 为混合物的摩尔质量，其可表示为

$$M_{mix} \stackrel{def}{=\!=} \sum_B y_B M_B \tag{1.5}$$

$$M_{mix} = m/n = \sum_B m_B / \sum_B n_B \tag{1.6}$$

式中 M_B 为混合物中某一组分 B 的摩尔质量。以上两式既适用于各种混合气体，也适用于液态或固态等均相混合系统平均摩尔质量的计算。

2. 道尔顿定律

$$p_B = n_B RT/V = y_B p \tag{1.7}$$

$$p = \sum_{B} p_B \tag{1.8}$$

理想气体混合物中某一组分 B 的分压等于该组分单独存在于混合气体的温度 T 及总体积 V 的条件下所具有的压力。而混合气体的总压即等于各组分单独存在于混合气体的温度、体积条件下产生压力的总和。以上两式适用于理想气体混合系统，也近似适用于低压混合气体。

3. 阿马加定律

$$V_B{}^* = n_B RT/p = y_B V \tag{1.9}$$

$$V = \sum_{B} V_B{}^* \tag{1.10}$$

式中 $V_B{}^*$ 表示理想气体混合物中物质B的分体积，等于纯气体B在混合物的温度及总压条件下所占有的体积。理想气体混合物的体积具有加和性，在相同温度、压力下，混合后的总体积等于混合前各组分的体积之和8。以上两式适用于理想气体混合系统，也近似适用于低压混合气体。

三、临界参数

每种液体都存在有一个特殊的温度，在该温度以上，无论加多大压力，都不可能使气体液化，我们把这个温度称为临界温度，以 T_c 或 t_c 表示。我们将临界温度 T_c 时的饱和蒸气压称为临界压力，以 p_c 表示。在临界温度和临界压力下，物质的摩尔体积称为临界摩尔体积，以 $V_{m,c}$ 表示。临界温度、临界压力下的状态称为临界状态。

四、真实气体状态方程

1. 范德华方程

$$(p + a/V_m^2)(V_m - b) = RT \tag{1.11}$$

或

$$(p + an^2/V^2)(V - nb) = nRT \tag{1.12}$$

上述两式中的 a 和 b 可视为仅与气体种类有关而与温度无关的常数，称为范德华常数。a 的单位为 $Pa \cdot m^6 \cdot mol^{-2}$，$b$ 的单位为 $m^3 \cdot mol^{-1}$。该方程适用于几个兆帕气压范围内实际气体 p、V、T 的计算。

2. 维里方程

$$Z(p,T) = 1 + B'p + C'p^2 + D'p^3 + \cdots \tag{1.13}$$

或

$$Z(V_m,T) = 1 + B/V_m + C/V_m^2 + D/V_m^3 + \cdots \tag{1.14}$$

上述两式中的 Z 均为实际气体的压缩因子。比例常数 B'、C'、D'、…… 的单位分别为 Pa^{-1}、Pa^{-2}、Pa^{-3}、…；比例常数 B、C、D、… 的单位分别为摩尔体积单位$[V_m]$的一次方、二次方、三次方、……。它们依次称为第二、第三、第四 …… 维里系数。这两种大小不等、单位不同的维里系数不仅与气体种类有关，而且还是温度的函数。

该方程所能适用的最高压力一般只有一两个 MPa，仍不能适用于高压范围。

五、对应状态原理及压缩因子

1. 压缩因子的定义式

$$Z \xlongequal{\text{def}} pV/(nRT) = pV_m/(RT) \quad (1.15)$$

压缩因子 Z 是个量纲为 1 的纯数，理想气体的压缩因子恒为 1。一定量实际气体的压缩因子不仅与气体的 T、p 有关，而且还与气体的性质有关。在任意温度下的任意实际气体，当压力趋于零时，压缩因子皆趋于 1。此式适用于纯实际气体或实际气体混合系统在任意 T、p 下压缩因子的计算。

2. 对应状态原理

$$p_r = p/p_c \quad (1.16)$$

$$V_r = V_m/V_{m,c} \quad (1.17)$$

$$T_r = T/T_c \quad (1.18)$$

p_r、V_r、T_r 分别称为对比压力、对比体积和对比温度，又统称为气体的对比参数，三个量的量纲均为 1。各种不同的气体，只要有两个对比参数相同，则第三个对比参数必定（大致）相同，这就是对应状态原理。

课后习题全解

1.1 物质的热膨胀系数 α_V 与等温压缩率 κ_T 的定义如下：

$$\alpha_V = \frac{1}{V}\left(\frac{\partial V}{\partial T}\right)_p \qquad \kappa_T = -\frac{1}{V}\left(\frac{\partial V}{\partial p}\right)_T$$

试导出理想气体的 α_V、κ_T 与压力、温度的关系。

解题过程 理想气体状态方程为

$$pV = nRT \quad ①$$

在等压条件下对式 ① 两边微分，得

$$\left(\frac{\partial V}{\partial T}\right)_p = \frac{nR}{p}$$

在等温条件下对式 ① 两边微分，得

$$\left(\frac{\partial V}{\partial p}\right)_T = -\frac{nRT}{p^2} = -\frac{V}{p}$$

所以 $\alpha_V = \frac{1}{V}\left(\frac{\partial V}{\partial T}\right)_p = \frac{1}{V}\cdot\frac{nR}{p} = \frac{1}{T}$

$$\kappa_T = -\frac{1}{V}\left(\frac{\partial V}{\partial p}\right)_T = -\frac{1}{V}\cdot\left(-\frac{V}{p}\right) = \frac{1}{p}$$

1.2 气柜内储有 121.6kPa、27℃ 的氯乙烯（C_2H_3Cl）气体 300m^3，若以每小时 90kg 的流量输往使用车间，试问储存的气体能用多少小时？

解题过程 压力不高，设气体为理想气体。气柜内氯乙烯气体物质的量为

$$n = \frac{pV}{RT} = \frac{121.6\times10^3\times300}{8.314\,5\times(273.15+27)}\text{mol} = 14\,617.74\text{mol}$$

氯乙烯的摩尔质量为

$$M = [(2\times 12.01 + 3\times 1.008 + 35.45)\times 10^{-3}]\text{kg}\cdot\text{mol}^{-1}$$
$$= 62.494\times 10^{-3}\text{kg}\cdot\text{mol}^{-1}$$

储存的气体能用的时间为

$$t = \frac{14\,617.74\times 62.494\times 10^{-3}}{90}\text{h} = 10.15\text{h}$$

1.3 0℃、101.325kPa 的条件常称为气体的标准状况，试求甲烷在标准状况下的密度。

解题过程 压力不高，可设甲烷为理想气体。甲烷的摩尔质量为 $16.042\times 10^{-3}\text{kg}\cdot\text{mol}^{-1}$，由理想气体状态方程

$$p = \frac{nRT}{V} = \frac{m}{M}\frac{RT}{V} = \frac{\rho RT}{M}$$

得 $$\rho = \frac{pM}{RT} = \frac{101\,325\times 16.042\times 10^{-3}}{8.314\,5\times 273.15}\text{kg}\cdot\text{mol}^{-1} = 0.716\text{kg}\cdot\text{m}^{-3}$$

1.4 一抽成真空的球形容器，质量为 25.000 0g。充以 4℃ 水之后，总质量为 125.000 0g。若改充以 25℃、13.33kPa 的某碳氢化合物气体，则总质量为 25.016 3g。试估算该气体的摩尔质量。水的密度按 $1\text{g}\cdot\text{cm}^{-3}$ 计算。

解题过程 球形容器的体积为

$$V = \frac{125.000\,0 - 25.000\,0}{1}\text{cm}^3 = 100\text{cm}^3 = 10^{-4}\text{m}^3$$

碳氢化合物气体物质的量为

$$n = \frac{pV}{RT} = \frac{13.33\times 10^3\times 10^{-4}}{8.314\,5\times 298.15}\text{mol} = 0.000\,538\text{mol}$$

气体的摩尔质量为

$$M = \frac{m}{n} = \frac{(25.016\,3 - 25.000\,0)\times 10^{-3}}{0.000\,538}\text{kg}\cdot\text{mol}^{-1}$$
$$= 30.31\text{g}\cdot\text{mol}^{-1}$$

1.5 两个容积均为 V 的玻璃球泡之间用细管连接，泡内密封着标准状况下的空气。若将其中一个球加热到 100℃，另一个球维持 0℃，忽略连接细管中的气体，试求该容器内空气的压力。

解题过程 设加热前气体压力为 p，温度为 T。加热后两球的压力仍是相等的，为 p_1，温度分别为 T_1 和 T_2。两个玻璃球泡内空气总的物质的量在加热前后不改变，所以

$$n = \frac{2pV}{RT} = \frac{p_1 V}{RT_1} + \frac{p_1 V}{RT_2}$$

由此解得

$$p_1 = \frac{2pT_1T_2}{T(T_1 + T_2)} = \frac{2\times 101.325\times 273.15\times 373.15}{273.15\times (273.15 + 373.15)}\text{kPa}$$
$$= 117.0\text{kPa}$$

小　结 1.1～1.5 题均考查理想气体状态方程的简单应用。

1.6 0℃ 时氯甲烷(CH_3Cl)气体的密度ρ随压力的变化如表 1-1 所示。试作$\frac{\rho}{p}$-p 图，用外推法求氯甲烷气体的相对分子质量。

表 1-1

p/kPa	101.325	67.550	50.663	33.775	25.331
$\rho/(g\cdot dm^{-3})$	2.307 4	1.526 3	1.140 1	0.757 13	0.566 60

分　析　利用理想气体状态方程 $p=\frac{nRT}{V}$ 来计算。

解题过程　由理想气体状态方程可得

$$p=\frac{nRT}{V}=\frac{m}{M}\cdot\frac{RT}{V}=\frac{\rho RT}{M}$$

实际气体只有当压力趋于零时，上式才成立，所以

$$M=\lim_{p\to 0}\frac{\rho RT}{p}$$

作$\frac{\rho}{p}$-p 图。利用 $p\to 0$ 时的ρ/p 值即可计算出M。由题给数据计算ρ/p 值如表 1-2 所示。

表 1-2

p/kPa	101.325	67.550	50.663	33.775	25.331
$\frac{\rho}{p}/\left(\frac{g\cdot dm^{-3}}{kPa}\right)$	0.022 772	0.022 595	0.022 504	0.022 417	0.022 368

用表 1-2 中的数据作$\frac{\rho}{p}$-p 图(图 1-1)，将直线外推到 $p=0$，得 $\rho/p=0.022\,24\text{g}\cdot\text{dm}^{-3}/\text{kPa}$。

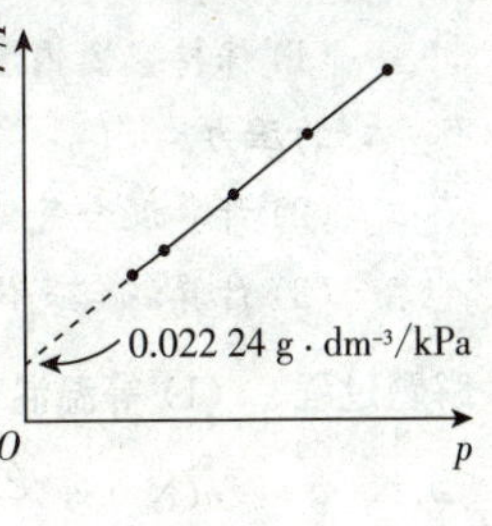

图 1-1

更好的做法是对数据采用最小二乘法求出回归直线方程：

$$\frac{\rho/(g\cdot dm^{-3})}{p/(kPa)}=5.297\,9\times10^{-6}p/(kPa)+0.022\,236$$

由上式求出 $p\to 0$ 时

$$\rho/p=0.022\,236\text{g}\cdot\text{dm}^{-3}/\text{kPa}$$

所以

$$M=\lim_{p\to 0}\left(\frac{\rho RT}{p}\right)$$
$$=(0.022\,236\times 8.314\,5\times 273.15)\text{g}\cdot\text{mol}^{-1}$$
$$=50.50\text{g}\cdot\text{mol}^{-1}$$

1.7 今有 20℃ 的乙烷－丁烷混合气体，充入一抽成真空的 $200cm^3$ 容器中，直至压力达 101.325kPa，测得容器中混合气体的质量为 0.389 7g。试求该混合气体中两种组分的摩尔分数及分压力。

分　析　利用理想气体状态方程 $n=\frac{pV}{RT}$ 及道尔顿分压定律求解。

解题过程　设乙烷和丁烷气体均为理想气体，两种气体总的物质的量为

$$n=\frac{pV}{RT}=\frac{101.325\times 10^{3}\times 200\times 10^{-6}}{8.314\ 5\times 293.15}\mathrm{mol}=0.008\ 314\ 5\mathrm{mol}$$

乙烷的摩尔质量为 $30.07\mathrm{g\cdot mol^{-1}}$，丁烷的摩尔质量为 $58.12\mathrm{g\cdot mol^{-1}}$，则

$$\begin{cases}n(\text{乙烷})+n(\text{丁烷})=0.008\ 314\ 5\mathrm{mol}\\ n(\text{乙烷})\times 30.07\mathrm{g\cdot mol^{-1}}+n(\text{丁烷})\times 58.12\mathrm{g\cdot mol^{-1}}=0.389\ 7\mathrm{g}\end{cases}$$

解以上方程得

$n(\text{乙烷})=0.003\ 335\mathrm{mol}, n(\text{乙烷})=0.004\ 980\mathrm{mol}$

所以

$$y(\text{乙烷})=\frac{n(\text{乙烷})}{n(\text{乙烷})+n(\text{丁烷})}=\frac{0.003\ 335}{0.008\ 314\ 5}=0.401\ 1$$

$$y(\text{丁烷})=\frac{n(\text{丁烷})}{n(\text{乙烷})+n(\text{丁烷})}=\frac{0.004\ 980}{0.008\ 314\ 5}=0.598\ 9$$

$$p(\text{乙烷})=y(\text{乙烷})p=(0.401\ 1\times 101.325)\mathrm{kPa}=40.63\mathrm{kPa}$$

$$p(\text{丁烷})=y(\text{丁烷})p=(0.598\ 9\times 101.325)\mathrm{kPa}=60.69\mathrm{kPa}$$

1.8　如图 1-2 所示，一带隔板的容器中，两侧分别有同温度、不同压力的 H_2 与 N_2，$p(H_2)=20\mathrm{kPa}$，$p(N_2)=10\mathrm{kPa}$，二者均可视为理想气体。

H_2　$3\mathrm{dm^3}$	N_2 $1\mathrm{dm^3}$
$p(H_2)T$	$p(N_2)T$

图 1-2

(1) 保持容器内温度恒定，抽去隔板，且隔板本身的体积可忽略不计，试计算两种气体混合后的压力。

(2) 计算混合气体中 H_2 和 N_2 的分压。

(3) 计算混合气体中 H_2 和 N_2 的分体积。

解题过程　(1) 等温混合前

$$n(N_2)=\frac{p(N_2)V'(N_2)}{RT} \quad ①$$

$$n(H_2)=\frac{p(H_2)V'(H_2)}{RT} \quad ②$$

等温混合后的压力

$$p'=\frac{n_{\text{总}}RT}{V_{\text{总}}}=\frac{[n(H_2)+n(N_2)]RT}{V'(H_2)+V'(N_2)} \quad ③$$

由 ①②③ 式代入数据得

$$p'=\frac{3\times 20+1\times 10}{4}\mathrm{kPa}=17.5\mathrm{kPa}$$

(2) 混合后的分压

$$p'(H_2)=\frac{n(H_2)p'}{n(H_2)+n(N_2)} \quad ④$$

由①②③④式代入数据可得

$$p'(H_2)=\frac{3\times20\times17.5}{3\times20+1\times10}\text{kPa}=15.0\text{kPa}$$

$$p'(N_2)=\frac{n(N_2)p'}{n(H_2)+n(N_2)} \quad ⑤$$

由①②③⑤代入数据可得

$$p'(N_2)=\frac{1\times10\times17.5}{3\times20+1\times10}\text{kPa}=2.5\text{kPa}$$

(3) 混合后的分体积

$$V(H_2)=\frac{n(H_2)V}{n(H_2)+n(N_2)} \quad ⑥$$

由①②⑥得

$$V(H_2)=\frac{3\times20\times4}{3\times20+1\times10}\text{dm}^3=3.43\text{dm}^3$$

$$V(N_2)=\frac{n(N_2)V}{n(H_2)+n(N_2)} \quad ⑦$$

由①②⑦得

$$V(N_2)=\frac{1\times10\times4}{3\times20+1\times10}\text{dm}^3=0.57\text{dm}^3$$

1.9 氯乙烯、氯化氢及乙烯组成的混合气体中，各组分的摩尔分数分别为0.89、0.09及0.02。于恒定压力101.325kPa下，用水吸收其中的氯化氢，所得混合气体中增加了分压力为2.670kPa的水蒸气。试求洗涤后的混合气体中C_2H_3Cl及C_2H_4的分压力。

解题过程 洗涤后的混合气体的总压力为101.325kPa，C_2H_3Cl及C_2H_4的分压力之和为

$$p=p(总)-p(H_2O)=(101.325-2.670)\text{kPa}=98.655\text{kPa}$$

$$p=(C_2H_3Cl)=y(C_2H_3Cl)p=\left(\frac{0.89}{0.89+0.02}\times98.655\right)\text{kPa}=96.487\text{kPa}$$

$$p=(C_2H_4)=y(C_2H_4)p=\left(\frac{0.02}{0.89+0.02}\times98.655\right)\text{kPa}=2.168\text{kPa}$$

1.10 室温下一高压釜内有常压的空气。为确保实验安全，采用同样温度的纯氮进行置换，步骤如下：向釜内通氮直到4倍于空气的压力，然后将釜内混合气体排出直至恢复常压。重复三次。求釜内最后排气至恢复常压时其中气体含氧的摩尔分数。设空气中氧、氮摩尔分数之比为1∶4。

解题过程 温度一定时，每次充氮气前后，氧的分压保持不变。每次排气前后，氧的摩尔分数保持不变。置换前氧的摩尔分数 $y_0=0.2$。第一次充气后氧的摩尔分数为

$$y_1=\frac{y_0p_0}{4p_0}=y_0\left(\frac{p_0}{4p_0}\right)$$

第一次放气后氧的分压力

$$p_1=y_1p_0=y_0\left(\frac{p_0}{4p_0}\right)p_0$$

第二次充气后氧的摩尔分数为

$$y_2=\frac{p_1}{4p_0}=y_0\left(\frac{p_0}{4p_0}\right)^2$$

第二次放气后氧的分压力

$$p_2=y_2p_0=y_0\left(\frac{p_0}{4p_0}\right)^2p_0$$

第三次充气后氧的摩尔分数为

$$y_3=\frac{p_2}{4p_0}=y_0\left(\frac{p_0}{4p_0}\right)^3$$

由以上推导可知,经 n 次置换后,氧的摩尔分数为

$$y_n=y_0\left(\frac{p_0}{4p_0}\right)^n$$

所以重复三次后氧的摩尔分数为

$$y_3=0.2\times\left(\frac{1}{4}\right)^3=0.003\ 125\approx0.313\%$$

小　结　1.6～1.10 题均使用了分压定律。

1.11　25℃ 时饱和了水蒸气的湿乙炔气(即该混合气体中水蒸气分压为同温度下水的饱和蒸气压)总压为 138.7kPa,于恒定总压下冷却到 10℃,使部分水蒸气凝结为水。试求每摩尔干乙炔气在该冷却过程中凝结出水的物质的量。已知 25℃ 及 10℃ 时水的饱和蒸气压分别为 3.17kPa 和 1.23kPa。

解题过程　由题意知 25℃ 及 10℃ 时各物理量如下:

$$\boxed{\begin{aligned}&n(C_2H_2)=1\text{mol}\\&T=298.15\text{K}\\&p=138.7\text{kPa}\\&p_1(H_2O)=3.17\text{kPa}\end{aligned}}\longrightarrow\boxed{\begin{aligned}&n(C_2H_2)=1\text{mol}\\&T=283.15\text{K}\\&p=138.7\text{kPa}\\&p_2(H_2O)=1.23\text{kPa}\end{aligned}}$$

假设混合气体为理想气体,则有

$$\frac{p(H_2O)}{p}=\frac{n(H_2O)}{n(H_2O)+n(C_2H_2)}$$

由此得出

$$n(H_2O)=\frac{p(H_2O)n(C_2H_2)}{p-p(H_2O)}$$

每摩尔干乙炔气在该冷却过程中凝结出水的物质的量为

$$\Delta n(H_2O)=n_1(H_2O)-n_2(H_2O)=\frac{p_1(H_2O)}{p-p_1(H_2O)}-\frac{p_2(H_2O)}{p-p_2(H_2O)}$$

代入数据得

$$\Delta n(H_2O)=\left(\frac{3.17}{138.7-3.17}-\frac{1.23}{138.7-1.23}\right)\text{mol}=0.014\ 4\text{mol}$$

1.12 有某温度下的 $2dm^3$ 湿空气，其压力为 101.325kPa，相对温度为 60%。设空气中 O_2 与 N_2 的体积分数分别为 0.21 与 0.79，求水蒸气、O_2 与 N_2 的分体积。已知该温度下水的饱和蒸气压为20.55kPa（相对湿度即该温度下水蒸气的分压与水的饱和蒸气压之比）。

解题过程 在干空气中

$\varphi(N_2) = 0.79, \varphi(O_2) = 0.21$

在湿空气中

$p(H_2O) = p^*(H_2O) \cdot$ 相对湿度 $= 20.55kPa \times 60\% = 12.33kPa$

水的摩尔分数 $y(H_2O) = p(H_2O)/p = 12.33/101.325 = 0.1217$

O_2 的摩尔分数 $y(O_2) = [1 - y(H_2O)]\varphi(O_2) = (1 - 0.1217) \times 0.21 = 0.1844$

N_2 的摩尔分数 $y(N_2) = [1 - y(H_2O)]\varphi(N_2) = (1 - 0.1217) \times 0.79 = 0.6939$

故水蒸气的分体积 $V(H_2O) = y(H_2O)V = 0.1217 \times 2dm^3 = 0.2434dm^3$

O_2 的分体积 $V(O_2) = y(O_2)V = 0.1844 \times 2dm^3 = 0.3688dm^3$

N_2 的分体积 $V(N_2) = y(N_2)V = 0.6939 \times 2dm^3 = 1.3878dm^3$

1.13 一密闭刚性容器中充满了空气，并有少量水。当容器于 300K 条件下达平衡时，容器内压力为 101.325kPa。若把该容器移至 373.15K 的沸水中，试求容器中到达新的平衡时应有的压力。设容器中始终有水存在，且可忽略水的任何体积变化。300K 时水的饱和蒸气压为 3.567kPa。

分　析 利用分压与总压的关系及理想气体状态方程进行计算。

解题过程 在 300K 条件下达平衡时，容器中空气的分压为

$p(\text{空气}, 300K) = (101.325 - 3.567)kPa = 97.758kPa$

因为容器体积不改变，所以 373.15K 时空气的分压为

$$p(\text{空气}, 373.15K) = \frac{p(\text{空气}, 300K) \times 373.15}{300}kPa$$

$$= \frac{97.758 \times 373.15}{300}kPa = 121.595kPa$$

在 373.15K 时水的蒸气压为 101.325kPa，所以平衡时容器总压力为

$p = (101.325 + 121.595)kPa = 222.92kPa$

1.14 CO_2 气体在 40℃ 时的摩尔体积为 $0.381dm^3 \cdot mol^{-1}$。设 CO_2 为范德华气体，试求其压力，并比较与实验值 5066.3kPa 的相对误差。

分　析 利用范德华方程 $(p + \frac{a}{V_m^2})(V_m - b) = RT$ 进行计算。

解题过程 $CO_2(g)$ 的范德华常数

$a = 0.364Pa \cdot m^6 \cdot mol^{-2}$

$b = 4.267 \times 10^{-5}m^3 \cdot mol^{-1}$

由范德华方程 $(p + \frac{a}{V_m^2})(V_m - b) = RT$ 得

$$p = \frac{RT}{V_m - b}) - \frac{a}{V_m^2} = \left[\frac{8.314 \times 313.15}{0.381 \times 10^{-3} - 4.267 \times 10^{-5}} - \frac{0.364}{(0.381 \times 10^{-3})^2}\right]Pa$$

$= 5\ 187.7\text{kPa}$

与实验值的相对误差为

$$\frac{5\ 187.7-5\ 066.3}{5\ 066.3}\times 100\% = 2.4\%$$

1.15 今有0℃、40 530kPa的N_2气体，分别用理想气体状态方程及范德华方程计算其摩尔体积。实验值为$70.3\text{cm}^3\cdot\text{mol}^{-1}$。

分　析　利用理想气体状态方程$pV=nRT$和范德华方程$(p+\frac{a}{V_m^2})(V_m-b)=RT$进行求解。

解题过程　用理想气体状态方程计算：

$$V_m=\frac{RT}{p}=\frac{8.314\ 5\times 273.15}{40\ 530\times 10^3}\text{m}^3\cdot\text{mol}^{-1}$$

$$=5.603\times 10^{-5}\text{m}^3\cdot\text{mol}^{-1}=56.03\text{cm}^3\cdot\text{mol}^{-1}$$

用范德华方程计算：先将范德华方程改写为

$$V_m^3-(b+\frac{RT}{p})V_m^2+\frac{aV_m}{p}-\frac{ab}{p}=0$$

将$N_2(g)$的范德华常数$a=0.140\ 8\text{Pa}\cdot\text{m}^6\cdot\text{mol}^{-2}$，$b=3.913\times 10^{-5}\text{m}^3\cdot\text{mol}^{-1}$及$T=273.15\text{K}$，$p=40\ 530\times 10^3\text{Pa}$代入上式，利用一些数学软件(如Matlab)即可求出上述三次方程的解为

$$V_m=73.08\times 10^{-6}\text{m}^3\cdot\text{mol}^{-1}=73.08\text{cm}^3\cdot\text{mol}^{-1}$$

也可将范德华方程改写为

$$V_m=\frac{RT}{p+a/V_m^2}+b$$

用迭代法计算。先将理想气体状态方程的计算值$V_m=56.03\times 10^{-6}\text{m}^3\cdot\text{mol}^{-1}$作初值，代入上式右边计算得$V_m^1=65.73\times 10^{-6}\text{m}^3\cdot\text{mol}^{-1}$，再将此值代入上式右边计算，又得$V_m^2=70.19\times 10^{-6}\text{m}^3\cdot\text{mol}^{-1}$，反复迭代，经过9次迭代计算得$V_m^9=73.08\times 10^{-6}\text{m}^3\cdot\text{mol}^{-1}$。

1.16 函数$1/(1-x)$在$(-1,1)$区间内可用下述幂级数表示：

$$1/(1-x)=1+x+x^2+x^3+\cdots$$

将范德华方程整理成

$$p=\frac{RT}{V_m}\left(\frac{1}{1-b/V_m}\right)-\frac{a}{V_m^2}$$

试用上述幂级数展开式求证范德华气体的第二、第三维里系数分别为

$$B(T)=b-a/(RT),C(T)=b^2$$

分　析　利用范德华方程$pV=nRT$和维里方程$pV_m=RT\left(1+\frac{B(T)}{V_m}+\frac{C(T)}{V_m^2}+\frac{D(T)}{V_m^3}+\cdots\right)$进行求解。

解题过程　b与V_m都是正数，且$b\ll V_m$，$0<b/V_m<1$，所以

$$\frac{1}{1-b/V_m}=1+\frac{b}{V_m}+\left(\frac{b}{V_m}\right)^2+\left(\frac{b}{V_m}\right)^3+\cdots$$

代入范德华方程，得

$$p=\frac{RT}{V_m}\left[1+\frac{b}{V_m}+\left(\frac{b}{V_m}\right)^2+\left(\frac{b}{V_m}\right)^3+\cdots\right]-\frac{a}{V_m^2}$$

整理上式，得

$$pV_m=RT\left[1+\frac{b-a/(RT)}{V_m}+\left(\frac{b}{V_m}\right)^2+\left(\frac{b}{V_m}\right)^3+\cdots\right]$$

与维里方程

$$pV_m=RT\left[1+\frac{B(T)}{V_m}+\frac{C(T)}{V_m^2}+\frac{D(T)}{V_m^3}+\cdots\right]$$

比较可得

$B(T)=b-a/(RT)$，$C(T)=b^2$

1.17 试由波义尔温度 T_B 的定义式证明范德华气体的 T_B 可表示为

$T_B=a/(bR)$

式中，a、b 为范德华常数。

分　析　根据波义尔温度定义式 $\lim\limits_{p\to 0}\left[\frac{\partial(pV_m)}{\partial p}\right]_{TB}=0$ 和范德华方程 $(p+\frac{a}{V_m^2})(V_m-b)=RT$，并根据复合函数微分法则进行求解。

解题过程　波义尔温度 T_B 的定义式为 $\lim\limits_{p\to 0}\left[\frac{\partial(pV_m)}{\partial p}\right]_{TB}=0$

先将范德华方程改写成 $pV_m=RT\left(\frac{1}{1-b/V_m}\right)-\frac{a}{V_m}$

根据复合函数微分法则对上式求微分，得

$$\lim_{p\to 0}\left[\frac{\partial(pV_m)}{\partial p}\right]_{TB}=\lim_{p\to 0}\left[-\frac{RT_Bb/V_m^2}{(1-b/V_m)^2}+\frac{a}{V_m^2}\right]\left(\frac{\partial V_m}{\partial p}\right)_{TB}=0$$

在波义尔温度下，气体在几百千帕的压力范围内可较好地符合理想气体状态方程，因此，$(\partial V_m/\partial p)_{TB}\neq 0$，所以只有

$$-\frac{RT_Bb/V_m^2}{(1-b/V_m)^2}+\frac{a}{V_m^2}=0$$

由上式解出

$$T_B=\frac{a}{bR}(1-\frac{b}{V_m})^2$$

因为 $b\ll V_m$，$b/V_m\ll 1$，$1-b/V_m\approx 1$

所以 $T_B=\frac{a}{bR}$

小　结　1.14～1.17 题均考查了范德华方程的求解。

1.18 把25℃的氧气充入40dm³的氧气钢瓶中，压力达 202.7×10^2 kPa。试用普遍化压缩因子图求钢瓶中氧气的质量。

分　析　考查对状态原理的理解及压缩因子图的应用。

解题过程　氧气的临界温度 $t_c = -118.57℃$，临界压力 $p_c = 5\,043\text{kPa}$。

对比温度　$T_r = \dfrac{T}{T_c} = \dfrac{298.15}{-118.57 + 273.15} = 1.928\,8$

对比压力　$p_r = \dfrac{p}{p_c} = \dfrac{202.7 \times 10^2}{5\,043} = 4.019\,4$

在压缩因子图 $p_r = 4.2$ 处作一垂线与 $T_r = 1.9$ 线相交，可得出 $Z = 0.9$，于是有

$$n = \frac{pV}{ZRT} = \frac{202.7 \times 10^2 \times 10^3 \times 40 \times 10^{-3}}{0.9 \times 8.314\,5 \times 298.15}\text{mol} = 363.41\text{mol}$$

$$m = nM = (363.41 \times 32 \times 10^{-3})\text{kg} = 11\text{kg}$$

1.19　已知 298.15K 时，乙烷的第二、第三维里系数分别为 $B = -186 \times 10^{-6}\text{m}^3 \cdot \text{mol}^{-1}$ 和 $C = 1.06 \times 10^{-8}\text{m}^2 \cdot \text{mol}^{-1}$，试分别用维里方程和普遍化压缩因子图计算 28.8g 乙烷气体在 298.15K、$1 \times 10^{-3}\text{m}^3$ 容器中的压力值，并与用理想气体状态方程计算的压力值进行比较。

解题过程　乙烷的摩尔体积：

$$V_乙 = \frac{V_容}{n} = \frac{MV_容}{m} = \frac{1 \times 10^{-3} \times 30.07 \times 10^{-3}}{0.028\,8}\text{m}^3 = 1.044 \times 10^{-3}\text{m}^3$$

用维里方程计算乙烷压力值：

$$p_1 = \frac{RT}{V_乙}\left(1 + \frac{B}{V_乙} + \frac{C}{V_m^2}\right)$$

$$= \frac{8.314 \times 298.15}{1.044 \times 10^{-3}}\left[1 + \frac{-186 \times 10^{-6}}{1.044 \times 10^{-3}} + \frac{1.06 \times 10^{-8}}{(1.044 \times 10^{-3})^2}\right]\text{Pa}$$

$$= 1.974 \times 10^3\text{kPa}$$

用普遍化压缩因子图计算：查得：$T_c = 305.32\text{K}$，$p_c = 4.872\text{MPa}$

故

$$Z = \frac{pV_乙}{RT} = \frac{p_c p_r V_乙}{RT} = \frac{4.872 \times 10^6 \times 1.044 \times 10^{-3}}{8.314 \times 298.15} p_r = 205 p_r$$

$$T_r = \frac{T}{T_c} = \frac{298.15}{305.32} = 0.976\,5$$

由该式在普遍化压缩因子图上作 Z-p_r 辅助线如图 1-3 所示。

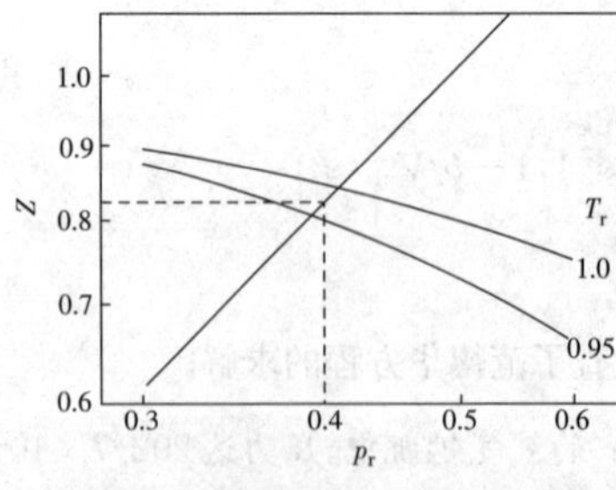

图 1-3

$T_r = 0.9765$ 的 Z-p_r 辅助线与 $Z = 2.05p_r$ 交点坐标为

$$Z = 0.82, p_r = 0.4$$

故乙烷压力 $p_2 = p_r p_c = 1.949 \times 10^3 \text{kPa}$

由理想气体状态方程 $pV = RT$ 得乙烷的压力

$$p_3 = \frac{RT}{V_乙} = \frac{8.314 \times 298.15}{1.044 \times 10^{-3}} \text{Pa} = 2.374 \times 10^3 \text{kPa}$$

p_1、p_2 的值都要小于 p_3。

1.20 已知甲烷在 $p = 14.186\text{MPa}$ 下 $c = 6.02\text{mol} \cdot \text{dm}^{-3}$，试用普遍化压缩因子图求其温度。

解题过程 查得 $p_c = 4.599\text{MPa}$，$T_c = 190.56\text{K}$。

因 $V_m = 1/c$，有

$$Z = \frac{pV_m}{RT} = \frac{pV_m}{RT_c} \times \frac{1}{T_r} = \frac{p}{cRT_c} \times \frac{1}{T_r}$$

$$= \frac{14.186 \times 10^6}{6.02 \times 10^3 \times 8.314 \times 190.56} \times \frac{1}{T_r}$$

$$= \frac{1.487}{T_r}$$

$$p_r = \frac{p}{p_c} = 3.085$$

从压缩因子图查得 $p_r = 3.085$ 时 Z 与 T_r 的关系如表 1-3 所示。

表 1-3

Z	0.64	0.72	0.86	0.94	0.97
T_r	1.3	1.4	1.6	1.8	2.0

将 Z-T_r 关系及 $Z = 1.487/T_r$ 曲线绘在图 1-4 中。

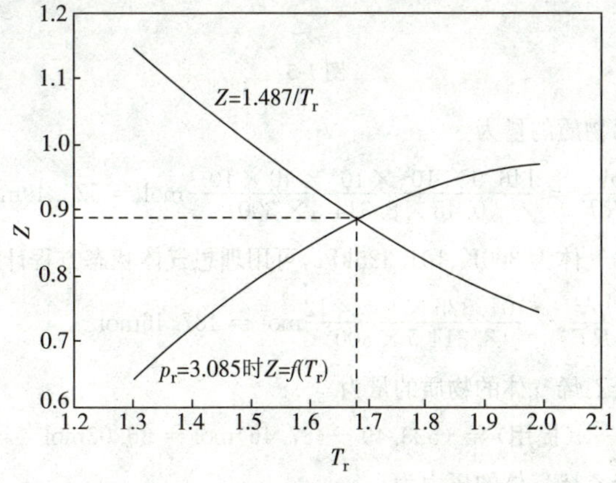

图 1-4

由图 1-4 可得交点坐标 $Z=0.89, T_r=1.67$，由此求得

$T=T_rT_c=1.67\times190.56\text{K}=318.2\text{K}$

1.21 在 300K 时 40dm^3 钢瓶中储存的乙烯的压力为 $146.9\times10^2\text{kPa}$。欲从中提用 300K、101.325kPa 的乙烯气体 12m^3，试用压缩因子图求钢瓶中剩余乙烯气体的压力。

分　析　根据对应状态原理用压缩因子图进行计算。

解题过程　乙烯的临界温度 $t_c=9.19℃$，临界压力 $p_c=5\ 039\text{kPa}$。

对比温度　$T_r=\dfrac{T}{T_c}=\dfrac{300}{9.19+273.15}=1.062\ 5$

对比压力　$p_r=\dfrac{p}{p_c}=\dfrac{146.9\times10^2}{5\ 039}=2.915$

在压缩因子图（图 1-5）$p_r=2.92$ 处作一直线与 $T_r=1.06$ 线相交，可得出 $Z=0.45$

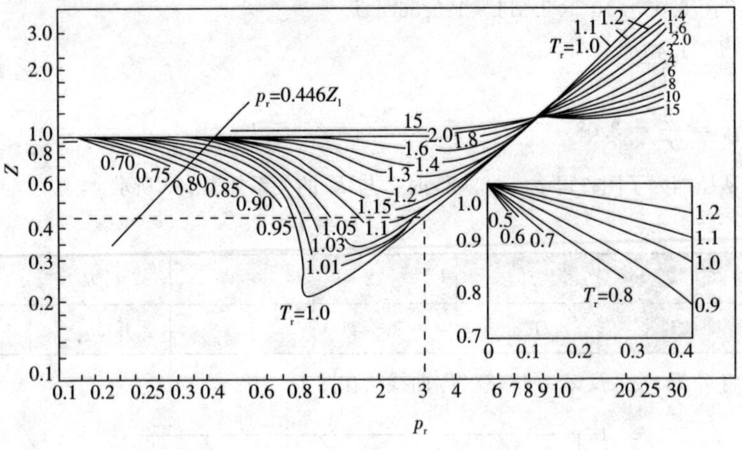

图 1-5

钢瓶中乙烯物质的量为

$$n(\text{总})=\frac{pV}{ZRT}=\frac{146.9\times10^2\times10^3\times40\times10^{-3}}{0.45\times8.314\ 5\times300}\text{mol}=523.49\text{mol}$$

提用的乙烯气体为 300K、101.325kPa，可用理想气体状态方程计算：

$$n(\text{提用})=\frac{pV}{RT}=\frac{101.325\times10^3\times12}{8.314\ 5\times300}\text{mol}=487.46\text{mol}$$

钢瓶中剩余乙烯气体的物质的量为

$$n=n(\text{总})-n(\text{提用})=(523.49-487.46)\text{mol}=36.03\text{mol}$$

钢瓶中剩余乙烯气体的压力为

$$p=\frac{Z_1nRT}{V}=Z_1\left(\frac{36.03\times8.314\ 5\times300}{40\times10^{-3}}\right)\text{Pa}=2.247\times10^6Z_1\text{Pa}$$

剩余乙烯气体的对比压力为

$$p_r = \frac{p}{p_c} = \frac{2.247 \times 10^6 Z_1}{5\,039 \times 10^3} = 0.446 Z_1$$

上式表明剩余气体的对比压力与压缩因子成直线关系。在压缩因子图(图 1-5) 上作直线 $p_r = 0.446 Z_1$,与 $T_r = 1.06$ 相交,得到 $Z_1 = 0.88$,所以

$$p = (2.247 \times 10^6 \times 0.88)\text{Pa} = 1\,986\text{kPa}$$

钢瓶中剩余乙烯气体的压力为 1 986kPa。

第二章 热力学第一定律

知识点归纳

一、热力学基本概念

1. 状态函数

状态函数，是指状态所特有的、描述系统状态的宏观物理量，也称为状态性质或状态变量。系统有确定的状态，状态函数就有定值；系统始、终态确定后，状态函数的改变为定值；系统恢复原来状态，状态函数亦恢复到原值。

2. 热力学平衡态

在指定外界条件下，无论系统与环境是否完全隔离，系统各个相的宏观性质均不随时间发生变化，则称系统处于热力学平衡态。热力学平衡须同时满足热平衡($\Delta T = 0$)、力平衡($\Delta p = 0$)、相平衡($\Delta \mu = 0$)和化学平衡($\Delta G = 0$)4 个条件。

二、热力学第一定律的数学表示式

1. $\Delta U = Q + W$ (2.1)

或

$$dU = \delta Q + \delta W = \delta Q - p_{amb} dV + \delta W' \quad (2.2)$$

规定系统吸热为正，放热为负。系统得功为正，对环境做功为负。式中 p_{amb} 为环境的压力，W' 为非体积功。上式适用于封闭系统的一切过程。

2. 体积功的定义和计算

系统体积的变化而引起的系统和环境交换的功称为体积功。其定义式为

$$\delta W = - p_{amb} dV \quad (2.3)$$

(1) 气体向真空膨胀时体积功的计算

$$W = 0 \quad (2.4)$$

(2) 恒外压过程体积功

$$W = -p_{\mathrm{amb}}(V_1 - V_2) = -p_{\mathrm{amb}}\Delta V \tag{2.5}$$

对于理想气体恒压变温过程

$$W = -p\Delta V = -nR\Delta T \tag{2.6}$$

(3) 可逆过程体积功

$$W_{\mathrm{r}} = -\int_{V_1}^{V_2} p\mathrm{d}V \tag{2.7}$$

(4) 理想气体恒温可逆过程体积功

$$W_{\mathrm{r}} = -\int_{V_1}^{V_2} p\mathrm{d}V = -nRT\ln(V_2/V_1) = -nRT\ln(p_1/p_2) \tag{2.8}$$

(5) 可逆相变体积功

$$W_{\mathrm{r}} = -p\Delta V \tag{2.9}$$

三、恒容热、恒压热、焓

1. 焓的定义式

$$H \xlongequal{\mathrm{def}} U + pV \tag{2.10}$$

2. 焓变

(1) $\Delta H = \Delta U + \Delta(pV)$ (2.11)

式中 $\Delta(pV)$ 为 pV 乘积的增量，只有在恒压下 $\Delta(pV) = p(V_2 - V_1)$ 在数值上等于体积功。

(2) $\Delta H = \int_{T_1}^{T_2} nC_{p,\mathrm{m}}\mathrm{d}T$ (2.12)

此式适用于理想气体单纯 pVT 变化的一切过程，或真实气体的恒压变温过程，或纯的液、固态物质压力变化不大的变温过程。

3. 内能变

(1) $\Delta U = Q_V$ (2.13)

式中 Q_V 为恒容热。此式适用于封闭系统，$W' = 0$、$\mathrm{d}V = 0$ 的过程。

(2) $\Delta U = \int_{T_1}^{T_2} nC_{V,\mathrm{m}}\mathrm{d}T = nC_{V,\mathrm{m}}(T_2 - T_1)$ (2.14)

式中 $C_{V,\mathrm{m}}$ 为摩尔定容热容。此式适用于 n、$C_{V,\mathrm{m}}$ 恒定，理想气体单纯 p、V、T 变化的一切过程。

4. 热容

(1) 定义

当一系统由于加给一微小的热量 δQ 而温度升高 $\mathrm{d}T$ 时，$\delta Q/\mathrm{d}T$ 这个量即是热容。

(2) 摩尔定容热容 $C_{V,\mathrm{m}}$

$$C_{V,\mathrm{m}} = \frac{C_V}{n} = \left(\frac{\partial U_{\mathrm{m}}}{\partial T}\right)_V \text{（封闭系统，恒容，}W_{\text{非}} = 0\text{）} \tag{2.15}$$

(3) 摩尔定压热容 $C_{p,\mathrm{m}}$

$$C_{p,\mathrm{m}} = \frac{C_p}{n} = \left(\frac{\partial H_{\mathrm{m}}}{\partial T}\right)_p \text{（封闭系统，恒压，}W_{\text{非}} = 0\text{）} \tag{2.16}$$

(4) $C_{p,\mathrm{m}}$ 与 $C_{V,\mathrm{m}}$ 的关系

系统为理想气体，则有 $$C_{p,\mathrm{m}} - C_{V,\mathrm{m}} = R \tag{2.17}$$

系统为凝聚物质，则有 $$C_{p,\mathrm{m}} - C_{V,\mathrm{m}} \approx 0 \tag{2.18}$$

(5) 热容与温度的关系，通常可以表示成如下的经验式

$$C_{p,\mathrm{m}} = a + bT + cT^2 \tag{2.19}$$

或

$$C_{p,\mathrm{m}} = a + b'T + c'T^{-2} \tag{2.20}$$

式中 a、b、c、b' 及 c' 对指定气体皆为常数，使用这些公式时，要注意所适用的温度范围。

(6) 平均摩尔定压热容 $\overline{C}_{p,\mathrm{m}}$

$$\overline{C}_{p,\mathrm{m}} = \frac{\int_{T_1}^{T_2} C_{p,\mathrm{m}}\mathrm{d}T}{(T_2 - T_1)} \tag{2.21}$$

四、理想气体可逆绝热过程方程

$$(T_2/T_1)^{C_{V,\mathrm{m}}}(V_2/V_1)^R = 1 \tag{2.22}$$

$$(T_2/T_1)^{C_{p,\mathrm{m}}}(p_2/p_1)^{-R} = 1 \tag{2.23}$$

$$(p_2/p_1)(V_2/V_1)^{\gamma} = 1 \tag{2.24}$$

上式中 $\gamma = C_{p,\mathrm{m}}/C_{V,\mathrm{m}}$，称为热容比（以前称为绝热指数），以上三式适用于 $C_{V,\mathrm{m}}$ 为常数，理想气体可逆绝热过程，p、V、T 的计算。

五、反应进度

$$\xi = \Delta n_{\mathrm{B}}/v_{\mathrm{B}} \tag{2.25}$$

上式适用于反应开始时的反应进度为零的情况，$\Delta n_{\mathrm{B}} = n_{\mathrm{B}} - n_{\mathrm{B},0}$，$n_{\mathrm{B},0}$ 为反应前B的物质的量。v_{B} 为B的反应计算数，其量纲为1。ξ 的单位为 mol。

六、热效应的计算

1. 不做非体积功的恒压过程

$$Q_p = \Delta H = \int_{T_1}^{T_2} nC_{p,\mathrm{m}}\mathrm{d}T \tag{2.26}$$

2. 不做非体积功的恒容过程

$$Q_V = \Delta U = \int_{T_1}^{T_2} nC_{V,\mathrm{m}}\mathrm{d}T \tag{2.27}$$

3. 化学反应恒压热效应与恒容热效应关系

$$Q_p - Q_V = (\Delta n)RT \tag{2.28}$$

4. 由标准摩尔生成焓求标准摩尔反应焓变

$$\Delta_{\mathrm{r}} H_{\mathrm{m}}^{\ominus} = \sum_{\mathrm{B}} v_{\mathrm{B}} \Delta_{\mathrm{f}} H_{\mathrm{m}}^{\ominus}(\mathrm{B}) \tag{2.29}$$

5. 由标准摩尔燃烧焓求标准摩尔反应焓变

$$\Delta_{\mathrm{r}} H_{\mathrm{m}}^{\ominus} = -\sum_{\mathrm{B}} v_{\mathrm{B}} \Delta_{\mathrm{c}} H_{\mathrm{m}}^{\ominus}(\mathrm{B}) \tag{2.30}$$

6. $\Delta_r H_m$ 与温度的关系

基希霍夫方程的积分形式

$$\Delta_r H_m^\ominus(T_2) = \Delta_r H_m^\ominus(T_1) + \int_{T_1}^{T_2} \Delta_r C_{p,m}^\ominus(B)\,dT \tag{2.31}$$

基希霍夫方程的微分形式

$$d\Delta_r H_m^\ominus = \Delta_r C_{p,m}^\ominus dT = \sum_B v_B C_{p,m}^\ominus(B) \tag{2.32}$$

七、节流膨胀系数的定义式

$$\mu_{J-T} = (\partial T/\partial p)_H \tag{2.33}$$

μ_{J-T} 又称为焦耳－汤姆逊系数。

课后习题全解

2.1 1mol 理想气体在恒定压力下温度升高 1℃，求过程中系统与环境交换的功。

解题过程 在理想气体的恒压升温过程中，体积功为

$W = -p\Delta V = -nR\Delta T = -1\text{mol} \times 8.315\text{J} \cdot \text{mol}^{-1} \cdot \text{K}^{-1} \times 1\text{K} = -8.315\text{J}$

2.2 1mol 水蒸气(H_2O,g) 在 100℃、101.325kPa 下全部凝结成液态水。求过程的功。

解题过程 水蒸气在 100℃、101.325kPa 下可近似认为是理想气体

$V = \dfrac{nRT}{p}$

水蒸气凝结为水的过程是在水的饱和蒸气压下的一个恒压过程。且相对于水蒸气的体积，液态水的体积可以忽略不计，故

$W = -p\Delta V = -p(0 - V) = -p(0 - \dfrac{nRT}{p})$

$\quad = 1\text{mol} \times 8.315\text{J} \cdot \text{mol}^{-1} \cdot \text{K}^{-1} \times 373.15\text{K} = 3.102\text{kJ}$

2.3 在 25℃ 及恒定压力下，电解 1mol 水(H_2O,l)，求过程的体积功。

$H_2O(l) \xlongequal{\quad} H_2(g) + \frac{1}{2}O_2(g)$

分　析 恒外压过程的体积功 $W = -p\Delta V$。

解题过程 $H_2O(l) \xlongequal{\quad} H_2(g) + \frac{1}{2}O_2(g)$

1mol　　　1mol　　0.5mol

由电解水生成的 O_2、H_2 混合气在 25℃ 时可以看成理想气体，则

$pV = (\sum_B n_B)RT = (1 + 0.5)\text{mol} \times 8.315\text{J} \cdot \text{mol}^{-1} \cdot \text{K}^{-1} \times 298.15\text{K} = 3.718\text{kJ}$

设 1mol 液态水体积可忽略不计，即始态 $V_1 = 0$，令末态气体体积为 V，因此，恒外压过程

的体积功为

$$W = -p\Delta V = -p(V-0) = -pV = -3.718\text{kJ}$$

2.4 系统由相同的始态经过不同途径达到相同的末态。若途径 a 的 $Q_a = 2.078\text{kJ}$，$W_a = -4.157\text{kJ}$；而途径 b 的 $Q_b = -0.692\text{kJ}$，求 W_b。

解题过程　系统热力学能变 $\Delta U = Q + W$ 与途径无关，只与系统的始、末态有关，故

$$\Delta U = W + Q = W_a + Q_a = W_b + Q_b$$

所以 $W_b = W_a + Q_a - Q_b = 2.078\text{kJ} - 4.157\text{kJ} - (-0.692)\text{kJ} = -1.387\text{kJ}$

小　　结　以上 4 题均为热力学第一定律的简单应用。

2.5 始态为 25℃、200kPa 的 5mol 某理想气体，经 a 和 b 两个不同途径到达相同的末态。途径 a 先经绝热膨胀到 −28.57℃、100kPa，步骤的功 $W_a = -5.57\text{kJ}$；再恒容加热到压力为 200kPa 的末态，步骤的热 $Q_a = 25.42\text{kJ}$。途径 b 为恒压加热过程。求途径 b 的 W_b 及 Q_b。

分　　析　系统的热力学能 U 为状态函数，其改变值 ΔU 只与始、末态有关，而与途径无关。

解题过程

状态 1		状态 2		状态 3
$t_1 = 25℃, p_1 = 200\text{kPa}$ $V_1, n = 5\text{mol}$	绝热膨胀 →	$t_2 = -28.57℃$ $p_2 = 100\text{kPa}, V_2$	恒容加热 →	t_3 $p_3 = 200\text{kPa}, V_2$

途径 a

$t_1 = 25℃, p_1 = 200\text{kPa}$ $V_1, n = 5\text{mol}$	恒压加热 →	$t_3, p_3 = 200\text{kPa}$ V_3

途径 b

对于 a 途径

状态 1 → 状态 2，绝热过程，$Q_{a,1} = 0$，$W_{a,1} = -5.57\text{kJ}$

状态 2 → 状态 3，恒容过程，$Q_{a,2} = 25.42\text{kJ}$，$W_{a,2} = 0$

其中，$V_2 = V_3$，所以 $\dfrac{p_2}{p_3} = \dfrac{T_2}{T_3}$

$$T_3 = \frac{p_3}{p_2}T_2 = \frac{200\text{kPa}}{100\text{kPa}} \times (273.15 - 28.57)\text{K} = 489.16\text{K}$$

对于 b 途径，其为恒压过程，故

$$W_b = -p\Delta V = -nR\Delta T = -nR(T_3 - T_1)$$

$$= -5\text{mol} \times 8.315\text{J}\cdot\text{mol}^{-1}\cdot\text{K}^{-1} \times (489.16 - 298.15)\text{K} = -7.940\text{kJ}$$

又因为 $\Delta U = W + Q = W_a + Q_a = Q_b + W_b$

所以　$Q_b = (W_{a,1} + W_{a,2}) + (Q_{a,1} + Q_{a,2}) - W_b$

$$= (-557\text{kJ} + 0) + (0 + 25.42\text{kJ}) - (-7.940\text{kJ}) = 27.790\text{kJ}$$

2.6 4mol 某理想气体，温度升高 20℃，求 $\Delta H - \Delta U$ 的值。

解题过程　对于理想气体 $pV = nRT$

$$\Delta(pV) = nR\Delta T$$

因为 $\Delta H = \Delta U + \Delta(pV)$

所以 $\Delta H - \Delta U = \Delta(pV) = nR\Delta T = 4\text{mol} \times 8.315\text{J} \cdot \text{mol}^{-1} \cdot \text{K}^{-1} \times 20\text{K}$

$= 665.1\text{J}$

2.7 已知水在 25℃ 时密度 $\rho = 997.04\text{kg} \cdot \text{m}^{-3}$，求 1mol 水($H_2O$,l) 在 25℃ 下：

(1) 压力从 100kPa 增加至 200kPa 时的 ΔH。

(2) 压力从 100kPa 增加至 1MPa 时的 ΔH。

假设水的密度不随压力改变，在此压力范围内水的摩尔热力学能近似认为与压力无关。

解题过程 水的摩尔质量 $M = 18.02 \times 10^{-3}\text{kg} \cdot \text{mol}^{-1}$

$$V = \frac{m}{\rho} = \frac{nM}{\rho} = \frac{1\text{mol} \times 18.02 \times 10^{-3}\text{kg} \cdot \text{mol}^{-1}}{997.14\text{kg} \cdot \text{m}^{-3}} = 0.18 \times 10^{-4}\text{m}^3$$

因为在题中的压力范围内水的摩尔热力学能近似认为与压力无关，所以 $\Delta U = 0$。

(1) 由焓变公式得

$$\Delta H = \Delta U + \Delta(pV) = 0 + \Delta p \cdot V = 0 + (200 - 100)\text{kPa} \times 0.18 \times 10^{-4}\text{m}^3 = 1.8\text{J}$$

(2) 同理可得

$$\Delta H = \Delta U + \Delta(pV) = 0 + \Delta p \cdot V = 0 + (1\,000 - 100)\text{kPa} \times 0.18 \times 10^{-4}\text{m}^3 = 16.2\text{J}$$

小　结 以上 2 题考查焓变的计算，焓变的公式：$\Delta H = \Delta U + \Delta(pV)$。

2.8 某理想气体 $C_{V,\text{m}} = \frac{3}{2}R$。今有该气体 5mol 在恒容下温度升高 50℃。求过程的 W、Q、ΔU 和 ΔH。

解题过程 理想气体的恒容升温过程　$W = 0$

$$Q = \Delta U = nC_{V,\text{m}}\Delta T = 5\text{mol} \times \frac{3}{2} \times 8.315\text{J} \cdot \text{mol}^{-1} \cdot \text{K}^{-1} \times 50\text{K} = 3.118\text{kJ}$$

因此可得

$$\Delta H = \Delta U + \Delta(pV) = 3.118\text{kJ} + nR\Delta T$$
$$= 3.118\text{kJ} + 5\text{mol} \times 8.315\text{J} \cdot \text{mol}^{-1} \cdot \text{K}^{-1} \times 50\text{K} = 5.196\text{kJ}$$

2.9 某理想气体 $C_{V,\text{m}} = \frac{5}{2}R$。今有该气体 5mol 在恒容下温度降低 50℃。求过程的 W、Q、ΔU 和 ΔH。

解题过程 理想气体恒压降温过程

$$W = -p\Delta V = -nR\Delta T = -5\text{mol} \times 8.315\text{J} \cdot \text{mol}^{-1} \cdot \text{K}^{-1} \times (-50)\text{K} = 2.079\text{kJ}$$

$$Q = \Delta H = nC_{p,\text{m}}\Delta T = -5\text{mol} \times (\frac{5}{2}R + R) \times (-50)\text{K} = -7.275\text{kJ}$$

$$\Delta U = \Delta H - \Delta(pV) = \Delta H + W = 2.079\text{kJ} - 7.275\text{kJ} = -5.196\text{kJ}$$

2.10 2mol 某理想气体，$C_{p,\text{m}} = 3.5R$。由始态 100kPa、50dm^3，先恒容加热使压力升高至 200kPa，再恒压冷却使体积缩小至 25dm^3。求整个过程的 W、Q、ΔU 和 ΔH。

分　析 恒容过程：$W = 0, Q = \Delta U$；恒压过程：$W = -p\Delta V, Q = \Delta H$。

解题过程　理想气体由始态到末态的途径如下：

$p_1 = 100\text{kPa}, V_1 = 50\text{dm}^3$ T_1	$\xrightarrow[\text{加热}]{\text{恒容}}$	$p_2 = 200\text{kPa}, V_2 = 50\text{dm}^3$ T_2	$\xrightarrow[\text{冷却}]{\text{恒压}}$	$p_3 = p_2, V_3 = 25\text{dm}^3$ T_3
状态 1		状态 2		状态 3

$$T_1 = \frac{p_1V_1}{nR} = \frac{100\text{kPa} \times 50\text{dm}^3}{nR} = \frac{5000\text{kPa} \cdot \text{dm}^3}{nR}$$

$$T_3 = \frac{p_3V_3}{nR} = \frac{p_2V_3}{nR} = \frac{200\text{kPa} \times 25\text{dm}^3}{nR} = \frac{5000\text{kPa} \cdot \text{dm}^3}{nR}$$

所以 $T_1 = T_3$。

因为理想气体的焓 H、热力学能 U 只是温度的函数，与压力、体积无关，所以从始态到末态，$\Delta U = 0$，$\Delta H = 0$，从状态 1 到状态 2，恒容过程

$W_1 = 0$

从状态 2 到状态 3，恒压过程

$W_2 = -p\Delta V = -200 \times 10^3\text{Pa} \times (25 - 50) \times 10^{-3}\text{m}^3 = 5\text{kJ}$

$W = W_1 + W_2 = 0 + 5\text{kJ} = 5\text{kJ}$

因为 $\Delta U = W + Q$，且知 $\Delta U = 0$，所以 $Q = -W = -5\text{kJ}$

2.11　1mol 某理想气体于 27℃、101.325kPa 的始态下，先受某恒定外压恒温压缩至平衡态，再恒容升温至 97.0℃、250.00kPa。求过程的 W、Q、ΔU、ΔH。已知气体的 $C_{V,\text{m}} = 20.92\text{J} \cdot \text{mol}^{-1} \cdot \text{K}^{-1}$。

解题过程　变化过程各物理量如下：

始态		平衡态		终态
$T_1 = 300.15\text{K}$ $p_1 = 101.32\text{kPa}$ V_1	$\longrightarrow$	$T_2 = 300.15\text{K}$ p_2 V_2	$\longrightarrow$	$T_3 = 370.15\text{K}$ $p_3 = 250.00\text{kPa}$ $V_3 = V_2$

由题意知 $n = 1\text{mol}$，平衡态到终态为恒容，故 $V_2 = V_3$　即 $\dfrac{p_2}{T_2} = \dfrac{p_3}{T_3}$

故 $p_2 = \dfrac{p_3T_2}{T_3} = \dfrac{250 \times 300.15}{370.15}\text{kPa} = 202.72\text{kPa}$

由始态到平衡态所做的功

$$\begin{aligned} W_1 &= -p_2(V_2 - V_1) = nRT_1\left(\frac{p_2}{p_1} - 1\right) \\ &= 1 \times 8.315 \times 300.15 \times \left(\frac{202.72}{101.325} - 1\right)\text{J} \\ &= 2.497\text{kJ} \end{aligned}$$

由于 $V_2 = V_3$，故由平衡态到终态所做的功 $W_2 = 0$

因此整个过程的功 $W = W_1 + W_2 = 2.497\text{kJ}$

$$\begin{aligned} \Delta H &= nC_{p,\text{m}}(T_3 - T_1) = n(C_{V,\text{m}} + R)(T_3 - T_1) \\ &= 1 \times (20.92 + 8.315) \times (370.15 - 300.15) = 2.046\text{kJ} \end{aligned}$$

$$\Delta U = nC_{V,m}(T_3 - T_1) = 1 \times 20.92 \times (370.15 - 300.15)\text{J} = 1.4641\text{kJ}$$

$$Q = \Delta U - W = (1.4641 - 2.497)\text{kJ} = -1.033\text{kJ}$$

2.12 已知 $CO_2(g)$ 的摩尔定压热容

$$C_{p,m} = [26.75 + 42.258 \times 10^{-3}(T/\text{K}) - 14.25 \times 10^{-6}(T/\text{K})^2]\text{J} \cdot \text{mol}^{-1} \cdot \text{K}^{-1}$$

(1) 求 300 ~ 800K 间 $CO_2(g)$ 的平均摩尔定压热容 $\bar{C}_{p,m}$。

(2) 求 1kg 常压下的 $CO_2(g)$ 从 300K 恒压加热至 800K 时所需要的热量 Q。

解题过程 (1) 由定义可知：

$$\text{平均摩尔定压热容 } \bar{C}_{p,m} = \frac{\int_{T_1}^{T_2} C_{p,m}\text{d}T}{T_2 - T_1}$$

由题意知：$\bar{C}_{p,m} = [26.75 + 42.258 \times 10^{-3}(T/K) - 14.25 \times 10^{-6}(T/K)^2]$

故

$$\bar{C}_{p,m} = \frac{26.75 \times (800 - 300) + 42.258 \times 10^{-3} \times \dfrac{800^2 - 300^2}{2} - 14.25 \times 10^{-6} \times \dfrac{800^3 - 300^3}{3}}{800 - 300}\text{J} \cdot \text{mol}^{-1} \cdot \text{K}^{-1}$$

$$= 45.38\text{J} \cdot \text{mol}^{-1} \cdot \text{K}^{-1}$$

(2)CO_2 的物质的量

$$n = \frac{m}{M} = \frac{10^3}{44.01}\text{mol} = 22.72\text{mol}$$

由 300K 到 800K 为恒压过程，故

$$Q = n\bar{C}_{p,m}(T_2 - T_1) = [22.72 \times 45.38 \times (800 - 300)]\text{J} = 515.5\text{kJ}$$

2.13 已知 20℃ 液态乙醇(C_2H_5OH,l)的体膨胀系数 $\alpha_V = 1.12 \times 10^{-3}\text{K}^{-1}$，等温压缩率 $k_T = 1.11 \times 10^{-9}\text{Pa}^{-1}$，密度 $\rho = 0.7893\text{g} \cdot \text{cm}^{-3}$，摩尔定压热容 $C_{p,m} = 114.30\text{J} \cdot \text{mol}^{-1} \cdot \text{K}^{-1}$。求 20℃ 液态乙醇的 $C_{V,m}$。

解题过程 乙醇的摩尔质量为 $46.07\text{g} \cdot \text{mol}^{-1}$

$$V_m = \frac{V}{n} = \frac{V}{m/M} = \frac{MV}{m} = \frac{M}{\rho}$$

$$V_{m(\text{乙醇})} = \frac{46.07\text{g} \cdot \text{mol}^{-1}}{0.7893 \times 10^6\text{g} \cdot \text{m}^{-3}} = 5.837 \times 10^{-5}\text{m}^3 \cdot \text{mol}^{-1}$$

因为 $C_{p,m} - C_{V,m} = TV_m\alpha_V^2/\kappa_T$

所以

$$C_{V,m} = C_{p,m} - TV_m\alpha_V^2/\kappa_T$$

$$= 114.30\text{J} \cdot \text{mol}^{-1} \cdot \text{K}^{-1} - \frac{293.15\text{K} \times 5.837 \times 10^{-5}\text{m}^3 \cdot \text{mol}^{-1} \times (1.12 \times 10^{-3}\text{K}^{-1})^2}{1.11 \times 10^{-9}\text{Pa}^{-1}}$$

$$= 94.96\text{J} \cdot \text{mol}^{-1} \cdot \text{K}^{-1}$$

2.14 容积为 $27m^3$ 的绝热容器中有一个小加热器件，器壁上有一小孔与 100kPa 的大气相通，以维持容器内空气的压力恒定。今利用加热器件使容器内的空气由 0℃ 加热至 20℃，问需要供给容器内的空气多少热量？已知空气的 $C_{V,m}=20.4J\cdot mol^{-1}\cdot K^{-1}$。假设空气为理想气体，加热过程中容器内空气的温度均匀。

解题过程 因为器壁上有一小孔与 100kPa 的大气相通，则加热器件加热时是一个恒压加热排气过程。计算时不考虑加热器件及容器内壁的热容量。

空气为理想气体 $n=pV/(RT)$，恒压加热时 T 变大，n 变小，所需要的热量为

$$Q=\Delta H=\int_{T_1}^{T_2} nC_{p,m}\mathrm{d}T=\int_{T_1}^{T_2}\frac{pV}{RT}C_{p,m}\mathrm{d}T=\frac{pV}{R}(C_{V,m}+R)\ln\frac{T_2}{T_1}$$

$$=\frac{100\times10^3\,Pa\times27m^3}{8.315J\cdot mol^{-1}\cdot K^{-1}}\times(20.4+8.315)J\cdot mol^{-1}\cdot K^{-1}\times\ln\frac{293.15K}{273.15K}$$

$$=658.9kJ$$

2.15 容积为 $0.1m^3$ 的恒容密闭容器中有一绝热隔板，其两侧分别 0℃、4mol 的 Ar(g) 及 150℃、2mol 的 Cu(s)。现将隔板撤掉，整个系统达到热平衡，求末态温度 t 及过程的 ΔH。

已知：Ar(g) 和 Cu(s) 的摩尔定压热容 $C_{p,m}$ 分别为 $20.786J\cdot mol^{-1}\cdot K^{-1}$ 和 $24.435J\cdot mol^{-1}\cdot K^{-1}$，且假设均不随温度变化。

解题过程 $\Delta U[Ar(g)]=nC_{V,m}\Delta T=4mol\times(20.786-8.315)J\cdot mol^{-1}\cdot K^{-1}\times(t-0℃)$

$=49.884t$

因为 Cu(s) 为固态，整个过程中压力变化不大，体积变化也不大，$\Delta(pV)=0$

所以 $\Delta U[Cu(s)]=\Delta H[Cu(s)]=nC_{p,m}\Delta T$

$=2mol\times24.435J\cdot mol^{-1}\cdot K^{-1}\times(t-150K)=48.87(t-150)$

因为整个过程在恒容密封容器中进行，即是恒容、绝热的过程。

所以 $W=0, Q=0$

$\Delta U=\Delta U[Ar(g)]+\Delta U[Cu(s)]=0$

则 $49.884t+48.87(t-150)=0$

$t=74.23℃$

$\Delta H=\Delta H[Ar(g)]+\Delta H[Cu(s)]=nC_{p,m}\Delta T+48.87(t-150)$

$=[4\times20.786\times74.23+48.87\times(74.23-150)]J=2.47kJ$

2.16 水煤气发生炉出口的水煤气的温度是 1100℃，其中 CO(g) 和 $H_2(g)$ 的摩尔分数均为 0.5。若每小时有 300kg 的水煤气由 1100℃ 冷却到 100℃，并用所回收的热来加热水，使水温由 25℃ 升高到 75℃。求每小时生产热水的质量。

CO(g) 和 $H_2(g)$ 的摩尔定压热容 $C_{p,m}$ 与温度的函数关系查教材附录，水(H_2O,l) 的定压热容 $c_p=4.184J\cdot g^{-1}\cdot K^{-1}$。

分　析 理想气体混合物的定压摩尔热容 $C_{p,m}(mix)=\sum_B y(B)C_{p,m}(B)$，以及恒压过程 $Q=\Delta H$。

解题过程 由教材附录查得

$$C_{p,m}(H_2) = [26.88 + 4.347\times10^{-3}T/K - 0.3265\times10^{-6}(T/K)^2]J\cdot K^{-1}\cdot mol^{-1}$$

$$C_{p,m}(CO) = [26.537 + 7.6831\times10^{-3}T/K - 1.172\times10^{-6}(T/K)^2]J\cdot K^{-1}\cdot mol^{-1}$$

水煤气的定压摩尔热容为

$$C_{p,m} = y(H_2)C_{p,m}(H_2) + y(CO)C_{p,m}(CO)$$
$$= [26.709 + 6.015\times10^{-3}T/K - 0.7493\times10^{-6}(T/K)^2]J\cdot K^{-1}\cdot mol^{-1}$$

$$M(H_2) = 2.016\times10^{-3}kg\cdot mol^{-1}$$

$$M(CO) = 28.01\times10^{-3}kg\cdot mol^{-1}$$

300kg 水煤气的物质的量为

$$n = \frac{m}{M} = \frac{300kg}{0.5M(H_2) + 0.5M(CO)} = 19.983\times10^3 mol$$

每小时 300kg 水煤气恒压降温过程的热为

$$Q_p = \Delta H = \int_{T_2}^{T_1} nC_{p,m}dT = -n\times[a(T_2 - T_1) + b(T_2^2 - T_1^2)/2 + c(T_2^3 - T_1^3)/3]$$

$$= -\{19.983\times10^3\times[26.709\times1000 + \frac{6.015\times10^{-3}\times(1373.15^2 - 373.15^2)}{2} - \frac{0.7493\times10^{-6}\times(1373.15^3 - 373.5^3)}{3}]\}J$$

$$= -6.26\times10^5 kJ$$

其中 $T_1 = 373.15K, T_2 = 1373.15K$

每小时生产 75℃ 热水的质量为

$$m = \frac{-Q_p}{c_{p(水)}\Delta t} = \frac{6.26\times10^5 kJ}{4.184J\cdot g\cdot K^{-1}\times(75-25)K} = 2.99\times10^3 kg$$

小　结 理想气体混合物的定压摩尔热容与恒压变化过程是常考查的知识点，同学们应当掌握。

2.17 单原子理想气体 A 与双原子理想气体 B 的混合物共 5mol，摩尔分数 $y_B = 0.4$，始态温度 $T_1 = 400K$，压力 $p_1 = 200kPa$。今该混合气体绝热抗恒外压 $p = 100kPa$ 膨胀到平衡态。求末态温度 T_2 及过程的 W、ΔU、ΔH。

分　析 理想气体热力学能变 $\Delta U = nC_{V,m}\Delta T$ 以及焓变 $\Delta H = nC_{p,m}\Delta T$。

解题过程 整个过程为绝热、恒压过程

$$W = -p\Delta V = -p(\frac{nRT_2}{p} - \frac{nRT_1}{p_1}) = -nR(T_2 - 0.5T_1)$$

对于理想气体

$$\Delta U = nC_{V,m}\Delta T = n[y(A)C_{V,m}(A) + y(B)C_{V,m}(B)]\Delta T$$
$$= n(0.6\times\frac{3}{2}R + 0.4\times\frac{5}{2}R)(T_2 - T_1) = 1.9nR(T_2 - T_1)$$

因为整个过程为绝热抗恒外压，为不可逆的绝热过程，所以

$$\Delta U = W + Q = W$$

$$1.9nR(T_2 - T_1) = -nR(T_2 - 0.5T_1)$$

由上式可得

$1.9(T_2/\mathrm{K}-400)=-(T_2/\mathrm{K}-0.5\times400),T_2=331.03\mathrm{K}$

$\Delta U=W=1.9nR(T_2-T_1)=1.9\times5\mathrm{mol}\times8.315\mathrm{J\cdot mol^{-1}\cdot K^{-1}}\times(331.03-400)\mathrm{K}$

$=-5.448\mathrm{kJ}$

$\Delta H=nC_{p,\mathrm{m}}\Delta T=5\mathrm{mol}\times(0.6\times\frac{5}{2}R+0.4\times\frac{7}{2}R)\times(331.04-400)\mathrm{K}$

$=-8.315\mathrm{kJ}$

小　结　2.13～2.17 题涉及热容的计算及应用。

2.18 在一带活塞的绝热容器中有一绝热隔板,隔板的两侧分别为 2mol、0℃ 的单原子理想气体 A 及 5mol、100℃ 的双原子理想气体 B,两气体的压力均为 100kPa。活塞外的压力维持 100kPa 不变。今将容器内的绝热隔板撤去,使两种气体混合达到平衡态。求末态的温度 T 及过程的 W 和 ΔU。

解题过程　整个过程为绝热、恒压过程,所以 $Q=0$。

即　$Q=Q_A+Q_B=\Delta H(\mathrm{A})+\Delta H(\mathrm{B})=0$

$n_AC_{p,\mathrm{m}}(\mathrm{A})(T/\mathrm{K}-273.15)+n_BC_{p,\mathrm{m}}(\mathrm{B})(T/\mathrm{K}-373.15)=0$

得　$2\mathrm{mol}\times\frac{5}{2}R\times(T-273.15)\mathrm{K}+5\mathrm{mol}\times\frac{7}{2}R\times(T-373.15)\mathrm{K}=0$

所以 $T=350.93\mathrm{K}$

$\Delta U=W+Q=0+W=n_AC_{V,\mathrm{m}}(\mathrm{A})\Delta T(\mathrm{A})+n_BC_{V,\mathrm{m}}(\mathrm{B})\Delta T(\mathrm{B})$

$=2\mathrm{mol}\times\frac{3}{2}R\times(35.93-273.15)\mathrm{K}+5\mathrm{mol}\times\frac{5}{2}R\times(350.93-373.15)\mathrm{K}$

$=-369.5\mathrm{J}$

2.19 在一带活塞的绝热容器中有一固定的绝热隔板。隔板靠活塞一侧为 2mol、0℃ 的单原子理想气体 A,压力与恒定的环境压力相等;隔板的另一侧为 6mol、100℃ 的双原子理想气体 B,其体积恒定。今将绝热隔板的绝热层去掉使之变成导热板,求系统达平衡时的 T 及过程的 W、ΔU、ΔH。

解题过程　变化过程各物理量如下:

A	B	→	A	B
$n_A=2\mathrm{mol}$	$n_B=6\mathrm{mol}$		$n_A=2\mathrm{mol}$	$n_B=6\mathrm{mol}$
$T_A=273.15\mathrm{K}$	$T_B=373.15\mathrm{K}$		T	T
p_A	V_B		p_A	V_B

由于容器为绝热容器

故　$Q=0,\Delta U=W+Q=W$　①

又　$W=-p_A\Delta V_A=-p_A\left(\frac{n_ART}{p_A}-\frac{n_ART_{A1}}{p_A}\right)=-n_AR(T-T_{A1})$　②

$\Delta U=n_AC_{V,\mathrm{m}}(\mathrm{A})(T-T_{A1})+n_BC_{V,\mathrm{m}}(\mathrm{B})(T-T_{B1})$　③

由①②③可得

$$T=\frac{n_{\mathrm{A}}RT_{\mathrm{A}}+n_{\mathrm{A}}C_{V,\mathrm{m}}(\mathrm{A})T_{\mathrm{A}}+n_{\mathrm{B}}C_{V,\mathrm{m}}(\mathrm{B})T_{\mathrm{B}}}{n_{\mathrm{A}}R+n_{\mathrm{A}}C_{V,\mathrm{m}}(\mathrm{A})+n_{\mathrm{B}}C_{V,\mathrm{m}}(\mathrm{B})}$$

$$=\frac{2\times 273.15+2\times\frac{3}{2}\times 273.15+6\times\frac{5}{2}\times 373.15}{2\times\frac{3}{2}+6\times\frac{5}{2}+2}\mathrm{K}$$

$$=348.15\mathrm{K}$$

故 $\Delta U=\left[2\times\frac{3}{2}\times 8.315\times(348.15-273.15)+6\times\frac{5}{2}\times 8.315\times(348.15-373.15)\right]\mathrm{J}$

$$=-1.247\mathrm{kJ}$$

所以 $W=\Delta U=-1.247\mathrm{kJ}$

$$\Delta H=n_{\mathrm{A}}C_{p,\mathrm{m}}(\mathrm{A})(T-T_{\mathrm{A1}})+n_{\mathrm{B}}C_{p,\mathrm{m}}(\mathrm{B})(T-T_{\mathrm{B}})$$

$$=-1.247\mathrm{kJ}$$

2.20 已知水(H_2O,l)在100℃的饱和蒸气压 $p^s=101.325\mathrm{kPa}$,在此温度、压力下水的摩尔蒸发焓 $\Delta_{\mathrm{vap}}H_{\mathrm{m}}=40.668\mathrm{kJ\cdot mol^{-1}}$。求在100℃、101.325kPa下使1kg水蒸气全部凝结成液体水时的 Q、W、ΔU 及 ΔH。设水蒸气适用理想气体状态方程。

解题过程 水的摩尔质量为

$$M=18.015\mathrm{g\cdot mol^{-1}}$$

$$n=\frac{m}{M}=\frac{1\,000\mathrm{g}}{18.015\mathrm{g\cdot mol^{-1}}}=55.51\mathrm{mol}$$

恒压凝结过程

$$Q=\Delta H=-n\Delta_{\mathrm{vap}}H_{\mathrm{m}}=-55.51\mathrm{mol}\times 40.668\mathrm{kJ\cdot mol^{-1}}=-2\,257\mathrm{kJ}$$

$$W=-p\Delta V=-p\times\left(0-\frac{nRT}{p}\right)=nRT$$

$$=55.51\mathrm{mol}\times 8.315\mathrm{J\cdot mol^{-1}\cdot K^{-1}}\times 373.15\mathrm{K}=172.2\mathrm{kJ}$$

$$\Delta U=W+Q=-2\,257\mathrm{kJ}+172.2\mathrm{kJ}=-2085\mathrm{kJ}$$

2.21 已知水在100℃、101.325kPa下的摩尔蒸发焓 $\Delta_{\mathrm{vap}}H_{\mathrm{m}}=40.668\mathrm{kJ\cdot mol^{-1}}$,试分别计算下列两过程的 Q、W、ΔU 及 ΔH(水蒸气可按理想气体处理):

(1) 在100℃、101.325kPa条件下,1kg水蒸发为水蒸气。

(2) 在恒定100℃的真空容器中,1kg水全部蒸发为水蒸气,并且水蒸气压力恰好为101.325kPa。

解题过程 (1) 水的物质的量 $n=\frac{m}{M}=\frac{10^3}{18}\mathrm{mol}=55.56\mathrm{mol}$

由于此过程为可逆相变过程,故

$$Q_p=\Delta H=n\Delta_{\mathrm{vap}}H_{\mathrm{m}}=(55.56\times 40.668)\mathrm{kJ}=2\,257\mathrm{kJ}$$

$$W=-p(V_2-V_1)=-nRT=(-55.56\times 8.315\times 373.15)\mathrm{J}=-172.2\mathrm{kJ}$$

$$\Delta U=W+Q_p=(-172.2+2\,257)\mathrm{kJ}=2\,084.8\mathrm{kJ}$$

(2) 由于在恒定真空容器中，故 $W=0$

U、H 为状态函数，只与始、末状态有关，而与变化过程无关

故 $\Delta U = 2084.8\text{kJ} \quad \Delta H = 2\,257\text{kJ}$

$Q = \Delta U - W = \Delta U = 2084.8\text{kJ}$

2.22 在一绝热良好放有15℃、212g金属块的量热计中，于101.325kPa下通过一定量100℃的水蒸气，最后金属块温度达到97.6℃，并有3.91g水凝结在其表面上。求该金属块的平均质量定压热容 $\bar{c}_p$。已知水在100℃、101.325kPa下的摩尔蒸发焓 $\Delta_{vap}H_m = 40.668\text{kJ}\cdot\text{mol}^{-1}$，水的平均摩尔定压热容 $\bar{C}_{p,m} = 75.32\text{J}\cdot\text{mol}^{-1}\cdot\text{K}^{-1}$。

解题过程 设水蒸气为a，金属块为b，开始时水蒸气温度

$T_a = 373.15\text{K}$，金属块 $T_b = 288.15\text{K}$，混合后两者温度均为 $T = 370.75\text{K}$

由于导热计绝热，则 $Q_p = \Delta H = 0$

$$\begin{aligned}\Delta H_a &= n_a(-\Delta_{vap}H_m) + n_a\bar{C}_{p,m}\Delta T \\ &= n_a[\bar{C}_{p,m}\times(T-T_a) - \Delta_{vap}H_m] \\ &= \left\{\frac{3.91}{18.015}[75.32\times(370.75-373.15) - 40.668\times10^3]\right\}\text{J} \\ &= -8865.87\text{J}\end{aligned}$$

$\Delta H_b = m_b\bar{c}_p(T-T_b) = 212\text{g}\times\bar{c}_p\times(370.75-288.15)\text{K}$

又 $\Delta H_b = -\Delta H_a$

故 $\bar{c}_p = \dfrac{\Delta H_a}{212\text{g}\times(370.15\text{K}-288.15\text{K})} = 0.5063\text{J}\cdot\text{g}^{-1}\cdot\text{K}^{-1}$

2.23 已知100kPa下冰的熔点为0℃，此时冰的比熔化焓 $\Delta_{fus}h = 333.3\text{J}\cdot\text{g}^{-1}$。水和冰的平均比定压热容 $\bar{c}_p$ 分别为 $4.184\text{J}\cdot\text{g}^{-1}\cdot\text{K}^{-1}$ 及 $2.000\text{J}\cdot\text{g}^{-1}\cdot\text{K}^{-1}$。今在绝热容器内向1kg、50℃的水中投入0.8kg温度−20℃的冰。求：

(1) 末态的温度。

(2) 末态水和冰的质量。

分　析 恒压下，冰的熔化焓为 $m\Delta_{fus}h$，冰与水的焓变为 $\Delta H = mc_p\Delta T$。

解题过程 (1) 假设冰全部熔化

$$\begin{aligned}\Delta H_{(冰)} &= m_{(冰)}\Delta_{fus0}h + m_{(冰)}\bar{c}_{p(冰)}[0℃-(-20℃)] + m_{(冰)}\bar{c}_{p(水)}(t-0℃) \\ &= 800\text{g}\times333.3\text{J}\cdot\text{g}^{-1}\cdot\text{K}^{-1} + 800\text{g}\times2.000\text{J}\cdot\text{g}^{-1}\cdot\text{K}^{-1}\times20 + \\ &\quad 800\text{g}\times4.184\text{J}\cdot\text{g}^{-1}\cdot\text{K}^{-1}\times t \\ &= 298\,640\text{J} + 33\,472\text{J}\cdot\text{K}^{-1}t\end{aligned}$$

$$\begin{aligned}\Delta H_{(水)} &= m_{(水)}\bar{c}_{p(水)}(t-50) = 1\,000\text{g}\times4.184\text{J}\cdot\text{g}^{-1}\cdot\text{K}^{-1}\times(t-50) \\ &= 4\,184\text{J}\cdot\text{K}^{-1}t - 209\,200\text{J}\end{aligned}$$

容器为绝热的 $\Delta H = 0$

$\Delta H_{(冰)} + \Delta H_{(水)} = 0$

$298\,640 + 33\,472t + 4\,184t - 209\,200 = 0$

$t = -11.88℃ < 0$

所以冰没有全部熔化。

当 50℃ 水降低到 0℃ 时

$$\Delta H'_{水} = m_{水}\bar{c}_p(水)(0-50℃) = 1\,000\text{g} \times 4.184\text{J}\cdot\text{g}^{-1}\cdot\text{K}^{-1} \times (-50)\text{K} = -209\,200\text{J}$$

当 −20℃ 冰升温到 0℃ 时

$$\Delta H'_{冰} = m_{冰}\bar{c}_p(冰)[0-(-20℃)] = 800\text{g} \times 2.000\text{J}\cdot\text{g}^{-1}\cdot\text{K}^{-1} \times 20\text{K} = 32\,000\text{J}$$

$|\Delta H'_{水}| > |\Delta H'_{冰}|$

所以冰将有部分熔化，形成冰水混合物，则　$t = 0℃$

(2) 假设熔化的冰的质量为 x，得

$$\Delta H = \Delta H_{(冰)} + \Delta H_{(水)} = m_{(冰)}\bar{c}_p(冰)[0℃-(-20℃)] + x\Delta_{\text{fus}}h + m_{(水)}\bar{c}_p(水)(0℃-50℃) = 0$$

$x = 0.532\text{kg}$

末态水的质量为 $1\text{kg} + 0.532\text{kg} = 1.532\text{kg}$

末态冰的质量为 $0.8\text{kg} - 0.532\text{kg} = 0.268\text{kg}$

2.24 蒸汽锅炉中连续不断注入 20℃ 的水，将其加热并蒸发成 180℃ 饱和蒸气压为 1.003MPa 的水蒸气。求每生产 1kg 水蒸气所需要的热量。

已知：水(H_2O,l) 在 100℃ 的摩尔蒸发焓 $\Delta_{\text{vap}}H_{\text{m}} = 40.668\text{kJ}\cdot\text{mol}^{-1}$，水的平均摩尔定压热容 $\bar{C}_{p,\text{m}} = 75.32\text{J}\cdot\text{mol}^{-1}\cdot\text{K}^{-1}$，水蒸气($H_2O$,g) 的摩尔定压热容与温度的函数关系见教材附录。

分　析　整个过程可分解为 20℃ 的水升温到 100℃ 水、100℃ 水变为 100℃ 水蒸气、由 100℃ 水蒸气升温到 180℃ 水蒸气的 3 个过程。因连续不断地产生水蒸气，所以整个过程可视为恒压过程。

解题过程　水的摩尔质量为 $M = 18.15 \times 10^{-3}\text{kg}\cdot\text{mol}^{-1}$

$$n = \frac{m}{M} = \frac{1\text{kg}}{18.15 \times 10^{-3}\text{kg}\cdot\text{mol}^{-1}} = 55.51\text{mol}$$

从教材附录可查得 $C_{p,\text{m}}(H_2O,\text{g}) = 29.16 + 14.49 \times 10^{-3}T - 2.022 \times 10^{-6}T^2$

$$\bar{C}_{p,\text{m}}(H_2O,\text{g}) = \int_{T_1}^{T_2} C_{p,\text{m}}\text{d}T/(T_2-T_1) = \int_{T_1}^{T_2}(a+bT+cT^2)\text{d}T/(T_2-T_1)$$

$$= \frac{1}{T_2-T_1}\left[a(T_2-T_1) + \frac{b}{2}(T_2^2-T_1^2) + \frac{c}{3}(T_2^3-T_1^3)\right]$$

$$= \frac{1}{453.15-373.15}\left[29.16(453.15-373.15) + \frac{14.49\times10^{-3}}{2}\times(453.15^2 - 373.15^2) + \frac{-2.022\times10^{-6}}{3}(453.15^3-373.15^3)\right]\text{J}\cdot\text{mol}^{-1}\cdot\text{K}^{-1}$$

$= 34.8\mathrm{J \cdot mol^{-1} \cdot K^{-1}}$

因为连续不断加水，生产饱和蒸气压为1.003MPa的水蒸气，整个过程可视为恒压过程。

$$
\begin{aligned}
Q &= \Delta H \\
&= n\overline{C}_{p,\mathrm{m}}(\mathrm{H_2O,l})(100℃ - 20℃) + n\Delta_{\mathrm{vap}}H_{\mathrm{m}} + n\overline{C}_{p,\mathrm{m}}(\mathrm{H_2O,g})(180℃ - 100℃) \\
&= 55.51\mathrm{mol} \times (75.32\mathrm{J \cdot mol^{-1} \cdot K^{-1}} \times 80\mathrm{K} + 40.688 \times 10^3\mathrm{J \cdot mol} + \\
&\quad 34.8\mathrm{J \cdot mol^{-1} \cdot K^{-1}} \times 80\mathrm{K}) \\
&= 2.746 \times 10^3\mathrm{kJ}
\end{aligned}
$$

2.25 冰$(\mathrm{H_2O,s})$在$-100\mathrm{kPa}$下的熔点为$0℃$。在此条件下冰的摩尔熔化焓$\Delta_{\mathrm{fus}}H_{\mathrm{m}} = 6.012\ \mathrm{kJ \cdot mol^{-1}}$。

已知在$-10 \sim 0℃$范围内过冷水$(\mathrm{H_2O,l})$和冰的摩尔定压热容分别为$C_{p,\mathrm{m}}(\mathrm{H_2O,l}) = 76.28\mathrm{J \cdot mol^{-1} \cdot K^{-1}}$和$C_{p,\mathrm{m}}(\mathrm{H_2O,s}) = 37.20\mathrm{J \cdot mol^{-1} \cdot K^{-1}}$。求在常压及$-10℃$下过冷水结冰的摩尔凝固焓。

解题过程　$\Delta_{\mathrm{l}}^{\mathrm{s}}H_{\mathrm{m}}(273.15\mathrm{K}) = -\Delta_{\mathrm{fus}}H_{\mathrm{m}}(273.15\mathrm{K}) = -6.012\mathrm{kJ \cdot mol^{-1}}$

因为压力的改变对凝聚态物质摩尔焓的影响甚小，所以过冷水结冰的摩尔凝固焓为

$$
\begin{aligned}
\Delta_{\mathrm{l}}^{\mathrm{s}}H_{\mathrm{m}}(263.15\mathrm{K}) &= \Delta_{\mathrm{l}}^{\mathrm{s}}H_{\mathrm{m}}(273.15\mathrm{K}) + \int_{273.15\mathrm{K}}^{263.15\mathrm{K}} [C_{p,\mathrm{m}}(\mathrm{H_2O,s}) - C_{p,\mathrm{m}}(\mathrm{H_2O,l})]\mathrm{d}T \\
&= -6.012\mathrm{kJ \cdot mol^{-1}} + (37.20 - 76.28)\mathrm{J \cdot mol^{-1} \cdot K^{-1}} \times (-10)\mathrm{K} \\
&= -5.621\mathrm{kJ \cdot mol^{-1}}
\end{aligned}
$$

2.26 已知水$(\mathrm{H_2O,l})$在$100℃$的摩尔蒸发焓$\Delta_{\mathrm{vap}}H_{\mathrm{m}} = 40.668\mathrm{kJ \cdot mol^{-1}}$，水和水蒸气在$25 \sim 100℃$间的平均摩尔定压热容分别为$\overline{C}_{p,\mathrm{m}}(\mathrm{H_2O,l}) = 75.75\mathrm{J \cdot mol^{-1} \cdot K^{-1}}$和$\overline{C}_{p,\mathrm{m}}(\mathrm{H_2O,g}) = 33.76\mathrm{J \cdot mol^{-1} \cdot K^{-1}}$。求在$25℃$时水的摩尔蒸发焓。

分　析　相变焓与温度的关系式：$\Delta_{\alpha}^{\beta}H_{\mathrm{m}}(T_2) = \Delta_{\alpha}^{\beta}H_{\mathrm{m}}(T_1) + \int_{T_1}^{T_2} \Delta C_{p,\mathrm{m}}\mathrm{d}T$。

解题过程　$25℃$时水的摩尔蒸发焓为

$$
\begin{aligned}
\Delta_{\mathrm{vap}}H_{\mathrm{m}}(298.15\mathrm{K}) &= \Delta_{\mathrm{vap}}H_{\mathrm{m}}(373.15\mathrm{K}) + \int_{373.15\mathrm{K}}^{298.15\mathrm{K}} [\overline{C}_{p,\mathrm{m}}(\mathrm{H_2O,g}) - \overline{C}_{p,\mathrm{m}}(\mathrm{H_2O,l})]\mathrm{d}T \\
&= 40.668\mathrm{kJ \cdot mol^{-1}} + (33.76 - 75.75)\mathrm{J \cdot mol^{-1} \cdot K^{-1}} \times (-75)\mathrm{K} \\
&= 43.82\mathrm{kJ \cdot mol^{-1}}
\end{aligned}
$$

2.27 $25℃$下，密闭恒容的容器中有10g固体萘$\mathrm{C_{10}H_8(s)}$在过量的$\mathrm{O_2(g)}$中完全燃烧成$\mathrm{CO_2(g)}$和$\mathrm{H_2O(l)}$。过程放热401.727kJ。求：

(1)$\mathrm{C_{10}H_8(s) + 12O_2(g) = 10CO_2(g) + 4H_2O(l)}$的反应进度。

(2)$\mathrm{C_{10}H_8(s)}$的$\Delta_{\mathrm{c}}U_{\mathrm{m}}^{\ominus}$。

(3)$\mathrm{C_{10}H_8(s)}$的$\Delta_{\mathrm{c}}H_{\mathrm{m}}^{\ominus}$。

分　析　反应进度$\Delta\xi = \Delta n_{\mathrm{B}}/v_{\mathrm{B}}$，摩尔反应热力学能$\Delta_{\mathrm{c}}U_{\mathrm{m}}^{\ominus} = \Delta_{\mathrm{c}}U/\Delta\xi$，$\Delta_{\mathrm{c}}H_{\mathrm{m}}^{\ominus} = \Delta_{\mathrm{c}}U_{\mathrm{m}}^{\ominus} + \Delta(pV)_{\mathrm{m}}$。

解题过程　(1) 萘的摩尔质量$M = 128.17\mathrm{g \cdot mol^{-1}}$

$$n(C_{10}H_8(s)) = \frac{m}{M} = \frac{10g}{128.17g \cdot mol^{-1}} = 0.078\ 02mol$$

对于 $C_{10}H_8(s) + 12O_2(g) \xlongequal{} 10CO_2(g) + 4H_2O(l)$ 反应，由于 $O_2(g)$ 过量，$m = 10g$ 萘完全燃烧，所以反应进度用萘算。

$\Delta\xi = \Delta n_B / v_B = (-0.078\ 02mol)/(-1) = 0.078\ 02mol$

(2) 整个过程为恒容反应

$\Delta U = Q = -401.727kJ$

$$\Delta_c U_m^{\ominus} = \frac{\Delta_c U}{\Delta\xi} = \frac{-401.727kJ}{0.078\ 02mol} = -5149.0kg \cdot mol^{-1}$$

(3) 始末态的固相和液相所占的体积与气体相比可忽略不计。气体可视为理想气体，故燃烧过程

$$\Delta(pV)_m = \sum_B v_B(g)RT$$

$$\begin{aligned}\Delta_c H_m^{\ominus} &= \Delta_c U_m^{\ominus} + \Delta(pV)_m \\ &= -5\ 149.0kJ \cdot mol^{-1} + \sum_B v_B(g)RT \\ &= -5\ 149.0kJ \cdot mol^{-1} + (10-12) \times 8.315J \cdot mol^{-1} \cdot K^{-1} \times 298.15K \\ &= -5\ 154.0kJ \cdot mol^{-1}\end{aligned}$$

2.28 应用教材附录中有关物质在 25℃ 的标准摩尔生成焓的数据计算下列反应在 25℃ 时的 $\Delta_r H_m^{\ominus}$ 及 $\Delta_r U_m^{\ominus}$。

(1) $4NH_3(g) + 5O_2(g) \xlongequal{} 4NO(g) + 6H_2O(g)$

(2) $3NO_2(g) + H_2O(l) \xlongequal{} 2HNO_3(l) + NO(g)$

(3) $Fe_2O_3(s) + 3C(s,石墨) \xlongequal{} 2Fe(s) + 3CO(g)$

解题过程 从教材附录中查得各物质在 298.15K 下标准摩尔生成焓如下：

(1)	$4NH_3(g)$	$+5O_2(g)$	$\xlongequal{} 4NO(g)$	$+6H_2O(g)$
$\Delta_f H_m^{\ominus}/(kJ \cdot mol^{-1})$	−46.11	0	90.25	−241.818

代入数据得 $\Delta_r H_m^{\ominus} = \{6 \times (-241.818) + 4 \times 90.25 - [5 \times 0 + 4 \times (-46.11)]\}kJ \cdot mol^{-1}$

$= -905.47kJ \cdot mol^{-1}$

$$\begin{aligned}\Delta_r U_m^{\ominus} &= \Delta_r H_m^{\ominus} - \sum_B v_B(g)RT \\ &= \{-905.47 - [(4+6-5-4) \times 8.315 \times 298.15]\}kJ \cdot mol^{-1} \\ &= -907.95kJ \cdot mol^{-1}\end{aligned}$$

(2)	$3NO_2(g)$	$+H_2O(l)$	$\xlongequal{} 2HNO_3(l)$	$+NO(g)$
$\Delta_f H_m^{\ominus}/(kJ \cdot mol^{-1})$	33.18	−285.83	−174.10	90.25

代入数据得：$\Delta_r H_m^{\ominus} = 90.25 + 2 \times (-174.10) - [1 \times (-285.83) + 3 \times 33.18]$

$= -71.66kJ \cdot mol^{-1}$

$$\begin{aligned}\Delta_r U_m^{\ominus} &= \{-71.66 - [(1-3) \times 8.315 \times 298.15]\}kJ \cdot mol^{-1} \\ &= -66.70kJ \cdot mol^{-1}\end{aligned}$$

(3) $Fe_2O_3(s) + 3C(s,石墨) \xlongequal{} 2Fe(s) + 3CO(g)$

$\Delta_f H_m^\ominus/(kJ \cdot mol^{-1})$ -824.2 0 0 -110.525

代入数据得:$\Delta_r H_m^\ominus = \{3\times(-110.525)+2\times0-[3\times0+1\times(-824.2)]\}kJ \cdot mol^{-1}$

$= 492.63kJ \cdot mol^{-1}$

$\Delta_r U_m^\ominus = [492.63-(3\times8.315\times298.15)]kJ \cdot mol^{-1}$

$= 485.19kJ \cdot mol^{-1}$

2.29 应用教材附录中有关物质的热化学数据,计算25℃时反应

$2CH_3OH(l) + O_2(g) \xlongequal{} HCOOCH_3(l) + 2H_2O(l)$

的标准摩尔反应焓,要求:

(1) 应用25℃的标准摩尔生成焓数据;$\Delta_f H_m^\ominus(HCOOCH_3,l) = -379.07kJ \cdot mol^{-1}$。

(2) 应用25℃的标准摩尔燃烧焓数据。

分　析　标准摩尔反应焓 $\Delta_r H_m^\ominus = \sum \upsilon_B \Delta_f H_m^\ominus(B) = -\sum \upsilon_B \Delta_c H_m^\ominus(B)$。

解题过程　(1) 由附录中查得　$\Delta_f H_m^\ominus(CH_3OH,l) = -238.66kJ \cdot mol^{-1}$

$\Delta_f H_m^\ominus(HCOOCH_3,l) = -379.07kJ \cdot mol^{-1}$

$\Delta_f H_m^\ominus(H_2O,l) = -285.830kJ \cdot mol^{-1}$

$\Delta_r H_m^\ominus(298K) = \sum \upsilon_B \Delta_f H_m^\ominus(B)$

$= \Delta_f H_m^\ominus(HCOOCH_3,l) + 2\Delta_f H_m^\ominus(H_2O,l) - 2\Delta_f H_m^\ominus(CH_3OH,l) - \Delta_f H_m^\ominus(O_2,g)$

$= -379.07kJ \cdot mol^{-1} + 2\times(-285.830kJ \cdot mol^{-1}) - 2\times(-238.66)kJ \cdot mol^{-1}$

$= -473.41kJ \cdot mol^{-1}$

(2) 由附录中查得　$\Delta_c H_m^\ominus(CH_3OH,l) = -726.51kJ \cdot mol^{-1}$

$\Delta_c H_m^\ominus(HCOOCH_3,l) = -979.5kJ \cdot mol^{-1}$

$\Delta_r H_m^\ominus = -\sum \upsilon_B \Delta_c H_m^\ominus(B) = -[\Delta_c H_m^\ominus(HCOOCH_3,l) - 2\Delta_c H_m^\ominus(CH_3OH,l)]$

$= -(-979.5)kJ \cdot mol^{-1} + 2\times(-726.51)kJ \cdot mol^{-1}$

$= -473.52kJ \cdot mol^{-1}$

2.30 (1) 写出同一温度下,一定聚集状态分子为 C_nH_{2n} 的物质的 $\Delta_f H_m^\ominus$ 与其 $\Delta_c H_m^\ominus$ 之间的关系式。

(2) 若25℃下,环丙烷 CH_2—$CH_2(g)$,$\backslash CH_2 /$ 的 $\Delta_c H_m^\ominus = -2091.5kJ \cdot mol^{-1}$,求该温度下气态环丙烷的 $\Delta_f H_m^\ominus$。

分　析　标准摩尔燃烧焓的定义:一定温度下化学计量数 $\upsilon_B = -1$ 的有机物B与氧气进行完全燃烧反应生成规定的燃烧产物时的标准摩尔反应焓,称为物质B在该温度下的标准摩尔燃烧焓。

解题过程 (1)C_nH_{2n} 的燃烧方程式为

$$C_nH_{2n}(\text{聚集态}) + 1.5nO_2(g) \longrightarrow nCO_2(g) + nH_2O(l)$$

$$\Delta_c H_m^\ominus(C_nH_{2n},\text{聚集态}) = \Delta_r H_m^\ominus = \sum \upsilon_B \Delta_f H_m^\ominus(B)$$

$$= n\Delta_f H_m^\ominus(CO_2,g) + n\Delta_f H_m^\ominus(H_2O,l - \Delta_f H_m^\ominus(C_nH_{2n},\text{聚集态})$$

故在一定温度的标准状态下

$$\Delta_c H_m^\ominus(C_nH_{2n},\text{聚集态}) + \Delta_f H_m^\ominus(C_nH_{2n},\text{聚集态}) = n\Delta_f H_m^\ominus(CO_2,g) + n\Delta_f H_m^\ominus(H_2O,l)$$

(2) 由附录查得：$\Delta_f H_m^\ominus(H_2O,l) = -285.830\text{kJ}\cdot\text{mol}^{-1}$

由(1)题结果知

$$\Delta_f H_m^\ominus(C_nH_{2n}) + \Delta_c H_m^\ominus(C_nH_{2n}) = n\Delta_f H_m^\ominus(CO_2,g) + n\Delta_f H_m^\ominus(H_2O,l)$$

因此在该温度下气态环丙烷的

$$\Delta_f H_m^\ominus(C_3H_6,g)$$

$$= 3\Delta_f H_m^\ominus(CO_2,g) + 3\Delta_f H_m^\ominus(H_2O,l) - \Delta_c H_m^\ominus(C_3H_6,g)$$

$$= 3\times(-393.509)\text{kJ}\cdot\text{mol}^{-1} + 3\times(-285.830)\text{kJ}\cdot\text{mol}^{-1} - (-2091.5)\text{kJ}\cdot\text{mol}^{-1}$$

$$= 53.48\text{kJ}\cdot\text{mol}^{-1}$$

2.31 已知 25℃ 甲酸甲酯($HCOOCH_3$,l) 的标准摩尔燃烧焓 $\Delta_c H_m^\ominus$ 为 $-979.5\text{kJ}\cdot\text{mol}^{-1}$，甲酸($HCOOCH$,l)、甲醇($CH_3OH$,l)、水($H_2O$,l) 及二氧化碳($CO_2$,g) 的标准摩尔生成焓 $\Delta_f H_m^\ominus$ 分别为 $-424.72\text{kJ}\cdot\text{mol}^{-1}$、$-238.66\text{kJ}\cdot\text{mol}^{-1}$、$-285.83\text{kJ}\cdot\text{mol}^{-1}$ 及 $-393.509\text{kJ}\cdot\text{mol}^{-1}$。应用这些数据求 25℃ 时下列反应的标准摩尔反应焓：

$$HCOOCH(l) + CH_3OH(l) \longrightarrow HCOOCH_3(l) + H_2O(l)$$

分　析 考查标准摩尔燃烧焓的定义以及 $\Delta_r H_m^\ominus = \sum \upsilon_B \Delta_f H_m^\ominus(B)$。

解题过程 甲酸甲酯($HCOOCH_3$(l))的燃烧方程式为

$$(HCOOCH_3(l)) + 2O_2(g) \longrightarrow 2CO_2(g) + 2H_2O(l)$$

$$\Delta_c H_m^\ominus(HCOOCH_3(l)) = \Delta_r H_m^\ominus = \sum \upsilon_B \Delta_f H_m^\ominus(B)$$

$$= 2\Delta_f H_m^\ominus(CO_2,g) + 2\Delta_f H_m^\ominus(H_2O,l) - \Delta_f H_m^\ominus(HCOOCH_3,l)$$

于是得到在 25℃ 下

$$\Delta_f H_m^\ominus(HCOOCH_3,l)$$

$$= 2\Delta_f H_m^\ominus(CO_2,g) + 2\Delta_f H_m^\ominus(H_2O,l) - \Delta_c H_m^\ominus(HCOOCH_3,l)$$

$$= 2\times(-393.509)\text{kJ}\cdot\text{mol}^{-1} + 2\times(-285.830)\text{kJ}\cdot\text{mol}^{-1} - (-979.5)\text{kJ}\cdot\text{mol}^{-1}$$

$$= -379.178\text{kJ}\cdot\text{mol}^{-1}$$

对于方程式

$$HCOOCH(l) + CH_3OH(l) \longrightarrow HCOOCH_3(l) + H_2O(l)$$

$$\Delta_r H_m^\ominus = \sum \upsilon_B \Delta_f H_m^\ominus(B)$$

$$= \Delta_f H_m^\ominus(HCOOCH_3,l) + \Delta_f H_m^\ominus(H_2O,l) - \Delta_f H_m^\ominus(CH_3OH,l) - \Delta_f H_m^\ominus(HCOOCH_3,l)$$

$$= -379.178\text{kJ}\cdot\text{mol}^{-1} + (-285.83\text{kJ}\cdot\text{mol}^{-1}) - (-424.76\text{kJ}\cdot\text{mol}^{-1} -$$

$(-238.66)\text{kJ}\cdot\text{mol}^{-1}$

$=-1.628\text{kJ}\cdot\text{mol}^{-1}$

2.32 已知 $CH_3COOH(g)$、$CH_4(g)$ 和 $CO_2(g)$ 的平均摩尔定压热容 $\overline{C}_{p,m}$ 分别为 $52.3\text{J}\cdot\text{mol}^{-1}\cdot\text{K}^{-1}$、$37.3\text{J}\cdot\text{mol}^{-1}\cdot\text{K}^{-1}$ 和 $31.4\text{J}\cdot\text{mol}^{-1}\cdot\text{K}^{-1}$。试由教材附录中各化合物的标准摩尔生成焓计算 1 000K 时下列反应的 $\Delta_r H_m^{\ominus}$：

$CH_3COOH(g) \rlap{=}{=}= CH_4(g)+CO_2(g)$

分　析　通过标准摩尔生成焓计算标准摩尔反应焓，然后直接利用基希霍夫公式进行求解。

解题过程　由附录查得在 25℃ 时

$\Delta_f H_m^{\ominus}(CH_3OOH,g)=-432.25\text{kJ}\cdot\text{mol}^{-1}$

$\Delta_f H_m^{\ominus}(CH_4,g)=-74.81\text{kJ}\cdot\text{mol}^{-1}$

$\Delta_f H_m^{\ominus}(CO_2,g)=-393.509\text{kJ}\cdot\text{mol}^{-1}$

$$\begin{aligned}\Delta_r H_m^{\ominus}(298.15\text{K}) &= \sum \upsilon_B \Delta_f H_m^{\ominus}(B)\\ &= \Delta_f H_m^{\ominus}(CH_4,g)+\Delta_f H_m^{\ominus}(CO_2,g)-\Delta_f H_m^{\ominus}(CH_3COOH,g)\\ &=-74.81\text{kJ}\cdot\text{mol}^{-1}-393.509\text{kJ}\cdot\text{mol}^{-1}+432.25\text{kJ}\cdot\text{mol}^{-1}\\ &=-36.069\text{kJ}\cdot\text{mol}^{-1}\end{aligned}$$

因此在 $T=1\,000\text{K}$ 时题中所给反应的标准摩尔反应焓由基希霍夫公式得

$$\Delta_f H_m^{\ominus}(T_2)=\Delta_r H_m^{\ominus}(T_1)+\int_{T_1}^{T_2}\Delta_r C_{p,m}^{\ominus}\mathrm{d}T$$

$$\begin{aligned}&\Delta_r H_m^{\ominus}(1\,000\text{K})\\ &=\Delta_r H_m^{\ominus}(298.15\text{K})+\sum_B \upsilon_B C_{p,m}^{\ominus}(B)(T_2-T_1)\\ &=-36.069\text{kJ}\cdot\text{mol}^{-1}+(37.7+31.4-52.3)\text{J}\cdot\text{mol}^{-1}\cdot\text{K}^{-1}\times(1\,000-298.15)\text{K}\\ &=-24.3\text{kJ}\cdot\text{mol}^{-1}\end{aligned}$$

2.33 对于化学反应 $CH_4(g)+H_2O(g) \rlap{=}{=}= CO(g)+3H_2(g)$ 应用教材附录中 4 种物质在 25℃ 时的标准摩尔生成焓数据及摩尔定压热容与温度的函数关系式：

(1) 将 $\Delta_r H_m^{\ominus}(T)$ 表示成温度的函数关系式。

(2) 求该反应在 1 000K 时的 $\Delta_r H_m^{\ominus}(1\,000\text{K})$。

解题过程　(1) 由于

$$\begin{aligned}\Delta_r C_{p,m}^{\ominus} &= \sum_B \upsilon_B C_{p,m}^{\ominus}(B,\beta)\\ &=(3\times 26.88+26.537-14.15-29.16)+(3\times 4.347+7.683\,1-75.496-14.49)\times 10^{-3}T+(-3\times 0.326\,5-1.172+17.99+2.022)\times 10^{-6}T^2]\\ &=63.867-69.261\,9\times 10^{-3}T+17.860\,5\times 10^{-6}T^2\end{aligned}$$

$$\begin{aligned}\Delta_r H_m^{\ominus}(298\text{K}) &= \sum_B \upsilon_B \Delta_f H_m^{\ominus}(B,\beta)\\ &=(-110.525+241.818+74.81)\text{kJ}\cdot\text{mol}^{-1}\\ &=206.103\text{kJ}\cdot\text{mol}^{-1}\end{aligned}$$

由基希霍夫公式得

$$\Delta_r H_m^{\ominus}(T) = \Delta_r H_m^{\ominus}(298\text{K}) + \int_{298\text{K}}^{T} \Delta_r C_{p,m}^{\ominus} \mathrm{d}T$$

$$= [189.937\times10^3 + 63.867(T/\text{K}) - 34.6309\times10^{-3}(T/\text{K})^2 + 5.9535\times10^{-6}(T/\text{K})^3]\ \text{J}\cdot\text{mol}^{-1}$$

(2) 当 $T = 1\,000\text{K}$ 时,代入公式得 $\Delta_r H_m^{\ominus}(1\,000\text{K}) = 225.13\text{kJ}\cdot\text{mol}^{-1}$。

2.34 甲烷与过量50%的空气混合,为使恒压燃烧的最高温度能达到2 000℃,求燃烧前混合气体应预热到多少摄氏度。

物质的标准摩尔生成焓数据见教材附录。空气组成按 $y(O_2,g) = 0.21$,$y(N_2,g) = 0.79$ 计算。各物质的平均摩尔定压热容 $\overline{C}_{p,m}/(\text{J}\cdot\text{mol}^{-1}\cdot\text{K}^{-1})$ 分别为:$CH_4(g)$,75.31;$O_2(g)$,33.47;$N_2(g)$,33.47;$CO_2(g)$,54.39;$H_2O(g)$,41.84。

分　析　计算恒压燃烧反应最高火焰温度的依据为 $Q_p = \Delta H = 0$。假设需要将反应物预热至 t,经绝热恒压燃烧才能达到2 000℃,因此此过程也可看做经过恒压变温过程、恒温恒压反应过程、恒压升温过程3个阶段而达到的。

解题过程

$$CH_4(g) + 2O_2(g) \longrightarrow CO_2(g) + 2H_2O(g)$$

	CH_4	O_2	CO_2	H_2O
	1mol	2mol	1mol	2mol
O_2 过量50%	1mol	3mol		

$$n(N_2) = \frac{0.79}{0.21}n(O_2) = \frac{0.79}{0.21}\times 3\text{mol} = 11.286\text{mol}$$

反应计量式可写为

$$CH_4(g) + 3O_2(g) + 11.286N_2(g) \xrightarrow[\text{恒压}]{\text{绝热}} CO_2(g) + 2H_2O(g) + O_2(g) + 11.286N_2(g)$$

t　　　　　　　　　　　　　　　　　　　　$t_2 = 2\,000℃$

①恒压↓　　　　　　　　　　　　　　　　　↑③恒压

$$CH_4(g) + 3O_2(g) + 11.286N_2(g) \xrightarrow[\text{②}]{\text{恒压恒温}} CO_2(g) + 2H_2O(g) + O_2(g) + 11.286N_2(g)$$

$t_1 = 25℃$　　　　　　　　　　　　$t_1 = 25℃$

整个反应过程可视为经过3个阶段

① 反应物恒压变温过程

$$\Delta H_1 = \sum_B n_B C_{p,m}(B)\Delta T$$

$$= [1\text{mol}\times C_{p,m}(CH_4) + 3\text{mol}\times C_{p,m}(O_2) + 11.286\text{mol}\times C_{p,m}(N_2)]\times(25-t)$$

$$= 553.45\times(25-t)\text{J}\cdot\text{mol}^{-1}$$

② 恒温恒压反应过程

$$\Delta_f H_m^{\ominus}(CO_2) = -393.51\text{kJ}\cdot\text{mol}^{-1}$$

$$\Delta_f H_m^{\ominus}(H_2O,g) = -241.82\text{kJ}\cdot\text{mol}^{-1}$$

$\Delta_f H_m^{\ominus}(CH_4) = -74.81 kJ \cdot mol^{-1}$

$\Delta H_2 = \Delta_r H_m^{\ominus}(298.15K) = \sum \nu_B \Delta_f H_m^{\ominus}(B)$

$= \Delta_f H_m^{\ominus}(CO_2,g) + 2\Delta_f H_m^{\ominus}(H_2O,g) - \Delta_f H_m^{\ominus}(CH_4,g)$

$= -802.34 kJ \cdot mol^{-1}$

③ 产物的恒压升温过程

$\Delta H_3 = \sum_B n_B C_{p,m}(B)\Delta T$

$= [1mol \times C_{p,m}(CO_2) + 2mol \times C_{p,m}(H_2O) + 1mol \times C_{p,m}(O_2) + 11.286mol \times C_{p,m}(N_2)] \times (2\,000 - 25)$

$= 1084.81 kJ \cdot mol^{-1}$

整个过程为恒压绝热过程

$Q = \Delta H = 0$

$\Delta H_1 + \Delta H_2 + \Delta H_3 = 0$

即　$553.45(25 - t) - 802.34 \times 10^3 + 1\,084.81 \times 10^3 = 0$

由上式可得混合气体燃烧前应预热达到的温度为

$t = 535.4℃$

小　结　此题求解的关键是把整个过程分 3 个不同的阶段考虑。

2.35　氢气与过量 50% 的空气混合物置于密闭恒容的容器中，始态温度为 25℃，压力为 100kPa。将氢气点燃，反应瞬间完成后，求系统所能达到的最高温度和最大压力。

空气组成按 $y(O_2,g) = 0.21$，$y(N_2,g) = 0.79$ 计算。水蒸气的标准摩尔生成焓见教材附录。各气体的平均摩尔定容热容 $C_{V,m}/(J \cdot mol^{-1} \cdot K^{-1})$ 分别为：$O_2(g)$，25.1；$N_2(g)$，25.1；$H_2O(g)$，37.66。假设气体适用理想气体状态方程。

分　析　反应在恒容容器中瞬间完成，$Q = \Delta U = 0$，且整个反应过程可视为经历恒容恒温反应过程、反应物的恒容升温过程两个阶段。

解题过程　反应方程式　　$H_2(g) + \frac{1}{2}O_2(g) \longrightarrow H_2O(g)$

	$H_2(g)$	$O_2(g)$	$H_2O(g)$
	1mol	0.5mol	1mol
过量 50% 的空气	1mol	0.75mol	

$n(N_2) = \frac{0.79}{0.21} n(O_2) = \frac{0.79}{0.21} \times 0.75mol = 2.821\,4mol$

整个反应过程可表示为

$1molH_2(g) + 0.75molO_2(g) + 2.821\,4molN_2(g) \xrightarrow[绝热]{恒容} 1molH_2O(g) + 0.25molO_2(g) + 2.821\,4molN_2(g)$

$t_1 = 25℃$　　$p_1 = 100kPa$　　　　　　　　t, p

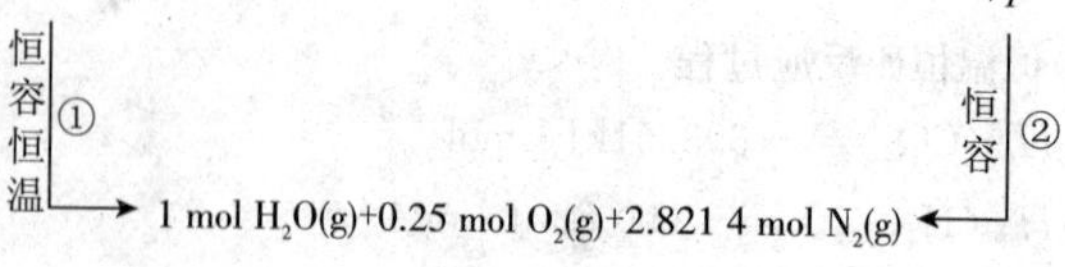

恒容恒温 ①　　　　　　　　恒容 ②

$1\,mol\,H_2O(g) + 0.25\,mol\,O_2(g) + 2.821\,4\,mol\,N_2(g)$

整个反应过程可视为经历两个阶段：

① 恒容恒温反应过程

由附录查得 $\Delta_f H_m^{\ominus}(H_2O,g) = -241.818\text{kJ}\cdot\text{mol}^{-1}$

$$\Delta H_1 = \Delta_r H_m^{\ominus} = \sum \upsilon_B \Delta_f H_m^{\ominus}(B) = \Delta_f H_m^{\ominus}(H_2O,g)\times 1\text{mol}$$

$$= -241.818\text{kJ}\cdot\text{mol}^{-1}$$

$$\Delta U_1 = \Delta H_1 - \Delta(pV) = \Delta H_1 - \Delta_r n(g)RT$$

$$= -241.818\text{kJ} - (-0.5)\text{mol}\times 8.315\text{J}\cdot\text{mol}^{-1}\cdot\text{K}^{-1}\times 298.15\text{K}$$

$$= -240.579\text{kJ}$$

② 反应物的恒容升温过程

$$\Delta U_2 = \sum n_B C_{V,m}(B)\Delta T$$

$$= [1\text{mol}\times C_{V,m}(H_2O) + 0.25\text{mol}\times C_{V,m}(O_2) + 2.821\ 4\text{mol}\times C_{V,m}(N_2)](t-25)$$

$$= 114.752\times(t-25)$$

整个过程为恒容绝热过程

$$Q = \Delta H = \Delta U_1 + \Delta U_2 = 0$$

即 $-240.579\text{kJ} + 114.752\text{J}/℃\times(t-25)℃ = 0$

则 $t = 2122℃$

理想气体状态方程 $pV = \sum\limits_B n_B RT$

$$p_1 V = \sum_B n_{B(\text{反应物})} RT_1$$

$$V = \frac{(1\text{mol} + 0.75\text{mol} + 2.821\ 4\text{mol})R\times 298.15\text{K}}{100\text{kPa}}$$

因为 $pV = \sum\limits_B n_{B(\text{生成物})} RT$

所以 $p = \dfrac{\sum\limits_B n_{B(\text{生成物})} RT}{V}$

$$= \frac{(1\text{mol} + 0.25\text{mol} + 2.821\ 4\text{mol})R\times(2\ 121.5 + 273.15)\text{K}}{\dfrac{4.571\ 4R\times 298.15\text{K}}{100\text{kPa}}}$$

$$= 715.4\text{kPa}$$

2.36 已知某气体燃料的组成为 $30\%H_2(g)$、$20\%CO(g)$、$40\%CH_4(g)$ 和 $10\%N_2(g)$，试计算在 298.15K、常压条件下，燃烧 $1m^3$ 的该燃料所放出的热量。

解题过程 上述反应的反应式为

(1) $H_2(g) + 1/2O_2(g) \longrightarrow H_2O(l)$

(2) $CH_4(g) + 2O_2(g) \longrightarrow CO_2(g) + 2H_2O(l)$

(3) $CO(g) + 1/2O_2(g) \longrightarrow CO_2(g)$

依据教材附录查得相关数据，由此得出三反应的标准摩尔反应焓分别为

$$\Delta_r H_{m,1}^{\ominus} = \Delta_f H_m^{\ominus}(H_2O,l) = -285.83\text{kJ}\cdot\text{mol}^{-1}$$

$\Delta_r H_{m,2}^{\ominus} = \Delta_c H_m^{\ominus}(CH_4, g) = -890.31 kJ \cdot mol^{-1}$

$\Delta_r H_{m,3}^{\ominus} = \Delta_f H_m^{\ominus}(CO_2, g) - \frac{1}{2}\Delta_f H_m^{\ominus}(O_2, g) - \Delta_f H_m^{\ominus}(CO, g)$

$= \left[-393.51 - \frac{1}{2} \times 0 - (-110.525)\right] kJ \cdot mol^{-1}$

$= -282.99 kJ \cdot mol^{-1}$

由理想气体状态方程得 $1m^3$ 燃料的物质的量

$n = \frac{pV}{RT} = 40.88mol$

故该过程所放的热

$Q = \Delta H = n_1 \Delta_r H_m^{\ominus}(1) + n_2 \Delta_r H_m^{\ominus}(2) + n_3 \Delta_r H_m^{\ominus}(3)$

$= [0.3 \times 40.88 \times (-285.83) + 0.4 \times 40.88 \times (-890.31) + 0.2 \times 40.88 \times (-282.99)] J$

$= -2.038 \times 10^7 J$

***2.37** 将带有两通活塞的真空刚性容器置于压力恒定、温度为 T_0 的大气中。现将活塞打开,使大气迅速流入并充满容器,达到容器内外压力相等。求证进入容器后的气体温度 $T = \gamma T_0$。式中 γ 为大气的热容比。推导时不考虑容器的热容,且大气按一种气体对待。提示:全部进入容器的气体为系统,系统得到流动功。

解题过程 空气的定容和定压摩尔热容分别以 $C_{V,m}$ 和 $C_{p,m}$,热容比 $\gamma = \frac{C_{p,m}}{C_{V,m}} > 1$。设流入真空容器的体积为 V_0,大气压力为 p。由于容器内外空气的压力相等,此过程可视为绝热、恒外压过程。

故 $Q = 0, \Delta U = W + Q = W$ ①

$\Delta U = nC_{V,m}(T - T_0)$ ②

$W = -p(0 - V_0) = pV_0 = nRT_0$ ③

由 ①②③ 得 $T = \frac{n(C_{V,m} + R)T_0}{nC_{V,m}} = \gamma T_0$

2.38 在300K的恒温条件下,将1mol $N_2(g)$ 从 $40dm^3$ 压缩到 $10dm^3$,试问进行此过程所需要消耗的最小功。

(1) 假设 $N_2(g)$ 为理想气体。

(2) 假设 $N_2(g)$ 为范德华气体,其范德华常数见教材附录。

解题过程 在可逆过程环境对系统做功最少。

(1) 由于为恒温条件,故最小功

$W_m = -nRT\ln\frac{V_2}{V_1} = \left(-1 \times 8.315 \times 300 \times \ln\frac{10 \times 10^{-3}}{40 \times 10^{-3}}\right) J = 3.458 kJ$

(2) 依据教材查得 $a(N_2) = 0.141 Pa \cdot m^6 \cdot mol^{-2}$,

$b(N_2) = 3.9 \times 10^{-5} m^3 \cdot mol^{-1}$

由范德华方程 $p = \frac{nRT}{V - nb} - \frac{n^2 a}{V^2}$ 得

最小功 $W_m = -\int_{V_1}^{V_2} p\mathrm{d}V$

$= -\int_{V_1}^{V_2}\left(\frac{nRT}{V-nb}-\frac{n^2a}{V^2}\right)\mathrm{d}V$

$= -nRT\ln\frac{V_2-nb}{V_1-nb} - n^2a\left(\frac{1}{V_2}-\frac{1}{V_1}\right)$

$= \left(-1\times8.315\times300\times\ln\frac{10^{-2}-1\times3.9\times10^{-5}}{4\times10^{-2}-1\times3.9\times10^{-5}}\right)\mathrm{J}$

$-1^2\times0.141\times\left(\frac{1}{10\times10^{-3}}-\frac{1}{40\times10^{-3}}\right)\mathrm{J}$

$= 3.447\mathrm{kJ}$

2.39 某双原子理想气体 1mol 从始态 350K、200kPa 经过如下 5 个不同过程达到各自的平衡态，求各过程的功 W。

(1) 恒温可逆膨胀到 50kPa。

(2) 恒温反抗 50kPa 恒外压不可逆膨胀。

(3) 恒温向真空膨胀到 50kPa。

(4) 绝热可逆膨胀到 50kPa。

(5) 绝热反抗 50kPa 恒外压不可逆膨胀。

分 析 恒温可逆：$W = nRT\ln\frac{V_2}{V_1}$；恒温恒外压不可逆膨胀：$W = -p\Delta V$；绝热可逆膨胀：$W = \Delta U = nC_{V,\mathrm{m}}\Delta T$，绝热恒外压不可逆：$W = \Delta U$。

解题过程 (1) 恒温可逆过程

$W = -\int_{V_1}^{V_2} p\mathrm{d}V = nRT\ln\frac{p_2}{p_1}$

$= 1\mathrm{mol}\times8.315\mathrm{J\cdot mol^{-1}\cdot K^{-1}}\times350\mathrm{K}\times\ln\frac{50\mathrm{kPa}}{200\mathrm{kPa}}$

$= -4.034\mathrm{kJ}$

(2) 恒温外压过程

$W = -p\Delta V = -p(V_2-V_1)$

$= -p\left(\frac{nRT}{p_2}-\frac{nRT}{p_1}\right)$

$= -50\mathrm{kPa}\cdot\left(\frac{1\mathrm{mol}\times8.315\mathrm{J\cdot mol^{-1}\cdot K^{-1}}\times350\mathrm{K}}{50\mathrm{kPa}}-\frac{1\mathrm{mol}\times8.315\mathrm{J\cdot mol^{-1}\cdot K^{-1}}\times350\mathrm{K}}{200\mathrm{kPa}}\right)$

$= -2.183\mathrm{kJ}$

(3) $p_{\mathrm{amb}} = 0$，$W = -p_{\mathrm{amb}}\Delta V = 0$

(4) 绝热可逆膨胀，且 $C_{p,\mathrm{m}} = \frac{7}{2}R$，$C_{V,\mathrm{m}} = \frac{5}{2}R$，所以

$T_2 = \left(\frac{p_2}{p_1}\right)^{R/C_{p,\mathrm{m}}}\times T = \left(\frac{50\mathrm{kPa}}{200\mathrm{kPa}}\right)^{R/\left(\frac{7}{2}R\right)}\times350\mathrm{K} = 235.5\mathrm{K}$

且因为为绝热可逆膨胀过程，所以 $Q = 0$。

$W = \Delta U - Q = \Delta U - 0 = nC_{V,m}(T_2 - T_1)$

$= 1\text{mol} \times \frac{5}{2}R \times (235.5 - 350)\text{K} = -2.379\text{kJ}$

(5) 绝热恒压不可逆膨胀

$W = -p\Delta V = -p_2(\frac{nRT_2}{p_2} - \frac{nRT_1}{p_1})$

$= -1\text{mol} \times 8.315T_2 + \frac{50\text{kPa}}{200\text{kPa}} \times 1\text{mol} \times 8.315\text{J} \cdot \text{mol}^{-1} \cdot \text{K}^{-1} \times 350\text{K}$ ①

$\Delta U = W + Q = W + 0 = nC_{V,m}\Delta T = 1\text{mol} \times \frac{5}{2}R \times (T_2 - T_1)\text{K}$ ②

因为过程为绝热恒压过程，所以 $W = \Delta U$ 代入 ①、② 式可得

$-1\text{mol} \times 8.315T_2 + 0.25 \times 1\text{mol} \times 8.315\text{J} \cdot \text{mol}^{-1} \cdot \text{K}^{-1} \times 350\text{K}$

$= 1\text{mol} \times \frac{5}{2}R \times (T_2 - 350)\text{K}$

解得　$T_2 = 275\text{K}$

$W = \Delta U = nC_{V,m}\Delta T$

$= 1\text{mol} \times \frac{5}{2} \times 8.315\text{J} \cdot \text{mol}^{-1} \cdot \text{K}^{-1} \times (275 - 350)\text{K}$

$= -1.559\text{kJ}$

2.40　5mol 双原子理想气体从始态 300K、200kPa，先恒温可逆膨胀到压力为 50kPa，再绝热可逆压缩到末态压力为 200kPa。求末态温度 T 及整个过程的 Q、W、ΔU 及 ΔH。

分　析　恒温可逆过程：$\Delta H = 0, \Delta U = 0, Q = W = nRT\ln\frac{p_2}{p_1}$；绝热可逆过程：$Q = 0, \Delta U = W = nC_{V,m}\Delta T, \Delta H = nC_{p,m}\Delta T$。

解题过程　理想气体由始态至末态过程如下：

状态 1		状态 2		状态 3
$t_1 = 300\text{K}, p_1 = 200\text{kPa}$ V_1	恒温 可逆膨胀 →	$t_2, p_2 = 50\text{kPa}$ V_2	绝热 可逆压缩 →	$t_3, p_3 = 200\text{kPa}$ V_3

状态 1 → 状态 2 为恒温可逆膨胀过程。

因为理想气体 U、H 只是温度的函数，而与压力、体积无关，所以 $\Delta U_1 = 0, \Delta H_1 = 0$，所以可以推知 $\Delta U_1 = Q_1 + W_1 = 0$　$Q_1 = -W_1$。

又因为此过程为恒温可逆过程，所以

$W_1 = -\int_{V_1}^{V_2} p\text{d}V = nRT\ln\frac{p_2}{p_1}$

$= 5\text{mol} \times 8.315\text{J} \cdot \text{mol}^{-1} \cdot \text{K}^{-1} \times 300\text{K} \times \ln\frac{50\text{kPa}}{200\text{kPa}}$

$= -17.29\text{kJ}$

$Q_1 = -W_1 = 17.29\text{kJ}$

状态 2 → 状态 3 为绝热可逆压缩过程。

因为气体为双原子分子，则 $C_{V,m}=\frac{5}{2}R, C_{p,m}=\frac{7}{2}R$，所以气体末态温度为

$$T_3=(\frac{p_3}{p_2})^{R/C_{p,m}}\times T_2=(\frac{200\text{kPa}}{50\text{kPa}})^{R/(\frac{7}{2}R)}\times 300\text{K}=445.8\text{K}$$

同时，过程为绝热过程，则 $Q_2=0$

$$\begin{aligned}\Delta U_2&=W_2=nC_{V,m}\Delta T\\&=5\text{mol}\times\frac{5}{2}R\times(T_3-T_2)\\&=5\text{mol}\times\frac{5}{2}\times 8.315\text{J}\cdot\text{mol}^{-1}\cdot\text{K}^{-1}\times(445.8-300)\text{K}\\&=15.15\text{kJ}\end{aligned}$$

$$\Delta H_2=nC_{p,m}\Delta T=5\text{mol}\times\frac{7}{2}R\times(445.8-300)\text{K}=21.21\text{kJ}$$

故在整个过程中

$$W=W_1+W_2=-17.29\text{kJ}+15.15\text{kJ}=-2.14\text{kJ}$$

$$Q=Q_1+Q_2=17.29\text{kJ}+0\text{kJ}=17.29\text{kJ}$$

$$\Delta U=\Delta U_1+\Delta U_2=0+15.15\text{kJ}=15.15\text{kJ}$$

$$\Delta H=\Delta H_1+\Delta H_2=0+21.21\text{kJ}=21.21\text{kJ}$$

2.41 求证在理想气体 p-V 图上任意一点处，绝热可逆线的斜率的绝对值大于恒温可逆线的斜率的绝对值。

解题过程 恒温可逆过程，$pV=nRT=$ 常数，恒温可逆线上任意一点的斜率为

$$(\frac{\partial p}{\partial V})_T=-\frac{p}{V}$$

绝热可逆过程，$pV^{\gamma}=$ 常数，绝热可逆线上任意一点的斜率为

$$(\frac{\partial p}{\partial V})_s=-\gamma\frac{p}{V}$$

理想气体 $\gamma=C_{p,m}/C_{V,m}=(C_{V,m}+R)/C_{V,m}=1+\frac{R}{C_{V,m}}>1$

所以 $|(\frac{\partial p}{\partial V})_s|>|(\frac{\partial p}{\partial V})_T|$

2.42 某容器中含有一种未知气体，可能是氮气或氩气。在 25℃ 时取出一些样品气体，经绝热可逆膨胀后体积从 5cm^3 变为 6cm^3，气体温度降低 21℃。试问能否判断容器中是何种气体？假定单原子分子气体的 $C_{V,m}=1.5R$，双原子分子气体的 $C_{V,m}=2.5R$。

解题过程 由理想气体绝热过程方程 $\frac{T_2}{T_1}=\left(\frac{V_1}{V_2}\right)^{\gamma-1}$ 可得 $\ln\frac{T_2}{T_1}=(\gamma-1)\ln\frac{V_1}{V_2}$

故 $$\gamma=\frac{\ln\frac{T_2}{T_1}}{\ln\frac{V_1}{V_2}}+1=\frac{\ln\frac{277.15}{298.15}}{\ln\frac{5}{6}}+1=1.4$$

又因为$\gamma=\dfrac{C_{p,m}}{C_{V,m}}$，$C_{p,m}=C_{V,m}+R$

所以$C_{V,m}=\dfrac{R}{\gamma-1}=\dfrac{5}{2}R$

故未知气体为双原子气体即氮气。

小　结　此题求解的关键是把整个过程分为两个阶段。2.33～2.41题涉及化学反应中热力学函数的计算。

2.43　一水平放置的绝热恒容的圆筒中装有无摩擦的绝热理想活塞，活塞左、右两侧分别为50dm^3的单原子理想气体A和50dm^3的双原子理想气体B。两气体均为0℃、100kPa。A气体内部有一体积和热容均可忽略的电热丝。

现在经过通电缓慢加热左侧气体A，使推动活塞压缩右侧气体B到最终压力增至200kPa。求：

(1) 气体B的末态温度T_B。

(2) 气体B得到的功W_B。

(3) 气体A的末态温度T_A。

(4) 气体A从电热丝得到的热Q_A。

分　析　理想气体绝热可逆过程$\dfrac{T_1}{T_2}\left(\dfrac{p_2}{p_1}\right)^{R/C_{p,m}}=1$，$Q=0$，$W=\Delta U$。

解题过程　(1) 可视为气体B经历绝热可逆压缩过程，得

$$T_B=T_1\left(\frac{p_2}{p_1}\right)^{R/C_{p,m}}=273.15\text{K}\times\left(\frac{200\text{kPa}}{100\text{kPa}}\right)^{R/(\frac{7}{2}R)}=332.97\text{K}$$

(2) 因为$Q(\text{B})=0$，则B(g)得到的功全变为B(g)的热力学能，即

$$\begin{aligned}W_B&=\Delta U(\text{B})-Q(\text{B})\\&=\Delta U(\text{B})-0\\&=n_B C_{V,m}(\text{B})(T_B-T_1)\\&=\frac{p_1V_1}{RT_1}C_{V,m}(\text{B})(T_B-T_1)\\&=\frac{100\text{kPa}\times 50\text{dm}^3}{8.315\text{J}\cdot\text{mol}^{-1}\cdot\text{K}^{-1}\times 273.15\text{K}}\times\frac{5}{2}R\times(332.97-273.15)\text{K}\\&=2.738\text{kJ}\end{aligned}$$

(3)
$$\begin{aligned}V_A&=2V-V_B=2\times 50\text{dm}^3-\frac{n_BRT_B}{p_B}\\&=100\text{dm}^3-\frac{p_1V_1}{RT_1}\times\frac{RT_B}{p_B}\\&=100\text{dm}^3-\frac{100\text{kPa}\times 50\text{dm}^3}{273.15\text{K}}\times\frac{332.97\text{K}}{200\text{kPa}}\\&=69.525\text{dm}^3\end{aligned}$$

$$T_A = p_A V_A/(n_A R) = \frac{200\text{kPa} \times 69.525\text{dm}^3}{\frac{p_1 V_1}{RT_1} \times R}$$

$$= \frac{200\text{kPa} \times 69.525\text{dm}^3 \times 273.15\text{K}}{100\text{kPa} \times 50\text{dm}^3}$$

$$= 758.21\text{K}$$

(4) 气体A从电热丝得到的热Q_A一部分用于增加气体A的内能，一部分用于对B气体做体积功

$$Q_A = \Delta U_A + W_B = n_A C_{V,m}(A)(T_A - T_1) + W_B$$

$$= \frac{p_1 V_1}{RT_1} \times \frac{3}{2} R \times (758.21 - 273.15)\text{K} + 2.738\text{kJ}$$

$$= \frac{100\text{kPa} \times 50\text{dm}^3}{273.15\text{K}} \times 1.5 \times (758.21 - 273.15)\text{K} + 2.738\text{kJ}$$

$$= 16.056\text{kJ}$$

2.44 在带活塞的绝热容器中有4.25mol的某固态物质A及5mol某单原子理想气体B，物质由温度$T_1 = 400\text{K}$、压力$p_1 = 200\text{kPa}$的始态经可逆膨胀到末态$p_2 = 50\text{kPa}$时。试求：(1) 系统的末态温度T_2。(2) 以B为系统时，过程的W、Q、ΔV、ΔH。

分　析　理想气体$\Delta U = nC_{V,m}\Delta T$，$\Delta H = nC_{p,m}\Delta T$，$\Delta U = W + Q$。

解题过程　理想气体$dU(B) = \delta W(B) + \delta Q(B)$

且　$dU(B) = n_B C_{V,m}(B)dT$

又　$\delta W(B) = -p_{系}\,dV = -\frac{n_B RT}{V}dV = -n_B RT\,d\ln V$

$$\delta Q(B) = -dU(A) \approx -dH(A) = -n_A C_{p,m}(A)dT$$

所以 $n_B C_{V,m}(B)dT = -n_B RT\,d\ln V - n_A C_{p,m}(A)dT$

$$[n_B C_{V,m}(B) + n_A C_{p,m}(A)]dT = -n_B RT\,d\ln V$$

即　$d\ln T = -\frac{n_B R}{n_B C_{V,m}(B) + n_A C_{p,m}(A)} d\ln V$

$$= -\frac{5\text{mol} \times 8.315\text{J}\cdot\text{mol}^{-1}\cdot\text{K}^{-1}}{5\text{mol} \times \frac{3}{2} \times 8.315\text{J}\cdot\text{mol}^{-1}\cdot\text{K}^{-1} + 4.25\text{mol} \times 24.454\text{J}\cdot\text{mol}^{-1}\cdot\text{K}^{-1}} d\ln V$$

$$= -0.25\,d\ln V$$

因为$V = nRT/p$，$d\ln V = d\ln T - d\ln p$

由此可知 $d\ln T = -0.25\,d\ln V = -0.25(d\ln T - d\ln p)$

即　$5\,d\ln T = d\ln p$

积分得$(T_2/T_1)^5 = p_2/p_1$

对于气体B $\left(\frac{T_2}{400\text{K}}\right)^5 = \frac{50\text{kPa}}{200\text{kPa}}$

由此可知末态温度为 $T_2 = 303.14\text{K}$

所以

$$\Delta U(\mathrm{B}) = n_{\mathrm{B}} C_{V,\mathrm{m}}(\mathrm{B})(T_2 - T_1) = 5\mathrm{mol} \times \frac{3}{2} R \times (303.14 - 400)\mathrm{K} = -6.04\mathrm{kJ}$$

$$\Delta H(\mathrm{B}) = n_{\mathrm{B}} C_{p,\mathrm{m}}(\mathrm{B})(T_2 - T_1) = 5\mathrm{mol} \times \frac{5}{2} R \times (303.14 - 400)\mathrm{K} = -10.07\mathrm{kJ}$$

B(g) 由 A(g) 吸收的热量为

$$\begin{aligned} Q(\mathrm{B}) &= -\Delta U(\mathrm{A}) \approx -\Delta H(\mathrm{A}) \\ &= -n_{\mathrm{A}} C_{p,\mathrm{m}}(\mathrm{A})(T_2 - T_1) \\ &= -4.25\mathrm{mol} \times 24.45\mathrm{J \cdot mol^{-1} \cdot K^{-1}} \times (303.14 - 400)\mathrm{K} \\ &= 10.06\mathrm{kJ} \end{aligned}$$

$$W(\mathrm{B}) = \Delta U(\mathrm{B}) - Q(\mathrm{B}) = -6.04\mathrm{kJ} - 10.06\mathrm{kJ} = -16.1\mathrm{kJ}$$

第三章 热力学第二定律

知识点归纳

一、卡诺循环

1. 热机效率

$$\eta = -W/Q_1 = (Q_1 + Q_2)/Q_1 = (T_1 - T_2)/T_1 \tag{3.1}$$

式中 Q_1 和 Q_2 分别为工质在循环过程中从高温热源 T_1 吸收热量和向低温热源 T_2 放出热量这两个过程的可逆热。此式适用于在两个不同的温度之间工作的热机所进行的一切可逆循环。

2. 卡诺定理

所有工作于两个确定温度之间的热机，以可逆热机效率为最大。

$\eta_{ir}\eta_r$ (3.2)

即是

$$\frac{Q_1}{T_1} + \frac{Q_2}{T_2} \leqslant 0 \begin{pmatrix} < \text{不可逆循环} \\ = \text{可逆循环} \end{pmatrix} \tag{3.3}$$

式中 T_1、T_2 为高、低温热源的温度。可逆时等于系统的温度。

二、热力学第二定律

1. 克劳修斯(Clausius. R) 说法

“不可能把热从低温物体传到高温物体而不产生其他影响。”

2. 开尔文(Kelvin L，即 Thomson W.) 说法

“不可能从单一热源吸取热量使之完全转变为功而不产生其他影响。”

三、熵

1. 熵的定义

$$dS \overset{\text{def}}{=\!=} \delta Q_r/T \tag{3.4}$$

式中 Q_r 为系统与环境交换的可逆热，T 为可逆传热 δQ_r 时系统的温度。

2. 克劳修斯不等式

$$dS\begin{cases}=\delta Q/T,\text{可逆过程}\\>\delta Q/T,\text{不可逆过程}\end{cases}\tag{3.5}$$

3. 熵判据

$$\Delta S_{iso}=\Delta S_{sys}+\Delta S_{amb}\begin{cases}>0,\text{不可逆}\\=0,\text{可逆}\end{cases}\tag{3.6}$$

式中iso、sys和amb分别代表隔离系统、系统和环境。在隔离系统中，不可逆过程即自发过程。可逆，即系统内部及系统与环境之间皆处于平衡态。在隔离系统中，一切自动进行的过程都是向熵增大的方向进行，这称为熵增原理。此式只适用于隔离系统。

四、熵变的计算

1. 单纯的 pVT 变化

过程中无相变和化学变化，$W'=0$，可逆。

$$\Delta S=\int_1^2\frac{\delta Q_r}{T}=\int_1^2\frac{dU+pdV}{T}=\int_1^2\frac{dH-Vdp}{T}\tag{3.7}$$

理想气体系统

$$\Delta S=nC_{V,m}\ln\frac{T_2}{T_1}+nR\ln\frac{V_2}{V_1}=nC_{p,m}\ln\frac{T_2}{T_1}-nR\ln\frac{p_2}{p_1}=nC_{p,m}\ln\frac{V_2}{V_1}+nC_{V,m}\ln\frac{p_2}{p_1}\tag{3.8}$$

恒温（$T_1=T_2$） $$\Delta S=nR\ln\frac{V_2}{V_1}=-nR\ln\frac{p_2}{p_1}\tag{3.9}$$

恒压（$p_1=p_2$） $$\Delta S=nC_{p,m}\ln\frac{T_2}{T_1}=nC_{p,m}\ln\frac{V_2}{V_1}\tag{3.10}$$

恒容（$V_1=V_2$） $$\Delta S=nC_{V,m}\ln\frac{T_2}{T_1}=nC_{V,m}\ln\frac{p_2}{p_1}\tag{3.11}$$

凝聚相系统

$$\Delta S=\int_1^2\frac{\delta Q_r}{T}\tag{3.12}$$

恒容 $$\Delta S=\int_{T_1}^{T_2}\frac{nC_{V,m}dT}{T}\tag{3.13}$$

恒压 $$\Delta S=\int_{T_1}^{T_2}\frac{nC_{p,m}dT}{T}\tag{3.14}$$

恒温 $$\Delta S=\frac{Q_r}{T}\tag{3.15}$$

2. 相变化

可逆相变 $$\Delta_\alpha^\beta S=\Delta_\alpha^\beta H/T\tag{3.16}$$

不可逆相变，通常设计一条要包括可逆相变步骤在内的可逆途径，此可逆途径的热温熵才是该不可逆过程的熵变。

3. 环境熵差及隔离系统熵差的计算

$$\Delta S_{amb}=\int_1^2\left(\frac{\delta Q_r}{T}\right)_{amb}=\frac{Q_{amb}}{T_{amb}}=-\frac{Q_{sys}}{T_{amb}}\tag{3.17}$$

$$\Delta S_{iso} = \Delta S_{amb} + \Delta S_{sys} \tag{3.18}$$

4. 化学反应的标准反应熵

$$\Delta_r S_m^{\ominus} = \sum_B v_B S_m^{\ominus}(B) \tag{3.19}$$

若在温度区间 $T_1 \sim T_2$ 内，所有反应物及产物均不发生相变化，则

$$\Delta_r S_m(T_2) = \Delta_r S_m(T_1) + \int_{T_1}^{T_2} \sum_B = \frac{v_B C_{p,m}(B)}{T} dT \tag{3.20}$$

五、热力学第三定律

$$\lim_{T \to 0K} S_m^*(\text{完美晶体}, T) = 0 \tag{3.21}$$

或

$$S_m^*(\text{完美晶体}, 0K) = 0 \tag{3.22}$$

上式中符号 * 代表纯物质。上述两式只适用于完美晶体。

六、亥姆霍兹(Helmholtz)函数

1. 亥姆霍兹(Helmholtz)函数定义式

$$A \overset{\text{def}}{=\!=\!=} U - TS \tag{3.23}$$

式中 A 为系统的亥姆霍兹函数；U 为系统的内能；TS 为系统温度与规定熵的乘积。

2. 亥姆霍兹函数判据

$$dA_{T,V} \leqslant 0 \begin{cases} < \text{自发(不可逆)} \\ = \text{平衡(可逆)} \end{cases} \tag{3.24}$$

在恒温、恒容且不涉及非体积功时，才能用 ΔA 判断过程的方向性。若 $\Delta_{T,V}A < 0$，则表明在指定的始末态(T、V 相等)之间有自动进行的可能性；若 $\Delta_{T,V}A = 0$，则表明在指定的始末态之间处于平衡态。

3. $\Delta A_T = W_r$ (3.25)

恒温可逆过程，系统的亥姆霍兹函数变化等于此过程的可逆功 W_r。

七、吉布斯(Gibbs)函数

1. 吉布斯(Gibbs)函数的定义式

$$G \overset{\text{def}}{=\!=\!=} H - TS \tag{3.26}$$

H、A 及 G 皆为组合函数，它们皆是系统具有广延性质的状态，而且皆具有能量的单位。状态一定，它们皆应有确定的数值，但它们的绝对值既无法测定，也无法求算。

2. 吉布斯函数判据

$$dG_{T,p} \leqslant 0 \begin{cases} < \text{自发(不可逆)} \\ = \text{平衡(可逆)} \end{cases} \tag{3.27}$$

在恒温、恒压且不涉及非体积功时，才可用 ΔG 来判断过程的方向性，在此条件下过程只能向吉布斯函数 G 减小的方向进行。

3. $\Delta G_{T,p} = W'_r$ (3.28)

在恒温、恒压下,过程的吉布斯函数等于始末状态间过程的可逆非体积功。在恒温、恒压、可逆的条件下,此等式才成立。

八、热力学基本方程

$$dU = TdS - pdV \tag{3.29}$$

$$dA = -SdT - pdV \tag{3.30}$$

$$dH = TdS - Vdp \tag{3.31}$$

$$dG = -SdT + Vdp \tag{3.32}$$

热力学基本公式的适用条件为封闭的热力学平衡系统的可逆过程。不仅适用于一定量的单相纯物质,或组成恒定的多组分系统发生单纯 p、V、T 变化的可逆过程,也可适用于相平衡或化学平衡的系统由一平衡态变为另一平衡态的可逆过程。

九、克拉佩龙方程

1. 克拉佩龙方程

$$dp/dT = \Delta_\alpha^\beta H_m/(T\Delta_\alpha^\beta V_m) \tag{3.33}$$

此方程适用于纯物质的 α 相和 β 相的两相平衡。

2. 克劳修斯－克拉佩龙方程

$$d\ln(p/[p]) = [\Delta_{vap} H_m/(RT^2)]dT \tag{3.34}$$

$$\ln(p_2/p_1) = (\Delta_{vap} H_m/R)(1/T_1 = 1/T_2) \tag{3.35}$$

此式适用于气－液(或气－固)两相平衡;气体可视为理想气体;$V_m^*(1)$ 与 $V_m^*(g)$ 相比较可忽略不计;在 $T_1 \sim T_2$ 的温度范围内摩尔蒸发焓可视为常数。

对于气－固平衡,上式的 $\Delta_{vap} H_m$ 则应改为固体的摩尔升华焓。

十、吉布斯－亥姆霍兹方程

$$\left\{\frac{\partial(A/T)}{\partial T}\right\}_V = -\frac{U}{T_2} \tag{3.36}$$

$$\left\{\frac{\partial(G/T)}{\partial T}\right\}_p = -\frac{H}{T_2} \tag{3.37}$$

这两个方程分别表示了 A/T 在恒容下随 T 的变化及 G/T 在恒压下随 T 的变化。

十一、麦克斯韦(Maxwell)关系式

$$-(\partial T/\partial V)_S = (\partial p/\partial S)_V \tag{3.38}$$

$$(\partial T/\partial p)_S = (\partial V/\partial S)_p \tag{3.39}$$

$$-(\partial V/\partial T)_p = (\partial S/\partial p)_T \tag{3.40}$$

$$(\partial p/\partial T)_V = (\partial S/\partial V)_T \tag{3.41}$$

这 4 个偏微分方程称为麦克斯韦关系式。物质的量恒定的单相纯物质,只有 pVT 变化的一切过程,上

述 4 式皆可适用。对于混合系统，则要求系统的组成恒定，式中 V 及 S 分别为系统总体积及总的规定熵。

课后习题全解

3.1 卡诺热机在 $T_1 = 600\text{K}$ 的高温热源和 $T_2 = 300\text{K}$ 的低温热源间工作。求：

(1) 热机效率 η。

(2) 当向环境做功 $-W = 100\text{kJ}$ 时，系统从高温热源吸收的热 Q_1 及向低温热源放出的热 $-Q_2$。

解题过程 (1) 根据热机效率的公式有

$$\eta = \frac{T_1 - T_2}{T_1} = \frac{600\text{K} - 300\text{K}}{600\text{K}} = 0.5$$

(2) 因为 $\eta = -\dfrac{W}{Q_1} = \dfrac{Q_1 + Q_2}{Q_1}$

所以$Q_1 = -\dfrac{W}{\eta} = \dfrac{100\text{kJ}}{0.5} = 200\text{kJ}$

$$-Q_2 = -(\eta Q_1 - Q_1) = -(0.5 \times 200\text{kJ} - 200\text{kJ}) = 100\text{kJ}$$

3.2 某地热水的温度为 65℃，大气温度为 20℃。若分别利用一可逆热机和一不可逆热机从地热水中取出 1 000J 的热量。

(1) 分别计算两热机对外所做的功，已知不可逆热机效率是可逆热机效率的 80%。

(2) 分别计算两热机向大气中放出的热。

解题过程 (1) 热水的温度：$T_1 = 338.15\text{K}$，大气温度：$T_2 = 293.15\text{K}$

热量 $Q = 1\,000\text{J}$。

由此得出可逆热机效率

$$\eta = \frac{T_1 - T_2}{T_1} = 0.133$$

故可逆热机对外所做的功

$$W = -\eta Q = (-0.133 \times 1\,000)\text{J} = -133\text{J}$$

不可逆热机效率

$$\eta_1 = 80\%\eta = 0.8 \times 0.133 = 0.106\,5$$

对外所做的功

$$W_1 = -\eta_1 Q = (-0.106\,5 \times 1\,000)\text{J} = -106.5\text{J}$$

(2) 由不可逆热机效率 $\eta = \dfrac{-W}{Q} = \dfrac{Q + Q_{放}}{Q}$ 得出

$$Q_{放} = -W - Q$$

故可逆热机放出的热

$$Q_{放} = -W - Q = -867\text{J}$$

不可逆热机放出的热

$$Q_{放}^{\prime}=-W_1-Q=-893.5\text{J}$$

3.3 卡诺热机在 $T_1=900\text{K}$ 的高温热源和 $T_2=300\text{K}$ 的低温热源间工作。求：

(1) 热机效率 η。

(2) 当低温热源放热 $-Q_2=100\text{kJ}$ 时，系统从高温热源吸热 Q_1 及对环境所做的功 $-W$。

解题过程　(1) 根据热机效率公式 $\eta=\dfrac{T_1-T_2}{T_1}$ 得出

$$\eta=\frac{900-300}{900}=0.6667$$

(2) 因为 $\eta=-\dfrac{W}{Q_1}$，$-W=Q_1+Q_2$ 得出

$$Q_1=\frac{Q_2}{\eta-1}=\frac{-100}{0.6667-1}\text{kJ}=300\text{kJ}$$

故 $-W=Q_1+Q_2=(300-100)\text{kJ}=200\text{kJ}$

3.4 冬季利用热泵从室外0℃的环境吸热，向室内18℃的房间供热。若每分钟用100kJ的功开动热泵，试估算热泵每分钟最多能向室内供热多少？

解题过程　室内温度：$T_1=291.15\text{K}$，热泵每分钟做功 $W=100\text{kJ}$

室外温度：$T_2=273.15\text{K}$

由热机效率公式 $\eta=\dfrac{T_1-T_2}{T_1}=-\dfrac{W}{Q}$ 得出

热泵每分钟供热 $Q=\dfrac{-WT_1}{T_1-T_2}=-\dfrac{100\times291.15}{291.15-273.15}\text{kJ}=-1617.5\text{kJ}$

3.5 高温热源温度 $T_1=600\text{K}$，低温热源温度 $T_2=300\text{K}$。今有120kJ的热直接从高温热源传给低温热源，求此过程的 ΔS。

解题过程　因为两热源处于平衡态。相互传递一定量的热后，两热源发生了极其微小的变化，因此热源的熵变有着确定的值，而且高、低温热源直接交换120kJ热，则

$$-Q_1=Q_2=120\text{kJ}$$

$$\Delta S=\frac{Q_1}{T_1}+\frac{Q_2}{T_2}=-\frac{120\text{kJ}}{600\text{K}}+\frac{120\text{kJ}}{300\text{K}}=200\text{J}\cdot\text{K}^{-1}$$

3.6 不同的热机工作于 $T_1=600\text{K}$ 的高温热源及 $T_2=300\text{K}$ 的低温热源之间。求下列3种情况下，当热机从高温热源吸热 $Q_1=300\text{kJ}$ 时，两热源的总熵变 ΔS。

(1) 可逆热机效率 $\eta=0.5$。

(2) 不可逆热机效率 $\eta=0.45$。

(3) 不可逆热机效率 $\eta=0.4$。

分　析　因高温、低温热源处于平衡状态，在交换一定量的热后，发生极其微小的变化，其熵变有着确定的值，且两热源的熵变之和即为隔离系统的总熵变。

解题过程 (1) 对于可逆热机 $\eta = \frac{Q_1 + Q_2}{Q_1} = 0.5$

因为 $Q_1 = 300\text{kJ}$，所以 $Q_2 = -0.5Q_1 = -150\text{kJ}$

两热源的熵变之和即为隔离系统的总熵变

$$\Delta S_{iso} = \frac{Q_{热1}}{T_1} + \frac{Q_{热2}}{T_2} = \frac{-300\text{kJ}}{600\text{K}} + \frac{150\text{kJ}}{300\text{K}} = 0$$

(2) 不可逆热机的效率 $\eta = \frac{Q_1 + Q_2}{Q_1} = 0.45$

因为 $Q_1 = 300\text{kJ}$，所以 $Q_2 = -0.55Q_1 = -165\text{kJ}$

$$\Delta S_{iso} = \frac{Q_{热1}}{T_1} + \frac{Q_{热2}}{T_2} = \frac{-300\text{kJ}}{600\text{K}} + \frac{165\text{kJ}}{300\text{K}} = 50\text{J} \cdot \text{K}^{-1}$$

(3) 因为不可逆热机的效率 $\eta = \frac{Q_1 + Q_2}{Q_1} = 0.4$

且 $Q_1 = 300\text{kJ}$，所以 $Q_2 = -0.6Q = -180\text{kJ}$

$$\Delta S_{iso} = \frac{Q_{热1}}{T_1} + \frac{Q_{热2}}{T_2} = \frac{-300\text{kJ}}{600\text{K}} + \frac{180\text{kJ}}{300\text{K}} = 100\text{J} \cdot \text{K}^{-1}$$

3.7 已知水的定压热容 $c_p = 4.184\text{J} \cdot \text{g}^{-1} \cdot \text{K}^{-1}$。今有 1kg、10℃ 的水经下列 3 种不同过程加热成 100℃ 的水，求各过程的 ΔS_{sys}、ΔS_{amb}、ΔS_{iso}。

(1) 系统与 100℃ 的热源接触。

(2) 系统先与 55℃ 的热源接触至热平衡，再与 100℃ 的热源接触。

(3) 系统依次与 40℃、70℃ 的热源接触至热平衡，再与 100℃ 的热源接触。

解题过程 熵是状态函数，只与始末状态有关。3 个过程始末状态相同，故系统熵变相同。即

$$\Delta S_{sys} = mc_p \ln \frac{T_2}{T_1} = 1155\text{J} \cdot \text{K}^{-1}$$

(1) 由公式 $\Delta S_{amb} = -\frac{Q_{p,sys}}{T_2}$，$Q_{p,sys} = mc_p(T_2 - T_1)$

得 $$\Delta S_{amb} = -\frac{1\,000 \times 4.184 \times (373.15 - 283.15)}{373.15}\text{J} \cdot \text{K}^{-1} = -1\,009\text{J} \cdot \text{K}^{-1}$$

$$\Delta S_{iso} = \Delta S_{amb} + \Delta S_{sys} = 146\text{J} \cdot \text{K}^{-1}$$

(2) 设热平衡时温度为 T_2^1，由 $\Delta S_{amb} = -\frac{Q}{T}$

得 $$\Delta S_{amb} = -\frac{mc_p(T'_2 - T_1)}{T'_2} - \frac{mc_p(T_2 - T'_2)}{T_2}$$

$$= \left[-1\,000 \times 4.184 \times \left(\frac{45}{328.15} + \frac{45}{373.15}\right)\right]\text{J} \cdot \text{K}^{-1}$$

$$= -1\,078\text{J} \cdot \text{K}^{-1}$$

$$\Delta S_{iso} = \Delta S_{amb} + \Delta S_{sys} = 77\text{J} \cdot \text{K}^{-1}$$

(3) 设与 40℃ 热源接触平衡温度为 T_3，与 70℃ 热源接触平衡温度为 T_4。得

$$\Delta S_{amb} = -\frac{mc_p(T_3 - T_1)}{T_3} - \frac{mc_p(T_4 - T_3)}{T_4} - \frac{mc_p(T_2 - T_4)}{T_2}$$

$$= \left[-1\,000 \times 4.184 \times \left(\frac{30}{313.15} + \frac{30}{343.15} + \frac{30}{373.15}\right)\right] \text{J} \cdot \text{K}^{-1}$$

$$= -1103\text{J} \cdot \text{K}^{-1}$$

$$\Delta S_{\text{iso}} = \Delta S_{\text{amb}} + \Delta S_{\text{sys}} = 52\text{J} \cdot \text{K}^{-1}$$

3.8 已知氮(N_2,g)的摩尔定压热容与温度的函数关系为

$$C_{p,\text{m}} = \{27.32 + 6.226 \times 10^{-3}(T/\text{K}) - 0.950\,2 \times 10^{-6}(T/\text{K})\}\text{J} \cdot \text{mol}^{-1} \cdot \text{K}^{-1}$$

将始态为300K、100kPa的1molN_2(g)置于1 000K的热源中,求下列两过程:(1)经恒压过程;(2)经恒容过程,达到平衡态时的Q、ΔS及ΔS_{iso}。

分　析　恒压升温过程中系统的熵变$\Delta S_p = \int_{T_1}^{T_2} \frac{nC_{p,\text{m}}}{T} \text{d}T$;恒容升温过程中系统的熵变$\Delta S_V = \int_{T_1}^{T_2} \frac{nC_{V,\text{m}}}{T} \text{d}T$。

解题过程　(1)恒压升温过程,其产生的热为

$$Q_p = \Delta H = \int_{T_1}^{T_2} nC_{p,\text{m}} \text{d}T = n\int_{T_1}^{T_2} (a + bT + cT_2)\text{d}T$$

$$= n\left[a\Delta T + \frac{b}{2}(T_2^2 - T_1^2) + \frac{c}{3}(T_1^3 - T_1^3)\right]$$

$$= 1\text{mol} \times \left[27.32 \times 700\text{K} + \frac{6.226 \times 10^{-3}}{2} \times (1\,000^2 - 300^2)\text{K}^2\right.$$

$$\left. + \frac{-0.950\,2 \times 10^{-6}}{3}(\times(1\,000^3 - 300^3)\text{K}^3\right]\text{J} \cdot \text{mol}^{-1}$$

$$= 21.65\text{kJ}$$

系统的熵变为

$$\Delta S_p = \int_{T_1}^{T_2} \frac{nC_{p,\text{m}}}{T} \text{d}T = \int_{T_1}^{T_2} \frac{n(a + bT + cT^2)}{T} \text{d}T$$

$$= n\left[a\ln\frac{T_2}{T_1} + b(T_2 - T_1) + \frac{c}{2}(T_2^2 - T_1^2)\right]$$

$$= 1 \times \left[27.32 \times \ln\frac{1\,000}{300} + 6.226 \times 10^{-3} \times (1\,000 - 300) + \frac{-0.950\,2 \times 10^{-6}}{2} \times\right.$$

$$\left.(1\,000^2 - 300^2)\right]\text{J} \cdot \text{K}^{-1}$$

$$= 36.82\text{J} \cdot \text{K}^{-1}$$

环境的熵变为

$$\Delta S_{\text{amb}} = \frac{Q_{\text{amb}}}{T_{\text{amb}}} = \frac{-Q_p}{T_{\text{amb}}} = \frac{-21.65\text{kJ}}{1\,000\text{K}} = -21.65\text{J} \cdot \text{K}^{-1}$$

隔离系统的熵变为

$$\Delta S_{\text{iso}} = \Delta S_p + \Delta S_{\text{amb}} = 36.82\text{J} \cdot \text{K}^{-1} - 21.65\text{J} \cdot \text{K}^{-1} = 15.17\text{J} \cdot \text{K}^{-1}$$

(2)恒容升温过程$W = 0$

$$Q_V = \Delta U = \Delta H - \Delta(pV) = Q_p - nR\Delta T$$

$$= 21.65\text{kJ} - 1\text{mol} \times 8.315\text{J} \cdot \text{mol}^{-1} \cdot \text{K}^{-1} \times (1\,000 - 300)\text{K}$$

$= 15.83\text{kJ}$

$$\Delta S_V = \int_{T_1}^{T_2} \frac{nC_{V,\text{m}}\text{d}T}{T} = \int_{T_1}^{T_2} \frac{n(C_{p,\text{m}} - R)\text{d}T}{T}$$

$$= \int_{T_1}^{T_2} \frac{n(27.32 - 8.315 + 6.226 \times 10^{-3} T - 0.9502 \times 10^{-6} T^2)}{T}\text{d}T$$

$$= 1 \times \left[(27.32 - 8.315) \times \ln\frac{1000}{300} + 6.226 \times 10^{-3} \times (1000 - 300) - \frac{0.9502 \times 10^{-6}}{2} \times (1000^2 - 300^2) \right] \text{J}\cdot\text{K}^{-1}$$

$$= 26.81\text{J}\cdot\text{K}^{-1}$$

$$\Delta S_{\text{amb}} = \frac{Q_{\text{amb}}}{T_{\text{amb}}} = \frac{-Q_V}{T_{\text{amb}}} = \frac{-15.83\text{kJ}}{1000\text{K}} = -15.83\text{J}\cdot\text{K}^{-1}$$

$$\Delta S_{\text{iso}} = \Delta S_V + \Delta S_{\text{amb}} = 26.81\text{J}\cdot\text{K}^{-1} - 15.83\text{J}\cdot\text{K}^{-1} = 10.98\text{J}\cdot\text{K}^{-1}$$

小　结　本题考查恒压升温过程中和恒容升温过程中系统的熵变,应掌握熵变的公式。

3.9　始态为 $T_1 = 300\text{K}$、$p_1 = 200\text{kPa}$ 的某双原子理想气体 1mol,经下列不同途径变化到 $T_2 = 300\text{K}$、$p_2 = 100\text{kPa}$ 的末态。求各步骤及途径的 Q、ΔS。

(1) 恒温可逆膨胀。

(2) 先恒容冷却使压力降至 100kPa,再恒压加热至 T_2。

(3) 先绝热可逆膨胀使压力降至 100kPa,再恒压加热至 T_2。

分　析　理想气体恒容:$\Delta S = nC_{V,\text{m}}\ln\frac{T_2}{T_1}$,$Q = \Delta U = nC_{V,\text{m}}\Delta T$

理想气体恒压:$\Delta S = nC_{p,\text{m}}\ln\frac{T_2}{T_1}$,$Q = \Delta H = nC_{p,\text{m}}\Delta T$

理想气体恒温:$\Delta S = -nR\ln\frac{p_2}{p_1}$,$Q = -W = -nRT\ln\frac{p_2}{p_1}$

理想气体绝热可逆过程:$\Delta S = 0$,$Q = 0$

解题过程　(1) 理想气体恒温可逆膨胀

$$\Delta S = -nR\ln\frac{p_2}{p_1} = -1\text{mol} \times 8.315\text{J}\cdot\text{mol}^{-1}\cdot\text{K}^{-1} \times \ln\frac{100\text{kPa}}{200\text{kPa}} = 5.76\text{J}\cdot\text{K}^{-1}$$

因为此过程为理想气体恒温可逆过程,故 $\Delta U = 0$

$$Q = -W = -nRT\ln\frac{p_2}{p_1} = -1\text{mol} \times 8.315\text{J}\cdot\text{mol}^{-1}\cdot\text{K}^{-1} \times 300\text{K} \times \ln\frac{100\text{kPa}}{200\text{kPa}}$$

$$= 1.729\text{kJ}$$

(2) 理想气体恒容冷却使压力降至 100kPa

$$\frac{T_2}{T_1} = \frac{p_2}{p_2}$$

$$T_2 = \frac{p_2}{p_2}T_1 = \frac{100\text{kPa}}{200\text{kPa}} \times 300\text{K} = 150\text{K}$$

$$Q_1 = \Delta U_1 = nC_{V,\text{m}}\Delta T = 1\text{mol} \times 2.5 \times 8.315\text{J}\cdot\text{mol}^{-1}\cdot\text{K}^{-1} \times (150\text{K} - 300\text{K})$$

$$= -3.118\text{kJ}$$

$$\Delta S_1 = nC_{V,m}\ln\frac{T'_2}{T_1} = 1\text{mol}\times 2.5\times 8.315\text{J}\cdot\text{mol}^{-1}\cdot\text{K}^{-1}\times\ln\frac{150\text{K}}{300\text{K}}$$
$$=-14.4\text{J}\cdot\text{K}^{-1}$$

理想气体再恒压加热至 300K

$$Q_2 = \Delta H_2 = nC_{p,m}\Delta T = 1\text{mol}\times 3.5\times 8.315\text{J}\cdot\text{mol}^{-1}\cdot\text{K}^{-1}\times(300\text{K}-150\text{K})$$
$$=4.365\text{kJ}$$

$$\Delta S_2 = nC_{p,m}\ln\frac{T_2}{T'_2} = 1\text{mol}\times 3.5\times 8.315\text{J}\cdot\text{mol}^{-1}\cdot\text{K}^{-1}\times\ln\frac{300\text{K}}{150\text{K}}$$
$$=20.17\text{J}\cdot\text{K}^{-1}$$

$$Q = Q_1 + Q_2 = -3.118\text{kJ} + 4.365\text{kJ} = 1.247\text{kJ}$$

$$\Delta S = \Delta S_1 + \Delta S_2 = -14.41\text{J}\cdot\text{K}^{-1} + 20.17\text{J}\cdot\text{K}^{-1} = 5.76\text{J}\cdot\text{K}^{-1}$$

(3) 先理想气体绝热可逆膨胀使压力降至 100kPa

$$\left(\frac{T'_2}{T_1}\right)^{C_{p,m}}\left(\frac{p'_2}{p_1}\right)^{-R} = 1, T'_2 = 246\text{K}$$

$$\Delta Q_1 = 0, \Delta S_1 = 0$$

理想气体再恒压加热至 300K

$$Q_2 = \Delta H_2 = nC_{p,m}\Delta T = 1\text{mol}\times 3.5\times 8.315\text{J}\cdot\text{mol}^{-1}\cdot\text{K}^{-1}\times(300\text{K}-246\text{K})$$
$$=0.224\text{kJ}$$

$$\Delta S_2 = nC_{p,m}\ln\frac{T_2}{T'_2} = 1\text{mol}\times 3.5\times 8.315\text{J}\cdot\text{mol}^{-1}\cdot\text{K}^{-1}\times\ln\frac{300\text{K}}{246\text{K}} = 5.76\text{J}\cdot\text{K}^{-1}$$

$$Q = Q_1 + Q_2 = 0.224\text{kJ}$$

$$\Delta S = \Delta S_1 + \Delta S_2 = 5.76\text{J}\cdot\text{K}^{-1}$$

小　　结　该题考查理想气体恒容、恒温、恒压下 ΔS、Q 的计算，只需熟练掌握公式。

3.10　1mol 理想气体在 $T = 300\text{K}$ 下，从始态 100kPa 经历下列各过程达到各自的平衡态，求各过程的 Q、ΔS、ΔS_{iso}：

(1) 可逆膨胀至末态压力为 50kPa。

(2) 反抗恒定压力 50kPa 不可逆膨胀至平衡态。

(3) 向真空自由膨胀至原体积的 2 倍。

解题过程　题给 3 个过程的末态均如下面框图所示。

始态		末态
$n = 1\text{mol}$		$n = 1\text{mol}$
$T_1 = 300\text{K}$	→	$T_2 = 300\text{K}$
$p_1 = 100\text{kPa}$		$p_2 = 50\text{kPa}$
V_1		V_2

虽然题中 3 个不同过程所经历的途径不同，但 3 个过程的始、末态相同，故系统的熵变相同，但过程热不相等。

$$\Delta S = -nR\ln\frac{p_2}{p_1} = \left(-1\times 8.315\times\ln\frac{50}{100}\right)\text{J}\cdot\text{K}^{-1} = 5.763\text{J}\cdot\text{K}^{-1}$$

(1) 理想气体的恒温可逆过程

$$Q_1 = Q_r = T\Delta S = (300 \times 5.763)\text{J} = 1.729\text{kJ}$$

$$\Delta S_{amb} = \frac{Q_{amb}}{T_{amb}} = \frac{-Q_1}{T} = \left(\frac{-1.729 \times 10^3}{300}\right)\text{J} \cdot \text{K}^{-1} = -5.763\text{J} \cdot \text{K}^{-1}$$

$$\Delta S_{iso} = \Delta S + \Delta S_{amb} = (5.763 - 5.763)\text{J} \cdot \text{K}^{-1} = 0$$

(2) 理想气体的恒温、恒外压不可逆膨胀过程

$$\Delta U_2 = 0$$

$$Q_2 = \Delta U_2 - W_2 = 0 - W_2 = p_{amb}(V_2 - V_1)$$

$$= p_2\left(\frac{nRT}{p_2} - \frac{nRT}{p_1}\right) = nRT\left(1 - \frac{p_2}{p_1}\right)$$

$$= \left[1 \times 8.315 \times 300 \times \left(1 - \frac{50}{100}\right)\right]\text{J} = 1.247\text{kJ}$$

$$\Delta S_{amb} = \frac{Q_{amb}}{T_{amb}} = \frac{-Q_2}{T} = \left(\frac{-1.247 \times 10^3}{300}\right)\text{J} \cdot \text{K}^{-1} = -4.157\text{J} \cdot \text{K}^{-1}$$

$$\Delta S_{iso} = \Delta S + \Delta S_{amb} = (5.763 - 4.157)\text{J} \cdot \text{K}^{-1} = 1.606\text{J} \cdot \text{K}^{-1}$$

(3) 理想气体的恒温、向真空自由膨胀过程

$$\Delta U_3 = 0$$

$$p_{amb} = 0, W_3 = -p_{amb}\Delta V = 0$$

$$Q_3 = \Delta U_3 - W_3 = 0$$

$$\Delta S_{amb} = \frac{Q_{amb}}{T_{amb}} = \frac{-Q_3}{T} = \left(\frac{0}{300}\right)\text{J} \cdot \text{K}^{-1} = 0$$

$$\Delta S_{iso} = \Delta S + \Delta S_{amb} = (5.763 + 0)\text{J} \cdot \text{K}^{-1} = 5.763\text{J} \cdot \text{K}^{-1}$$

3.11 2mol 双原子理想气体从始态 300K、50dm^3 先恒容加热至 400K，再恒压加热至体积增大到 100dm^3，求整个过程的 Q、W、ΔU、ΔH 及 ΔS。

分　析　U 与 S 为状态函数，ΔU、ΔS 只与始、末态有关，关键是先求出 T_3。

解题过程　理想气体经历如下过程：

状态 1		状态 2		状态 3
$T_1 = 300\text{K}$ $V_1 = 50\text{dm}^3$	$\xrightarrow{\text{恒容}}$	$T_2 = 400\text{K}$ $V_2 = 50\text{dm}^3$	$\xrightarrow{\text{恒压}}$	T_3 $V_3 = 100\text{dm}^3$

因为 $p_2 = p_3$，$T_3 = \dfrac{V_3}{V_2}T_2 = \dfrac{100\text{dm}^3}{50\text{dm}^3} \times 400\text{K} = 800\text{K}$

状态 1 → 状态 2，恒容过程 $W_1 = 0$

状态 2 → 状态 3，恒压过程

$$W_2 = -p_2\Delta V = -nR\Delta T = -2\text{mol} \times 8.315\text{J} \cdot \text{mol}^{-1} \cdot \text{K}^{-1} \times (800\text{K} - 300\text{K})$$

$$= -6.625\text{kJ}$$

$$W = W_1 + W_2 = -6.625\text{kJ}$$

整个过程

$$\Delta U = nC_{V,\mathrm{m}}\Delta T = 2\mathrm{mol}\times 2.5\times 8.315\mathrm{J\cdot mol^{-1}\cdot K^{-1}}\times(800\mathrm{K}-300\mathrm{K})$$
$$= 20.79\mathrm{kJ}$$

$$\Delta S = nC_{V,\mathrm{m}}\ln\frac{T_3}{T_1} + nR\ln\frac{V_3}{V_1}$$
$$= 2\mathrm{mol}\times 2.5\times 8.315\mathrm{J\cdot mol^{-1}\cdot K^{-1}}\times\ln\frac{800\mathrm{K}}{300\mathrm{K}} + 2\mathrm{mol}\times 8.315\mathrm{J\cdot mol^{-1}\cdot K^{-1}}\times\ln\frac{100\mathrm{dm^3}}{50\mathrm{dm^3}}$$
$$= 52.30\mathrm{J\cdot K^{-1}}$$

$$\Delta H = nC_{p,\mathrm{m}}\Delta T = 2\mathrm{mol}\times 3.5\times 8.315\mathrm{J\cdot mol^{-1}\cdot K^{-1}}\times(800\mathrm{K}-300\mathrm{K})$$
$$= 29.10\mathrm{kJ}$$

$$Q = \Delta U - W = 20.79\mathrm{kJ} - (-6.625\mathrm{kJ}) = 27.44\mathrm{kJ}$$

3.12 2mol 某双原子理想气体的 $S_{\mathrm{m}}^{\ominus}(298\mathrm{K}) = 205.1\mathrm{J\cdot mol^{-1}\cdot K^{-1}}$。从 298K、100kPa 的始态沿 pT = 常数的途径可逆压缩到 200kPa 的终态，求该过程的 W、Q、ΔU、ΔH、ΔS 和 ΔG。

解题过程 始、终态各物理量如下：

始态		终态
$T_1 = 298\mathrm{K}$	可逆压缩 →	$T_2 = \dfrac{T_1 p_1}{p_2} = 149\mathrm{K}$
$p_1 = 100\mathrm{kPa}$		$p_2 = 200\mathrm{kPa}$
$S_1 = nS_{\mathrm{m}}^{\ominus}(298\mathrm{K}) = 410.2\mathrm{J\cdot K^{-1}}$		S_2

$$\Delta H = nC_{p,\mathrm{m}}(T_2 - T_1) = \left[2\times\frac{7}{2}\times 8.315\times(149-298)\right]\mathrm{J} = -8671.5\mathrm{J}$$

$$\Delta U = nC_{V,\mathrm{m}}(T_2 - T_1) = \left[2\times\frac{5}{2}\times 8.315\times(149-298)\right]\mathrm{J} = -6193.9\mathrm{J}$$

$$\Delta S = nC_{p,\mathrm{m}}\ln\frac{T_2}{T_1} - nR\ln\frac{p_2}{p_1}$$
$$= \left(2\times\frac{7}{2}\times 8.315\times\ln\frac{149}{298} - 2\times 8.315\times\ln\frac{200}{100}\right)\mathrm{J\cdot K^{-1}}$$
$$= -51.87\mathrm{J\cdot K^{-1}}$$

又 $\Delta S = S_2 - S_1$　故 $S_2 = S_1 + \Delta S = 358.33\mathrm{J\cdot K^{-1}}$

$$\Delta G = \Delta H - \Delta(TS) = \Delta H - (T_2S_2 - T_1S_1)$$
$$= [-8671.5 - (149\times 358.33 - 298\times 410.2)]\mathrm{J}$$
$$= 60.125\mathrm{kJ}$$

因 $\delta W_{\mathrm{r}} = -p\mathrm{d}V$，故 $\dfrac{\delta W}{\mathrm{d}T} = -p\dfrac{\mathrm{d}V}{\mathrm{d}T}$　①

由于 pT = 常数，由理想气体状态方程可得 $V = \dfrac{nRT^2}{p_1T_1}$

则有 $\dfrac{\mathrm{d}V}{\mathrm{d}T} = \dfrac{2nRT}{p_1T_1}$　②

由①②两式可得　$\dfrac{\delta W}{\mathrm{d}T} = -p\dfrac{2nRT}{p_1T_1} = -2n$

即　$\delta W = -2nR\mathrm{d}T$

$$W = \int_{T_1}^{T_2} -2nR\mathrm{d}T = -2nR(T_2 - T_1)$$
$$= [-2\times 2\times 8.315\times(149-298)]\mathrm{J}$$
$$= 4955.1\mathrm{J}$$

由 $\Delta U = W + Q$ 求得 $Q = \Delta U - W = -11.149\mathrm{kJ}$

3.13 4mol 单原子理想气体从始态 750K、150kPa 先恒容冷却使压力降至 50kPa，再恒温可逆压缩至 100kPa。求整个过程的 Q、W、ΔU、ΔH 及 ΔS。

分　析　此题的关键是先求出 T_2。途径 ① 为恒容过程，$W_1 = 0$；途径 ② 为恒温可逆压缩过程。

解题过程　整个过程为

$T_1 = 750\mathrm{K}$, $p_1 = 150\mathrm{kPa}$	恒容 ① →	T_2, $p_2 = 50\mathrm{kPa}$	恒温 ② →	$T_3 = T_2$, $p_3 = 100\mathrm{kPa}$
状态 1		状态 2		状态 3

状态 1 → 状态 2，恒容过程

$$\frac{T_2}{T_1} = \frac{p_2}{p_1}, T_2 = \frac{p_2}{p_1}T_1 = \frac{50\mathrm{kPa}}{150\mathrm{kPa}}\times 750\mathrm{K} = 250\mathrm{K}$$

$$W_1 = 0$$

状态 2 → 状态 3，恒温可逆压缩过程

$$W_2 = -nRT_3\ln\frac{V_3}{V_2} = nRT_3\ln\frac{p_3}{p_2}$$
$$= 4\mathrm{mol}\times 8.315\mathrm{J\cdot mol^{-1}\cdot K^{-1}}\times 250\mathrm{K}\times\ln\frac{100\mathrm{kPa}}{50\mathrm{kPa}}$$
$$= 5.763\mathrm{kJ}$$

整个过程 $W = W_1 + W_2 = 5.763\mathrm{kJ}$

$$\Delta U = nC_{V,\mathrm{m}}\Delta T = 4\mathrm{mol}\times 1.5\times 8.315\mathrm{J\cdot mol^{-1}\cdot K^{-1}}\times(250\mathrm{K}-750\mathrm{K})$$
$$= -24.945\mathrm{kJ}$$

$$\Delta H = nC_{p,\mathrm{m}}\Delta T = 4\mathrm{mol}\times 2.5\times 8.315\mathrm{J\cdot mol^{-1}\cdot K^{-1}}\times(250\mathrm{K}-750\mathrm{K})$$
$$= -41.57\mathrm{kJ}$$

$$\Delta S = nC_{p,\mathrm{m}}\ln\frac{T_3}{T_1} - nR\ln\frac{p_3}{p_1}$$
$$= 4\mathrm{mol}\times 2.5\times 8.315\mathrm{J\cdot mol^{-1}\cdot K^{-1}}\times\ln\frac{250\mathrm{K}}{750\mathrm{K}} - 4\mathrm{mol}\times 8.315\mathrm{J\cdot mol^{-1}\cdot K^{-1}}\times\ln\frac{100\mathrm{kPa}}{150\mathrm{kPa}}$$
$$= -77.86\mathrm{J\cdot K^{-1}}$$

$$Q = \Delta U - W = -24.96\mathrm{kJ} - 5.763\mathrm{kJ} = -30.71\mathrm{kJ}$$

3.14 3mol 双原子理想气体从始态 100kPa、75$\mathrm{dm^3}$ 先恒温可逆压缩使体积缩小至 50$\mathrm{dm^3}$，再恒压加热至 100$\mathrm{dm^3}$。求整个过程的 Q、W、ΔU、ΔH 及 ΔS。

分　析　整个过程分为恒温可逆压缩过程和恒压加热两个阶段，分别求出两个阶段各量的值再相加即可。

解题过程　整个过程为

$$\boxed{\begin{matrix} p_1 = 100\text{kPa} \\ V_1 = 75\text{dm}^3 \end{matrix}} \xrightarrow[\text{可逆}]{\text{恒温}} \boxed{\begin{matrix} p_2 \\ V_2 = 50\text{dm}^3 \end{matrix}} \xrightarrow{\text{恒压}} \boxed{\begin{matrix} p_3 = p_2 \\ V_3 = 100\text{dm}^3 \end{matrix}}$$

状态 1　　　　状态 2　　　　状态 3

$$T_1 = \frac{p_1V_1}{nR} = \frac{100\text{kPa}\times 75\text{dm}^3}{8.315\text{J}\cdot\text{mol}^{-1}\cdot\text{K}^{-1}\times 3\text{mol}} = 301\text{K}$$

状态 1→状态 2，恒温可逆过程

$$p_1V_1 = p_2V_2 \quad p_2 = \frac{p_1V_1}{V_2} = \frac{100\text{kPa}\times 75\text{dm}^3}{50\text{dm}} = 150\text{kPa}$$

$$W_1 = nRT\ln\frac{p_2}{p_1} = 3\text{mol}\times 8.315\text{J}\cdot\text{mol}^{-1}\cdot\text{K}^{-1}\times 301\text{K}\times\ln\frac{150\text{kPa}}{100\text{kPa}}$$
$$= 3.044\text{kJ}$$

状态 2→状态 3，恒压过程

$$W_2 = -p\Delta V = -p_2(V_3 - V_2) = -150\text{kPa}\times(100\text{dm}^3 - 50\text{dm}^3) = -7.5\text{kJ}$$

整个过程

$$W = W_1 + W_2 = 3.044\text{kJ} - 7.5\text{kJ} = -4.46\text{kJ}$$

$$\Delta U = nC_{V,\text{m}}\Delta T = 3\text{mol}\times 2.5R(T_3 - T_1)$$
$$= 3\text{mol}\times 2.5\times 8.315\text{J}\cdot\text{mol}^{-1}\cdot\text{K}^{-1}\times(\frac{p_3V_3}{nR} - 301\text{K})$$
$$= 3\text{mol}\times 2.5\times 8.315\text{J}\cdot\text{mol}^{-1}\cdot\text{K}^{-1}\times(\frac{150\text{kPa}\times 100\text{dm}^3}{3\text{mol}\times 8.315\text{J}\cdot\text{mol}^{-1}\cdot\text{K}^{-1}} - 301\text{K})$$
$$= 18.52\text{kJ}$$

$$\Delta H = nC_{p,\text{m}}\Delta T = 3\text{mol}\times 3.5R\times(\frac{p_3V_3}{nR} - 301\text{K})$$
$$= 3\text{mol}\times 3.5\times 8.315\text{J}\cdot\text{mol}^{-1}\cdot\text{K}^{-1}\times(\frac{150\text{kPa}\times 100\text{dm}^3}{3\text{mol}\times 8.315\text{J}\cdot\text{mol}^{-1}\cdot\text{K}^{-1}} - 301\text{K})$$
$$= 26.25\text{kJ}$$

$$\Delta S = nC_{V,\text{m}}\ln\frac{p_3}{p_1} + nC_{p,\text{m}}\ln\frac{V_3}{V_1}$$
$$= 3\text{mol}\times 2.5\times 8.315\text{J}\cdot\text{mol}^{-1}\cdot\text{K}^{-1}\times\ln\frac{150\text{kPa}}{100\text{kPa}} + 3\text{mol}\times 3.5\times 8.315\text{J}\cdot\text{mol}^{-1}\cdot\text{K}^{-1}$$
$$\times\ln\frac{100\text{dm}^3}{75\text{dm}^3}$$
$$= -50.40\text{J}\cdot\text{K}^{-1}$$

$$Q = \Delta U - W = 18.75\text{kJ} - (-4.46\text{kJ}) = 23.21\text{kJ}$$

小　结　该题求解的关键是把整个过程分为两个阶段并了解 W、ΔH、ΔU 的加和性。

3.15　5mol 单原子理想气体从始态 300K、50kPa 先绝热可逆压缩至 100kPa，再恒压冷却使体积缩小至 85dm³。求整个过程的 Q、W、ΔU、ΔH 及 ΔS。

解题过程　整个过程如下：

$$\boxed{\begin{array}{l} p_1 = 50\text{kPa} \\ T_1 = 300\text{K} \end{array}} \xrightarrow[\text{可逆}]{\text{绝热}} \boxed{\begin{array}{l} p_2 = 100\text{kPa} \\ T_2 \end{array}} \xrightarrow{\text{恒压}} \boxed{\begin{array}{l} p_3 = p_2 \\ V_3 = 85\text{dm}^3 \end{array}}$$

状态 1　　　　状态 2　　　　状态 3

单原子理想气体的 $C_{V,\mathrm{m}} = 1.5R, C_{p,\mathrm{m}} = 2.5R$。

状态 1 → 状态 2，绝热可逆过程

$$T_2 = T_1\left(\frac{p_2}{p_2}\right)^{R/C_{p,\mathrm{m}}} = 300\text{K} \times \left(\frac{100\text{kPa}}{50\text{kPa}}\right)^{0.4} = 395.85\text{K}$$

$Q_1 = 0$

状态 2 → 状态 3，恒压过程

$$T_3 = \frac{p_3 V_3}{nR} = \frac{100\text{kPa} \times 85\text{dm}^3}{5\text{mol} \times 8.315\text{J} \cdot \text{mol}^{-1} \cdot \text{K}^{-1}} = 204.46\text{K}$$

$$\begin{aligned} Q_2 = \Delta H_2 = nC_{p,\mathrm{m}}\Delta T &= 5\text{mol} \times 2.5 \times 8.315\text{J} \cdot \text{mol}^{-1} \cdot \text{K}^{-1} \times (T_3 - T_2) \\ &= 5\text{mol} \times 2.5 \times 8.315 \cdot \text{mol}^{-1} \cdot \text{K}^{-1} \times (204.46 - 395.85)\text{K} \\ &= -19.892\text{kJ} \end{aligned}$$

整个过程

$$Q = Q_1 + Q_2 = 0 - 19.892\text{kJ} = -19.892\text{kJ}$$

$$\begin{aligned} \Delta U = nC_{V,\mathrm{m}}\Delta T &= nC_{V,\mathrm{m}}(T_3 - T_1) \\ &= 5\text{mol} \times 1.5 \times 8.315\text{J} \cdot \text{mol}^{-1} \cdot \text{K}^{-1} \times (204.46 - 300)\text{K} \\ &= -5.958\text{kJ} \end{aligned}$$

$$\begin{aligned} \Delta H = nC_{p,\mathrm{m}}\Delta T &= \mathrm{n}C_{p,\mathrm{m}}(T_3 - T_1) \\ &= 5\text{mol} \times 2.5 \times 8.315\text{J} \cdot \text{mol}^{-1} \cdot \text{K}^{-1} \times (204.46 - 300)\text{K} \\ &= -9.930\text{kJ} \end{aligned}$$

$$\begin{aligned} \Delta S &= nC_{p,\mathrm{m}}\ln\frac{T_3}{T_1} - nR\ln\frac{p_3}{p_1} \\ &= 5\text{mol} \times 2.5 \times 8.315\text{J} \cdot \text{mol}^{-1} \cdot \text{K}^{-1} \times \ln\frac{204.46\text{K}}{300\text{K}} - 5\text{mol} \times 8.315\text{J} \cdot \text{mol}^{-1} \cdot \text{K}^{-1} \times \\ &\quad \ln\frac{100\text{kPa}}{50\text{kPa}} \\ &= -68.66\text{J} \cdot \text{K}^{-1} \end{aligned}$$

$$W = \Delta U - Q = -5.958\text{kJ} - (-19.892\text{kJ}) = 13.935\text{kJ}$$

小　结　3.12 ～ 3.15 题考查纯理想气体简单 pVT 变化过程中各种热力学函数的计算。

3.16　始态 300K、1MPa 的单原子理想气体 2mol，反抗 0.2MPa 的恒定外压绝热不可逆膨胀至平衡态。求过程的 W、ΔU、ΔH 及 ΔS。

解题过程　始、末态各物理量如下：

$$\boxed{\begin{array}{l} n = 2\text{mol} \\ T_1 = 300\text{K} \\ p_1 = 1\text{MPa} \\ V_1 \end{array}} \xrightarrow[p_{\text{外}} = 0.2\text{MPa}]{\text{绝热不可逆}} \boxed{\begin{array}{l} n = 2\text{mol} \\ T_2 \\ p_2 = 0.2\text{MPa} \\ V_2 \end{array}}$$

由于为单原子理想气体

故 $C_{V,m}=\frac{3}{2}R, C_{p,m}=\frac{5}{2}R$

由绝热过程得出

$Q=0, \Delta U=W+Q=W$

$\Delta U=nC_{V,m}(T_2-T_1), W=-p_{外}(V_2-V_1)$

由此求得 $T_2=T_1\frac{C_{V,m}+R(p_2/p_1)}{C_{V,m}+R}=300K\times\frac{\frac{3}{2}R+0.2R}{\frac{3}{2}R+R}=204K$

故 $\Delta U=W=nC_{V,m}(T_2-T_1)=\left[2\times\frac{3}{2}\times 8.315\times(204-300)\right]J=-2.394kJ$

$\Delta H=nC_{p,m}(T_2-T_1)=\left[2\times\frac{5}{2}\times 8.315\times(204-300)\right]J=-3.991kJ$

$\Delta S=nR\ln\frac{p_1}{p_2}+nC_{p,m}\ln\frac{T_2}{T_1}=\left(2\times 8.315\times\ln\frac{1}{0.2}+2\times\frac{5}{2}\times 8.315\times\ln\frac{204}{300}\right)J\cdot K^{-1}$

$=10.730J\cdot K^{-1}$

3.17 组成为 $y(B)=0.6$ 单原子气体A与双原子气体B的理想气体混合物共10mol，从始态 $T_1=300K$、$p_1=50kPa$ 绝热可逆压缩至 $p_2=200kPa$ 的平衡态。求过程的 W、ΔU、ΔH、$\Delta S(A)$、$\Delta S(B)$。

分　析　利用绝热可逆过程的 $\Delta S=0$，导出组成一定的理想气体混合物的绝热可逆过程方程式，求出末态温度 T_2，然后利用上面各公式求得各状态函数值。

解题过程　绝热可逆过程中 $\Delta S=0$，由此可知

$\left(\frac{T_2}{T_1}\right)^{\bar{C}_{p,m}}\left(\frac{p_2}{p_1}\right)^{-R}=1$

代入数据可得

$\left(\frac{T_2}{300K}\right)^{\bar{C}_{p,m}}\left(\frac{200kPa}{50kPa}\right)^{-R}=1$ ①

同时

$\bar{C}_{p,m}=y(A)C_{p,m}(A)+y(B)C_{p,m}(B)=0.4\times 2.5R+0.6\times 3.5R=3.1R$ ②

联立①式和②式可得

$\left(\frac{T_2}{300K}\right)^{3.1R}\left(\frac{200kPa}{50kPa}\right)^{-R}=1$

$T_2=469.17K$

$\Delta H=n\bar{C}_{p,m}\Delta T=10mol\times 3.1R\times(469.17-300)K$

$=43.60kJ$

$\Delta U=n\bar{C}_{V,m}\Delta T=10mol(\bar{C}_{p,m}-R)\times(469.17-300)K$

$=10mol\times 2.1\times 8.315J\cdot mol^{-1}\cdot K^{-1}\times(469.17-300)K$

$=29.54kJ$

因为此过程为绝热过程，所以 $Q=0$，即 $W=\Delta U=29.54\text{kJ}$

$$\Delta S(\text{A})=n(\text{A})C_{p,\text{m}}(\text{A})\ln\frac{T_2}{T_1}-n(\text{A})R\ln\frac{p_2(\text{A})}{p_1(\text{A})}$$

$$=0.4\times10\text{mol}\times2.5\times R\times\ln\frac{469.17\text{K}}{300\text{K}}-0.4\times10\text{mol}\times R\times\ln\frac{0.4\times p_2}{0.4\times p_1}$$

$$=0.4\times10\text{mol}\times2.5\times R\times\ln\frac{469.17\text{K}}{300\text{K}}-4\text{mol}\times R\times\ln\frac{200\text{kPa}}{50\text{kPa}}$$

$$=-8.923\text{J}\cdot\text{K}^{-1}$$

因为 $\Delta S=\Delta S(\text{A})+\Delta S(\text{B})=0$

所以 $\Delta S(\text{B})=-\Delta S(\text{A})=8.923\text{J}\cdot\text{K}^{-1}$

3.18 单原子气体 A 与双原子气体 B 的理想气体混合物共 8mol，组成为 $y(\text{B})=0.25$，始态 $T_1=400\text{K}$，$V_1=50\text{dm}^3$。今绝热反抗某恒定外压不可逆膨胀至末态体积 $V_2=250\text{dm}^3$ 的平衡态。求过程的 W、ΔU、ΔH、ΔS。

分　析　理想气体绝热反抗恒外压的不可逆过程：$W=\Delta U$。

解题过程　因为 $n=8\text{mol}$，$y(\text{B})=0.25$，$y(\text{A})=0.75$，所以

$$\bar{C}_{V,\text{m}}=y(\text{A})C_{V,\text{m}}(\text{A})+y(\text{B})C_{V,\text{m}}(\text{B})=(1-0.25)\times1.5R+0.25\times2.5R=1.75R$$

$$\bar{C}_{p,\text{m}}=\bar{C}_{V,\text{m}}+R=2.75R$$

理想气体绝热反抗恒外压过程 $Q=0$，$W=\Delta U$

$$W=-p_{\text{外压}}\Delta V=-p_2(V_2-V_1)=-\frac{nRT_2}{V_2}(V_2-V_1)$$

因为 $\Delta U=n\bar{C}_{V,\text{m}}\Delta T$

所以 $-\dfrac{nRT_2}{V_2}(V_2-V_1)=n\times1.75R(T_2-T_1)$

即　$-\dfrac{T_2}{250\text{dm}^3}(250\text{dm}^3-50\text{dm}^3)=1.75\times(T_2-400\text{K})$

由此可解得末态温度 $T_2=274.51\text{K}$

$$W=\Delta U=n\bar{C}_{V,\text{m}}\Delta T=8\text{mol}\times1.75\times8.315\text{J}\cdot\text{mol}^{-1}\cdot\text{K}^{-1}\times(274.51-400)\text{K}$$
$$=-14.61\text{kJ}$$

$$\Delta H=n\bar{C}_{p,\text{m}}\Delta T=8\text{mol}\times2.75\times8.315\text{J}\cdot\text{mol}^{-1}\cdot\text{K}^{-1}\times(274.51-400)\text{K}$$
$$=-22.95\text{kJ}$$

$$\Delta S=n\bar{C}_{V,\text{m}}\ln\frac{T_2}{T_1}+nR\ln\frac{V_2}{V_1}$$

$$=8\text{mol}\times1.75\times8.315\text{J}\cdot\text{mol}^{-1}\cdot\text{K}^{-1}\times\ln\frac{274.51\text{K}}{400\text{K}}+8\text{mol}\times8.315\text{J}\cdot\text{mol}^{-1}\cdot\text{K}^{-1}$$
$$\times\ln\frac{250\text{dm}^3}{50\text{dm}^3}$$

$$=63.23\text{J}\cdot\text{K}^{-1}$$

小　结　以上两题考查理想气体混合物的热力学计算。

3.19 常压下将100g、27℃的水与200g、72℃的水在绝热容器中混合，求最终水温t及过程的熵变ΔS。已知水的定压热容$c_p = 4.184\text{J}\cdot\text{g}^{-1}\cdot\text{K}^{-1}$。

解题过程　水在绝热容器中混合时，高温水放出的热完全被低温水吸收，即

$$-m_2c_p(t-t_2) = m_1c_p(t-t_1)$$

$$100\times4.184(t-27℃) = 200\times4.184(t-72℃)$$

由此可解得　$t = 57℃$

$$\Delta S = \Delta S_1 + \Delta S_2$$

$$= 100\text{g}\times4.184\text{J}\cdot\text{g}^{-1}\cdot\text{K}^{-1}\times\ln\frac{330.15\text{K}}{300.15\text{K}} + 200\text{g}\times4.184\text{J}\cdot\text{g}^{-1}\cdot\text{K}^{-1}\times\ln\frac{330.15\text{K}}{345.15\text{K}}$$

$$= 2.68\text{J}\cdot\text{K}^{-1}$$

3.20 将温度均为300K，压力均为100kPa的100dm^{3}的H_2(g)与50dm^{3}的CH_4(g)恒温恒压混合，求过程的ΔS。假设H_2(g)和CH_4(g)均可认为是理想气体。

解题过程　由理想气体的状态方程可知$n = \dfrac{pV}{RT}$，由此可解得

$$n(H_2) = \frac{100\text{kPa}\times100\text{dm}^3}{8.315\text{J}\cdot\text{mol}^{-1}\cdot\text{K}^{-1}\times300\text{K}} = 4\text{mol}$$

$$n(CH_4) = \frac{100\text{kPa}\times50\text{dm}^3}{8.315\text{J}\cdot\text{mol}^{-1}\cdot\text{K}^{-1}\times300\text{K}} = 2\text{mol}$$

同时，可求得末态体积为

$$V_2 = \frac{nRT_2}{p_2} = \frac{[n(H_2)+n(CH_4)]\times8.315\text{J}\cdot\text{mol}^{-1}\cdot\text{K}^{-1}\times300\text{K}}{100\text{kPa}}$$

$$= \frac{6\text{mol}\times8.315\text{J}\cdot\text{mol}^{-1}\cdot\text{K}^{-1}\times300\text{K}}{100\text{kPa}}$$

$$= 150\text{dm}^3$$

$$\Delta S = \Delta S(H_2) + \Delta S(CH_4)$$

$$= n(H_2)C_{V,\text{m}}(H_2)\ln\frac{T_2}{T_1} + n(H_2)R\ln\frac{V_2(H_2)}{V_1(H_2)} + n(CH_4)C_{V,\text{m}}(CH_4)\ln\frac{T_2}{T_1} + n(CH_4)R\ln\frac{V_2(CH_4)}{V_1(CH_4)}$$

$$= n(H_2)C_{V,\text{m}}(H_2)\times0 + 4\text{mol}\times8.315\text{J}\cdot\text{mol}^{-1}\cdot\text{K}^{-1}\times\ln\frac{150\text{dm}^3}{100\text{dm}^3} + 0 + 2\text{mol}\times8.315\text{J}\cdot\text{mol}^{-1}\cdot\text{K}^{-1}\times\ln\frac{150\text{dm}^3}{50\text{dm}^3}$$

$$= 31.83\text{J}\cdot\text{K}^{-1}$$

3.21 绝热恒容容器中有一绝热耐压隔板，隔板一侧为2mol的200K、50dm^{3}的单原子理想气体A，另一侧为3mol的400K、100dm^{3}的双原子理想气体B。今将容器中的绝热隔板撤去，气体A与气体B混合达到平衡态。求过程的ΔS。

解题过程　理想气体A和B构成的系统，经历的是绝热恒容过程：$Q = 0, W = 0, \Delta U = Q + W = 0$

又 $\Delta U = n_A C_{V,m}(A)\Delta T + n_B C_{V,m}(B)\Delta T$

$= 2mol \times 1.5R \times (T - 200)K + 3mol \times 2.5R \times (T - 400)K$

所以由上可得系统末态温度 $T = 342.86K$

$$\Delta S = \Delta S(A) + \Delta S(B)$$

$$= n_A C_{V,m}(A)\ln\frac{T}{200K} + n_A R\ln\frac{V}{50dm^3} + n_B C_{V,m}(B)\ln\frac{T}{400K} + n_B R\ln\frac{V}{100dm^3}$$

$$= 2mol \times 1.5R \times \ln\frac{324.86K}{200K} + 2mol \times R \times \ln\frac{150dm^3}{50dm^3} + 3mol \times 2.5R \times \ln\frac{342.86K}{400K}$$

$$+ 3mol \times R \times \ln\frac{150dm^3}{100dm^3}$$

$$= 32.22J \cdot K^{-1}$$

3.22 绝热恒容容器中有一绝热耐压的耐压隔板，隔板两侧均为 $N_2(g)$。一侧容积为 $50dm^3$，内有 200K 的 $N_2(g)$2mol；另一侧容积为 $75dm^3$，内有 500K 的 $N_2(g)$4mol。$N_2(g)$ 可以为理想气体，今将容器中的绝热板撤去，使系统达到平衡态。求过程的 ΔS。

分　析 隔板两侧的 N_2 作为一个整体研究，其经历的过程是绝热恒容过程。

解题过程 隔板两侧的 N_2 作为一个整体，看做一个系统，其经历的是绝热恒容过程。

即 $Q = 0, W = 0, \Delta U = Q + W = 0$

又 $\Delta U = nC_{V,m}\Delta T = 2mol \times C_{V,m} \times (T - 200K) + 4mol \times C_{V,m} \times (T - 500K)$

所以系统末态温度 $T = 400K$

达到平衡态时，隔板一侧 2mol N_2 所占的体积为 V'_2，另一侧 4mol N_2 所占的体积为 V''_2

$$V'_2 = \frac{2mol}{2mol + 4mol} \times V = \frac{1}{3} \times (50dm^3 + 75dm^3) = \frac{125}{3}dm^3$$

$$V''_2 = \frac{4mol}{2mol + 4mol} \times V = \frac{2}{3} \times 125dm^3$$

$$\Delta S = n_1 C_{V,m}\ln(T/T_1) + n_1 R\ln(V'_2/V_1) + n_2 R[2.5\ln(T/T_2) + \ln(V''_2/V_2)]$$

$$= 2mol \times 2.5R \times \ln\frac{400K}{200K} + 2mol \times R \times \ln\frac{\frac{125}{3}dm^3}{50dm^3} + 4mol \times 2.5R \times \ln\frac{400K}{500K} + 4mol$$

$$\times R \times \ln\frac{\frac{2}{3} \times 125dm^3}{75dm^3}$$

$$= 10.735J \cdot K^{-1}$$

小　结 3.19～3.22 题考查混合过程的熵变计算。

3.23 甲醇(CH_3OH) 在 101.325kPa 下的沸点(正常沸点) 为 64.65℃，在此条件下的摩尔蒸发焓 $\Delta_{vap}H_m = 35.32kJ \cdot mol^{-1}$。求在上述温度、压力条件下，1kg 液态甲醇全部成为甲醇蒸气时的 Q、W、ΔH 及 ΔS。

解题过程 因为 $M(CH_3OH) = 32.04g \cdot mol^{-1}$，所以甲醇的物质的量为

$$n=\frac{m}{M}=\frac{100\mathrm{g}}{32.04\mathrm{g}\cdot\mathrm{mol}^{-1}}=31.21\mathrm{mol}$$

因此在此过程中

$$Q_p=\Delta H=n\Delta_{\mathrm{vap}}H_{\mathrm{m}}=1102.33\mathrm{kJ}$$

$$W=-p\Delta V\approx -nRT=-31.21\mathrm{mol}\times 8.315\mathrm{J}\cdot\mathrm{mol}^{-1}\cdot\mathrm{K}^{-1}\times(273.15+64.65)\mathrm{K}$$
$$=-87.65\mathrm{kJ}$$

$$\Delta U=Q_p+W=1102.33\mathrm{kJ}+(-87.65)\mathrm{kJ}=1014.65\mathrm{kJ}$$

$$\Delta S=\frac{\Delta H}{T}=\frac{31.21\mathrm{mol}\times 35.32\mathrm{kJ}\cdot\mathrm{mol}^{-1}}{(273.15+64.65)\mathrm{K}}=3.263\mathrm{kJ}\cdot\mathrm{K}^{-1}$$

3.24 298.15K、101.325kPa 下，1mol 过饱和水蒸气变为同温同压下的液态水。求此过程的 ΔS 及 ΔG，并判断此过程能否自动进行。已知 298.15K 时水的饱和蒸气压为 3.166kPa，质量蒸发焓为 $2217\mathrm{J}\cdot\mathrm{g}^{-1}$。

解题过程　此过程为恒温恒压不可逆相变过程，因此需要可逆途径，设计如下：

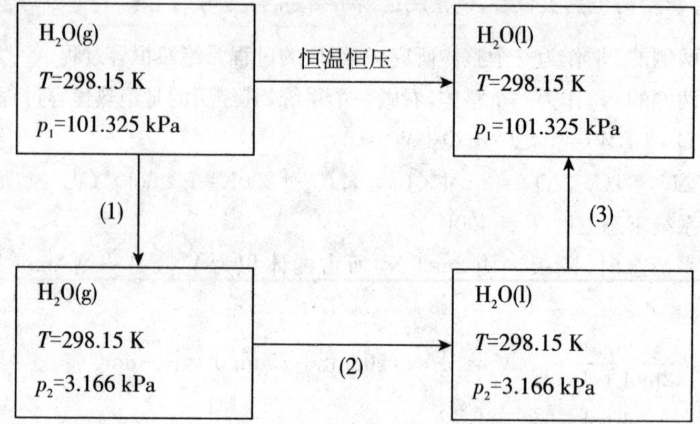

(1) 过程为恒温过程，故

$$\Delta S_1=nR\ln\frac{p_1}{p_2}=28.815\mathrm{J}\cdot\mathrm{K}^{-1}$$

$$\Delta G_1=\int_{p_1}^{p_2}V\mathrm{d}p=\int_{p_1}^{p_2}\frac{nRT}{p}\mathrm{d}p=nRT\ln\frac{p_2}{p_1}$$
$$=\left(1\times 8.315\times 298.15\times\ln\frac{3.166}{101.325}\right)\mathrm{J}=-8591.3\mathrm{J}$$

(2) 过程为恒温恒压过程，故

$$\Delta S_2=\frac{-n\Delta_{\mathrm{vap}}H_{\mathrm{m}}}{T}=\left(-\frac{18.016\times 2217}{298.15}\right)\mathrm{J}\cdot\mathrm{K}^{-1}=-133.96\mathrm{J}\cdot\mathrm{K}^{-1}$$

$$\Delta G_2=0$$

(3) 过程为恒温过程，故

$$\Delta G_3=\int_{p_2}^{p_1}V\mathrm{d}p=V_{\mathrm{m}}(p_1-p_2)$$
$$=[1.8016\times 10^{-2}\times(101.325-3.166)]\mathrm{J}=1.771\mathrm{J}$$

由于压力变化小，可近似认为 $\Delta S_3 = 0$

故 $\Delta S = \Delta S_1 + \Delta S_2 + \Delta S_3 = -105.15\text{J} \cdot \text{K}^{-1}$

$\Delta G = \Delta G_1 + \Delta G_2 + \Delta G_3 = -8.590\text{kJ} < 0$，所以该过程可自动进行。

3.25 常压下冰的熔点为 273.15K，比熔化焓 $\Delta_{\text{fus}}h = 333.3\text{J} \cdot \text{g}^{-1}$。水的比定压热容 $c_p = 4.184\text{J} \cdot \text{g}^{-1} \cdot \text{K}^{-1}$。系统的始态为一绝热容器中 1kg、353.15K 的水及 0.5kg、273.15K 的冰。求系统达到平衡后，过程的 ΔS。

解题过程 由于系统绝热，故 $Q = 0$

又 $Q = \Delta H = m_{冰} \Delta_{\text{fus}}h + m_{冰} c_p(T - T_{冰}) + m_{水} c_p(T - T_{水}) = 0$

因此 $T = \dfrac{c_p(m_{冰} T_{冰} + m_{水} T_{水}) - m_{冰} \Delta_{\text{fus}}h}{c_p(m_{冰} + m_{水})}$

$$= \frac{4.184 \times (500 \times 273.15 + 1\,000 \times 353.15) - 500 \times 333.3}{4.184 \times (1\,000 + 500)}\text{K}$$

$$= 299.93\text{K}$$

$$\Delta S = \frac{m_{冰} \Delta_{\text{fus}}h}{T_0} + m_{冰} c_p \ln\frac{T}{T_0} + m_{水} c_p \ln\frac{T}{T_{水}}$$

$$= \left[\frac{500 \times 333.3}{273.15} + 4.184 \times \left(500 \times \ln\frac{299.93}{273.15} + 1\,000 \times \ln\frac{299.93}{353.15}\right)\right]\text{J} \cdot \text{K}^{-1}$$

$$= 122.33\text{J} \cdot \text{K}^{-1}$$

3.26 常压下冰的熔点为 0℃，比熔化焓 $\Delta_{\text{fus}}h = 333.3\text{J} \cdot \text{g}^{-1}$，水的比定压热容 $c_p = 4.184\,\text{J} \cdot \text{g}^{-1} \cdot \text{K}^{-1}$。在一绝热容器中有 1kg、25℃ 的水，现向容器中加入 0.5kg、0℃ 的冰，这是系统的始态。求系统达到平衡后，过程的 ΔS。

分　析 首先判断冰是否全部熔化。当冰全部熔化所需的热量小于 25℃ 水下降到 0℃ 时所能释放的最多的热时，冰才可以完全熔化，否则平衡态为冰水混合物。

解题过程 假设冰全部熔化所需吸收的热为

$Q_{吸} = m_{冰} \Delta_{\text{fus}}h = 0.5\text{kg} \times 333.35\text{J} \cdot \text{g}^{-1} = 166.675\text{kJ}$

25℃ 水降到 0℃ 时所释放的热为

$Q_{放} = -mc_p\Delta T = -1\,000\text{g} \times 4.184\text{J} \cdot \text{g}^{-1} \cdot \text{K}^{-1} \times (-25)\text{K} = 104.6\text{kJ}$

则 $|Q_{吸}| > |Q_{放}|$，所以冰不能全部熔化，平衡态为 0℃ 的冰水混合物。容器为绝热 $Q = 0$，设有 m(g) 冰熔化，则

$Q = m_{水} c_p \Delta T + m_{冰} \Delta_{\text{fus}}h$

$= -1\,000\text{g} \times 4.184\text{J} \cdot \text{g}^{-1} \cdot \text{K}^{-1} \times 25\text{K} + m \times 333.3\text{J} \cdot \text{g}^{-1} = 0$

$m = 313.83\text{g}$

水由 25℃ 降到 0℃ 时

$$\Delta S_1 = \int_{T_1}^{T_2} \frac{mc_p\text{d}T}{T} = mc_p \ln\frac{T_2}{T_1}$$

$$= 1\,000\text{g} \times 4.184\text{J} \cdot \text{g}^{-1} \cdot \text{K}^{-1} \times \ln\frac{273.15\text{K}}{298.15\text{K}}$$

$=-366.42\text{J}\cdot\text{K}^{-1}$

$m=313.83\text{g}$ 冰熔化为 0℃ 水时

$$\Delta S_2=\frac{m\Delta_{\text{fus}}h}{T}=\frac{313.83\text{g}\times 333.3\text{J}\cdot\text{g}^{-1}}{273.15\text{K}}=382.94\text{J}\cdot\text{K}^{-1}$$

$$\Delta S=\Delta S_1+\Delta S_2=-366.42\text{J}\cdot\text{K}^{-1}+382.94\text{J}\cdot\text{K}^{-1}=16.52\text{J}\cdot\text{K}^{-1}$$

3.27 已知常压下冰的熔点为 0℃，摩尔熔化焓 $\Delta_{\text{fus}}H_{\text{m}}(\text{H}_2\text{O})=6.004\text{kJ}\cdot\text{mol}^{-1}$，苯的熔点为 5.51℃，摩尔熔化焓 $\Delta_{\text{fus}}H_{\text{m}}(\text{C}_6\text{H}_6)=9.832\text{kJ}\cdot\text{mol}^{-1}$。液态水和固态苯的摩尔定压热容分别为 $C_{p,\text{m}}(\text{H}_2\text{O},\text{l})=75.37\text{J}\cdot\text{mol}^{-1}\cdot\text{K}^{-1}$ 和 $C_{p,\text{m}}(\text{C}_2\text{H}_6,\text{s})=122.59\text{J}\cdot\text{mol}^{-1}\cdot\text{K}^{-1}$。今有两个用绝热层包围的容器，一容器中为 0℃ 的 8mol $\text{H}_2\text{O}(\text{s})$ 与 2mol $\text{H}_2\text{O}(\text{l})$ 成平衡，另一容器中为 5.51℃ 的 5mol $\text{C}_6\text{H}_6(\text{l})$ 与 5mol $\text{C}_6\text{H}_6(\text{s})$ 成平衡。现将两容器接触，去掉两容器间的绝热层，使两容器达到新的平衡态。求过程的 ΔS。

解题过程　设 H_2O 为 a，C_6H_6 为 b，该绝热恒压过程可表示为

$$\boxed{\begin{array}{l} n_\text{a}(\text{l})=2\text{mol}\\ n_\text{a}(\text{s})=8\text{mol}\\ T_\text{a}=273.15\text{K}\end{array}}+\boxed{\begin{array}{l} n_\text{b}(\text{l})=5\text{mol}\\ n_\text{b}(\text{s})=5\text{mol}\\ T_\text{b}=278.66\text{K}\end{array}}\xrightarrow{\text{绝热恒温}}\boxed{\begin{array}{l} n_\text{a}(\text{l})=10\text{mol}\\ n_\text{b}(\text{s})=10\text{mol}\\ T\end{array}}$$

由于绝热过程故 $Q=0$，又

$$Q=\Delta H=\Delta H_\text{a}+\Delta H_\text{b}=0 \quad ①$$

$$\Delta H_\text{a}=n_\text{a}(\text{s})\Delta_{\text{fus}}H_\text{m}(\text{A})+n_\text{a}(\text{l})C_{p,\text{m}}(\text{a},\text{l})(T-T_\text{a}) \quad ②$$

$$\Delta H_\text{b}=n_\text{b}(\text{l})[-\Delta_{\text{fus}}H_\text{m}(\text{b})]+n_\text{b}(\text{s})C_{p,\text{m}}(\text{b},\text{s})(T-T_\text{b}) \quad ③$$

由 ①②③ 得

$$T=\frac{-n_\text{a}(\text{s})\Delta_{\text{fus}}H_\text{m}(\text{a})+n_\text{b}(\text{l})\Delta_{\text{fus}}\text{H}_\text{m}(\text{b})+n_\text{a}(\text{l})C_{p,\text{m}}(\text{a},\text{l})T_2+n_\text{b}(\text{s})C_{p,\text{m}}(\text{b},\text{s})T_1}{n_\text{a}(\text{l})C_{p,\text{m}}(\text{a},\text{l})+n_\text{b}(\text{s})C_{p,\text{m}}(\text{b},\text{s})}$$

$$=\frac{-8\times(6.004\times10^3)+5\times9.832\times10^3+10\times75.37\times273.15+10\times122.59\times278.66}{10\times75.37+10\times122.59}\text{K}$$

$$=277.13\text{K}$$

$$\Delta S_\text{b}=\frac{n_\text{a}(\text{l})\Delta_{\text{fus}}H_\text{m}(\text{a},\text{l})}{T_\text{a}}+n_\text{a}(\text{l})C_{p,\text{m}}(\text{a},\text{l})\ln\frac{T}{T_\text{a}}$$

$$=\left(\frac{8\times6.004\times10^3}{273.15}+10\times75.37\times\ln\frac{277.13}{273.15}\right)\text{J}\cdot\text{K}^{-1}$$

$$=186.75\text{J}\cdot\text{K}^{-1}$$

$$\Delta S_\text{b}=\frac{-n_\text{b}(\text{s})\Delta_{\text{fus}}H_\text{m}(\text{b},\text{s})}{T_\text{b}}+n_\text{b}(\text{s})C_{p,\text{m}}(\text{b},\text{s})\ln\frac{T}{T_2}$$

$$=\left(\frac{-5\times9.832\times10^3}{278.66}+10\times122.59\times\ln\frac{277.13}{278.66}\right)\text{J}\cdot\text{K}^{-1}$$

$$=-183.17\text{J}\cdot\text{K}^{-1}$$

故 $\Delta S=\Delta S_\text{a}+\Delta S_\text{b}=3.58\text{J}\cdot\text{K}^{-1}$

3.28 将装有 0.1mol 乙醚 $(C_2H_5)_2O(l)$ 的小玻璃瓶放入容积为 $10\ dm^3$ 的恒容密闭的真空容器中，并在 35.51℃ 的恒温槽中恒温。35.51℃ 为在 101.325kPa 下乙醚的沸点。已知在此条件下乙醚的摩尔蒸发焓 $\Delta_{vap}H_m = 25.104 kJ \cdot mol^{-1}$。今将小玻璃瓶打破，乙醚蒸发至平衡态。求：

(1) 乙醚蒸气的压力。

(2) 过程的 Q、ΔU、ΔH 及 ΔS。

分　析　判断乙醚是否全部蒸发。可假设乙醚全部蒸发，当求得的压力 $p < p^s$ 时，假设成立。

解题过程　(1) 假设 0.1mol 乙醚全部蒸发。

$$p = \frac{nRT}{V} = \frac{0.1mol \times 8.315J \cdot mol^{-1} \cdot K^{-1} \times 308.66K}{10 \times 10^{-3} m^3} = 25.664kPa$$

$p = 25.66kPa < p^s = 101.325kPa$，假设成立。

(2) 乙醚所经过的过程

$$乙醚(l) \xrightarrow[dp]{dT} 乙醚(g) \xrightarrow{dT=0} 乙醚(g)$$

因为整个过程恒容，$W = 0$

$$\Delta H = n\Delta_{vap}H_m = 0.1mol \times 25.10kJ \cdot mol^{-1} = 2.5104kJ$$

$$\begin{aligned} Q = \Delta U &= \Delta H - \Delta(pV) = \Delta H - \Delta n(g)RT \\ &= 2.5104kJ - 0.1mol \times 8.315J \cdot mol^{-1} \cdot K^{-1} \times 308.66J \\ &= 2.2538kJ \end{aligned}$$

$$\begin{aligned} \Delta S &= \frac{n\Delta_{vap}H_m}{T} + nC_{p,m}\ln\frac{308.66K}{308.66K} - nR\ln\frac{25.664kPa}{101.325kPa} \\ &= \frac{0.1mol \times 25.104kJ \cdot mol^{-1}}{308.66K} + 0 - 0.1mol \times 8.315J \cdot mol^{-1} \cdot K^{-1} \times \ln\frac{25.664kPa}{101.325kPa} \\ &= 9.275J \cdot K^{-1} \end{aligned}$$

3.29 已知苯 (C_6H_6) 在 101.325kPa 下于 80.1℃ 沸腾，$\Delta_{vap}H_m = 30.878kJ \cdot mol^{-1}$。液体苯的摩尔定压热容 $C_{p,m} = 142.7J \cdot mol^{-1} \cdot K^{-1}$。

今将 40.53kPa、80.1℃ 的苯蒸气 1mol 先恒温可逆压缩至 101.325kPa，并凝结成液态苯，再在恒压下将其冷却至 60℃。求整个过程的 Q、W、ΔU、ΔH 及 ΔS。

分　析　整个过程分为恒温可逆过程、恒温恒压凝结过程和恒压冷却 3 个阶段。在恒压冷却过程中，液态苯体积变化很小，则 $W = 0$。

解题过程　整个过程如下：

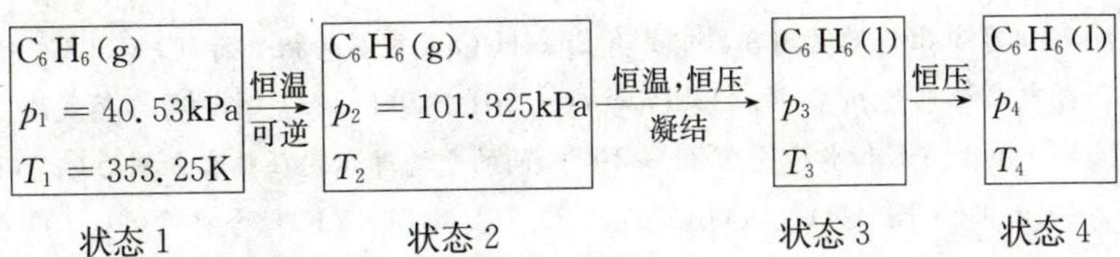

状态 1 → 状态 2，恒温可逆过程

$$W_1 = nRT\ln\frac{p_2}{p_1} = 1\text{mol}\times 8.315\text{J}\cdot\text{mol}^{-1}\cdot\text{K}^{-1}\times 353.25\text{K}\times\ln\frac{101.325\text{kPa}}{40.53\text{kPa}}$$
$$= 2.691\text{kJ}$$

$\Delta U_1 = 0 \quad Q_1 = -W_1 = -2.691\text{kJ}$

$$\Delta S_1 = -nR\ln\frac{p_2}{p_1} = -1\text{mol}\times 8.315\text{J}\cdot\text{mol}^{-1}\cdot\text{K}^{-1}\times\ln\frac{101.325\text{kPa}}{40.53\text{kPa}}$$
$$= -7.619\text{J}\cdot\text{K}^{-1}$$

状态 2 → 状态 3，在沸点、饱和蒸气压下凝结

$$W_2 = -p_2\Delta V \approx p_2V(C_6H_6,g) = nRT_2 = 1\text{mol}\times 8.315\text{J}\cdot\text{mol}^{-1}\cdot\text{K}^{-1}\times 353.25\text{K}$$
$$= 2.97\text{kJ}$$

$$Q_2 = \Delta H = -n\Delta_{vap}H_m = 1\text{mol}\times 30.878\text{k}\cdot\text{mol}^{-1}$$
$$= -30.878\text{kJ}$$

$$\Delta S_2 = \frac{-n\Delta_{vap}H_m}{T_2} = \frac{-1\text{mol}\times 30.878\text{k}\cdot\text{mol}^{-1}}{353.25\text{K}}$$
$$= -87.411\text{J}\cdot\text{K}^{-1}$$

状态 3 → 状态 4，苯液体的恒压降温过程

$W_3 \approx 0$

$$Q_3 = nC_{p,m}\Delta T = 1\text{mol}\times 142.7\text{J}\cdot\text{mol}^{-1}\cdot\text{K}^{-1}\times(60-80.1)\text{K}$$
$$= -2.868\text{kJ}$$

$$\Delta S_3 = nC_{p,m}\ln\frac{T_4}{T_3} = 1\text{mol}\times 142.7\text{J}\cdot\text{mol}^{-1}\cdot\text{K}^{-1}\times\ln\frac{333.15\text{K}}{353.25\text{K}}$$
$$= -8.360\text{J}\cdot\text{K}^{-1}$$

整个过程

$$W = W_1 + W_2 + W_3 = 2.691\text{kJ} + 2.937\text{kJ} + 0\text{kJ} = 5.628\text{kJ}$$
$$Q = Q_1 + Q_2 + Q_3 = -2.691\text{kJ} - 30.878\text{kJ} - 2.868\text{kJ} = -36.437\text{kJ}$$
$$\Delta U = W + Q = 5.628\text{kJ} - 36.437\text{kJ} = -30.809\text{kJ}$$
$$\Delta H = \Delta U - \Delta(pV) = \Delta U + (p_4V_4 - p_1V_1) \approx \Delta U - nRT_1$$
$$= -30.809\text{kJ} - 1\times 8.315\times 353.25\times 10^{-3}\text{kJ} = -33.746\text{kJ}$$
$$\Delta S = \Delta S_1 + \Delta S_2 + \Delta S_3 = (-7.619 - 87.411 - 8.360)\text{J}\cdot\text{K}^{-1}$$
$$= -103.39\text{J}\cdot\text{K}^{-1}$$

小　结　此题求解的关键是把整个过程分为 3 个阶段，并了解在恒压冷却过程中，液态苯体积变化可忽略。

3.30　容积为 20dm^3 的密闭容器中共有 $2\text{mol}H_2O$ 成气液两相平衡。已知 80℃、100℃ 下水的饱和蒸气压分别为 $p_1 = 47.343\text{kPa}$ 和 $p_2 = 101.325\text{kPa}$，25℃ 水的摩尔蒸发焓 $\Delta_{vap}H_m = 44.016\text{kJ}\cdot\text{mol}^{-1}$；水和水蒸气在 25～100℃ 间的平均摩尔定压热容分别为 $\bar{C}_{p,m}(H_2O,l) = 75.75\text{J}\cdot\text{mol}^{-1}\cdot\text{K}^{-1}$ 和 $\bar{C}_{p,m}(H_2O,g) = 33.76\text{J}\cdot\text{mol}^{-1}\cdot\text{K}^{-1}$。今将系统从 80℃ 的平衡态恒容加热到 100℃ 的平衡态。求过程的 Q、ΔU、ΔH 及 ΔS。

分　　析　首先确定始、末态各种相态的物质的量以及 p、V、T，然后设计出从始态到末态的可逆过程并计算。

解题过程　整个过程可表示为

$$\begin{array}{ccccc} n_1(g),H_2O(g) & \longrightarrow & & & n_2(g),H_2O(g) \\ \Big\| & & & & \Big\| \\ n_1(l)H_2O(l) & \longrightarrow & H_2O(l) & \longrightarrow & n_2(l),H_2O(l) \\ T_1=353.15K & & T_2=373.15K & & T_3=T_2 \\ p_1=47.343kPa & & p_2=101.325kPa & & p_3=101.325kPa \end{array}$$

始态气体及液体的物质的量为

$$n_2(g)=\frac{p_1V}{RT_1}=\frac{47.343kPa\times 20dm^3}{8.315J\cdot mol^{-1}\cdot K^{-1}\times 353.15K}=0.322\ 47mol$$

$$n_1(l)=n-n_1(g)=(2-0.322\ 47)mol=1.677\ 53mol$$

末态气体及液体的物质的量为

$$n_2(g)=\frac{p_2V}{RT_2}=\frac{101.325kPa\times 20dm^3}{8.315J\cdot mol^{-1}\cdot K^{-1}\times 373.15K}=0.653\ 17mol$$

$$n_2(l)=n-n_2(g)=1.346\ 83mol$$

则水的蒸发的物质的量为

$$\Delta n(g)=n_2(g)-n_1(g)=(0.653\ 17-0.322\ 47)mol=0.330\ 70mol$$

373.15K 下水的摩尔蒸发焓为

$$\Delta_{vap}H_m(T_2)=\Delta_{vap}H_m(T_1)+\int_{T_1}^{T_2}\Delta C_{p,m}dT$$

$$\begin{aligned}\Delta_{vap}H_m(373.15K)&=\Delta_{vap}H_m(353.15K)+\int_{353.15K}^{373.15K}[C_{p,m}(g)-C_{p,m}(l)]dT\\&=44.016kJ\cdot mol^{-1}+(33.76-75.75)J\cdot mol^{-1}\cdot K^{-1}\times(373.15K-\\&\quad 353.15K)\\&=40.867kJ\cdot mol^{-1}\end{aligned}$$

假设将 $n_1(g)$ 的 $H_2O(g)$ 变为 101.325kPa 下 100℃ 的 $H_2O(l)$，再恒温恒压变至末态，此过程只有水蒸气

$$\begin{aligned}\Delta H&=n_1(g)C_{p,m}(g)(T_3-T_1)+n_1(l)C_{p,m}(l)(T_2-T_1)+\Delta n(g)\Delta_{vap}H_m(373.15K)\\&=0.322\ 4mol^{-1}\times 33.76J\cdot mol^{-1}\cdot K^{-1}\times(100-80)K+1.677\ 53mol\times\\&\quad 75.75J\cdot mol^{-1}\cdot K^{-1}\times(100-80)K+0.330\ 70mol\times 40.867kJ\cdot mol^{-1}\\&=16.28kJ\end{aligned}$$

因为恒容，$W=0$，则

$$\begin{aligned}Q=\Delta U&=\Delta H-\Delta(pV)=\Delta H-[n_2(g)RT_3-n_3(g)RT_1]\\&=16.274kJ-(0.653\ 17\times 8.315\times 373.15-0.322\ 4\times 8.315\times 353.15)J\\&=15.194kJ\end{aligned}$$

ΔS 的计算应考虑下列过程引起的熵变：始态气体的变温和变压；始态液体的升温及部分液体的蒸发所引起的熵变。

$$\Delta S = n_1(\mathrm{g})C_{p,\mathrm{m}}(\mathrm{g})\ln\frac{T_3}{T_1} - n_1(\mathrm{g})R\ln\frac{p_2}{p_1} + n_1(\mathrm{l})C_{p,\mathrm{m}}(\mathrm{l})\ln\frac{T_3}{T_1} + \frac{\Delta n(\mathrm{g})\Delta_{\mathrm{vap}}H_{\mathrm{m}}(373.15\mathrm{K})}{T_3}$$

$$= (0.322\,47\times 33.76\times\ln\frac{373.15}{353.15} - 0.322\,47\times 8.315\ln\frac{101.325}{47.343} + 1.677\,53\times 75.75$$

$$\times\ln\frac{373.15}{353.15} + \frac{0.330\,70\times 40.867\times 10^3}{273.15})\mathrm{J\cdot K^{-1}}$$

$$= 41.79\mathrm{J\cdot K^{-1}}$$

小　　结　3.28～3.30 题考查相变过程中各种热力学函数的计算。

3.31　$O_2(g)$ 的摩尔定压热容与温度的函数关系为

$$C_{p,\mathrm{m}} = [28.17 + 6.297\times 10^{3}(T/\mathrm{K}) - 0.7494\times 10^{-6}(T/\mathrm{K})^2]\mathrm{J\cdot mol^{-1}\cdot K^{-1}}$$

已知 25℃ 下 $O_2(g)$ 的标准摩尔熵 $S_{\mathrm{m}}^{\ominus} = 205.138\mathrm{J\cdot mol^{-1}\cdot K^{-1}}$，求 $O_2(g)$ 在 100℃、50kPa 下的摩尔规定熵值 S_{m}。

分　　析　从始态到末态设计出一个可逆过程。先恒压升温，再恒温可逆膨胀。

解题过程　整个过程可表示如下：

状态 1		状态 2		状态 3
$t_1 = 25℃$ $p_1 = 100\mathrm{kPa}$	恒压升温 →	$t_2 = 100℃$ $p_2 = 100\mathrm{kPa}$	恒温可逆膨胀 →	$t_3 = 100℃$ $p_3 = 50\mathrm{kPa}$

状态 1 → 状态 2，恒压升温过程

$$\Delta S_{\mathrm{m1}} = \int_{T_1}^{T_2}\frac{C_{p,\mathrm{m}}\mathrm{d}T}{T} = \int_{T_1}^{T_2}\frac{a+bT+cT^2}{T}\mathrm{d}T = a\ln\frac{T_2}{T_1} + b(T_2 - T_1) + \frac{c}{2}(T_2^2 - T_1^2)$$

$O_2(g)$ 的 $C_{p,\mathrm{m}} = [28.17 + 6.297\times 10^{-3}(T/\mathrm{K}) - 0.749\,4\times 10^{-6}(T/\mathrm{K})^2]\mathrm{J\cdot mol^{-1}\cdot K^{-1}}$

$$\Delta S_{\mathrm{m1}} = \left[28.17\times\ln\frac{373.15}{298.15} + 6.297\times 10^{-3}\times(373.15 - 298.15) - \frac{0.7494\times 10^{-6}}{2}(373.15^2 - 298.15^2)\right]\mathrm{J}$$

$$= 6.774\,3\mathrm{J}$$

状态 2 → 状态 3，恒温可逆膨胀

$$\Delta S_{\mathrm{m2}} = -R\ln\frac{p_3}{p_2} = -8.315\mathrm{J\cdot mol^{-1}\cdot K^{-1}}\times\ln\frac{50\mathrm{kPa}}{100\mathrm{kPa}}$$

$$= 5.763\,5\mathrm{J\cdot mol^{-1}\cdot K^{-1}}$$

$$\Delta S_{\mathrm{m}} = \Delta S_{\mathrm{m1}} + \Delta S_{\mathrm{m2}} = 12.537\,8\mathrm{J\cdot mol^{-1}\cdot K^{-1}}$$

因为 $\Delta S_{\mathrm{m}} = \Delta S_{\mathrm{m}}(373.15\mathrm{K}) - S_{\mathrm{m}}^{\ominus}(298.15\mathrm{K})$

即　$\Delta S_{\mathrm{m}}(373.15\mathrm{K}) = \Delta S_{\mathrm{m}} + S_{\mathrm{m}}^{\ominus}(298.15\mathrm{K})$

$$= 12.537\,8\mathrm{J\cdot K^{-1}} + 205.138\mathrm{J\cdot mol^{-1}\cdot K^{-1}}$$

$$= 217.675\,8\mathrm{J\cdot mol^{-1}\cdot K^{-1}}$$

3.32 若参加化学反应的各物质的摩尔定压热容可表示为

$$C_{p,m}=a+bT+cT^2$$

试推导化学反应 $0=\sum_B v_B B$ 的标准摩尔反应熵 $\Delta_r S_m^{\ominus}(T)$ 与温度 T 的函数关系式，并说明积分常数 $\Delta_r S_{m,0}^{\ominus}$ 如何确定。

解题过程 对于标准摩尔反应熵，$d(\Delta_r S_m^{\ominus})=\dfrac{\Delta_r C_{p,m}}{T}dT$

故 $\Delta_r S_m^{\ominus}(T)=\Delta_r S_m^{\ominus}(T_0)+\int_{T_0}^{T}\dfrac{\Delta_r C_{p,m}}{T}dT$

$$=\Delta_r S_m^{\ominus}(T_0)+\left(\Delta a\ln T+\Delta bT+\frac{\Delta c}{2}T^2\right)-\left(\Delta a\ln T_0+\Delta bT_0+\frac{\Delta c}{2}T_0^2\right)$$

$$=\Delta_r S_{m,0}^{\ominus}+\Delta a\ln T+\Delta bT+\frac{\Delta c}{2}T^2$$

将 T_0 时的 $\Delta_r S_{m,0}^{\ominus}(T_0)$ 代入上式即求得积分常数 $\Delta_r S_{m,0}^{\ominus}$。

3.33 已知25℃时液态水的标准摩尔生成吉布斯函数 $\Delta_f G_m^{\ominus}(H_2O,l)=-237.129\ kJ\cdot mol^{-1}\cdot K^{-1}$，水在25℃时的饱和蒸气压 $p^s=3.1663kPa$。求25℃时水蒸气的标准摩尔生成吉布斯函数。

解题过程 整个过程可表示为

$$H_2(g)+O_2(g)\rightleftharpoons H_2O(g)$$

$$t_1=25℃,p_1=100kPa\xrightarrow[\Delta_f G_m^{\ominus}(H_2O,g)]{①}t_5=25℃,p_5=100kPa$$

② $\downarrow \Delta_f G_m^{\ominus}(H_2O,l)$ 　　　　恒温变压 $\uparrow \Delta G_{m3}$ ⑤

$$H_2O(l)\xrightarrow[\text{变压③}]{\text{恒温}\ \Delta G_{m1}}H_2O(l)\xrightarrow[\text{变压④}]{\text{恒温}\ \Delta G_{m2}}H_2O(g)$$

$t_2=25℃,p_2=100kPa$ 　$t_3=25℃,p_3=p^s$ 　$t_4=25℃,p_4=p^s$

过程③是恒温变压过程，且 H_2O 为液态，$\Delta G_{m1}\approx 0$。

过程④是 H_2O 恒温恒压可逆相变过程，$\Delta G_{m2}=0$。

过程⑤是 $H_2O(g)$ 恒温变压过程，$H_2O(g)$ 可近似认为是理想气体。

$$\Delta G_{m3}=RT_4\ln\frac{p_5}{p_4}=8.315J\cdot mol^{-1}\cdot K^{-1}\times 298.15K\times\ln\frac{100kPa}{3.1663kPa}$$

$$=8.559kJ\cdot mol^{-1}\cdot K^{-1}$$

$$\Delta_f G_m^{\ominus}(H_2O,g)=\Delta_f G_m^{\ominus}(H_2O,l)+\Delta G_{m1}+\Delta G_{m2}+\Delta G_{m3}$$

$$=(-237.129+0+0+8.559)kJ\cdot mol^{-1}$$

$$=-228.570kJ\cdot mol^{-1}$$

3.34 100℃的恒温槽中有一带活塞的导热圆筒，筒中为 $2molN_2(g)$ 及装于小玻璃瓶中的 $3molH_2O(l)$。环境的压力即系统的压力维持120kPa不变。今将小玻璃瓶打碎，液态水蒸发至平衡态。求过程的 Q、W、ΔU、ΔH、ΔS、ΔA 及 ΔG。

已知：水在100℃时的饱和蒸气压为 $p^s=101.325kPa$，在此条件下水的摩尔蒸发焓 $\Delta_{vap}H_m=40.668kJ\cdot mol^{-1}$。

分　析　首先确定 H_2O 是否全部蒸发,可先假设全部蒸发,若 $p(H_2O) < p^s(H_2O)$,则假设成立。

解题过程　整个过程可表示为

$2molN_2(g)$ $3molH_2O(l)$ $p_1 = 120kPa$ V_1	→	$H_2O(g)$ $N_2(g)$ p^s	→	$2molN_2(g)$ $nmolH_2O(g)$ $p_2 = 120kPa$ V_2

$$V_1 = \frac{n(N_2)RT}{p_1} = \frac{2mol \times 8.315J \cdot mol^{-1} \cdot K^{-1} \times 373.15K}{120kPa} = 51.709dm^3$$

假设 H_2O 全部蒸发

$$p_2(H_2O) = \frac{3mol}{(2+3)mol}p_2 = 72kPa$$

$$p_2(N_2) = \frac{2mol}{(2+3)mol}p_2 = 48kPa$$

$p_2(H_2O) = 72kPa < 101.325kPa$,假设成立,$H_2O$ 全部蒸发。

$$V_2 = \frac{[n(N_2)+n(O_2)]RT_2}{p_2} = \frac{(2+3)mol \times 8.315J \cdot mol^{-1} \cdot K^{-1} \times 373.15K}{120kPa}$$
$$= 129.273dm^3$$

整个过程,$p = p_{amb} = 120kPa$,压力恒定。

$$W = -p\Delta V = -p(V_2 - V_1) = -\Delta n(g)RT$$
$$= -3mol \times 8.315J \cdot mol^{-1} \cdot K^{-1} \times 373.45K$$
$$= -9.309kJ$$

H 为状态函数,理想气体 H 只是温度的函数:

$\Delta H(N_2) = 0$

$\Delta H(H_2O,g) = 0$

$\Delta H = n(H_2O)\Delta_{vap}H_m(H_2O) = 3mol \times 40.668kJ \cdot mol^{-1} = 122.004kJ$

整个过程恒压,$Q = \Delta H = 122.004kJ$

$\Delta U = Q + W = (122.004 - 9.308)kJ = 112.695kJ$

$$\Delta S(N_2) = -n(N_2)R\ln\frac{p_2(N_2)}{p_1(N_2)} = -2mol \times 8.315J \cdot mol^{-1} \cdot K^{-1} \times \ln\frac{0.4 \times 120kPa}{120kPa}$$
$$= 15.24J \cdot K^{-1}$$

$$\Delta S(H_2O) = \frac{n(H_2O)\Delta_{vap}H_m(H_2O)}{T} - n(H_2O)R\ln\frac{p_2(H_2O)}{p^s}$$
$$= \frac{3mol \times 40.668kJ \cdot mol^{-1}}{373.15K} - 3mol \times 8.315J \cdot mol^{-1} \cdot K^{-1} \times \ln\frac{0.6 \times 120kPa}{101.325kPa}$$
$$= 335.48J \cdot K^{-1}$$

所以　$\Delta S = \Delta S(N_2) + \Delta S(H_2O) = (15.24 + 335.48)J \cdot K^{-1} = 350.72J \cdot K^{-1}$

$\Delta A = \Delta U - T\Delta S = 112.696kJ - 373.15K \times 350.72J \cdot K^{-1} = -18.175kJ$

$\Delta G = \Delta H - T\Delta S = 122.004kJ - 373.15K \times 350.72J \cdot K^{-1} = -8.886kJ$

小　　结　该题解题的关键是先确定 H_2O 是否全部蒸发。

3.35　已知100℃水的饱和蒸气压为101.325kPa，此条件下水的摩尔蒸发焓 $\Delta_{vap}H_m = 40.668\text{kJ}\cdot\text{mol}^{-1}$。在置于100℃恒温槽中的容积为 100dm^3 的密闭恒容容器中，有压力120kPa的过饱和蒸汽。此状态为亚稳态。今过饱和蒸汽失稳，部分凝结为液态水并达到热力学稳定的平衡态。求过程的 Q、ΔU、ΔH、ΔS、ΔA 及 ΔG。

分　　析　首先确定始、末态的 T、p 及各种相态的物质的量，然后利用题给条件设计出可以计算的可逆途径，再进行热力学计算。

解题过程　整个过程可表示为

$$n_1(\text{g}),H_2O(\text{g}) \xrightarrow[\text{恒容}]{\text{恒温}} n_2(\text{g}),H_2O(\text{g}),n_2(\text{l}),H_2O(\text{l})$$

$t=100℃, V_1=100\text{dm}^3$　　　　$t=100℃, V=100\text{dm}^3$

$p_1=120\text{kPa}$　　　　$p_2=101.325\text{kPa}$

①　　　　②

$n_1(\text{g}),H_2O$

$t=100℃, V'$

$p_1=101.325\text{kPa}$

$$n_1(\text{g})=\frac{p_1V}{RT_1}=\frac{120\text{kPa}\times100\text{dm}^3}{8.315\text{J}\cdot\text{mol}^{-1}\cdot\text{K}^{-1}\times373.15\text{K}}=3.867\,8\text{mol}$$

$$n_2(\text{g})=\frac{p_2V}{RT_2}=\frac{101.325\text{kPa}\times100\text{dm}^3}{8.315\text{J}\cdot\text{mol}^{-1}\cdot\text{K}^{-1}\times373.15\text{K}}=3.265\,9\text{mol}$$

$H_2O(\text{g})$ 凝结的物质的量为

$$n_2(\text{l})=n_1(\text{g})-n_2(\text{g})=3.867\,8\text{mol}-3.265\,9\text{mol}=0.601\,9\text{mol}$$

过程①为恒温可逆膨胀过程，$\Delta H_1=0$

$$\Delta S_1=-n_1(\text{g})R\ln\frac{p_2}{p_1}=-3.867\,8\text{mol}\times8.315\text{J}\cdot\text{mol}^{-1}\cdot\text{K}^{-1}\times\ln\frac{101.325\text{kPa}}{120\text{kPa}}$$
$$=5.440\,3\text{J}\cdot\text{K}^{-1}$$

过程②为恒温恒压下的可逆相变过程

$$\Delta H_2=-n_2(\text{l})\Delta_{vap}H_m=-0.601\,9\text{mol}\times40.668\text{kJ}\cdot\text{mol}^{-1}=24.478\text{kJ}$$

$$\Delta S_2=\frac{-n_2(\text{l})\Delta_{vap}H_m}{T}=\frac{-24.478\,1\text{kJ}}{373.15\text{K}}=-65.599\text{J}\cdot\text{K}^{-1}$$

整个过程

$$\Delta H=\Delta H_1+\Delta H_2=-24.479\text{kJ}$$

$\Delta S=\Delta S_1+\Delta S_2=5.440\,3\text{J}\cdot\text{K}^{-1}-65.598\text{J}\cdot\text{K}^{-1}=-60.159\text{J}\cdot\text{K}^{-1}$ $\Delta(pV)=V(p_2-p_1)=100\text{dm}^3\times(101.325-120)\text{kPa}=-1.868\text{kJ}$

$$Q=\Delta U=\Delta H-\Delta(pV)=-24.478\text{kJ}-(-1.868\text{kJ})=-22.61\text{kJ}$$

$\Delta A = \Delta U - T\Delta S = -22.61\text{kJ} - 373.15\text{K} \times (-60.159)\text{J} \cdot \text{K}^{-1} = -0.162\text{kJ}$

$\Delta G = \Delta H - T\Delta S = -24.478\text{kJ} - 373.15\text{K} \times (-60.159)\text{J} \cdot \text{K}^{-1} = -2.030\text{kJ}$

小　结　该题的关键是根据题的条件设计可以计算的可逆途径。

3.36　已知在 101.325kPa 下，水的沸点为 100℃，其比蒸发焓 $\Delta_{\text{vap}} h = 2\,257.4\text{kJ} \cdot \text{K}^{-1}$。已知液态水和水蒸气在 100 ~ 120℃ 范围内的平均比定压热容分别为 $\bar{c}_p(H_2O,l) = 4.224\text{kJ} \cdot \text{kg}^{-1} \cdot \text{K}^{-1}$ 和 $\bar{c}_p(H_2O,g) = 2.033\text{kJ} \cdot \text{kg}^{-1} \cdot \text{K}^{-1}$。

今有 101.325kPa 下 120℃ 的 1kg 过热水变成同样温度、压力下的水蒸气。设计可逆途径，并按可逆途径分别求过程的 ΔS 及 ΔG。

解题过程　题给过程可表示为

$$\begin{array}{ccc} H_2O(l) & \xrightarrow[\text{恒压}]{\text{恒温}} & H_2O(g) \\ m = 1\text{kg}, p_1 = 101.325\text{kPa} & & m = 1\text{kg}, p_4 = 101.325\text{kPa} \\ t_1 = 120℃ & & t_4 = 120℃ \\ \downarrow \text{恒压①} & & \uparrow \text{恒压③} \\ H_2O(l) & \xrightarrow[\text{②}]{\text{恒温,恒压}} & H_2O(g) \\ m = 1\text{kg}, p_2 = 101.325\text{kPa} & & m = 1\text{kg}, p_3 = 101.325\text{kPa} \\ t_2 = 100℃ & & t_3 = 100℃ \end{array}$$

过程 ① 为恒压降温过程

$$\Delta S_1 = mc_p \ln\frac{T_2}{T_1} = 1\text{kg} \times 4.224\text{kJ} \cdot \text{K}^{-1} \cdot \text{kg}^{-1} \times \ln\frac{373.15\text{K}}{393.15\text{K}}$$

$$= -0.220\,5\text{kJ} \cdot \text{K}^{-1}$$

$\Delta H_1 = mc_p \Delta T = 1\text{kg} \times 4.224\text{kJ} \cdot \text{K}^{-1} \cdot \text{kg}^{-1} \times (-20)\text{K} = -84.84\text{kJ}$

过程 ② 为恒温恒压下的可逆相变过程

$$\Delta S_2 = \frac{m\Delta_{\text{vap}} h}{T_2} = \frac{1\text{kg} \times 2\,257.4\text{kJ} \cdot \text{kg}^{-1}}{373.15\text{K}} = 6.049\text{kJ} \cdot \text{K}^{-1}$$

$\Delta H_2 = m\Delta_{\text{vap}} h = 1\text{kg} \times 2\,257.4\text{kJ} \cdot \text{kg}^{-1} = 2\,257.4\text{kJ}$

过程 ③ 为恒压升温过程

$$\Delta S_3 = mc_p \ln\frac{T_4}{T_3} = 1\text{kg} \times 2.033\text{kJ} \cdot \text{K}^{-1} \cdot \text{kg}^{-1} \times \ln\frac{393.15\text{K}}{373.15\text{K}} = 0.106\text{kJ} \cdot \text{K}^{-1}$$

$\Delta H_3 = mc_p \Delta T = 1\text{kg} \times 2.033\text{kJ} \cdot \text{K}^{-1} \cdot \text{kg}^{-1} \times 20\text{K} = 40.66\text{kJ}$

整个过程

$\Delta S = \Delta S_1 + \Delta S_2 + \Delta S_3 = 5.935\text{kJ} \cdot \text{K}^{-1}$

$\Delta H = \Delta H_1 + \Delta H_2 + \Delta H_3 = 2213.58\text{kJ}$

$\Delta G = \Delta H - T\Delta S = 2213.58\text{kJ} - 393.15\text{K} \times 5.935\text{kJ} \cdot \text{K}^{-1} = -119.84\text{kJ}$

3.37 已知在100kPa下水的凝固点为0℃，在−5℃时，过冷水的比凝固焓 $\Delta_l^s h=-322.4\,\mathrm{J\cdot g^{-1}}$，过冷水和冰的饱和蒸气压分别为 $p^*(H_2O,l)=0.422\mathrm{kPa}$ 和 $p^*(H_2O,s)=0.414\mathrm{kPa}$。今在100kPa下，有−5℃1kg的过冷水变为同样温度、压力下的冰，设计可逆途径，分别按可逆途径计算过程的 ΔS 及 ΔG。

解题过程　可逆途径设计如下：

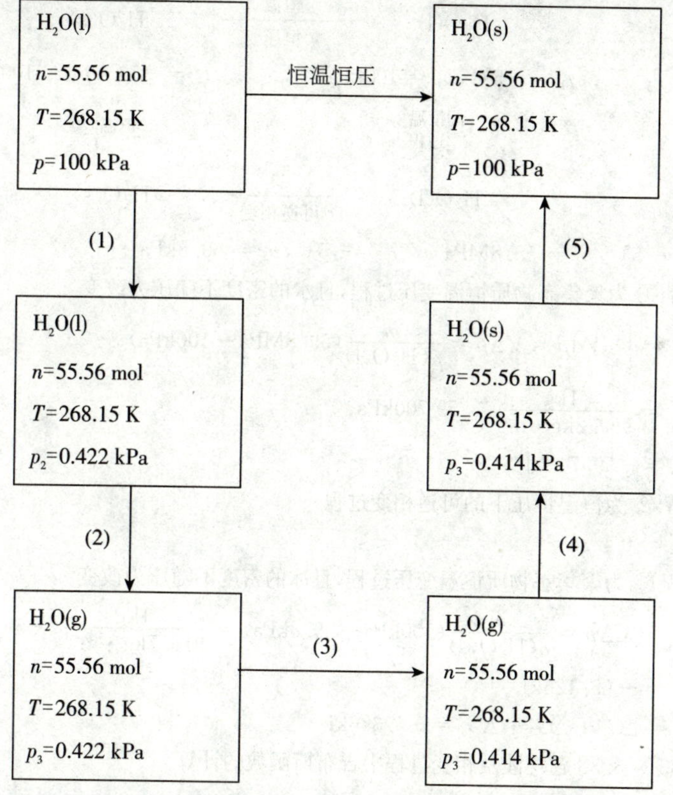

第(2)和第(4)为可逆相变过程，故 $\Delta G_2=0$，$\Delta G_4=0$，第(1)和第(5)恒温变压过程，可近似认为 $\Delta G_1=0$，$\Delta G_5=0$。

第(3)为恒温过程，故

$$\Delta G_3=nRT\ln\frac{p_3}{p_2}=\left(55.56\times 268.15\times 8.315\times\ln\frac{0.414}{0.422}\right)\mathrm{J}=-2.369\mathrm{kJ}$$

故 $\Delta G=\Delta G_1+\Delta G_2+\Delta G_3+\Delta G_4+\Delta G_5=-2.369\mathrm{kJ}$

$$\Delta S=\frac{\Delta H-\Delta G}{T}=\frac{m\Delta_l^S h-\Delta G}{T}$$

$$=\frac{1\,000\times(-322.4)+2.369\times 10^3}{268.15}\mathrm{J\cdot K^{-1}}$$

$$=-1.193\mathrm{kJ\cdot K^{-1}}$$

3.38 已知在 $-5℃$,水和冰的密度分别为 $\rho(H_2O,l) = 999.2kg \cdot m^3$ 和 $\rho(H_2O,s) = 916.7 kg \cdot m^3$。在 $-5℃$,水和冰的相平衡压力为 59.8MPa。

今有 $-5℃$ 的 1kg 水在 100kPa 下凝固成同样温度、压力下的冰,求过程的 ΔG。假设水和冰的密度不随压力改变。

解题过程　整个过程可表示为

$$
\begin{array}{ccc}
H_2O(l) & \xrightarrow[\text{恒压}]{\text{恒温}} & H_2O(s) \\
t_1 = -5℃, p_1 = 100kPa & & t_4 = -5℃, p_4 = 100kPa \\
\Big\downarrow \text{① 恒温过程} & & \Big\downarrow \text{恒温 ③} \\
H_2O(l) & \xrightarrow[\text{可逆相变}]{\text{②}} & H_2O(s) \\
t_2 = -5℃, p_2 = 59.8MPa & & t_3 = -5℃, p_3 = 59.8kPa
\end{array}
$$

过程 ① 为聚集态物质恒温变压过程,且水的密度不随压力改变

$$\Delta G_1 = \int_{p_1}^{p_2} V\mathrm{d}p = V\Delta p = \frac{m}{\rho(H_2O,l)}(59.8MPa - 100kPa)$$

$$= \frac{1kg}{999.2kg \cdot m^{-3}} \times 59\ 700kPa$$

$$= -59.748kJ$$

过程 ② 为恒温恒压下的可逆相变过程

$$\Delta G_2 = 0$$

过程 ③ 为聚集态物质恒温变压过程,且冰的密度不随压力改变

$$\Delta G_3 = V\Delta p = \frac{m}{\rho(H_2O,s)}(100kPa - 59.8kPa) = \frac{1kg}{916.7kg \cdot m^{-3}}(-59\ 700kPa)$$

$$= -65.125kJ$$

$$\Delta G = \Delta G_1 + \Delta G_2 + \Delta G_3 = -5.386kJ$$

小　结　3.33 ~ 3.38 题均涉及相变过程中吉布斯函数的计算。

3.39 若在某温度范围内,一液体及其蒸气的摩尔定压热容均可表示成 $C_{p,m} = a + bT + cT^2$ 的形式,则液体的摩尔蒸发焓为

$$\Delta_{vap}H_m = \Delta H_0 + \Delta aT + \frac{1}{2}\Delta bT^2 + \frac{1}{3}\Delta cT^3$$

其中 $\Delta a = a(g) - a(l)$,$\Delta b = b(g) - b(l)$,$\Delta c = c(g) - c(l)$,ΔH_0 为积分常数。

试用克劳修斯 — 克拉佩龙方程的微分式推导出该温度范围内液体饱和蒸气压 p 的对数 $\ln p$ 与热力学温度 T 的函数关系式,积分常数为 I。

分　析　将 $\Delta_{vap}H_m$ 表达式直接代入克劳修斯 — 克拉佩龙方程,并求不定积分可得解。

解题过程　因为克劳修斯 — 克拉佩龙方程

$$\frac{\mathrm{d}\ln p}{\mathrm{d}T} = \frac{\Delta_{vap}H_m}{RT^2}$$

将 $\Delta_{vap}H_m = \Delta H_0 + \Delta aT + \frac{1}{2}bT^2 + \frac{1}{3}\Delta cT^3$ 代入有

$$\mathrm{d}\ln p = \frac{\Delta_{vap}H_m}{RT^2}\mathrm{d}T = \frac{1}{R}\left(\frac{\Delta H_0 + \Delta aT + \frac{1}{2}\Delta bT^2 + \frac{1}{3}\Delta cT^3}{T^2}\right)\mathrm{d}T$$

$$= \frac{1}{R}\left(\frac{\Delta H_0}{T^2} + \frac{\Delta a}{T} + \frac{1}{2}\Delta b + \frac{1}{3}\Delta cT\right)\mathrm{d}T$$

对公式积分，得

$$\ln p = \int \frac{1}{R}\left(\frac{\Delta H_0}{T^2} + \frac{\Delta a}{T} + \frac{1}{2}\Delta b + \frac{1}{3}\Delta cT\right)\mathrm{d}T$$

$$= \frac{1}{R}\left(-\frac{\Delta H_0}{T} + \Delta a\ln T + \frac{1}{2}\Delta bT + \frac{\Delta c}{6}T^2\right) + I$$

$$= -\frac{\Delta H_0}{RT} + \frac{\Delta a}{R}\ln T + \frac{\Delta b}{2R}T + \frac{\Delta c}{6R}T^2 + I$$

小　结　考查克劳修斯－克拉佩龙方程的应用。

3.40　化学反应如下：

$CH_4(g) + CO_2(g) \xlongequal{} 2CO(g) + 2H_2(g)$

(1) 利用教材附录中各物质的 $S_m^\ominus$、$\Delta_f H_m^\ominus$ 数据求上述反应在 25℃ 时的 $\Delta_r S_m^\ominus$、$\Delta_r G_m^\ominus$。

(2) 利用教材附录中各物质的 $\Delta_f G_m^\ominus$ 数据计算上述反应在 25℃ 时的 $\Delta_r G_m^\ominus$。

(3)25℃，若始态的 $CH_4(g)$ 和 $CO_2(g)$ 的分压均为 150kPa，末态 $CO(g)$ 和 $H_2(g)$ 的分压均为 50kPa，求反应的 $\Delta_r S_m$ 和 $\Delta_r G_m$。

分　析　第(1)(2) 问利用公式求解即可。第(3) 问由于参加反应的各物质不处于标准状态，所以需要设计一条途径，利用标准状态下反应的热力学函数变计算在指定条件下有关的函数变。

解题过程　(1) 由教材附录查得

$\Delta_f H_m^\ominus(CH_4, g) = -74.81\text{kJ}\cdot\text{mol}^{-1}$

$\Delta_f H_m^\ominus(CO_2, g) = -393.509\text{kJ}\cdot\text{mol}^{-1}$

$\Delta_f H_m^\ominus(CO, g) = -110.525\text{kJ}\cdot\text{mol}^{-1}$

$\Delta_f H_m^\ominus(H_2, g) = 0$

$S_m^\ominus(CH_4, g) = 186.264\text{J}\cdot\text{mol}^{-1}\cdot\text{K}^{-1}$

$S_m^\ominus(CO_2, g) = 213.74\text{J}\cdot\text{mol}^{-1}\cdot\text{K}^{-1}$

$S_m^\ominus(CO, g) = 197.674\text{J}\cdot\text{mol}^{-1}\cdot\text{K}^{-1}$

$S_m^\ominus(H_2, g) = 130.684\text{J}\cdot\text{mol}^{-1}\cdot\text{K}^{-1}$

$$\Delta_f H_m^\ominus = \sum_B v_B \Delta_f H_m^\ominus(B)$$

$$= 2\Delta_f H_m^\ominus(CO, g) + 2\Delta_f H_m^\ominus(H_2, g) - \Delta_f H_m^\ominus(CH_4, g) - \Delta_f H_m^\ominus(CO_2, g)$$

$$= [2\times(-110.525) - (-74.81) - (-393.509)]\text{kJ}\cdot\text{mol}^{-1}$$

$$= 247.269\text{kJ}\cdot\text{mol}^{-1}$$

$$\Delta_r S_m^{\ominus} = \sum_B \upsilon_B S_m^{\ominus}(B) = 2S_m^{\ominus}(CO,g) + 2S_m^{\ominus}(H_2,g) - S_m^{\ominus}(CH_4,g) - S_m^{\ominus}(CO_2,g)$$

$$= (2\times 197.674 + 2\times 130.684 - 186.264 - 213.74)\,J\cdot mol^{-1}\cdot k^{-1}$$

$$= 256.712\,J\cdot mol^{-1}\cdot K^{-1}$$

$$\Delta_r G_m^{\ominus} = \Delta_r H_m^{\ominus} - T\Delta_r S_m^{\ominus}$$

$$= (247.269 - 298.15\times 256.712\times 10^{-3})\,kJ\cdot mol^{-1}$$

$$= 170.730\,kJ\cdot mol^{-1}$$

(2) 由教材附录查得

$$\Delta_f G_m^{\ominus}(CH_4,g) = -50.72\,kJ\cdot mol^{-1}$$

$$\Delta_f G_m^{\ominus}(CO_2,g) = -394.359\,kJ\cdot mol^{-1}$$

$$\Delta_f G_m^{\ominus}(CO,g) = -137.168\,kJ\cdot mol^{-1}$$

$$\Delta_f G_m^{\ominus}(H_2,g) = 0$$

$$\Delta_f G_m^{\ominus} = \sum_B \upsilon_B \Delta_f G_m^{\ominus}(B)$$

$$= 2\Delta_f G_m^{\ominus}(CO,g) + 2\Delta_f G_m^{\ominus}(H_2,g) - \Delta_f G_m^{\ominus}(CH_4,g) - \Delta_f G_m^{\ominus}(CO_2,g)$$

$$= [2\times(-137.168) + 0 - (-50.72) - (-394.359)]\,kJ\cdot mol^{-1}$$

$$= 170.743\,kJ\cdot mol^{-1}$$

(3) 整个过程可表示为

$$\begin{array}{ccc} CH_4(g) + CO_2(g) & \longrightarrow & 2CO(g) + 2H_2(g) \\ p_1 = (CH_4) = 150kPa, p_1(CO_2) = 150kPa & & p_4(CO) = 50kPa, p_4(H_2) = 50kPa \\ \downarrow ① & & \uparrow ③ \\ CH_4(g) + CO_2(g) & \xrightarrow[②]{} & 2CO + 2H_2(g) \\ p_2(CH_4) = 100kPa, p_2(CO_2) = 100kPa & & p_3(CO) = 100kPa, p_3(H_2) = 100kPa \end{array}$$

过程 ① 为恒温变压过程

$$\Delta S_{m1} = \Delta S_{m1}(CH_4) + \Delta S_{m1}(CO_2) = -R\ln\frac{p_2(CH_4)}{p_1(CH_4)} - R\ln\frac{p_2(CO_2)}{p_1(CO_2)}$$

$$= -2\times 8.315\,J\cdot K^{-1}\cdot mol^{-1}\times \ln\frac{100kPa}{150kPa}$$

$$= 6.743\,J\cdot K^{-1}\cdot mol^{-1}$$

过程 ② 为标准状态下的化学反应

$$\Delta S_{m2} = \sum_B \upsilon_B S_m^{\ominus}(B) = 256.712\,J\cdot K^{-1}\cdot mol^{-1}$$

过程 ③ 为恒温变压过程

$$\Delta S_{m3} = 2\Delta S_{m3}(CO) + 2\Delta S_{m3}(H_2) = -2R\ln\frac{p_4(CO)}{p_3(CO)} - 2R\ln\frac{p_4(H_2)}{p_3(H_2)}$$

$$= -4\times 8.315\,J\cdot K^{-1}\cdot mol^{-1}\times \ln\frac{50kPa}{100kPa}$$

$$= 23.053\,J\cdot K^{-1}\cdot mol^{-1}$$

整个过程

$$\Delta_r S_m = \Delta S_{m1} + \Delta S_{m2} + \Delta S_{m3}$$
$$= 6.743\text{J} \cdot \text{K}^{-1} \cdot \text{mol}^{-1} + 256.712\text{J} \cdot \text{K}^{-1} \cdot \text{mol}^{-1} + 23.053\text{J} \cdot \text{K}^{-1} \cdot \text{mol}^{-1}$$
$$= 286.507\text{J} \cdot \text{K}^{-1} \cdot \text{mol}^{-1}$$

对于理想气体，ΔH 只是温度的函数，整个过程是恒温过程。

$$\Delta_r H_m = \Delta_r H_m^{\ominus} = 247.269\text{kJ} \cdot \text{mol}^{-1}$$
$$\Delta_r G_m = \Delta_r H_m - T\Delta_r S_m$$
$$= 247.269\text{kJ} \cdot \text{mol}^{-1} - 298.15\text{K} \times 286.508\text{J} \cdot \text{K}^{-1} \cdot \text{mol}^{-1}$$
$$= 161.860\text{kJ} \cdot \text{mol}^{-1}$$

小　结　活用 $S_m^{\ominus}$、$\Delta_r H_m^{\ominus}$、$\Delta_r S_m^{\ominus}$、$\Delta G_m^{\ominus}$ 计算公式，熟练运用教材附录表中的数据。

3.41　已知化学反应 $0 = \sum_B v_B B$ 中各物质的摩尔定压热容与温度间的函数关系为

$$C_{p,m} = a + bT + cT^2$$

则该反应的标准摩尔反应熵与温度的关系为

$$\Delta_r S_m^{\ominus}(T) = \Delta_r S_{m,0}^{\ominus} + \Delta a \ln T + \Delta bT + \frac{1}{2}\Delta cT^2$$

试用热力学基本方程 $dG = -SdT + Vdp$ 推导出该化学反应的标准摩尔反应吉布斯函数 $\Delta_r G_m^{\ominus}(T)$ 与温度 T 的函数关系式。说明积分常数 $\Delta_r G_{m,0}^{\ominus}$ 如何确定。

解题过程　在标准态下，参加反应的各物质均处于 100kPa 下，故为恒压过程，则

$$\Delta p = 0$$
$$dG = V\Delta p - SdT$$
$$d\Delta_r G_m^{\ominus} = -\Delta_r S_m^{\ominus} dT = -\left(\Delta_r S_{m,0}^{\ominus} + \Delta a \ln T + \Delta b + \frac{\Delta c}{2}T^2\right)dT$$

上式积分得

$$\Delta_r G_m^{\ominus} = \Delta_r G_{m,0}^{\ominus} - \Delta_r S_{m,0}^{\ominus} T - \Delta a T \ln T - \frac{1}{2}\Delta bT^2 - \frac{1}{6}\Delta cT^3$$

式中，$\Delta_r G_{m,0}^{\ominus}$ 可由把某一温度 T_1 的反应的 $\Delta_r S_m^{\ominus}(T_1)$ 及 $\Delta_r G_m^{\ominus}(T_1)$ 代入求得。

3.42　求证：

(1) $dH = C_p dT + \left[V - T\left(\frac{\partial V}{\partial T}\right)_p\right]dp$。

(2) 对理想气体 $\left(\frac{\partial H}{\partial p}\right)_T = 0$。

解题过程　(1) 设 $H = f(T,p)$

则 $dH = \left(\frac{\partial H}{\partial p}\right)_T dp + \left(\frac{\partial H}{\partial T}\right)_p dT$

由热力学方程 $dH = Vdp + TdS$ 得

$$\left(\frac{\partial H}{\partial p}\right)_T = T\left(\frac{\partial S}{\partial p}\right)_T + V$$

根据麦克斯韦关系式$\left(\frac{\partial S}{\partial p}\right)_T=-\left(\frac{\partial V}{\partial T}\right)_p$，$\left(\frac{\partial H}{\partial T}\right)_p=C_p$得

$$dH=C_p dT+\left[V-T\left(\frac{\partial V}{\partial T}\right)_p\right]dp$$

(2) 由理想气体状态方程 $pV=nRt$，得$\left(\frac{\partial V}{\partial T}\right)_p=\frac{nR}{p}$

由(1) 可知$\left(\frac{\partial H}{\partial p}\right)_T=-T\left(\frac{\partial V}{\partial T}\right)_p+V=-\frac{nRT}{p}+V=0$

3.43 求证：

(1)$\left(\frac{\partial U}{\partial p}\right)_T=(\kappa_T p-aVT)V$。

(2) 对理想气体$\left(\frac{\partial U}{\partial V}\right)_T=0$。

式中 $\alpha V=\frac{1}{V}\left(\frac{\partial V}{\partial T}\right)_p$ 为体膨胀系数，$\kappa_T=-\frac{1}{V}\left(\frac{\partial V}{\partial p}\right)_T$ 为等温压缩率。

提示：从 $U=H-pV$ 出发，可应用题 3.42 中(1) 的结果。

分　　析　热力学基本方程：$dH=TdS+Vdp$；麦克斯韦关系式：$\left(\frac{\partial S}{\partial p}\right)_T=-\left(\frac{\partial V}{\partial p}\right)_p$。

解题过程　(1) 式 $U=H-pV$ 对 p 微分得

$$\left(\frac{\partial U}{\partial p}\right)_T=\left(\frac{\partial H}{\partial p}\right)_T-V-p\left(\frac{\partial V}{\partial p}\right)_T$$

又由 $dH=TdS+Vdp$ 除以 dp 得

$$\left(\frac{\partial H}{\partial p}\right)_T=V+T\left(\frac{\partial S}{\partial p}\right)_T$$

由麦克斯韦关系式$\left(\frac{\partial S}{\partial p}\right)_T=-\left(\frac{\partial V}{\partial T}\right)_p$

可得$\left(\frac{\partial H}{\partial p}\right)_T=V-T\left(\frac{\partial V}{\partial T}\right)_p$

则$\left(\frac{\partial U}{\partial p}\right)_T=-T\left(\frac{\partial V}{\partial T}\right)_p-p\left(\frac{\partial V}{\partial p}\right)_T$

将$\left(\frac{\partial V}{\partial T}\right)_p=\alpha VV$及$\left(\frac{\partial V}{\partial p}\right)_T=-\kappa_T V$代入

可得$\left(\frac{\partial U}{\partial p}\right)_T=-TV\alpha V-p(-\kappa_T V)=(p\kappa_T-\alpha VT)V$

(2) 对理想气体 $pV=nRT$，得

$$\left(\frac{\partial V}{\partial T}\right)_p=\frac{nR}{p}$$

$$\left(\frac{\partial V}{\partial p}\right)_T=-\frac{nRT}{p^2}=-\frac{V}{p}$$

所以$\left(\frac{\partial U}{\partial p}\right)_T=-T\left(\frac{\partial V}{\partial T}\right)_p-p\left(\frac{\partial V}{\partial p}\right)_T=-T\times\frac{nR}{p}-p\times\left(-\frac{V}{p}\right)=0$

3.44 证明：

(1)$dS=\frac{C_V}{T}\left(\frac{\partial T}{\partial p}\right)_V dp+\frac{C_p}{T}\left(\frac{\partial T}{\partial V}\right)_p dV$。

(2) 对理想气体 $dS=C_V d\ln p+C_p d\ln V$。

分　析　公式：$\left(\frac{\partial S}{\partial T}\right)_V=\frac{C_V}{T}$，$\left(\frac{\partial S}{\partial T}\right)_p=\frac{C_p}{T}$。

解题过程　(1) 设 S 是 p、V 的函数，$S=f(p,V)$，其全微分为

$$dS=\left(\frac{\partial S}{\partial p}\right)_V dp+\left(\frac{\partial S}{\partial V}\right)_p dV$$

而 $$\left(\frac{\partial S}{\partial p}\right)_V=\left(\frac{\partial S}{\partial T}\right)_V\left(\frac{\partial T}{\partial p}\right)_p=\frac{C_V}{T}\left(\frac{\partial T}{\partial p}\right)_V$$

$$\left(\frac{\partial S}{\partial V}\right)_p=\left(\frac{\partial S}{\partial T}\right)_p\left(\frac{\partial T}{\partial V}\right)_p=\frac{C_p}{T}\left(\frac{\partial T}{\partial V}\right)_p$$

代入 $$dS=\left(\frac{\partial S}{\partial p}\right)_V dp+\left(\frac{\partial S}{\partial V}\right)_p dV=\frac{C_V}{T}\left(\frac{\partial T}{\partial p}\right)_V dp+\frac{C_p}{T}\left(\frac{\partial T}{\partial V}\right)_p dV$$

(2) 理想气体 $pV=nRT$

$$\left(\frac{\partial T}{\partial p}\right)_V=\frac{V}{nR}=\frac{T}{p}$$

$$\left(\frac{\partial T}{\partial V}\right)_p=\frac{p}{nR}=\frac{T}{V}$$

$$dS=\frac{C_V}{T}\left(\frac{\partial T}{\partial p}\right)_V dp+\frac{C_p}{T}\left(\frac{\partial T}{\partial V}\right)_p dV=\frac{C_V}{p}dp+\frac{C_p}{V}dV=C_V d\ln p+C_p d\ln V$$

3.45 求证：

(1)$dS=\frac{C_V}{T}dT+\left(\frac{\partial p}{\partial T}\right)_V dV$。

(2) 对范德华气体，且 $C_{V,m}$ 为定值时，绝热可逆过程方程式为

$T^{C_{V,m}}(V_m-b)^R=$ 常数

$\left(p+\frac{a}{V_m^2}\right)^{C_{V,m}+R}=$ 常数

提示：绝热可逆过程 $\Delta S=0$。

解题过程　(1) 设 $S=f(T,V)$，则

$$dS=\left(\frac{\partial S}{\partial T}\right)_V+dT+\left(\frac{\partial S}{\partial V}\right)_T dT=\frac{C_V}{T}dT+\left(\frac{\partial S}{\partial V}\right)_T dV$$

根据麦克斯韦关系式 $\left(\frac{\partial S}{\partial V}\right)_T=\left(\frac{\partial p}{\partial T}\right)_V$ 得

$$dS=\frac{C_V}{T}dT+\left(\frac{\partial p}{\partial T}\right)_V dV$$

(2) 对于范德华气体，有 $RT=(p+a/V_m^2)(V_m-b)$，则

$$\left(\frac{\partial p}{\partial T}\right)_{V_m}=\frac{R}{V_m-b}$$

故有 $dS_m = \frac{C_{V,m}}{T}dT + \frac{R}{V_m - b}dV_m$

由于为绝热过程故 $dS_m = 0$　即

$C_{V,m}d\ln T + Rd\ln(V_m - b) = 0$

上式积分可得

$T_1^{C_{V,m}}(V_{m,1} - b)^R = T_2^{C_{V,m}}(V_{m,2} - b)^R$

即 $T^{C_{V,m}}(V_m - b)^R =$ 常数

结合范德华方程

$$T = \frac{(p + a/V_m^2)(V_m - b)}{R}$$

代入(1)中可得

$$\left(p + \frac{a}{V_m^2}\right)^{C_{V,m}}(V_m - b)^{C_{V,m}+R} = \text{常数}$$

3.46　证明:

(1) 焦耳－汤姆逊系数

$$\mu_{J-T} = \frac{1}{C_{p,m}}\left[T\left(\frac{\partial V_m}{\partial T}\right)_p - V_m\right]。$$

(2) 对理想气体 $\mu_{J-T} = 0$。

解题过程　(1) 设 $H = f(T,p)$,则有

$$dH = \left(\frac{\partial H}{\partial T}\right)_p dT + \left(\frac{\partial H}{\partial p}\right)_T dp$$

由于节流膨胀过程 $dH = 0$,故

$$\mu_{J-T} = \left(\frac{\partial T}{\partial p}\right)_H = \frac{-\left(\frac{\partial T}{\partial p}\right)_T}{\left(\frac{\partial H}{\partial T}\right)_p} = -\frac{1}{C_p}\left(\frac{\partial H}{\partial p}\right)_T$$

由于 $\left(\frac{\partial H}{\partial p}\right)_T = V - T\left(\frac{\partial V}{\partial T}\right)_p$

所以 $\mu_{J-T} = -\frac{1}{C_p}\left[V - T\left(\frac{\partial V}{\partial T}\right)_p\right] = \frac{1}{C_{p,m}}\left[T\left(\frac{\partial V_m}{\partial T}\right)_p - V_m\right]$

(2) 对理想气体,有 $\left(\frac{\partial V_m}{\partial T}\right)_p = \frac{R}{p}$ 故有

$$\mu_{J-T} = \frac{1}{C_{p,m}}\left[T\left(\frac{\partial V_m}{\partial T}\right)_p - V_m\right] = \frac{1}{C_{p,m}}\left(\frac{TR}{p} - V_m\right) = 0$$

3.47　汞 Hg 在 100kPa 下的熔点为 -38.87℃,此时比熔化焓 $\Delta_{fus}h = 9.75\text{J}\cdot\text{g}^{-1}$;液态汞和固态汞的密度分别为 $\rho(\text{l}) = 13.690\text{g}\cdot\text{cm}^{-3}$ 和 $\rho(\text{s}) = 14.193\text{g}\cdot\text{cm}^{-3}$。求:

(1) 压力为 10MPa 下的汞的熔点。

(2) 若要汞的熔点为 -35℃,压力需要增大至多少?

解题过程　(1) $\Delta_{fus}V = V(\text{l}) - V(\text{s}) = \frac{1}{\rho(\text{l})} - \frac{1}{\rho(\text{s})} = \frac{1}{13.690\text{g}\cdot\text{cm}^{-3}} - \frac{1}{14.193\text{g}\cdot\text{cm}^{-3}}$

$$= 2.58857 \times 10^{-9}\,\mathrm{m^3 \cdot g^{-1}}$$

由克拉佩龙方程可知，对于固液平衡，熔点与外压的关系为

$$\ln\frac{T_2}{T_1} = \frac{\Delta_{fus}V}{\Delta_{fus}h}(p_2 - p_1)$$

即 $\ln\dfrac{T_2}{234.28\mathrm{K}} = \dfrac{2.58857\times10^{-9}\,\mathrm{m^3\cdot g^{-1}}}{9.75\mathrm{J\cdot g^{-1}}}\times(10\,000 - 100)\mathrm{kPa}$

$T_2 = 234.897\mathrm{K}$

(2) $\ln\dfrac{T_2}{T_1} = \dfrac{\Delta_{fus}V}{\Delta_{fus}h}(p_2 - p_1)$

$$p_2 = p_1 + \frac{\Delta_{fus}h}{\Delta_{fus}V}\ln\frac{T_2}{T_1} = 100\mathrm{kPa} + \frac{9.75\mathrm{J\cdot g^{-1}}}{2.58857\times10^{-9}\,\mathrm{m^3\cdot g^{-3}}}\ln\frac{238.15\mathrm{K}}{234.28\mathrm{K}}$$

$= 61.8\mathrm{MPa}$

小　结　考查克拉佩龙方程的运用。

3.48 已知水在77℃时的饱和蒸气压为41.891kPa，水在101.325kPa下的正常沸点为100℃。求：

(1) 下面表示水的蒸气压与温度关系的方程式中的A和B值：

$\lg(p/\mathrm{Pa}) = -A/T + B$

(2) 在此温度范围内水的摩尔蒸发焓。

(3) 在多大压力下水的沸点为105℃。

解题过程　(1) 由题可知，$p = 41.891\mathrm{kPa}$时，$T = 350.15\mathrm{K}$；$p = 101.325\mathrm{kPa}$时，$T = 373.15\mathrm{K}$。

则$\begin{cases}\lg(41.891\times10^3) = -A/350.15 + B \\ \lg(101.325\times10^3) = -A/373.15 + B\end{cases}$

可解得$A = 2179.133\mathrm{K}$，$B = 10.84555$

(2) 由 $\ln\dfrac{p_2}{p_1} = -\dfrac{\Delta_{vap}H_m}{R}\left(\dfrac{1}{T_2} - \dfrac{1}{T_1}\right)$

$$\Delta_{vap}H_m = -\ln\frac{p_2}{p_1}\times R/\left(\frac{1}{T_2} - \frac{1}{T_1}\right)$$

$$= -\ln\frac{101.325\mathrm{kPa}}{41.891\mathrm{kPa}}\times 8.315\mathrm{J\cdot mol^{-1}\cdot K^{-1}}/\left(\frac{1}{373.15\mathrm{K}} - \frac{1}{350.15\mathrm{K}}\right)$$

$= 41.719\mathrm{kJ\cdot mol^{-1}}$

(3) 由公式得

$$\lg(p/\mathrm{Pa}) = -A/T + \mathrm{B} = -\frac{2179.133\mathrm{K}}{(105 + 273.15)\mathrm{K}} + 10.84555$$

$p = 121.042\mathrm{kPa}$

3.49 水(H_2O)和氯仿($CHCl_3$)在101.325kPa下的正常沸点分别为100℃和61.5℃，摩尔蒸发焓分别为$\Delta_{vap}H_m(H_2O) = 40.668\mathrm{kJ\cdot mol^{-1}}$和$\Delta_{vap}H_m(CHCl_3) = 29.50\mathrm{kJ\cdot mol^{-1}}$。求两液体具有相同饱和蒸气压时的温度。

解题过程　设两液体具有相同饱和蒸气压p时的温度为T

$$\begin{cases}\ln\dfrac{p}{101.325\text{kPa}}=-\dfrac{\Delta_{vap}H_m(H_2O)}{R}\left(\dfrac{1}{T}-\dfrac{1}{373.15\text{K}}\right)\\ \ln\dfrac{p}{101.325\text{kPa}}=-\dfrac{\Delta_{vap}H_m(CHCl_3)}{R}\left(\dfrac{1}{T}-\dfrac{1}{334.65\text{K}}\right)\end{cases}$$

代入数值得　$40.668\left(\dfrac{1}{T}-\dfrac{1}{373.15\text{K}}\right)=29.50\left(\dfrac{1}{T}-\dfrac{1}{334.65\text{K}}\right)$

解得 $T=536.05\text{K}$，即 $T=262.9℃$

3.50　因同一温度下液体及其饱和蒸气压的摩尔定压热容 $C_{p,m}(\text{l})$ 和 $C_{p,m}(\text{g})$ 不同，故液体的摩尔蒸发焓是温度的函数：

$\Delta_{vap}H_m=\Delta H_0+\{C_{p,m}(\text{g})-C_{p,m}(\text{l})\}T$

试推得液体饱和蒸气压与温度关系的克劳修斯－克拉佩龙方程的不定积分式。

解题过程　根据克劳修斯－克拉佩龙方程有

$$\frac{\text{d}\ln p}{\text{d}T}=\frac{\Delta_{vap}H_m}{RT^2}$$

将 $\Delta_{vap}H_m=\Delta H_0+[C_{p,m}(\text{g})-C_{p,m}(\text{l})]T$ 代入上式得

$$\text{d}\ln p=\left\{\frac{\Delta H_0}{RT^2}+\frac{[C_{p,m}(\text{g})-C_{p,m}(\text{l})]}{RT}\right\}\text{d}T$$

对公式积分得

$$\ln p=\left\{\frac{\Delta H_0}{RT^2}+\frac{[C_{p,m}(\text{g})-C_{p,m}(\text{l})]}{R}\right\}\ln T+C$$

式中 C 为积分常数。

小　结　以上三题训练克劳修斯－克拉佩龙方程的运用。

第四章

多组分系统热力学

知识点归纳

一、偏摩尔量

1. 定义

$$X_B \xrightarrow{\text{def}} \left(\frac{\partial X}{\partial n_B}\right)_{T,p,n_C} \tag{4.1}$$

其中 X 为广度量，如 $V,U,S\cdots$

全微分式

$$dX=\left(\frac{\partial X}{\partial T}\right)_{p,n_B}dT+\left(\frac{\partial X}{\partial p}\right)_{T,n_B}dp+\sum_B X_B dn_B \tag{4.2}$$

总和
$$X=\sum_B n_B X_B \tag{4.3}$$

2. 吉布斯－杜亥姆方程

在 T、p 一定条件下，
$$\sum_B n_B dX_B=0 \tag{4.4}$$

或
$$\sum_B x_B dX_B=0 \tag{4.5}$$

此处，x_B 指 B 的摩尔分数，X_B 指 B 的偏摩尔量。

3. 偏摩尔量间的关系

$$\left(\frac{\partial G}{\partial p}\right)_T=V\Rightarrow\left(\frac{\partial G_B}{\partial p}\right)_{T,n_B}=V_B \tag{4.6}$$

$$\left(\frac{\partial G}{\partial T}\right)_p=-S\left(\frac{\partial G_B}{\partial T}\right)_{p,n_B}=-S_B \tag{4.7}$$

二、化学势

1. 定义

混合物(或溶液）中组分 B 的偏摩尔吉布斯函数 G_B 又称 B 的化学势。

$$\mu_{B} \stackrel{\text{def}}{=\!=} G_{B} = \left(\frac{\partial G}{\partial n_{B}}\right)_{T,p,n_{C}} \tag{4.8}$$

由热力学的 4 个基本方程可以得：

$$\mu_{B} = \left(\frac{\partial U}{\partial n_{B}}\right)_{S,V,n_{C}} = \left(\frac{\partial H}{\partial n_{B}}\right)_{S,p,nc} = \left(\frac{\partial A}{\partial n_{B}}\right)_{T,V,n_{C}} = \left(\frac{\partial G}{\partial n_{B}}\right)_{T,p,n_{C}} \tag{4.9}$$

2. 化学势判据

$$\sum_{\alpha}\sum_{B}\mu_{B}(\alpha)\mathrm{d}n_{B}(\alpha) \leqslant 0\begin{pmatrix} < \text{自发} \\ = \text{平衡} \end{pmatrix}(\mathrm{d}T = 0, \mathrm{d}V = 0, \delta W' = 0) \tag{4.10}$$

$$\sum_{\alpha}\sum_{B}\mu_{B}(\alpha)\mathrm{d}n_{B}(\alpha) \leqslant 0\begin{pmatrix} < \text{自发} \\ = \text{平衡} \end{pmatrix}(\mathrm{d}T = 0, \mathrm{d}p = 0, \delta W' = 0) \tag{4.11}$$

其中，$\mu_{B}(\alpha)$ 指 α 相内的 B 物质。

三、气体组分的化学势

1. 理想气体化学势

(1) 纯理想气体的化学势为

$$\mu^{*}(\mathrm{pg}) = \mu^{\ominus}(g) + RT\ln(p/p^{\ominus}) \tag{4.12}$$

$\mu^{*}(\mathrm{pg})$ 表示纯理想气体在温度 T、压力 p 时的化学势。$\mu^{\ominus}(g)$ 是纯理想气体在标准压力 $p^{\ominus} = 100\mathrm{kPa}$ 下的化学势，即标准化学势。

(2) 混合理想气体中任一组分 B 的化学势为

$$\mu_{B(pg)} = \mu_{B(g)}^{\ominus} + RT\ln\left(\frac{p_{B}}{p^{\ominus}}\right) \tag{4.13}$$

其中，$p_{B} = y_{B}$ 为 B 的分压。

2. 真实气体化学势

(1) 纯真实气体的化学势为

$$\mu^{*}(g) = \mu^{\ominus}(g) + RT\ln\left(\frac{p}{p^{\ominus}}\right)\int_{0}^{p}\left[V_{m}^{*}(g) - \frac{RT}{p}\right]\mathrm{d}p \tag{4.14}$$

其中，$V_{m}^{*}(g)$ 为该温度下纯真实气体的摩尔体积。低压下，真实气体近似认为是理想气体，故积分项为零。

(2) 真实气体混合物中任一组分 B 的化学势为

$$\mu_{B(g)} = \mu_{B(g)}^{\ominus} + RT\ln\left(\frac{p_{B}}{p^{\ominus}}\right) + \int_{0}^{p}\left\{V_{B(g)} - \frac{pT}{p_{总}}\right\}\mathrm{d}p \tag{4.15}$$

其中，$V_{B}(g)$ 为真实气体混合物中组分 B 温度 T 及总压 $p_{总}$ 下的偏摩尔体积。

四、拉乌尔定律与亨利定律

1. 拉乌尔定律

$$p_{A} = p_{A}^{*}x_{A} \tag{4.16}$$

式中 p_{A} 为溶液中溶剂 A 的蒸气压；p_{A}^{*} 为纯溶剂在同样温度下的饱和蒸气压。x_{A} 为溶液中 A 的摩尔分数。

拉乌尔定律只适用于理想液态混合物或理想稀溶液中的溶剂。

2. 亨利定律

$$p_B = k_{x,B} x_B \tag{4.17}$$

式中 $k_{x,B}$ 为亨利系数，其值与溶质、溶剂的性质及温度有关。也可用其他浓度，如 c_B、b_B 来表示亨利定律，但这时亨利系数的大小及单位皆应相应改变。

此式只适用于理想稀溶液中的溶质。当挥发性溶质的浓度较大时，应以活度代替浓度，并要求溶质在气相中的分子形态与液相相同。

五、理想液态混合物

1. 理想液态混合物

定义：其任一组分在全部组成范围内都符合拉乌尔定律的液态混合物。

$$p_B = p_B^* x_B \tag{4.18}$$

其中，$0 \leqslant x_B \leqslant 1$，B 为任一组分。

2. 理想液态混合物中任一组分 B 的化学势

$$\mu_{B(l)} = \mu_{B(l)}^* + RT\ln(x_B) \tag{4.19}$$

其中，$\mu_{B(l)}^*$ 为纯液体 B 在温度 T、压力 p 下的化学势。

若纯液体 B 在温度 T、压力 $p^\ominus$ 下的标准化学势为 $\mu_{B(l)}^\ominus$，则有

$$\mu_{B(l)}^* = \mu_{B(l)}^\ominus + \int_{p^\ominus}^{p^*} V_{m,B(l)}^* \, dp \approx \mu_{B(l)}^\ominus \tag{4.20}$$

其中，$V_{m,B(l)}^*$ 为纯液态 B 在温度 T 下的摩尔体积。

3. 理想液态混合物的混合性质

(1)$\Delta_{mix} V = 0$ (4.21)

(2)$\Delta_{mix} H = 0$ (4.22)

(3)$\Delta_{mix} S = -(\sum_B)R\sum_B x_B \ln(x_B)$ (4.23)

(4)$\Delta_{min} G = -T\Delta_{mix} S$ (4.24)

六、理想稀溶液

1. 溶剂的化学势

$$\mu_{A(l)} = \mu_{A(l)}^* + RT\ln(x_A) \tag{4.25}$$

$$\mu_{A(l)} = \mu_{A(l)}^\ominus + RT\ln(x_A) + \int_{p^\ominus}^{p} V_{m,A(l)}^* \, dp \tag{4.26}$$

当 p 与 $p^\ominus$ 相差不大时，积分项可忽略，则 A 的化学势为 $\mu_{A(l)} = \mu_{A(l)}^\ominus + RT\ln(x_A)$。稀溶液溶剂服从拉乌尔定律，溶质服从亨利定律，故稀溶液的溶剂化学势的表示与理想溶液中任一组分的化学势表达式一样。

2. 溶质的化学势

溶质服从亨利定律，故

$$\mu_{B(溶质)} = \mu_B(g) = \mu_B^\ominus(g) + RT\ln(p_B/p^\ominus) = \mu_B^\ominus(g) + RT\ln(k_{b,B} b_B/p^\ominus)$$

$$= \mu^{\ominus}_{B(g)} + RT\ln(k_{b,B}b^{\ominus}/p^{\ominus}) + RT\ln(b_B/b^{\ominus}) \tag{4.27}$$

又因为
$$\mu^{\ominus}_{B(g)} + RT\ln(k_{b,B}b^{\ominus}/p^{\ominus}) = \mu^{\ominus}_{B(溶质)} + \int_{p^{\ominus}}^{p} V^{\infty}_{B(溶质)}\,dp \tag{4.28}$$

$$\mu_{B(溶质)} = \mu^{\ominus}_{B(溶质)} + RT\ln(b_B/p^{\ominus}) + \int_{p^{\ominus}}^{p} V^{\infty}_{B(溶质)}\,dp \tag{4.29}$$

其中，在 p 与 $p^{\ominus}$ 相差不大时，可忽略积分项。

3. 分配定律

在一定温度、压力下，当溶质在共存的两不互溶液体间平衡时，若形成理想稀溶液，则溶质在两液相中的质量摩尔浓度之比为一常数：

$$K = b_B(\alpha)/b_B(\beta) \tag{4.30}$$

其中 K 为分配系数，$b_B(\alpha)$、$b_B(\beta)$ 为溶质 B 在 α、β 两相中的质量摩尔浓度。

七、稀溶液的依数性

溶剂蒸气压下降：
$$\Delta p_A = p_A^* x_B \tag{4.31}$$

凝固点降低(条件：溶质不与溶剂形成固态溶液，仅溶剂以纯固体析出)：

$$\Delta T_f = K_f b_B \tag{4.32}$$

$$K_f = \frac{R(T_f^*)^2 M_A}{\Delta_{fus} H^{\ominus}_{m,A}} \tag{4.33}$$

沸点升高(条件：溶质不挥发)：

$$\Delta T_b = K_b b_B \tag{4.34}$$

$$K_b = \frac{R(T_b^*)^2 M_A}{\Delta H^{\ominus}_{m,A}} \tag{4.35}$$

渗透压：
$$\Pi V = n_B RT \tag{4.36}$$

八、逸度与逸度因子

1. 逸度及逸度因子

气体 B 的逸度 $\tilde{p}_B$，是在温度 T、总压力 $p_{总}$ 下，满足关系式

$$\mu_B(g) = \mu_B^{\ominus}(g) + RT\ln\left(\frac{\tilde{p}_B}{p^{\ominus}}\right) \tag{4.37}$$

的物理量，它具有压力单位。其计算式为

$$\tilde{p}_B \xlongequal{\text{def}} p_B \exp\left\{\int_0^p \left[\frac{V_B(g)}{RT} - \frac{1}{p_{总}}\right]dp\right\} \tag{4.38}$$

逸度因子(即逸度系数) 为气体 B 的逸度与其分压之比

$$\varphi_B = \frac{\tilde{p}_B}{p_B} \tag{4.39}$$

理想气体逸度因子恒等于 1。

2. 逸度因子的计算与普通化逸度因子图

$$\ln\varphi_B = \int_0^p \left[\frac{V_B(g)}{RT} - \frac{1}{p}\right] dp \tag{4.40}$$

对纯真实气体，式中 $V_{B(g)}$ 即为该气体在 T、p 下的摩尔体积 $V^*_{m(g)}$，用 $V^*_{m(g)} = ZRT/p$ 代替 $V_{B(g)}$ 得

$$\ln\varphi = \int_0^{p_r} (Z-1)\frac{dp_r}{p_r} \tag{4.41}$$

不同气体，在相同对比温度 T_r、对比压力 p_r 下，有大致相同的压缩因子 Z，因而有大致相同的逸度因子 φ。

3. 路易斯—兰德尔逸度规则

混合气体组分 B 的逸度因子等于该组分 B 在混合气体温度及总压下单独存在时的逸度因子。

$$\tilde{p}_B = \varphi_B p_B = \varphi_B p_{总}\, y_B = \varphi_B^* p_{总}, y_B = \tilde{p}_B^* y_B \tag{4.42}$$

适用条件：由几种纯真实气体在恒温恒压下形成混合物时，系统总体积不变，即体积有加和性。

九、活度与活度因子

对真实液态混合物中的溶剂：

$$\mu_{B(l)} \stackrel{\text{def}}{=\!=} \mu^*_{B(l)} + RT\ln a_B = \mu^*_{B(l)} + RT\ln x_B f_B \tag{4.43}$$

其中 a_B 为组分 B 的活度，f_B 为组分 B 的活度因子。

若 B 挥发，而在与溶液平衡的气相中 B 的分压为 p_B，则有

$$a_B = \frac{p_B}{p_B^*} \tag{4.44}$$

且

$$f_B = \frac{a_B}{x_B} = \frac{p_B}{p_B^* x_B} \tag{4.45}$$

课后习题全解

4.1 由溶剂 A 与溶质 B 形成一定组成的溶液。此溶液中 B 的浓度为 c_B，质量摩尔浓度为 b_B，此溶液的密度为 ρ。以 M_A、M_B 分别代表溶剂和溶质的摩尔质量，若溶液的组成用 B 的摩尔分数 x_B 表示时，试导出 x_B 与 c_B、x_B 与 b_B 之间的关系式。

解题过程 设溶液体积为 V，由物质的量浓度定义 $c_B = \dfrac{n_B}{V}$ 得

$n_B = c_B V$

因为 $\rho V = n_A M_A + n_B M_B$

$$n_A = \frac{\rho V - n_B M_B}{M_A} = \frac{\rho V - c_B M_B V}{M_A}$$

所以 $x_B = \dfrac{n_B}{n_A + n_B} = \dfrac{c_B V}{\dfrac{\rho V - c_B M_B V}{M_A} + c_B V} = \dfrac{c_B M_A}{\rho + c_B(M_A - M_B)}$

当溶液很稀时，$c_B \to 0$，$c_B(M_A - M_B) \ll \rho$，上式可简化为

$$x_B \approx \frac{c_B M_A}{\rho}$$

由质量摩尔浓度定义 $b_B = \frac{n_B}{m_A} = \frac{n_B}{n_A M_A}$ 得

$$n_B = b_B n_A M_A$$

$$x_B = \frac{n_B}{n_A + n_B} = \frac{b_B n_A M_A}{n_A + b_B n_A M_A} = \frac{b_B M_A}{1 + b_B M_A}$$

当溶液很稀时,$b_B \to 0, b_B M_A \leqslant 1$,上式可简化为

$$x_B \approx b_B M_A$$

4.2 D-果糖 $C_6H_{12}O_6$(B)溶于水(A)中形成的某溶液,质量分数 $w_B = 0.095$,此溶液在20℃时的密度 $\rho = 1.0365 mg \cdot m^{-3}$。求:此溶液中D-果糖的(1)摩尔分数;(2)浓度;(3)质量摩尔浓度。

解题过程　(1)　设有1kg溶液,质量分数 $w_B = 0.095$,则 $m_A = 0.095kg, m_B = 0.095kg$,水的摩尔质量为 $M_A = 18.02 \times 10^{-3} kg \cdot mol^{-1}$

D-果糖的摩尔质量:

$$M_B = 180.16 \times 10^{-3} kg \cdot mol^{-1}$$

$$n_A = \frac{m_A}{M_A} = \frac{0.095}{18.02 \times 10^{-3}} mol = 5.272 mol$$

$$n_B = \frac{m_B}{M_B} = \frac{0.095}{180.16 \times 10^{-3}} mol = 0.527\,3 mol$$

$$x_B = \frac{n_B}{n_A + n_B} = \frac{0.527\,3}{5.272 + 0.527\,3} = 0.091$$

(2)1kg溶液体积为

$$V = \frac{1}{\rho} = \frac{1\,000}{1.036\,5 \times 10^6} m^3 = 0.965 dm^3$$

$$c_B = \frac{n_B}{V} = \frac{0.527\,3}{0.965} mol \cdot dm^{-3} = 0.547 mol \cdot dm^{-3}$$

(3)$b_B = \frac{n_B}{m_A} = \frac{0.527\,3}{0.905} mol \cdot kg^{-1} = 0.583 mol \cdot kg^{-1}$

小　　结　这两题考查溶液各浓度表示之法的转化。

4.3 在25℃、1kg的水(A)中溶解有醋酸(B),当醋酸的质量摩尔浓度 b_B 介于 $0.16 mol \cdot kg^{-1}$ 和 $2.5 mol \cdot kg^{-1}$ 之间时,溶液的总体积 $V/cm^3 = 1\,002.935 + 51.832\{b_B/(mol \cdot kg^{-1})\} + 0.139\,4\{b_B/(mol \cdot kg^{-1})\}^2$。

求:(1)把水(A)和醋酸(B)的偏摩尔体积分别表示成 b_B 的函数关系式。

(2)$b_B = 1.5 mol \cdot kg^{-1}$ 时水和醋酸的偏摩尔体积。

分　　析　本题考查理想液态混合物的混合性质 $V = n_A V_A + n_B V_B$。

解题过程　(1)题设1kg水(A)中溶有醋酸(B),所以

$$b_B = \frac{n_B}{m_A} = \frac{n_B}{1kg}$$

溶液的总体积表达式改写为

$$V=\left[1\,002.935+51.832\left(\frac{n_B/1kg}{mol\cdot kg^{-1}}\right)+0.139\,4\left(\frac{n_B/1kg}{mol\cdot kg^{-1}}\right)^2\right]cm^3$$

$$V_B=\left(\frac{\partial V}{\partial n_B}\right)_{T,p,n_A}$$

$$=\left\{\frac{\partial}{\partial n_B}\left[1\,002.935+51.832\left(\frac{n_B/1kg}{mol\cdot kg^{-1}}\right)+0.139\,4\left(\frac{n_B/1kg}{mol\cdot kg^{-1}}\right)^2\right]\right\}_{T,p,n_A}cm^3$$

$$=\left[\frac{51.832}{mol}+2\times 0.139\,4n_B\left(\frac{1}{mol}\right)^2\right]cm^3$$

$$=\left[51.832+0.278\,8\left(\frac{n_B}{1kg\cdot mol\cdot kg^{-1}}\right)\right]cm^3\cdot mol^{-1}$$

$$=\left[51.832+0.278\,8\left(\frac{b_B}{mol\cdot kg^{-1}}\right)\right]cm^3\cdot mol^{-1}$$

因为 $V=n_AV_A+n_BV_B$，所以

$$V_A=\frac{V-n_BV_B}{n_A}=\frac{V-(b_B\times 1kg)V_B}{1kg/(18.02\times 10^{-3}kg\cdot mol^{-1})}$$

$$=\frac{\{1\,002.935+51.832[b_B/(mol\cdot kg^{-1})+0.139\,4][b_B/(mol\cdot kg^{-1})]^2\}cm^3}{1kg\times(18.02\times 10^{-3}kg\cdot mol^{-1})}$$

$$-\frac{(b_B\times 1kg)\left[51.832+2\times 0.139\,4\left(\frac{b_B}{mol\cdot kg^{-1}}\right)\right]cm^3\cdot mol^{-1}}{1kg\times(18.02\times 10^{-3}kg\cdot mol^{-1})}$$

$$=\left[18.068\,1-0.002\,51\left(\frac{b_B}{mol\cdot kg^{-1}}\right)^2\right]cm^3\cdot mol^{-1}$$

(2) $b_B=1.5mol\cdot kg^{-1}$ 时，

$$V_A=(18.073-0.002\,51\times 1.5)cm^3\cdot mol^{-1}=18.067\,3cm^3\cdot mol^{-1}$$

$$V_B=(51.832-0.278\,8\times 1.5^2)cm^3\cdot mol^{-1}=52.250\,2cm^3\cdot mol^{-1}$$

4.4 60℃ 时甲醇的饱和蒸气压是 83.4kPa，乙醇的饱和蒸气压是 47.0kPa。二者可形成理想液态混合物。若混合物的组成为二者的质量分数各 50%，求 60℃ 时此混合物的平衡蒸气组成，以摩尔分数表示。

解题过程 $M(CH_3OH)=32.042g\cdot mol^{-1}$，$M(C_2H_5OH)=46.069g\cdot mol^{-1}$

设有 1kg 液态混合物，则其组成为

$$x(CH_3OH)=\frac{500/32.042}{500/32.042+500/46.069}=0.589\,8$$

$$x(C_2H_5OH)=1-x(CH_3OH)=1-0.589\,8=0.410\,2$$

蒸气总压为

$$p=p(CH_3OH)+p(C_2H_5OH)$$

$$=x(CH_3OH)p^*(CH_3OH)+x(C_2H_5OH)p^*(C_2H_5OH)$$

$$=(0.589\times 83.4+0.410\,2\times 47.0)kPa=68.468\,7kPa$$

其气相组成为

$$y(CH_3OH)=\frac{p(CH_3OH)}{p}=\frac{x(CH_3OH)p^*(CH_3OH)}{p}=\frac{0.5898\times 83.4}{68.4687}=0.7184$$

$$y(C_2H_5OH)=1-y(CH_3OH)=1-0.7184=0.2816$$

4.5 80℃ 时纯苯的蒸气压为 100kPa，纯甲苯的蒸气压为 38.7kPa。两液体可形成理想液态混合物。若有苯－甲苯的气－液平衡混合物，80℃ 时气相中苯的摩尔分数 $y(苯)=0.300$，求液相的组成。

解题过程　苯－甲苯形成理想液态混合物，故有

$$y(苯)=\frac{p(苯)}{p}=\frac{x(苯)p^*(苯)}{x(苯)p^*(苯)+[1-x(苯)]p^*(甲苯)}$$

$$0.3=\frac{x(苯)\times 100}{x(苯)\times 100+[1-x(苯)]\times 38.7}$$

由上式解出

$$x(甲苯)=1-x(苯)=1-0.142=0.858$$

小　　结　以上三题涉及理想液态混合物组成的计算。

4.6 在 18℃，氧气和氮气压力均为 101.325kPa 时，$1dm^3$ 的水中能溶解 O_2 0.045g，N_2 0.02g。现将 $1dm^3$ 被 202.65kPa 空气所饱和了的水溶液加热至沸腾，赶出所溶解的 O_2 和 N_2，并干燥之，求此干燥气体在 101.325kPa，18℃ 下的体积及其组成。设空气为理想气体混合物，其组成的体积分数为 $\varphi(O_2)=0.21$，$\varphi(N_2)=0.79$。

解题过程　$t=18℃$，$p=101.325kPa$ 时，$1dm^3$ 水中溶解的 O_2 和 N_2 的浓度：

$$c_1(O_2)=\frac{m(O_2)}{M(O_2)V}=\frac{0.045}{31.9988\times 1}mol\cdot dm^{-3}=1.406\times 10^{-3}mol\cdot dm^{-3}$$

$$c_1(N_2)=\frac{m(N_2)}{M(N_2)V}=\frac{0.02}{28.0134\times 1}mol\cdot dm^{-3}=7.139\times 10^{-4}mol\cdot dm^{-3}$$

溶解气体后水可看作稀溶液，遵循亨利定律

$$p_B=k_Bc_B$$

故 O_2 在水中的亨利系数

$$k_{c,O_2}=\frac{p_1(O_2)}{b_1(O_2)}=7.207\times 10^7 Pa\cdot mol^{-1}\cdot dm^3$$

N_2 在水中的亨利系数

$$k_{c,N_2}=\frac{p_1(N_2)}{b_1(N_2)}=1.419\times 10^8 Pa\cdot mol^{-1}\cdot dm^3$$

被 202.65kPa 空气饱和后水中 O_2 和 N_2 的浓度为

$$c_2(O_2)=\frac{p_2(O_2)}{k_{c,O_2}}=5.905\times 10^{-4}mol\cdot dm^{-3}$$

$$c_2(N_2)=\frac{p_2(N_2)}{k_{c,N_2}}=1.128\times 10^{-3}mol\cdot dm^{-3}$$

这时 $1dm^3$ 水中 O_2 和 N_2 的物质的量之和为

$$n=n(O_2)+n(N_2)=(5.905\times 10^{-4}\times 1+1.128\times 10^{-3}\times 1)mol=1.7185\times 10^{-3}mol$$

干燥气体在 $t = 18℃$，$p = 101.325\text{kPa}$ 的体积

$$V = \frac{nRT}{p} = \frac{1.718\,5\times10^{-3}\times8.315\times291.15}{101.325\times10^{3}}\text{m}^3 = 41.05\times10^{-6}\text{m}^3$$

设 O_2 所占体积分数为 $y(O_2)$，N_2 为 $y(N_2)$

则 $\dfrac{y(O_2)}{y(N_2)} = \dfrac{y(O_2)}{1-y(O_2)} = \dfrac{p(O_2)}{p(N_2)} = \dfrac{n(O_2)}{n(N_2)} = \dfrac{c(O_2)}{c(N_2)} = \dfrac{5.905\times10^{-4}}{1.128\times10^{-3}} = 0.523\,5$

求得 $y(O_2) = 0.343\,7 \quad y(N_2) = 0.656\,3$

4.7 20℃ 下 HCl 溶于苯中达平衡，气相中 HCl 的分压为 101.325kPa 时，溶液中 HCl 的摩尔分数为 0.042 5。已知 20℃ 时苯的饱和蒸气压为 10.0kPa，若 20℃ 时 HCl 和苯蒸气总压为 101.325kPa，求 100g 苯中溶解多少克 HCl。

解题过程 将溶液视为稀溶液，遵守拉乌尔定律。

$$p^*(\text{HCl}) = \frac{p(\text{HCl})}{x(\text{HCl})} = \frac{101.325}{0.042\,5}\text{kPa} = 2\,384.118\text{kPa}$$

已知 20℃ 时 HCl 和苯蒸气总压为 101.325kPa，所以

$$p(总) = p^*(\text{HCl})x(\text{HCl}) + p^*(苯)[1 - x(\text{HCl})]$$

$$x(\text{HCl}) = \frac{p(总) - p^*(苯)}{p^*(\text{HCl}) - p^*(苯)} = \frac{n(\text{HCl})}{\dfrac{m(a\,苯)}{M(苯)} + n(\text{HCl})}$$

$$x(\text{HCl}) = \frac{p(总) - p^*(苯)}{p^*(\text{HCl}) - p^*(苯)} = \frac{101.325 - 10.2}{2\,384.118 - 10.0} = 0.038\,47$$

又 $x(\text{HCl}) = \dfrac{n(\text{HCl})}{n(苯) + n(\text{HCl})} = \dfrac{n(\text{HCl})}{\dfrac{m(苯)}{M(苯)} + n(\text{HCl})}$

$$0.038\,47 = \frac{n(\text{HCl})}{\dfrac{100}{78.114\text{g}\cdot\text{mol}^{-1}} + n(\text{HCl})}$$

所以 $n(\text{HCl}) = 0.051\,22\text{mol}$

100g 苯中溶解 HCl 的质量为

$$m(\text{HCl}) = n(\text{HCl})M(\text{HCl}) = (0.051\,22\times36.458)\text{g} = 1.867\text{g}$$

4.8 H_2、N_2 与 100g 水在 40℃ 时处于平衡，平衡总压为 105.4kPa。平衡气体经干燥后的组成为体积分数 $\varphi(H_2) = 40\%$。假设可以认为溶液的水蒸气压等于纯水的蒸气压，即 40℃ 时的 7.33kPa。已知 40℃ 时 H_2、N_2 在水中的亨利系数分别为 7.61GPa 和 10.5GPa。求 40℃ 时水中溶解 H_2 和 N_2 的质量。

分　析 此题根据亨利定律 $p_B = k_B c_B$ 进行求解。

解题过程 H_2、N_2 与 100g 水在 40℃ 时处于平衡，H_2、N_2 的分压之和为

$$p = p(H_2) + p(N_2) = p(总) - p(H_2O) = (105.4 - 7.33)\text{kPa} = 98.07\text{kPa}$$

干燥后的气体体积分数即摩尔分数为

$y(H_2) = 0.4$，$y(N_2) = 0.6$

所以平衡时 H_2、N_2 的分压分别为

$p(H_2)=y(H_2)p=(0.4\times 98.07)\text{kPa}=39.228\text{kPa}$

$p(N_2)=y(H_2)p=(0.6\times 98.07)\text{kPa}=58.842\text{kPa}$

由亨利定律计算出溶于水的 H_2、N_2 的摩尔分数为

$$x(H_2)=\frac{p(H_2)}{k(H_2)}=\frac{39.228\times 10^3\,\text{Pa}}{7.61\times 10^9\,\text{Pa}}=5.155\times 10^{-6}$$

$$x(N_2)=\frac{p(H_2)}{k(H_2)}=\frac{58.842\times 10^3\,\text{Pa}}{10.5\times 10^9\,\text{Pa}}=5.604\times 10^{-6}$$

因为 $x(H_2)=\dfrac{n(H_2)}{n(H_2O)+n(H_2)+n(N_2)}\approx\dfrac{n(H_2)}{n(H_2O)}=\dfrac{m(H_2)/M(H_2)}{m(H_2O)/M(H_2O)}$

所以 $m(H_2)=\dfrac{x(H_2)M(H_2)m(H_2O)}{M(H_2O)}=\dfrac{5.155\times 10^{-6}\times 2.016\times 100}{18.02}\text{g}$

$=5.767\times 10^{-5}\text{g}=57.7\mu\text{g}$

同理 $m(N_2)=\dfrac{x(N_2)M(N_2)m(H_2O)}{M(H_2O)}=\dfrac{5.604\times 10^{-6}\times 28.014\times 100}{18.016}\text{g}$

$=8.714\times 10^{-4}\text{g}=871\mu\text{g}$

4.9 已知 20℃ 时，压力为 101.325kPa 的 CO_2(g) 在 1kg 水中可溶解 1.7g，40℃ 时同样压力的 CO_2(g) 在 1kg 水中可溶解 1.0g。如果用只能承受 202.65kPa 的瓶子充装溶有 CO_2(g) 的饮料，则在 20℃ 条件下充装时，CO_2 的最大压力为多少才能保证此瓶装饮料可以在 40℃ 条件下安全存放。设 CO_2 溶质服从亨利定律。

解题过程　设 CO_2 为 B。由亨利定律得

$$p_B=x_Bk_{x,B}=\frac{m_B}{n_{总}M_B}k_{x,B}=\frac{m_B}{(n_A+n_B)M_B}k_{x,B}\approx\frac{m_B}{n_AM_B}k_{x,B}$$

M_B、n_A 为定值，于是

$$\frac{k_{x,B}(293.15\text{K})}{k_{x,B}(313.15\text{K})}=\frac{p_B(293.15\text{K})n_AM_B/m_B(293.15\text{K})}{p_B(313.15\text{K})n_AM_B/m_B(313.15\text{K})}$$

$$=\frac{1.0}{1.7}=0.588$$

瓶中饮料 x_B 为定值，故

$$\frac{p_B(293.15\text{K})}{p_B(313.15\text{K})}=\frac{k_{x,B}(293.15\text{K})}{k_{x,B}(313.15\text{K})}=0.588$$

所以 $p_B(293.15\text{K})=p_B(313.15\text{K})\times 0.588=119.2\text{kPa}$

故 20℃ 时，CO_2 的最大压力为 119.2kPa。

4.10 试用吉布斯－杜亥姆方程证明在稀溶液中若溶质服从亨利定律，则溶剂必然服从拉乌尔定律。

解题过程　对于二组分溶液，吉布斯－杜亥姆方程为

$$x_A\mathrm{d}\mu_A+x_B\mathrm{d}\mu_B=0 \qquad ①$$

因为 $\mu_A=\mu_A^{\ominus}+RT\ln\dfrac{p_A}{p^{\ominus}}$，$\mu_B=\mu_B^{\ominus}+RT\ln\dfrac{p_B}{p^{\ominus}}$

所以 $d\mu_A = RT\mathrm{dln}(p_A/\mathrm{Pa})$，$d\mu_B = RT\mathrm{dln}(p_B/\mathrm{Pa})$

将以上两式代入式①得

$$x_A \mathrm{dln}(p_A/\mathrm{Pa}) = -x_B \mathrm{dln}(p_B/\mathrm{Pa}) \quad ②$$

温度一定时，分压仅与组成有关，所以

$$\mathrm{dln}(p_A/\mathrm{Pa}) = \left[\frac{\partial \ln(p_A/P_a)}{\partial x_A}\right]_T \mathrm{d}x_A \quad ③$$

$$\mathrm{dln}(p_B/\mathrm{Pa}) = \left[\frac{\partial \ln(p_B/\mathrm{Pa})}{\partial x_B}\right]_T \mathrm{d}x_B \quad ④$$

将式③、④代入式②得

$$x_A\left[\frac{\partial \ln(p_A/\mathrm{Pa})}{\partial x_A}\right]_T \mathrm{d}x_A = -x_B\left[\frac{\partial \ln(p_B/\mathrm{Pa})}{\partial x_B}\right]_T \mathrm{d}x_B \quad ⑤$$

又因为 $x_A + x_B = 1$，$\mathrm{d}x_A = -dx_B$

所以式⑤变为

$$x_A\left[\frac{\partial \ln(p_A/\mathrm{Pa})}{\partial x_A}\right]_T = x_B\left[\frac{\partial \ln(p_B/\mathrm{Pa})}{\partial x_B}\right]_T$$

即

$$\left[\frac{\partial \ln(p_A/\mathrm{Pa})}{\partial \ln x_A}\right]_T = \left[\frac{\partial \ln(p_B/\mathrm{Pa})}{\partial \ln x_B}\right]_T \quad ⑥$$

设溶质符合亨利定律 $p_B = kx_B$。两边取对数，有

$$\ln(p_B/\mathrm{Pa}) = \ln(k/\mathrm{Pa}) + \ln x_B \quad ⑦$$

将式⑦代入式⑥，有

$$\left[\frac{\partial \ln(p_A/\mathrm{Pa})}{\partial \ln x_A}\right]_T = \left\{\frac{\partial}{\partial \ln x_B}[\ln(k/\mathrm{Pa}) + \ln x_B]\right\}_T = \left(\frac{\partial \ln x_B}{\partial \ln x_B}\right)_T = 1 \quad ⑧$$

对式⑧移项积分：$\int_{p_A^*}^{p_A} \mathrm{dln}(p_A/\mathrm{Pa}) = \int_1^{x_A} \mathrm{dln}xA$

$$\ln\frac{p_A}{p_A^*} = \ln x_A$$

即 $p_A = p_A^* x_A$

所以，稀溶液中若溶质服从亨利定律，溶剂必然服从拉乌尔定律。

小　结　以上三题均运用了拉乌尔定律及亨利定律。

4.11　A、B两液体能形成理想液态混合物。已知在温度 t 时纯A的饱和蒸气压 $p_A^* = 40\mathrm{kPa}$，纯B的饱和蒸气压 $p_B^* = 120\mathrm{kPa}$。

(1) 在温度 t 下，在汽缸中将组成为 $y_A = 0.4$ 的A、B混合气体恒温缓慢压缩，求凝结出第一滴微小液滴时系统的总压及该液滴的组成(以摩尔分数表示)为多少？

(2) 若将A、B两液体混合，并使此混合物在100kPa、温度 t 下开始沸腾，求该液态混合物的组成及沸腾时饱和蒸气的组成(摩尔分数)。

解题过程　(1) 由于A、B形成理想液态混合物，都服从拉乌尔定律

因此在温度 t 时，$p_A = y_A p = x_A p_A^*$

$$p_B = y_B p = x_B p_B^*$$

故 $x_A = x_B \dfrac{y_A p_B^*}{y_B p_A^*} = \dfrac{0.4 \times 120}{0.6 \times 40} x_B = 2x_B = 2(1 - x_A)$

求得 $x_A = 0.667$;$x_B = 0.333$

总压 $p = \dfrac{p_A}{y_A} = \dfrac{x_A p_A^*}{y_A} = \dfrac{0.667 \times 40}{0.4}\text{kPa} = 66.7\text{kPa}$

(2) 混合物在温度 t、100kPa 下沸腾,则

$$p = p_A + p_B = 100\text{kPa}$$

因此 $x_A = \dfrac{p - p_B^*}{p_A^* - p_B^*} = 0.25, x_B = 1 - x_A = 0.75$

$$y_A = \frac{p_A}{p} = 0.1, y_B = 1 - y_A = 0.9$$

4.12 25℃ 下,由各为 0.5mol 的 A 和 B 混合形成理想液态混合物,试求混合物过程的 ΔV、ΔH、$\Delta_{mix}S$ 及 $\Delta_{mix}G$。

解题过程 对理想液态混合物有

$$\Delta_{mix}V = 0$$

$$\Delta_{mix}H = 0$$

$$\begin{aligned}\Delta_{mix}S &= -R(n_A \ln x_A + n_B \ln x_B)\\ &= [-8.315 \times (0.5 \times \ln 0.5 + 0.5 \times \ln 0.5)]\text{J} \cdot \text{K}^{-1}\\ &= 5.76\text{J} \cdot \text{K}^{-1}\end{aligned}$$

$$\begin{aligned}\Delta_{mix}G &= RT(n_A \ln x_A + n_B \ln x_B) = [8.315 \times 298.15 \times (0.5 \times \ln 0.5 + 0.5 \times \ln 0.5)]\text{J}\\ &= -1.72\text{kJ}\end{aligned}$$

4.13 液体 B 与液体 C 可以形成理想液态混合物。在常压及 25℃ 下,向总量 $n = 10\text{mol}$,组成 $x_C = 0.4$ 的 B、C 液态混合物中加入 14mol 的纯液体 C,形成新的混合物。求过程的 ΔG 和 ΔS。

分　　析 根据理想液态混合物的性质进行计算。

解题过程 题设过程可由图 4-1 表示。

溶液总量 $n_1 = 10\text{mol}$ $x_{C,1} = 0.4$ $x_{B,1} = 0.6$	+	14mol 纯 C	→	溶液总量 $n_2 = 24\text{mol}$ $x_{C,2}$ $x_{B,2}$

图 4-1

原液体混合物中:

$n_{C,1} = n_1 x_{C,1} = (10 \times 0.4)\text{mol} = 4\text{mol}$

$n_{B,1} = n_1 - n_{C,1} = (10 - 4)\text{mol} = 6\text{mol}$

加入 14mol 的纯液体 C 后,液体混合物中物质的量 $n_2 = 10\text{mol} + 14\text{mol} = 24\text{mol}$,组成为

$x_{C,2} = (4 + 14)/24 = 0.75$

$x_{B,2} = 6/24 = 0.25$

$x_{C,2} = n_2 x_{C,2} = (24 \times 0.75)\text{mol} = 18\text{mol}$

$$n_{B,2}=n_{B,1}=6\text{mol}$$

混合物形成前

$$G_1=n_{B,1}\mu_{B,1}+n_{C,1}\mu_{C,1}+14\text{mol}\,\mu_C^*$$

$$=n_{B,1}(\mu_B^\ominus+RT\ln x_{B,1})+n_{C,1}(\mu_{C,1}^\ominus+RT\ln x_{C,1})+14\text{mol}\,\mu_C^\ominus$$

混合物形成后

$$G_2=n_{B,2}\,\mu_{B,2}+n_{C,2}\,\mu_{C,2}$$

$$=n_{C,2}(\mu_B^\ominus+RT\ln x_{C,2})-[\mu_{C,2}^\ominus+RT\ln x_{B,1}+n_{C,1}(\mu_C^\ominus+RT\ln x_{C,2})$$

因为 $n_{C,2}=n_{C,1}+14\text{mol}$，所以过程的 ΔG 为

$$\Delta G=G_2-G_1$$

$$=n_{B,2}(\mu_B^\ominus+RT\ln x_{B,2})+n_{C,2}(\mu_C^\ominus+RT\ln x_{C,2})-[n_{B,1}(\mu_B^\ominus+RT\ln x_{B,1})+n_{C,1}(\mu_C^\ominus+RT\ln x_{C,1})+14\text{mol}\mu_C^\ominus]$$

$$=RT(n_{B,2}\ln x_{B,2}+n_{C,2}\ln x_{C,2})-RT(n_{B,1}\ln x_{B,1}+n_{C,1}\ln x_{C,1})$$

$$=\{8.315\times298.15\times[(6\ln0.25+18\ln0.75)-(6\ln0.6+4\ln0.4)]\}\text{J}$$

$$=-16.77\text{kJ}$$

同理，过程 ΔS 为

$$\Delta S=-R(n_{B,2}\ln x_{B,2}+n_{C,2}\ln x_{C,2})+R(n_{B,1}\ln x_{B,1}+n_{C,1}\ln x_{C,1})$$

$$=\{8.315\times[(6\ln0.6+4\ln0.4)-(6\ln0.25+18\ln0.75)]\}\text{J}$$

$$=56.35\text{J}$$

4.14 液体B和液体C可形成理想液态混合物。在25℃下，向无限大量组成 $x_C=0.4$ 的混合物加入5mol的纯液体C。求过程的 ΔG 和 ΔS。

解题过程 由于向无限大量溶液加入有限量的纯C，因此可当作溶液组成不变，故有

$$\Delta G=n(\mu_C^\ominus+RT\ln x_C)-\mu_C^\ominus=nRT\ln x_C$$

$$=(5\times8.315\times298.15\times\ln0.4)\text{J}=-11.36\text{kJ}$$

$$\Delta S=-\left(\frac{\partial\Delta G}{\partial T}\right)_p=-nRT\ln x_C=38.09\text{J}\cdot\text{K}^{-1}$$

4.15 在25℃时向1kg溶剂A(H_2O)和0.4mol溶质B形成的稀溶液中又加入1kg的纯溶剂，若溶液可视为理想稀溶液，求过程的 ΔG。

分　　析 理想稀溶液溶剂化学势 $\mu_A=\mu_A^\ominus-RTM_A\sum_B b_B$，溶质化学势 $\mu_B=\mu_B^\ominus+RT\ln\left(\frac{b_B}{b^\ominus}\right)$。

解题过程 稀溶液中的溶剂化学势为

$$\mu_A=\mu_A^\ominus-RTM_A\sum_B b_B=\mu_A^\ominus-RTM_A b_B$$

溶质化学势 $\mu_B=\mu_B^\ominus+RT\ln\left(\frac{b_B}{b^\ominus}\right)$

加入1kg纯溶剂前

$$n_{A,1}=\frac{1\text{kg}}{M_A},b_{B,1}=0.4\text{mol}\cdot\text{kg}^{-1}$$

加入 1kg 纯溶剂后

$$n_{A,2}=\frac{2\text{kg}}{M_A},b_{B,2}=0.2\text{mol}\cdot\text{kg}^{-1}$$

加入 1kg 溶剂前系统(稀溶液及 1kg 纯溶剂)的吉布斯函数为

$$G_1=n_{A,1}\mu_{A,1}+\left(\frac{1\text{kg}}{M_A}\right)\mu_A^{\ominus}+n_{B,1}\mu_{B,1}$$

$$=\left(\frac{1\text{kg}}{M_A}\right)(\mu_A^{\ominus}-RTM_Ab_{B,1})+\left(\frac{1\text{kg}}{M_A}\right)\mu_A^{\ominus}+0.4\times\left[\mu_B^{\ominus}+RT\ln\left(\frac{b_{B,1}}{b^{\ominus}}\right)\right]$$

加入 1kg 溶剂后系统的吉布斯函数为

$$G_2=n_{A,2}\mu_{A,2}+n_{B,2}\mu_{B,2}=\left(\frac{2\text{kg}}{M_A}\right)(\mu_A^{\ominus}-RTM_Ab_{B,2})+0.4\times\left[\mu_B^{\ominus}+RT\ln\left(\frac{b_{B,2}}{b^{\ominus}}\right)\right]$$

$$\Delta G=G_2-G_1$$

$$=\left\{\left(\frac{2\text{kg}}{M_A}\right)(\mu_A^{\ominus}-RTM_Ab_{B,2})+0.4\times\left[\mu_B^{\ominus}+RT\ln\left(\frac{b_{B,2}}{b^{\ominus}}\right)\right]\right\}-$$

$$\left\{\left(\frac{1\text{kg}}{M_A}\right)(\mu_A^{\ominus}-RTM_Ab_{B,1})+\left(\frac{1\text{kg}}{M_A}\right)\mu_A^{\ominus}+0.4\times\left[\mu_B^{\ominus}+RT\ln\left(\frac{b_{B,1}}{b^{\ominus}}\right)\right]\right\}$$

$$=-RT(2\text{kg}\cdot b_{B,2}-1\text{kg}\cdot b_{B,1})+0.4RT\ln\left(\frac{b_{B,2}}{b_{B,1}}\right)$$

$$=\left[-8.315\times298.15\times(2\times0.2-1\times0.4)+0.4\times8.315\times298.15\times\ln\frac{0.2}{0.4}\right]\text{J}$$

$$=-689.0\text{J}$$

小　结　考查理想稀溶液的性质。

4.16　(1)25℃ 时将 0.568g 碘溶于 50cm^3 CCl_4 中,所形成的溶液与 500cm^3 水一起摇动,平衡后测得水层中含有 0.233mol 的碘。计算碘在两溶剂中的分配系数 K,$K=c(I_2,H_2O\ 相)/c(I_2,CCl_4\ 相)$。设碘在两种溶剂中均以 I_2 分子形式存在。

(2) 若 25℃ 碘 I_2 在水中的浓度是 $1.33\text{mol}\cdot\text{dm}^{-3}$,求碘在 CCl_4 中的浓度。

分　析　根据能斯特分配定律分配系数 $K=b_B(\alpha)/b_B(\beta)$ 进行计算。

解题过程　(1)$M(I_2)=253.8\text{g}\cdot\text{mol}^{-1}$

平衡时 CCl_4 层中 I_2 的物质的量为

$$n(I_2,CCl_4\ 相)=\left(\frac{0.568}{253.8}\times10^3-0.233\right)\text{mol}=2.005\text{mol}$$

平衡时两相的浓度为

$$c(I_2,CCl_4\ 相)=\frac{n(I_2,CCl_4\ 相)}{V}=\frac{2.005}{50}\text{mol}\cdot\text{cm}^{-3}=0.040\ 1\text{mol}\cdot\text{cm}^{-3}$$

$$c(I_2,H_2O\ 相)=\frac{n(I_2,H_2O\ 相)}{V}=\frac{0.233}{500}\text{mol}\cdot\text{cm}^{-3}=4.66\times10^{-4}\text{mol}\cdot\text{cm}^{-3}$$

$$分配系数\ K=\frac{c(I_2,H_2O\ 相)}{c(I_2,CCl_4\ 相)}=\frac{4.66\times10^{-4}}{0.040\ 1}=0.011\ 62$$

$$(2)c(I_2,CCl_4\ 相)=\frac{c(I_2,H_2O\ 相)}{K}=\frac{1.33\text{mmol}\cdot\text{dm}^{-3}}{0.011\ 62}=115\text{mmol}\cdot\text{dm}^{-3}$$

4.17 25℃时0.1molNH_3溶于1dm^3三氯甲烷中，此溶液NH_3的蒸气分压为4.433kPa，同温度时0.1molNH_3溶于1dm^3水中，NH_3的蒸气分压为0.887kPa。

求NH_3在水与三氯甲烷中的分配系数K，$K=c(NH_3,H_2O\text{相})/c(NH_3,CHCl_3\text{相})$。

解题过程 设NH_3分别溶于三氯甲烷和水中时，均符合亨利定律$p_B=k_Bc_B$，所以

$$k(H_2O)=\frac{p(NH_3,H_2O\text{相})}{c(NH_3,H_2O)}=\frac{0.887}{0.1}kPa\cdot mol^{-1}\cdot dm^3=8.87kPa\cdot mol^{-1}\cdot dm^3$$

$$k(CHCl_3)=\frac{p(NH_3,CHCl_3)}{c(NH_3,CHCl_3\text{相})}=\frac{4.433}{0.1}kPa\cdot mol^{-1}\cdot dm^3=44.33kPa\cdot mol^{-1}\cdot dm^3$$

当NH_3在三氯甲烷和水中分配平衡时

$$p(NH_3,H_2O\text{相})=p(NH_3,CHCl_3\text{相})$$

$$k(H_2O)c(NH_3\cdot H_2O\text{相})=k(CHCl_3)c(NH_3,CHCl_3\text{相})$$

$$K=\frac{c(NH_3,H_2O\text{相})}{c(NH_3,CHCl_3\text{相})}=\frac{k(CHCl_3)}{k(H_2O)}=\frac{44.33}{8.87}=5$$

4.18 25℃某有机酸在水和乙醚中的分配系数为0.4。今有该有机酸5g溶于100cm^3水中形成的溶液。

(1) 若用40cm^3乙醚一次萃取(所用乙醚已事先被水饱和，因此萃取时不会有水溶于乙醚)，求水中还剩下多少有机酸？

(2) 将40cm^3乙醚分为两份，每次用20cm^3乙醚萃取，连续萃取两次，问水中还剩下多少有机酸？

分　析 根据分配系数$K=b_B(\alpha)/b_B(\beta)$计算。

解题过程 设在体积V_0的溶液中含有溶质m_0(g)，用V_1的溶剂来萃取，经过一次萃取，溶液中所剩的溶质为m_1(g)，浓度为c_1，萃取剂中浓度为c_2，则

$$c_1=\frac{m_1}{V_0},c_2=\frac{m_0-m_1}{V_1}$$

$$K=\frac{c_1}{c_2}=\frac{m_1V_1}{V_0(m_0-m_1)}$$

由上式可以得到一次萃取后溶液中所剩的溶质m_1(g)为

$$m_1=m_0\frac{KV_0}{KV_0+V_1}$$

题设萃取时水、乙醚不相互溶解，即水相体积不会改变，始终为V_0。若再用V_1的溶剂萃取一次，溶液中所剩的溶质为m_2(g)，则

$$m_2=m_1\frac{KV_0}{KV_0+V_1}=m_0\frac{KV_0}{KV_0+V_1}\cdot\frac{KV_0}{KV_0+V_1}$$

显然，如果用相同体积V_1的溶剂萃取n次，溶液中所剩的溶质为

$$m_n=m_0\left(\frac{KV_0}{KV_0+V_1}\right)^n$$

(1) 用40cm^3乙醚一次萃取，水中剩下的有机酸的质量为

$$m_1 = \left(5 \times \frac{0.4 \times 100}{0.4 \times 100 + 40}\right) \mathrm{g} = 2.5 \mathrm{g}$$

(2) 每次用 $20\mathrm{cm}^3$ 乙醚萃取，连续萃取两次，水中剩下的有机酸的质量为

$$m_2 = \left[5 \times \left(\frac{0.4 \times 100}{0.4 \times 100 + 20}\right)^2\right] \mathrm{g} = 2.22 \mathrm{g}$$

小　结　以上三题涉及分配系数的计算。

4.19　25g 的 CCl_4 中溶有 0.5455g 的某溶质，与此溶液成平衡的 CCl_4 的蒸气压为 11.188 8kPa，而在一同温度时纯 CCl_4 的饱和蒸气压为 11.400 8kPa。

(1) 求此溶质的相对分子质量。

(2) 根据元素分析结果，溶质中含C为94.34%，含H为5.66%（质量分数），确定溶质的化学式。

分　析　根据拉乌尔定律求解。

解题过程　(1) 以 A 代表 CCl_4，$M_A = 153.823 \mathrm{g \cdot mol^{-1}}$，以 B 代表溶质，溶质的摩尔质量为 M_B。设溶液遵守拉乌尔定律，则

$$x_A = \frac{p_A}{p_A^*} = \frac{11.188\,8}{11.400\,8} = 0.981\,4$$

$$x_B = 1 - x_A = 1 - 0.981\,4 = 0.018\,6$$

因为 $\frac{x_A}{x_B} = \frac{x_A}{x_B} = \frac{m_A M_B}{m_B M_A}$

所以 $M_B = \frac{m_B M_A}{m_A} \cdot \frac{x_A}{x_B} = \left(\frac{0.545 \times 153.823}{25} \times \frac{0.981\,4}{0.018\,6}\right) \mathrm{g \cdot mol^{-1}} = 177.10 \mathrm{g \cdot mol^{-1}}$

溶质的相对分子质量为 177.10。

(2) 分子中 C、H 原子数之比为

$$\frac{177.10 \times 0.943\,4}{12.011} : \frac{177.10 \times 0.566}{1.008} = 13.92 : 9.94 \approx 14 : 10$$

由 C、H 原子数之比计算的相对分子质量为 $14 \times 12.011 + 10 \times 1.008 = 178.23$，此值与实验值 177.10 基本吻合，所以溶质的分子式为 $C_{14}H_{10}$。

4.20　10g 葡萄糖（$C_6H_{12}O_6$）溶于 400g 乙醇中，溶液的沸点较纯乙醇上升 0.142 8℃。另外有 2g 有机物质溶于 100g 乙醇中，此溶液的沸点则上升 0.125 0℃。求此有机物质的相对分子质量。

分　析　根据沸点升高公式 $\Delta T_b = K_b b_B$ 求解。

解题过程　以 A 代表乙醇，B 代表葡萄糖，C 代表有机物质。

$M_B = 180.156 \mathrm{g \cdot mol^{-1}}$

葡萄糖的质量摩尔浓度为

$$b_B = \frac{n_B}{m_A} = \frac{m_B / M_B}{m_A} = \frac{10/180.156}{400} \mathrm{mol \cdot g^{-1}} = 1.387\,7 \times 10^{-4} \mathrm{mol \cdot g^{-1}}$$

乙醇的沸点升高系数为

$$K_A = \frac{\Delta T_B}{b_B} = \frac{0.142\,8}{1.387\,7 \times 10^{-4}} \mathrm{mol^{-1} \cdot g \cdot K} = 1.029\,0 \times 10^3 \mathrm{mol^{-1} \cdot g \cdot K}$$

有机物的质量摩尔浓度

$$b_C = \frac{\Delta T_C}{K_A} = \frac{0.125\,0}{1.029\,0 \times 10^3}\,\text{mol} \cdot \text{g}^{-1} = 1.214\,8 \times 10^{-4}\,\text{mol} \cdot \text{g}^{-1}$$

又 $b_C = \dfrac{n_C}{m_A} = \dfrac{m_C/M_C}{m_A} = \dfrac{2\text{g}/M_C}{100\text{g}} = \dfrac{1}{50M_C}$

所以 $\dfrac{1}{50M_C} = 1.2148 \times 10^{-4}\,\text{mol} \cdot \text{g}^{-1}$

$M_C = 165\text{g} \cdot \text{mol}^{-1}$

该有机物的相对分子质量为 165。

4.21 在 100g 苯中加入 13.76g 联苯($C_6H_5C_6H_5$),所形成溶液的沸点为 82.4℃。已知纯苯的沸点为 80.1℃。求:(1) 苯的沸点升高系数。(2) 苯的摩尔蒸发焓。

分　析　根据沸点升高公式 $\Delta T_b = K_b b_B$ 进行求解。

解题过程　(1)$M(\text{苯}) = 78.114 \times 10^{-3}\,\text{kg} \cdot \text{mol}^{-1}$

$M(\text{联苯}) = 154.212 \times 10^{-3}\,\text{kg} \cdot \text{mol}^{-1}$

$$b(\text{联苯}) = \frac{n(\text{联苯})}{m(\text{苯})} = \frac{m(\text{联苯})}{M(\text{联苯}) \cdot m(\text{苯})} = \frac{13.76}{154.212 \times 10^{-3} \times 100}\,\text{mol} \cdot \text{kg}^{-1}$$

苯的沸点升高系数为

$$K_b = \frac{\Delta T_b}{b(\text{联苯})} = \frac{82.4 - 80.1}{0.8923}\,\text{K} \cdot \text{mol}^{-1} \cdot \text{kg} = 2.58\text{K} \cdot \text{mol}^{-1} \cdot \text{kg}$$

(2) 因为 $K_b = \dfrac{R[T_b^*(\text{苯})]^2 M(\text{苯})}{\Delta_{\text{vap}} H_m^{\ominus}(\text{苯})}$

所以苯的摩尔蒸发焓为

$$\Delta_{\text{vap}} H_m^{\ominus}(\text{苯}) = \frac{R[T_b^*(\text{苯})]^2 M(\text{苯})}{K_b}$$

$$= \frac{8.315 \times (273.15 + 80.1)^2 \times 78.114 \times 10^{-3}}{2.58}\,\text{J} \cdot \text{mol}^{-1}$$

$$= 31.4\text{kJ} \cdot \text{mol}^{-1}$$

4.22 已知 0℃、101.325kPa 时,O_2 在水中的溶解度为 $4.49\text{cm}^3/100\text{g}$;$N_2$ 在水中的溶解度为 $2.35\text{cm}^3/100\text{g}$。试计算被 101.325kPa 的空气所饱和了的水的凝固点较纯水的凝固点降低了多少?已知空气的体积分数 $\varphi(N_2) = 0.79$,$\varphi(O_2) = 0.21$。

解题过程　被 101.325kPa 的空气饱和的水中溶解的 N_2 和 O_2 都服从亨利定律,即

$p(O_2) = k_b(O_2)b(O_2)$,$p(N_2) = k_b(N_2)b(N_2)$

对 O_2 有:$\dfrac{b_2(O_2)}{b_1(O_2)} = \dfrac{p_2(O_2)}{p_1(O_2)}$

$$\text{又 } b_1(O_2) = \frac{n_1(O_2)}{m(H_2O)} = \frac{p_1(O_2)V_1(O_2)}{RTm(H_2O)} = \frac{101.325 \times 10^3 \times 4.49 \times 10^{-6}}{8.315 \times 273.15 \times 100 \times 10^{-3}}\,\text{mol} \cdot \text{kg}^{-1}$$

$$= 2.003\,3 \times 10^{-3}\,\text{mol} \cdot \text{kg}^{-1}$$

$$\text{故 } b_2(O_2) = \frac{p_2(O_2)b_1(O_2)}{p_1(O_2)} = \frac{101.325 \times 10^3 \times 0.21 \times 2.003\,3 \times 10^{-3}}{101.325 \times 10^3}\,\text{mol} \cdot \text{kg}^{-1}$$

$= 4.207 \times 10^{-4} \text{mol} \cdot \text{kg}^{-1}$

对 N_2 有

$$b_2(N_2) = \frac{p_2(N_2)V_1(N_2)}{RTm(H_2O)}$$

$$= \frac{101.325 \times 10^3 \times 0.79 \times 2.35 \times 10^{-6}}{8.315 \times 273.15 \times 100 \times 10^{-3}} \text{mol} \cdot \text{kg}^{-1}$$

$$= 8.283 \times 10^{-4} \text{mol} \cdot \text{kg}^{-1}$$

求得 $b = b_2(O_2) + b_2(N_2) = 1.249 \times 10^{-3} \text{mol} \cdot \text{kg}^{-1}$

查得水的凝固点降低系数为 $K_f = 1.86 \text{K} \cdot \text{mol}^{-1} \cdot \text{kg}$，故

$\Delta T_f = bK_f = (1.249 \times 10^{-3} \times 1.86)\text{K} = 2.323 \times 10^{-3}\text{K}$

4.23 已知樟脑($C_{10}H_{16}O$)的凝固点降低系数为 $40\text{K} \cdot \text{mol}^{-1} \cdot \text{kg}$。

(1) 某一溶质相对分子质量为 210，溶于樟脑形成质量分数 5% 的溶液，求凝固点降低多少？

(2) 另一溶质相对分子质量为 9 000，溶于樟脑形成质量分数 5% 的溶液，求凝固点降低多少？

解题过程　(1) 设有 1kg 樟脑，溶质的质量为 m_B。

因为 $\dfrac{m_B}{m_B + 1\text{kg}} = 0.05$

所以 $m_B = 0.0526\text{kg}$

$$b_B = \frac{n_B}{m_A} = \frac{m_B}{M_B m_A} = \frac{0.0526}{210 \times 10^{-3} \times 1} \times 1\text{mol} \cdot \text{kg}^{-1} = 0.2505\text{mol} \cdot \text{kg}^{-1}$$

$\Delta T_f = K_f b_B = (40 \times 0.2505)\text{K} = 10\text{K}$

(2) 设有 1kg 樟脑，由(1) 知溶质质量 $m_B = 0.0526\text{kg}$，故

$$b_B = \frac{n_B}{m_A} = \frac{m_B}{M_B m_A} = \frac{0.0526}{9000 \times 10^{-3}} \text{mol} \cdot \text{kg}^{-1} = 5.844 \times 10^{-3} \text{mol} \cdot \text{kg}^{-1}$$

$\Delta T_f = K_f b_B = (40 \times 5.844 \times 10^{-3})\text{K} = 0.234\text{K}$

4.24 现有蔗糖($C_{12}H_{22}O_{11}$)溶于水形成某一浓度的稀溶液，其凝固点为 -0.200℃，计算此溶液在 25℃ 时的蒸气压。已知水的 $K_f = 1.86\text{K} \cdot \text{mol}^{-1} \cdot \text{kg}$，纯水在 25℃ 时的蒸气压为 $p^* = 3.167\text{kPa}$。

解题过程　$b(\text{蔗糖}) = \dfrac{\Delta T_f}{K_f} = \dfrac{0.200}{1.86} \text{mol} \cdot \text{kg}^{-1} = 0.1075\text{mol} \cdot \text{kg}^{-1}$

由题 4.1 知 $x_B = \dfrac{b_B M_A}{1 + b_B M_A}$

又 $M(\text{水}) = 18.016 \times 10^{-3} \text{kg} \cdot \text{mol}^{-1}$

所以 $x(\text{蔗糖}) = \dfrac{0.1075 \times 18.016 \times 10^{-3}}{1 + 0.1075 \times 18.016 \times 10^{-3}} = 1.933 \times 10^{-3}$

该溶液在 25℃ 时的蒸气压为

$$p(\text{水}) = p^*(\text{水})x(\text{水}) = p^*(\text{水})[1 - x(\text{蔗糖})] = [3.167 \times (1 - 1.933 \times 10^{-3})]\text{kPa}$$

$$= 3.161\text{kPa}$$

小　结　这两题考查凝固点降低公式的运用。

4.25　在25℃时，10g某溶质溶于1dm³溶剂中，测出该溶液的渗透压为$\Pi=0.4000\text{kPa}$，确定该溶质的相对分子质量。

解题过程　$\Pi=cRT=\dfrac{n_BRT}{V}=\dfrac{n_BRT}{V}=\dfrac{m_B}{M_B}\cdot\dfrac{RT}{V}$

$$M_B=\frac{m_BRT}{\Pi V}=\frac{10\times10^{-3}\times8.315\times298.15}{0.4\times10^3\times1\times10^{-3}}\text{kg}\cdot\text{mol}^{-1}=6.20\times10^4\text{g}\cdot\text{mol}^{-1}$$

该溶质的相对分子质量为6.20×10^4。

4.26　在20℃下将68.4g蔗糖($C_{12}H_{22}O_{11}$)溶于1kg的水中。求：(1)此溶液的蒸气压；(2)此溶液的渗透压。已知20℃下此溶液的密度为$1.024\text{g}\cdot\text{cm}^{-3}$，纯水的饱和蒸气压$p^*=2.339\text{kPa}$。

分　析　根据范特霍夫渗透压公式$\Pi=c_BRT$进行计算。

解题过程　(1)$M(\text{水})=18.016\times10^{-3}\text{kg}\cdot\text{mol}^{-1}$

$M(\text{蔗糖})=342.297\times10^{-3}\text{kg}\cdot\text{mol}^{-1}$

$$n(\text{水})=\frac{m(\text{水})}{M(\text{水})}=\frac{1}{18.016\times10^{-3}}\text{mol}=55.506\text{mol}$$

$$n(\text{蔗糖})=\frac{m(\text{蔗糖})}{M(\text{蔗糖})}=\frac{68.4\times10^{-3}}{342.297\times10^{-3}}\text{mol}=0.199\,8\text{mol}$$

$$x(\text{水})=\frac{n(\text{水})}{n(\text{水})+n(\text{蔗糖})}=\frac{55.506}{55.506+0.199\,8}=0.996\,4$$

溶液的蒸气压为

$$p(\text{水})=p^*(\text{水})x(\text{水})=(2.339\times0.996\,4)\text{kPa}=2.33\text{kPa}$$

(2)溶液的体积为

$$V=\frac{m(\text{水})+m(\text{蔗糖})}{\rho}$$

$$=\frac{1\,000+68.4}{1.024}\text{cm}^3=1.043\times10^3\text{cm}^3$$

$$=1.043\,4\times10^{-3}\text{m}^3$$

溶液的渗透压为

$$\Pi=cRT=\frac{n(\text{蔗糖})RT}{V}=\frac{0.199\,8\times8.315\times293.15}{1.043\,4\times10^{-3}}\text{Pa}=467\text{kPa}$$

4.27　人的血液(可视为水溶液)在101.325kPa下于-0.56℃凝固。已知水的$K_f=1.86\text{K}\cdot\text{mol}^{-1}\cdot\text{kg}$。求：

(1)血液在37℃时的渗透压。

(2)在同一温度下，1dm³蔗糖($C_{12}H_{22}O_{11}$)水溶液中需要含有多少蔗糖时才能与血液有相同的渗透压。

解题过程　(1)设血液的质量摩尔浓度为b_B，则

$$b_B=\frac{\Delta T_f}{K_f}=\frac{0.56}{1.86}\text{mol}\cdot\text{kg}^{-1}=0.301\,1\text{mol}\cdot\text{kg}^{-1}$$

1kg 血液中含溶质的物质的量为

$n_B = 0.3011\text{mol} \cdot \text{kg}^{-1}$

设血液的密度为 $1.000\text{g} \cdot \text{cm}^{-3}$,1kg 血液的体积为 $V = 1.000 \times 10^{-3}\text{m}^3$,则

$$\Pi = cRT = \frac{n_B RT}{V} = \frac{0.3011 \times 8.315 \times 273.15 + 37}{1.000 \times 10^{-3}}\text{Pa} = 776\text{kPa}$$

(2) 因为 $\Pi = cRT = \frac{m(蔗糖)}{M(蔗糖)V} \cdot RT$,所以

$$m(蔗糖) = \frac{\Pi M(蔗糖)V}{RT}$$

$$= \frac{776 \times 10^3 \times 342.297 \times 10^{-3} \times 1 \times 10^{-3}}{8.315 \times 273.15 + 37}\text{kg}$$

$$= 103\text{g}$$

1dm^3 蔗糖水溶液中需要含 103g 蔗糖时才能与血液有相同的渗透压。

小　结　4.25 ~ 4.27 题均涉及渗透压公式 $\Pi = c_B RT$,是常考知识点。

4.28　在某一温度下,将碘溶解于 CCl_4 中。当碘的摩尔分数 $x(I_2)$ 在 0.01 ~ 0.04 范围内时,此溶液符合稀溶液规律。今测得平衡时气相中碘的蒸气压与液相中碘的摩尔分数之间的两组数如表4-1 所示,求 $x(I_2) = 0.5$ 时溶液中碘的活度及活度系数。

表 4-1

$p(I_2,g)/\text{kPa}$	1.638	16.72
$x(I_2)$	0.03	0.5

分　析　根据亨利定律 $p_B = k_{x,B} x_B$ 进行求解。

解题过程　题设 $x(I_2)$ 在 0.01 ~ 0.04 范围内时,溶液符合稀溶液规律。第一组数据符合亨利定律,即

$$p(I_2,g) = kx(I_2)$$

$$k = \frac{p(I_2,g)}{x(I_2)} = \frac{1.638}{0.03}\text{kPa} = 54.60\text{kPa}$$

由第二组数据计算活度:$p(I_2,g) = ka(I_2)$

$$a(I_2) = \frac{p(I_2,g)}{k} = \frac{16.72}{54.60} = 0.306$$

$$\gamma(I_2) = \frac{a(I_2)}{x(I_2)} = \frac{0.306}{0.5} = 0.612$$

小　结　本题考查活度及活度系数的应用。

4.29　50℃ 时,实验测得乙醇(A)-水(B)液态混合物的液相组成 $x_B = 0.5561$,平衡气相组成 $y_B = 0.4289$ 及气相总压 $p = 24.832\text{kPa}$,试计算水的活度及活度因子。假设水的摩尔蒸发焓在50 ~100℃ 范围内可按常数处理。已知 $\Delta_{vap}H_m(H_2O,l) = 42.23\text{kJ} \cdot \text{mol}^{-1}$。

解题过程　由克劳修斯-克拉佩龙方程

$$\ln\frac{p_2}{p_1} = \frac{-\Delta_{vap}H_m}{R}\left(\frac{1}{T_2} - \frac{1}{T_1}\right)$$

可得 $\ln\dfrac{p_B^*(373.15\text{K})}{p_B^*(323.15\text{K})}=\dfrac{-42.230\times10^3}{8.315}\times\left(\dfrac{1}{373.15}-\dfrac{1}{323.15}\right)$

已知 $T=373.15$ 时 $p_B^*(373.15\text{K})=101.325\text{kPa}$

求得 $p_B^*(323.15\text{K})=12.33\text{kPa}$

故 $T=323.15$ 时

水的活度 $a_B=\dfrac{p_B(323.15\text{K})}{p_B^*(323.15\text{K})}=\dfrac{y_B p(323.15\text{K})}{p_B^*(323.15\text{K})}=0.8638$

活度因子 $f_B=\dfrac{a_B}{x_B}=1.553$

第五章

化学平衡

知识点归纳

一、化学反应的等温方程

1. 化学反应亲和势的定义

$$A = -\Delta_r G_m \tag{5.1}$$

式中 A 代表在恒温、恒压和非体积功 $W=0$ 的条件下反应的推动力，$A>0$ 反应能自发进行；$A=0$ 处于平衡态；$A<0$ 反应不能自发进行，反而是其逆反应会自发进行。

2. 摩尔反应吉布斯函数与反应进度的关系

$$(\partial G/\partial \xi)_{T,p} = \sum_B v_B \mu_B = \Delta_r G_m \tag{5.2}$$

式中的 $(\partial G/\partial \xi)_{T,p}$ 表示在 T、p 及组成一定的条件下，反应系统的吉布斯函数随反应进度的变化率，称为摩尔反应吉布斯函数。

3. 等温方程

$$\Delta_r G_m = \Delta_r G_m^{\ominus} + RT\ln J_p \tag{5.3}$$

式中 $\Delta_r G_m^{\ominus}$ 为标准摩尔反应吉布斯函数；$J_p = \prod_B (p_B/p^{\ominus})^{v_B}$。此式适用于理想气体或低压气体在恒温、恒压及恒组成的条件下，按化学反应计量式进行单位反应的吉布斯函数变的计算。

二、标准平衡常数

1. 定义式

$$\Delta_r G_m^{\ominus} = -RT\ln K^{\ominus} \tag{5.4}$$

式中 $K^{\ominus}$ 称为标准平衡常数；$K^{\ominus} = J_p$（平衡）。此式适用于理想气体或低压下气体的温度 T 下，按化学反应计量式进行单位反应时，反应的 $\Delta_r G_m^{\ominus}$ 与 $K^{\ominus}$ 的相互换算。

2. 理想气体反应系统的标准平衡常数

$$K^{\ominus}=\prod_{B}(p_{B}^{eq}/p^{\ominus})^{\nu_B} \tag{5.5}$$

式中p_{B}^{eq}为化学反应中任一组分B的平衡分压。

3. 有纯凝聚态物质参加的理想气体反应系统的标准平衡常数

$$K^{\ominus}=\prod_{B(g)}(p_{B}^{eq}(g)/p^{\ominus})^{\nu_{B(g)}} \tag{5.6}$$

三、温度对标准平衡常数的影响

化学反应的等压方程——范特霍夫方程

微分式 $$\mathrm{d}\ln K^{\ominus}/\mathrm{d}T=\Delta_r H_m^{\ominus}/(RT^2) \tag{5.7}$$

积分式 $$\ln(K_2^{\ominus}/K_1^{\ominus})=\Delta_r H_m^{\ominus}(T_2-T_1)/(RT_2T_1) \tag{5.8}$$

不定积分式 $$\ln K^{\ominus}=-\Delta_r H_m^{\ominus}/(RT)+C \tag{5.9}$$

对于理想气体反应,$\Delta_r H_m^{\ominus}$为定值,积分式或不定积分式只适用于$\Delta_r H_m$为常数的理想气体恒压反应。若$\Delta_r H_m$是T的函数,应将其函数关系式代入微分式后再积分,即可得到$\ln K^{\ominus}$与T的函数关系式。

四、压力、惰性组分、反应物配比对理想气体化学平衡的影响

1. 压力对平衡转化率的影响

$$K^{\ominus}=\prod_{B}\left(\frac{p_B}{p^{\ominus}}\right)^{\nu_B}=\prod_{B}\left(\frac{y_B p}{p^{\ominus}}\right)^{\nu_B}=\left(\frac{p}{p^{\ominus}}\right)^{\sum\nu_B}\times\prod_{B}y_B^{\nu_B} \tag{5.10}$$

增高压力,反应向有利于体积减小的方向进行。

2. 惰性组分对平衡转化率的影响

$$K^{\ominus}=\prod_{B}\left(\frac{n_B}{n_0+\sum n_B}\times\frac{p}{p^{\ominus}}\right)^{\nu_B}=\left(\frac{p/p^{\ominus}}{n_0+\sum n_B}\right)^{\sum\nu_B}\times\prod_{B}n_B^{\nu_B} \tag{5.11}$$

ν_B为参加化学反应各组分的化学计量数,$\sum n_B$和$\sum\nu_B$分别为对反应组分(不包括惰性组分)的物质的量、化学计量数求和。当$\sum\nu_B=0$时,恒压下加入惰性组分对转化率无影响;当$\sum\nu_B>0$,恒压下加入惰性组分,平衡向生成产物的方向移动;若$\sum\nu_B<0$,则正好相反。

3. 反应物的摩尔配比对平衡转化率的影响

对于气相化学反应$a\mathrm{A}+b\mathrm{B}=y\mathrm{Y}+z\mathrm{Z}$

当摩尔配比$r=\dfrac{n_B}{n_A}=\dfrac{b}{a}$时,产物在混合气体中的含量为最大。

五、真实气体反应的化学平衡

$$K^{\ominus}=\prod_{B}(\varphi_{B}^{eq})^{\nu_B}\cdot\prod_{B}(p_{B}^{eq}/p^{\ominus})^{\nu_B}=\prod_{B}(\tilde{p}_{B}^{eq}/p^{\ominus})^{\nu_B} \tag{5.12}$$

上式中p_{B}^{eq}、$\tilde{p}_{B}^{eq}$、φ_{B}^{eq}分别为气体在B化学反应达平衡时的分压力、逸度和逸度系数。$K^{\ominus}$则为用逸度表示的标准平衡常数,有些书上用$K_f^{\ominus}$表示。

上式中 $\tilde{p}_B^{eq} = p_B^{eq} \cdot \varphi_B^{eq}$。 (5.13)

六、混合物和溶液中的化学平衡

1. 常压下液态混合物中

$$K^{\ominus} = \prod_B (a_B^{eq})^{\nu_B} = \prod_B (f_B^{eq})^{\nu_B} \times \prod_B (x_B^{eq})^{\nu_B} \quad (5.14)$$

2. 常压下液态溶液中的化学平衡

$$K^{\ominus} = (a_A^{eq})^{\nu_A} \prod_B (a_B^{eq})^{\nu_B} = \{\exp(-\nu_A \varphi^{eq} M_A \sum_B b_B^{eq})\} \times \{\prod_B (\gamma_B^{eq} b_B^{eq}/b^{\ominus})^{\nu_B}\} \quad (5.15)$$

课后习题全解

5.1 在某恒定的温度和压力下，取 $n_0 = 1\text{mol}$ 的 A(g) 进行如下化学反应：

$A(g) \longrightarrow B(g)$

若 $\mu_B^{\ominus} = \mu_A^{\ominus}$，试证明，当反应进度 $\xi = 0.5\text{mol}$ 时，系统的吉布斯函数 G 值为最小，这时 A、B 间达到化学平衡。

解题过程

	A(g) $\longrightarrow$	B(g)
反应前	$n_0 = 1\text{mol}$	0
当反应进度 ξ	$1-\xi$	ξ

A(g)、B(g) 分压力为 $p_A = py_A = (1-\xi)p$，$p_B = py_B = \xi p$

A(g)、B(g) 的化学势 μ 与 ξ 的函数关系式为

$$\mu_A = \mu_A^{\ominus} = RT\ln(p_A/p^{\ominus}) = \mu_A^{\ominus} + RT\ln\frac{(1-\xi)p}{p^{\ominus}}$$

$$\mu_B = \mu_B^{\ominus} = RT\ln(p_B/p^{\ominus}) = \mu_B^{\ominus} + RT\ln\frac{\xi p}{p^{\ominus}}$$

在一定 T、p 下，G 对 ξ 求偏导，得

$$\left(\frac{\partial G}{\partial \xi}\right)_{T,p} = \sum_B \nu_B\mu_B = 1\times\mu_B - 1\times\mu_A = \mu_B^{\ominus} + RT\ln\frac{\xi p}{p^{\ominus}} - \mu_A^{\ominus} - RT\ln\frac{(1-\xi)p}{p^{\ominus}}$$

$$= \mu_B^{\ominus} - \mu_A^{\ominus} + RT\ln\frac{\xi}{1-\xi}$$

因为 $\mu_A^{\ominus} = \mu_B^{\ominus}$，所以

$$\left(\frac{\partial G}{\partial \xi}\right)_{T,p} = RT\ln\frac{\xi}{1-\xi}$$

当 $\xi = 0.5$ 时，$(\partial G/\partial\xi)_{T,p} = 0$

当 $0 < \xi < 0.5$ 时，$(\partial G/\partial\xi)_{T,p} < 0$，函数 G 随 ξ 增大而减小。

当 $0.5 < \xi < 1$ 时，$(\partial G/\partial\xi)_{T,p} > 0$，函数 G 随 ξ 增大而增大。

所以当 $\xi = 0.5\text{mol}$ 时，$(\partial G/\partial\xi)_{T,p} = 0$，函数 G 出现最小值。

5.2 已知四氧化二氮的分解反应为

$N_2O_4(g) \rlap{=}{=\!=} 2NO_2(g)$

在 298.15K 时，$\Delta_r G_m^\ominus = 4.75\text{kJ}\cdot\text{mol}^{-1}$。试判断在此温度及下列条件下，反应进行的方向：

(1)N_2O_4(100kPa)，NO_2(1 000kPa)。

(2)N_2O_4(1 000kPa)，NO_2(100kPa)。

(3)N_2O_4(300kPa)，NO_2(200kPa)。

解题过程 (1)$\ln K^\ominus = -\Delta_r G_m^\ominus/(RT) = -4.75\text{kJ}\cdot\text{mol}^{-1}/(8.315\text{J}\cdot\text{mol}^{-1}\cdot\text{K}^{-1}\times 298.15\text{K})$

$= -1.916$

$K^\ominus = 0.147$

$$J_p = \prod_B (p_B/p^\ominus)^{v_B} = \left(\frac{1\,000\text{kPa}}{100\text{kPa}}\right)^2 \times \left(\frac{100\text{kPa}}{100\text{kPa}}\right)^{-1} = 100$$

则 $J_p > K^\ominus$，反应逆向自发进行，反应朝着生成 N_2O_4 的方向进行。

$$(2)J_p = \prod_B (p_B/p^\ominus)^{v_B} = \left(\frac{100\text{kPa}}{100\text{kPa}}\right)^2 \times \left(\frac{1\,000\text{kPa}}{100\text{kPa}}\right)^{-1} = 0.1$$

则 $K^\ominus = 0.147 > J_p = 0.1$，反应自发进行，反应朝着生成 NO_2 的方向进行。

$$(3)J_p = \prod_B (p_B/p^\ominus)^{v_B} = \left(\frac{200\text{kPa}}{100\text{kPa}}\right)^2 \times \left(\frac{300\text{kPa}}{100\text{kPa}}\right)^{-1} = 1.33$$

则 $K^\ominus = 0.147 < J_p = 1.33$，反应逆向自发进行，反应朝着生成 N_2O_4 的方向进行。

5.3 一定条件下，Ag 与 H_2S 可能发生下列反应：

$2Ag(s) + H_2S(g) \rlap{=}{=\!=} Ag_2S(s) + H_2(g)$

25℃、100kPa 下，将 Ag 置于体积比为 10∶1 的 $H_2(g)$ 与 $H_2S(g)$ 混合气体中。

(1)Ag 是否会发生腐蚀而生成 Ag_2S?

(2) 混合气体中 H_2S 气体的体积分数为多少时，Ag 不会腐蚀生成 Ag_2S?

已知 25℃ 时，$H_2S(g)$ 和 $Ag_2S(s)$ 的标准摩尔生成吉布斯函数分别为 $-33.56\text{kJ}\cdot\text{mol}^{-1}$ 和 $-40.26\text{kJ}\cdot\text{mol}^{-1}$。

解题过程 (1)$2Ag(s) + H_2S(g) \rlap{=}{=\!=} Ag_2S(s) + H_2(g)$

$$\begin{aligned}
\Delta_r G_m^\ominus &= \sum_B v_B \Delta_f G_m^\ominus(B,\beta) \\
&= \Delta_f G_m^\ominus(H_2,g) + \Delta_f G_m^\ominus(Ag_2S,s) - \Delta_f G_m^\ominus(H_2S,g) - 2\Delta_f G_m^\ominus(Ag,s) \\
&= [0 + (-40.26) - (-33.56) - 2\times 0]\text{kJ}\cdot\text{mol}^{-1} \\
&= -6.7\text{kJ}\cdot\text{mol}^{-1}
\end{aligned}$$

根据化学等温方程

$$\Delta_r G_m = \Delta_r G_m^\ominus + RT\ln\prod_B (p_B/p^\ominus)^{v_B}$$

由题意知 $p(H_2,g) = 10p(H_2S,g)$，故

$$\begin{aligned}
\Delta_r G_m &= \Delta_r G_m^\ominus + RT\ln\frac{p(H_2,g)/p^\ominus}{p(H_2S,g)/p^\ominus} = \Delta_r G_m^\ominus + RT\ln 10 \\
&= (-6.7 + 8.315\times 298.15\times 10^{-3}\ln 10)\text{kJ}\cdot\text{mol}^{-1} = -0.992\text{kJ}\cdot\text{mol}^{-1} < 0
\end{aligned}$$

所以反应正向进行,Ag 会发生腐蚀,生成 Ag_2S。

(2) 若 $\Delta_r G_m \geqslant 0$,上述反应则不能进行。设 H_2S 气体的体积分数为 $\varphi(H_2S)$,总压为 p,则

$$\Delta_r G_m = \Delta_r G_m^{\ominus} + RT\ln\frac{p(H_2,g)/p^{\ominus}}{p(H_2S,g/p^{\ominus})} = \Delta_r G_m^{\ominus} + RT\ln\frac{1-\varphi(H_2S)}{\varphi(H_2S)} \geqslant 0$$

即 $-6.7\times10^3 + 298.15\times8.315\ln\dfrac{1-\varphi(H_2S)}{\varphi(H_2S)} \geqslant 0$

求得 $\varphi(H_2S) \geqslant \dfrac{1}{1+e^{2.7}} = 6.3\%$

即混合气体中 H_2S 的气体体积分数为 6.3% 时,Ag 不被腐蚀。

5.4 已知同一温度,两反应方程及其标准平衡常数如下:

$CH_4(g) + CO_2(g) \longrightarrow 2CO(g) + 2H_2(g) \qquad K_1^{\ominus}$

$CH_4(g) + H_2O(g) \longrightarrow CO(g) + 3H_2(g) \qquad K_2^{\ominus}$

求下列反应的 $K^{\ominus}$:

$CH_4(g) + 2H_2O(g) \longrightarrow CO_2(g) + 4H_2(g)$

解题过程 $CH_4(g) + CO_2(g) \longrightarrow 2CO(g) + 2H_2(g) \qquad \Delta_r G_{m,1}^{\ominus}$ ①

$CH_4(g) + H_2O(g) \longrightarrow CO(g) + 3H_2(g) \qquad \Delta_r G_{m,2}^{\ominus}$ ②

$CH_4(g) + 2H_2O(g) \longrightarrow CO_2(g) + 4H_2(g) \qquad \Delta_r G_{m,3}^{\ominus}$ ③

化学反应具有加和性 ③ = ②×2−①,则

$\Delta_r G_{m,3}^{\ominus} = 2\Delta_r G_{m,2}^{\ominus} - \Delta_r G_{m,1}^{\ominus}$

即 $-RT\ln K^{\ominus} = -2RT\ln K_2^{\ominus} + RT\ln K_1^{\ominus}$

$\ln K^{\ominus} = \ln\dfrac{(K_2^{\ominus})^2}{K_1^{\ominus}}$

$K^{\ominus} = (K_2^{\ominus})^2 / K_1^{\ominus}$

5.5 在一个抽空的恒容容器中引入氯和二氧化硫,若它们之间没有发生反应,则在 375.3K 时的分压分别为 47.836kPa 和 44.786kPa。将容器保持在 375.3K,经一定时间后,总压力减少至 86.096kPa,且维持不变。求下列反应的 $K^{\ominus}$:

$SO_2Cl_2(g) \longrightarrow SO_2(g) + Cl_2(g)$

分　析 在相同 T、V 下,混合气体中组分 B 的分压 p_B 与其物质的量 n_B 成正比。

解题过程 对于理想气体,$p_BV = n_BRT$

在 T、V 恒定时,$\Delta pBV = \Delta_{nB}RT$

而且发生化学变化时 Δn_B 与化学计量数 v_B 成正比,则 Δp_B 也与 v_B 成正比,即

$\dfrac{\Delta p_A}{v_A} = \dfrac{\Delta p_B}{v_B}$

	$SO_2Cl_2(g)$	$\longrightarrow$	$SO_2(g)$	+	$Cl_2(g)$
起始时	0		$p_0(SO_2)$		$p_0(Cl_2)$
平衡时	$p(SO_2Cl_2)$		$p_0(SO_2)-p_0(SO_2Cl_2)$		$p_0(Cl_2)-p_0(SO_2Cl_2)$

平衡总压为

$$p=\sum_B p_B = p(SO_2Cl_2)+p_0(SO_2)-p(SO_2Cl_2)+p_0(Cl_2)-p(SO_4Cl_2)$$

$$=p_0(SO_2)+p_0(Cl_2)-p(SO_2Cl_2)$$

$$=[44.786+47.836-p(SO_2Cl_2)]\text{kPa}=86.096\text{kPa}$$

由此可解得 $p(SO_2Cl_2)=6.526\text{kPa}$

则 $p(SO_2)=38.27\text{kPa}, p(Cl_2)=41.31\text{kPa}$

$$K^{\ominus}=\prod_B(p_B^{eq}p^{\ominus})^{\nu_B}=\frac{p(SO_2)}{p^{\ominus}}\times\frac{p(Cl_2)}{p^{\ominus}}\times\left(\frac{p(SO_2Cl_2)}{p^{\ominus}}\right)^{-1}=\frac{p(SO_2)\times p(Cl_2)}{p^{\ominus}\times p(SO_2Cl_2)}$$

$$=\frac{38.26\text{kPa}\times 41.31\text{kPa}}{6.526\text{kPa}\times 100\text{kPa}}=2.42$$

5.6 900℃、3×10^6 Pa 下，使一定量物质的量比为 3∶1 的氢、氮混合气体通过铁催化剂来合成氨。反应达到平衡时，测得混合气体的体积相当于 273.15K、101.325kPa 的干燥气体（不含水蒸气）2.024dm³，其中氮气所占的摩尔分数为 2.056×10^{-3}。求此温度下反应的 $K^{\ominus}$：

$3H_2(g)+N_2(g)$ ══ $2NH_3(g)$

解题过程 平衡时混合气体的总物质的量

$$n_{总}=\frac{pV}{RT}=\frac{101.325\times10^3\times2.04\times10^{-3}}{8.315\times273.15}\text{mol}=9.031\times10^{-2}\text{mol}$$

则氨的物质的量为

$$n(NH_3)=y(NH_3)n_{总}=(0.2056\times10^{-2}\times9.031\times10^{-2})\text{mol}=1.857\times10^{-4}\text{mol}$$

由于氢气与氮气的摩尔比为 3∶1，与化学计量数比相同，故

$$n(H_2)=\frac{3[n_{总}-n(NH_3)]}{4}=\frac{3\times(9.031\times10^{-2}-1.857\times10^{-4})}{4}\text{mol}=6.759\times10^{-2}\text{mol}$$

$$n(N_2)=\frac{1}{3}n(H_2)=2.253\times10^{-2}\text{mol}$$

由于 $K^{\ominus}=\prod_B(p_B^{eq}/p^{\ominus})^{\nu_B}=\left[\frac{p}{p^{\ominus}\sum n_B(g)}\right]^{\sum\nu_B}\prod(n_B^{eq})^{\nu_B}$

式中，p_B^{eq} 与 n_B^{eq} 分别为 B 平衡时的分压和物质的量，又

$$p_{总}=3000\text{kPa}, p^{\ominus}=100\text{kPa}, \sum\nu_B=2-1-3=-2$$

故 $K^{\ominus}=\left(\frac{3\times10^3}{100\times9.031\times10^{-2}}\right)^{-2}\times\frac{(1.857\times10^{-4})^{-2}}{(2.253\times10^{-2})(6.759\times10^{-2})^3}=4.49\times10^{-8}$

5.7 五氯化磷分解反应为

$PCl_5(g)\rightleftharpoons PCl_3+Cl_2(g)$

在 200℃ 时的 $K^{\ominus}=0.312$，计算：

(1)200℃、200kPa 下 PCl_5 的解离度。

(2) 物质的量比为 1∶5 的 PCl_5 与 Cl_2 的混合物，在 200℃、101.325kPa 下，求达到化学平衡时 PCl_5 的解离度。

分　析　$K^{\ominus}=\prod_{B}\left(\frac{p_{B}}{p^{\ominus}}\right)^{\nu_{B}}=\left(\frac{p}{p^{\ominus}}\right)^{\sum\nu_{B}}\times\prod_{B}y_{B}^{\nu_{B}}$

解题过程　(1)　　$PCl_5(g) \longrightarrow PCl_3+Cl_2(g)$

起始时　　1mol　　0　　0

解离度为α时,平衡后$(1-\alpha)$mol　　αmol　　αmol

$$K^{\ominus}=\left(\frac{200\text{kPa}}{100\text{kPa}}\right)^{1}\times\left(\frac{\alpha}{1+\alpha}\right)\times\left(\frac{\alpha}{1+\alpha}\right)\times\left(\frac{1-\alpha}{1+\alpha}\right)^{-1}=2\times\frac{\alpha^{2}}{1-\alpha^{2}}$$

$$\alpha=\left(\frac{K^{\ominus}}{2+K^{\ominus}}\right)^{\frac{1}{2}}=\left(\frac{0.312}{2+0.312}\right)^{\frac{1}{2}}=36.7\%$$

(2)　　$PCl_5(g) \rightleftharpoons PCl_3(g)+Cl_2(g)$

起始时　　1mol　　0　　5mol

PCl_5 解离度为α时,达平衡时$(1-\alpha)$mol　αmol　$(5+\alpha)$mol

$$K^{\ominus}=\left(\frac{101.325\text{kPa}}{100\text{kPa}}\right)\times\left(\frac{\alpha}{6+\alpha}\right)^{1}\times\left(\frac{5+\alpha}{6+\alpha}\right)^{1}\times\left(\frac{1-\alpha}{6+\alpha}\right)^{-1}$$

$$=1.013\,25\times\frac{\alpha(5+\alpha)}{(6+\alpha)(1-\alpha)}=\frac{1.013\,25\times(5\alpha+\alpha^{2})}{6-5\alpha-\alpha^{2}}$$

即得$(K^{\ominus}+1.01325)\alpha^{2}+(5K^{\ominus}+5.065)\alpha-6K^{\ominus}=0$

又因为$K^{\ominus}=0.312$,由此解得$\alpha=26.83\%$

5.8　在994K,使纯氢气慢慢地通过过量的$CoO(s)$,则氧化物部分地被还原为$Co(s)$。出来的平衡气体中氢的体积分数$\varphi(H_2)=2.50\%$。在同一温度,若用CO还原$CoO(s)$,平衡后气体中一氧化碳的体积分数$\varphi(CO)=1.92\%$。求等物质的量的一氧化碳和水蒸气的混合物在994K,通过适当催化剂进行反应,其平衡转化率为多少?

解题过程　　$H_2(g)+CoO(s) \rightleftharpoons Co(s)+H_2O(g)$　　①

平衡时　2.5%　　97.54%

$$K_{p,1}=\frac{97.5\%}{2.5\%}=39.0$$

$CO(g)+Co(s) \rightleftharpoons Co(s)+Co_2(g)$　　②

平衡时　1.92%　　98.08%

$$K_{p,2}=\frac{98.08\%}{1.92\%}=51.083$$

由反应②−①得

$CO(g)+H_2O \rightleftharpoons H_2(g)+CO_2(g)$

反应前　1　1　0　0

平衡时　$1-\alpha$　$1-\alpha$　α　α

$\Delta n=0$

$$K_{p,3}=\frac{\alpha^{2}}{(1-\alpha)^{2}}=\frac{K_{p,2}}{K_{p,1}}=\frac{51.083}{39.0}=1.309$$

$$\alpha=\frac{\sqrt{1.309\,8}}{1+\sqrt{1.309\,8}}=53.4\%$$

小　结　这两题考查解离度和转化率的计算。

5.9 在真空的容器中放入固态的 NH_4HS，于 25℃ 下分解为 $NH_3(g)$ 与 $H_2S(g)$，平衡时容器内的压力为 66.66kPa。

(1) 当放入 NH_4HS 时容器中已有 39.99kPa 的 $H_2S(g)$，求平衡时容器中的压力。

(2) 容器中原有 6.666kPa 的 $NH_3(g)$，问需要加多大压力的 H_2S，才能形成 NH_4HS 固体？

分　析　$K^\ominus = \prod_B (p_B^{eq}/p^\ominus)^{\nu_B} = \left(\frac{p}{p^\ominus}\right)^{\sum \nu_B} \times \prod_B y_B^{\nu_B}$；当 $J_p > K^\ominus$ 时，反应逆向自发进行。

解题过程　(1) $NH_4HS(s) \rightleftharpoons NH_3(g) + H_2S(g)$

分解平衡时　$p(NH_3)$　$p(H_2S) = p(NH_3)$

$$K^\ominus = \left(\frac{p}{p^\ominus}\right)^{\sum \nu_B} \times \prod_B y_B^{\nu_B} = \left(\frac{66.66}{100}\right)^{1+1} \times \left(\frac{1}{2}\right)^1 \times \left(\frac{1}{2}\right)^1 = 0.1111$$

当放入 NH_4HS 时，容器中已有 39.99kPa 的 $H_2S(g)$ 时

$$NH_4HS(s) \rightleftharpoons NH_3(g) + H_2S(g)$$

起始态　0　$p_0(H_2S) = 39.99kPa$

平衡时　p_1　$p_0(H_2S) + p_1$

$$K^\ominus = \prod_B (p_B^{eq}/p)^{\nu_B} = \frac{p_1}{p^\ominus} \times \frac{39.99 + p_1}{p^\ominus} = \frac{p_1 \times (39.99 + p_1)}{10\,000kPa}$$

且又知 $K^\ominus = 0.1111$

由此可知 $p_1 = 18.873kPa$，可知系统的总压为

$p = p_0 + 2p_1 = 77.7kPa$

(2) $NH_4HS(s) \rightleftharpoons NH_3(g) + H_2S$

起始时 $p_0(NH_3) = 6.666kPa$　$p_0(H_2S)$

当反应的 $J_p > K^\ominus$ 时，逆反应才自发进行，即

$$J_p = \frac{p_0(NH_3)}{p^\ominus} \times \frac{p_0(H_2S)}{p^\ominus} = \frac{6.666kPa \times p_0(H_2S)}{(100kPa)^2} > 0.1111$$

所以 $p_0(H_2S) > \frac{0.1111 \times 10\,000kPa^2}{6.666kPa} = 166kPa$

5.10 25℃、200kPa 下，将 4mol 的纯 A(g) 放入带活塞的密闭容器中，达到如下化学平衡：$A(g) = 2B(g)$。已知平衡时 $n_A = 1.697mol$，$n_B = 4.606mol$。

(1) 求该温度下反应的 $K^\ominus$ 和 $\Delta_r G_m^\ominus$。

(2) 若总压力为 50kPa，求平衡时，A 和 B 的物质的量。

解题过程　(1)　$A(g) = 2B(g)$

初始时　4mol　0

平衡时　$n_A = 1.697mol$　$n_B = 4.606mol$

$\sum \nu_B = 2 - 1 = 1$

则 $K^\ominus = K_n \left(\frac{p}{p^\ominus \sum n_B}\right)^{\sum \nu_B} = \frac{n_B^2}{n_A} \times \frac{p}{p^\ominus \sum n_B} = \frac{4.606^2}{1.697} \times \frac{200}{100 \times 6.303} = 3.967$

$\Delta_r G_m^{\ominus} = -RT\ln K^{\ominus} = (-8.315\times 298.15\times \ln 3.967)\text{J}\cdot\text{mol}^{-1} = -3.42\text{kJ}\cdot\text{mol}^{-1}$

(2) 设达到新平衡时 A 反应掉 $x$mol

$$A(g) \rightleftharpoons 2B(g)$$

	A	B	
初始时 n_B/mol	4	0	
平衡时 n_B/mol	$4-x$	$2x$	$\sum n_B = (4+x)$mol

$$K^{\ominus} = K_n \times \left(\frac{p}{p^{\ominus}\sum n_B}\right)^{\sum v_B} = \frac{n_B^2}{n_A}\times\frac{p}{p^{\ominus}\sum n_B} = \frac{(2x)^2}{4-x}\times\frac{50}{100\times(4+x)} + 3.967$$

所以 $\dfrac{2x^2}{16-x^2} = 3.967 \quad x = 3.2615$

达到新平衡时

$$n_A = (4-x)\text{mol} = (4-3.2615)\text{mol} = 0.7385\text{mol}$$

$$n_B = 2x\text{mol} = (2\times 3.2615)\text{mol} = 6.523\text{mol}$$

5.11 已知数据(298.15K)如表 5-1 所示。

表 5-1

物质	C(石墨)	H_2(g)	N_2(g)	O_2(g)	$CO(NH_2)_2$(s)
$S_m^{\ominus}/(\text{J}\cdot\text{mol}^{-1}\cdot\text{K}^{-1})$	5.740	130.68	191.6	205.14	104.6
$\Delta_c H_m^{\ominus}/(\text{kJ}\cdot\text{mol}^{-1})$	−393.51	−285.83	0	0	−631.66

物质	NH_3(g)	CO_2(g)	H_2O(g)
$\Delta_f G_m^{\ominus}/(\text{kJ}\cdot\text{mol}^{-1})$	−16.5	−394.36	−228.57

求 298.15K 下 $CO(NH_2)_2$(s) 的标准摩尔生成吉布斯函数 $\Delta_f G_m^{\ominus}$，以及下列反应的 $K^{\ominus}$：

$CO_2(g) + 2NH_3(g) \rightleftharpoons H_2O(g) + CO(NH_2)_2(s)$

解题过程 $\text{C(石墨)} + 2H_2(g) + N_2(g) + \frac{1}{2}O_2(g) \rightleftharpoons CO(NH_2)(s)$

$$\Delta_r S_m^{\ominus} = \sum_B v_B \Delta_f S_m^{\ominus}(\text{B},298,15\text{K})$$

$$= [104.6 - (\frac{1}{2}\times 205.14 + 191.6 + 2\times 130.68 + 5.740)]\text{J}\cdot\text{mol}^{-1}\cdot\text{K}^{-1}$$

$$= -456.67\text{J}\cdot\text{mol}^{-1}\cdot\text{K}^{-1}$$

$$\Delta_r H_m^{\ominus} = -\sum_B v_B \Delta_c H_m^{\ominus} = [-631.66 - 2\times(-285.83) - (-393.51)]\text{kJ}\cdot\text{mol}^{-1}$$

$$= -333.51\text{kJ}\cdot\text{mol}^{-1}$$

$$\Delta_r G_m^{\ominus} = \Delta_r H_m^{\ominus} - T\Delta_r S_m^{\ominus} = -333.51\text{kJ}\cdot\text{mol}^{-1} - 298.15\text{K}\times(-4567\text{J}\cdot\text{mol}^{-1}\cdot\text{K}^{-1})$$

$$= -197.4\text{kJ}\cdot\text{mol}^{-1}$$

$$\Delta_f G_m^{\ominus}(CO(NH_2)^2) = \Delta_r G_m^{\ominus} = -197.4\text{kJ}\cdot\text{mol}^{-1}$$

$$CO_2(g) + 2NH_3(g) \rightleftharpoons H_2O(g) + CO(NH_2)_2(s)$$

$$\Delta_r G_m^{\ominus} = \sum v_B \Delta_f G_m^{\ominus}$$
$$= \Delta_f G_m^{\ominus}(H_2O) + \Delta_f G_m^{\ominus}(CO(NH_2)_2) - 2\Delta_f G_m^{\ominus}(NH_3) - \Delta_f G_m^{\ominus}(CO_2)$$
$$= [-228.57 - 197.4 - 2\times(-16.5) - (-394.36)]\text{kJ}\cdot\text{mol}^{-1}$$
$$= 1.39\text{kJ}\cdot\text{mol}^{-1}$$

$$K^{\ominus} = \exp[-\Delta_r G_m^{\ominus}/(RT)] = \exp\left(\frac{1.39\times10^3}{8.315\times293.15}\right) = 0.57$$

5.12 已知298.15K，CO(g)和$CH_3OH(g)$的$\Delta_f G_m^{\ominus}$分别为$-110.52\text{kJ}\cdot\text{mol}^{-1}$和$-200.7\text{kJ}\cdot\text{mol}^{-1}$，CO(g)、$H_2(g)$、$CH_3OH(l)$的$S_m^{\ominus}$分别为$197.67\text{J}\cdot\text{mol}^{-1}\cdot\text{K}^{-1}$、$130.68\text{J}\cdot\text{mol}\cdot\text{K}^{-1}$及$127\text{J}\cdot\text{mol}^{-1}\cdot\text{K}^{-1}$。又知298.15K甲醇的饱和蒸气压为16.59kPa，$\Delta_{vap}H_m = 38.0\text{kJ}\cdot\text{mol}^{-1}$，蒸气可视为理想气体。

求298.15K时，下列反应的$\Delta_r G_m^{\ominus}$及$K^{\ominus}$：

$$CO(g) + 2H_2(g) = CH_3OH(g)$$

分　析　将$CH_3OH(l)$到$CH_3OH(g)$的过程视为恒温变压过程、可逆相变过程、恒温变压过程3个阶段。

解题过程　$CH_3OH(l)$到$CH_3OH(g)$经过下列过程：

$$CH_3OH(l) \xrightarrow[①]{} CH_3OH(l) \xrightarrow[②]{} CH_3OH(g) \xrightarrow[③]{} CH_3OH(g)$$

$p_1 = 100\text{kPa}$　　$p_2 = 16.59\text{kPa}$

$p_3 = 16.59\text{kPa}$　　$p_4 = 100\text{kPa}$

过程①是恒温变压过程，因压力变化不大，对液态物质可视为

$$\Delta S_1 = 0$$

过程②为可逆相变过程

$$\Delta S_2 = \frac{\Delta_{vap}H_m}{T} = \frac{38.0\text{kJ}\cdot\text{mol}^{-1}}{298.15\text{K}} = 127.45\text{J}\cdot\text{mol}^{-1}\cdot\text{K}^{-1}$$

过程③为恒温变压过程

$$\Delta S_3 = R\ln(p_3/p_4) = 8.315\text{J}\cdot\text{mol}^{-1}\cdot\text{K}^{-1}\times\ln\frac{16.59\text{kPa}}{100\text{kPa}}$$
$$= -14.937\text{J}\cdot\text{mol}^{-1}\cdot\text{K}^{-1}$$

$$S_m^{\ominus}(CH_3OH,g) = S_m^{\ominus}(CH_3OH,l) + \Delta S_1 + \Delta S_2 + \Delta S_3$$
$$= 127\text{J}\cdot\text{mol}^{-1}\cdot\text{K}^{-1} + 127.45\text{J}\cdot\text{mol}^{-1}\cdot\text{K}^{-1} - 14.937\text{J}\cdot\text{mol}^{-1}\cdot\text{K}^{-1}$$
$$= 239.513\text{J}\cdot\text{mol}^{-1}\cdot\text{K}^{-1}$$

$$\Delta_r H_m^{\ominus} = \Delta_r H_m^{\ominus}(CH_3OH,g) - \Delta_f H_m^{\ominus}(CO,g)$$
$$= [-200.7 - (-110.52)]\text{kJ}\cdot\text{mol}^{-1}$$
$$= -90.18\text{kJ}\cdot\text{mol}^{-1}$$

$$\Delta_r S_m^{\ominus} = S_m^{\ominus}(CH_3OH,g) - 2S_m^{\ominus}(H_2,g) - S_m^{\ominus}(CO,g)$$
$$= (239.513 - 2\times130.68 - 197.67)\text{J}\cdot\text{mol}^{-1}\cdot\text{K}^{-1}$$
$$= -219.517\text{J}\cdot\text{mol}^{-1}\cdot\text{K}^{-1}$$

所以

$$\Delta_r G_m^{\ominus} = \Delta_r G_m^{\ominus} - T\Delta_r S_m^{\ominus}$$
$$= -90.18\text{kJ}\cdot\text{mol}^{-1} - 298.15\text{K}\times(-219.517\text{J}\cdot\text{mol}^{-1}\cdot\text{K}^{-1})$$
$$= -24.73\text{kJ}\cdot\text{mol}^{-1}$$

$$K^{\ominus} = \exp\left(-\frac{\Delta_r G_m^{\ominus}}{RT}\right) = \exp\left(-\frac{-24.73\times10^3}{8.315\times298.15}\right) = 2.15\times10^4$$

5.13 已知25℃时 AgCl(s) 水溶液中 AgCl、Ag^+、Cl^- 的 $\Delta_f G_m^{\ominus}$ 分别为 $-109.789\text{kJ}\cdot\text{mol}^{-1}$、$77.107\text{kJ}\cdot\text{mol}^{-1}$ 和 $-131.22\text{kJ}\cdot\text{mol}^{-1}$。求25℃下 AgCl(s) 在水溶液中的标准溶度积 $K^{\ominus}$ 及溶解度 s。

分　析　AgCl(s) 水溶液可近似是理想稀溶液,则其标准溶度积 $K^{\ominus} = \prod_B (b_B^{eq}/b^{\ominus})^{v_B}$。

解题过程　$AgCl(s) \rightleftharpoons Ag^+ Cl^-$

$$\Delta_r G_m^{\ominus} = \sum_B v_B \Delta_f G_m^{\ominus} = \Delta_f G_m^{\ominus}(Ag^+) + \Delta_r G_m^{\ominus}(Cl^-) - \Delta_r G_m^{\ominus}(AgCl)$$
$$= (77.107 - 131.22 + 109.789)\text{kJ}\cdot\text{mol}^{-1} = 55.676\text{kJ}\cdot\text{mol}^{-1}$$

$$K^{\ominus} = \text{epx}\left(-\frac{\Delta_r G_m^{\ominus}}{RT}\right) = \exp\left(\frac{55.676\times10^3}{8.315\times298.15}\right) = 1.768\times10^{-10}$$

AgCl(s) 水溶液可近似为理想稀溶液

$$K^{\ominus} = \prod_B (b^{eq}/b^{\ominus})^{v_B} = (b/b^{\ominus})^2 = 1.768\times10^{-10}$$

则 $b = (K^{\ominus})^{1/2}\times b^{\ominus} = 1.33\times10^{-5}\text{mol}\cdot\text{mol}^{-1}$

则溶解度为

$$s = bM(AgCl) = 1.33\times10^{-5}\text{mol}\cdot\text{kg}^{-1}\times143.32\times10^{-3}\text{kJ}\cdot\text{mol}^{-1} = 0.19\text{mg}/100\text{g}$$

5.14 体积为 1dm^3 的抽空密闭容器中放有 0.345 8mol $N_2O_4(g)$,发生如下分解反应:

$N_2O_4(g) \longrightarrow 2NO_2(g)$

50℃时分解反应的平衡总压为130.0kPa。已知25℃时 $N_2O_4(g)$ 和 $NO_2(g)$ 的 $\Delta_f H_m^{\ominus}$ 分别为 $9.16\text{kJ}\cdot\text{mol}^{-1}$ 和 $33.18\text{kJ}\cdot\text{mol}^{-1}$。设反应的 $\Delta_r C_{p,m} = 0$。

(1) 计算50℃时 $N_2O_4(g)$ 的解离度及分解反应的 $K^{\ominus}$。

(2) 计算100℃时反应的 $K^{\ominus}$。

解题过程　(1) 设50℃时 $N_2O_4(g)$ 的解离度为 α

	$N_2O_4(g) \longrightarrow$	$2NO_2(g)$	
初始时 n_B	n_0	0	
平衡时 n_B	$n_0(1-\alpha)$	$2n_0\alpha$	$\sum n_B = n_0(1+\alpha)$

$$\sum v_B = 2 - 1 = 1$$

题目给出分解反应达平衡时系统的总压 $p_{总}$,由 $p_{总}V = \sum n_B RT$ 得

$$\sum n_B = \frac{p_{总}V}{RT} = n_0(1+\alpha)$$

代入数据 $\dfrac{130.0\times10^3\times1\times10^{-3}}{8.315\times323.15}=0.034\,58(1+\alpha)$ 得 $\alpha=0.399\,3$

此温度下分解反应的平衡常数

$$K^{\ominus}=K_n\frac{p_{总}}{p^{\ominus}\sum n_B}=\frac{(2n_0\alpha)^2}{n_0(1-\alpha)}\frac{p_{总}}{n_0(1+\alpha)p^{\ominus}}=\frac{4\alpha^2}{1-\alpha^2}\frac{p_{总}}{p^{\ominus}}$$

即 $$K^{\ominus}=\frac{4\times0.399\,3^2}{1-0.399\,3^2}\times\frac{130}{100}=0.986\,4$$

(2) 计算 100℃ 时反应的 $K^{\ominus}$，需要知道反应的 $\Delta_r H_m^{\ominus}$。

由题给条件，25℃ 时

$$\Delta_r H_m^{\ominus}=\sum v_B\Delta_f H_m^{\ominus}(B)=2\Delta_f H_m^{\ominus}(NO_2,g)-\Delta_f H_m^{\ominus}(N_2O_4,g)$$
$$=(2\times33.18-9.16)kJ\cdot mol^{-1}=57.2kJ\cdot mol^{-1}$$

$\Delta_r C_{p,m}=0$，所以 $\Delta_r H_m^{\ominus}$ 与温度无关，根据范特霍夫方程的积分式

$$\ln\frac{K_2^{\ominus}}{K_1^{\ominus}}=-\frac{\Delta_r H_m^{\ominus}}{R}\left(\frac{1}{T_2}-\frac{1}{T_1}\right)$$

代入数据，得

$$\ln\frac{K^{\ominus}(373.15K)}{0.986\,4}=-\frac{57.2\times10^3}{8.315}\left(\frac{1}{373.15}-\frac{1}{323.15}\right)$$

解出 $$K^{\ominus}(373.15K)=17.10$$

5.15 已知 25℃ 时的数据如表 5-2 所示。

表 5-2

物质	$Ag_2O(s)$	$CO_2(g)$	$Ag_2CO_3(s)$
$\Delta_f H_m^{\ominus}/(kJ\cdot mol^{-1})$	−31.05	−393.509	−505.8
$S_m^{\ominus}/(J\cdot mol^{-1}\cdot K^{-1})$	121.3	213.74	167.4

求 110℃ 时 $Ag_2CO_3(s)$ 的分解压。设 $\Delta_r C_{p,m}=0$。

解题过程 $Ag_2CO_3(s)=\!=\!=Ag_2O(s)+CO_2(g)$

因为 $\Delta_r C_{p,m}=0$，故 $\Delta_r H_m^{\ominus}$ 和 $\Delta_r S_m^{\ominus}$ 与温度无关。

则 $$\Delta_r S_m^{\ominus}(298.15K)=\Delta_r S_m^{\ominus}(383.15K)=\sum_B v_B S_m^{\ominus}(B,\beta)$$
$$=S_m^{\ominus}(Ag_2O,s)+S_m^{\ominus}(CO_2,g)-S_m^{\ominus}(Ag_2CO_3,s)$$
$$=(121.3+213.74-167.4)J\cdot mol^{-1}\cdot K^{-1}$$
$$=167.64J\cdot mol^{-1}\cdot K^{-1}$$

$$\Delta_r H_m^{\ominus}(298.15K)=\Delta_r H_m^{\ominus}(383.15K)=\sum_B v_B\Delta_f H_m^{\ominus}(B,\beta)$$
$$=\Delta_f H_m^{\ominus}(Ag_2O,s)+\Delta_f H_m^{\ominus}(CO_2,g)-\Delta_f H_m^{\ominus}(Ag_2CO_3,s)$$
$$=[-31.05-393.509-(-505.8)]kJ\cdot mol^{-1}$$
$$=81.24kJ\cdot mol^{-1}$$

$T = 383.15\text{K}$ 时

$$\Delta_r G_m^{\ominus}(383.15\text{K}) = \Delta_r H_m^{\ominus}(383.15\text{K}) - T\Delta_r S_m^{\ominus}(383.15\text{K})$$
$$= (81.241 - 383.15 \times 167.64 \times 10^{-3})\text{kJ} \cdot \text{mol}^{-1}$$
$$= 17.01\text{kJ} \cdot \text{mol}^{-1}$$

又 $\Delta_r G_m^{\ominus} = -RT\ln K^{\ominus}$，故

$$K^{\ominus}(383.15\text{K}) = \exp\left[\frac{\Delta_r G_m^{\ominus}(383.15\text{K})}{-RT}\right] = \exp\left(\frac{17.10 \times 10^3}{-8.315 \times 383.15}\right) = 4.80 \times 10^{-3}$$

$Ag_2CO_3(s)$ 的分解压 $p(CO_2)$ 与标准平衡常数的关系为

$$K^{\ominus} = \frac{p(CO_2)}{p^{\ominus}}$$

故 $p(CO_2) = K^{\ominus} p^{\ominus} = (4.80 \times 10^{-3} \times 100)\text{kPa} = 0.480\text{kPa}$

5.16 在 100℃ 下，下列反应的 $K^{\ominus} = 8.1 \times 10^{-9}$，$\Delta_r S_m^{\ominus} = 125.6\text{J} \cdot \text{mol}^{-1} \cdot \text{K}^{-1}$：

$COCl_2 \rightleftharpoons CO(g) + Cl_2(g)$

计算：

(1)100℃，总压为 200kPa 时，$COCl_2$ 的解离度。

(2)100℃ 下上述反应的 $\Delta_r H_m^{\ominus}$。

(3) 总压为 200kPa，$COCl_2$ 解离度为 0.1% 时的温度。设 $\Delta_r C_{p,m} = 0$。

解题过程　(1) 设 $COCl_2$ 的解离度为 x

	$COCl_2 \rightleftharpoons$	$CO(g) +$	$Cl_2(g)$
起始时	1mol	0	0
平衡时	$1-x$	x	x

$$K^{\ominus} = \left(\frac{p}{p^{\ominus}}\right)^{\sum v_B} \prod_B y_B^{v_B} = 2 \times \frac{x}{1+x} \times \frac{x}{1+x} \times \frac{1+x}{1-x} = \frac{2x^2}{1-x^2} = 8.1 \times 10^{-9}$$

所以 $x = 6.37 \times 10^{-5}$

(2)$\Delta_r G_m^{\ominus} = -RT\ln K^{\ominus} = -8.315\text{J} \cdot \text{mol}^{-1} \cdot \text{K}^{-1} \times 373.15\text{K} \times \ln(8.1 \times 10^{-9})$
$$= 57.847\text{kJ} \cdot \text{mol}^{-1}$$

又因为 $\Delta_r G_m^{\ominus} = \Delta_r H_m^{\ominus} - T\Delta_r S_m^{\ominus}$，所以

$$\Delta_r H_m^{\ominus} = \Delta_r G_m^{\ominus} + T\Delta_r S_m^{\ominus} = 57.847\text{kJ} \cdot \text{mol}^{-1} + 373.15\text{K} \times 125.6\text{kJ} \cdot \text{mol}^{-1} \cdot \text{K}^{-1}$$
$$= 105\text{kJ} \cdot \text{mol}^{-1}$$

(3)$K^{\ominus} = \left(\frac{p}{p^{\ominus}}\right)^{\sum v_B} \prod_B y_B^{v_B} = \frac{2x^2}{1-x^2} = \frac{2 \times (0.1\%)^2}{1-(0.1\%)^2} = 2 \times 10^{-6}$

因为 $\Delta_r C_{p,m} = 0$，所以 $\Delta_r H_m^{\ominus}$ 不变。

$$\ln K^{\ominus} = -\frac{\Delta_r H_m^{\ominus}}{RT} + C$$

则 $\ln(8.1 \times 10^{-9}) = -\frac{105\text{kJ} \cdot \text{mol}^{-1}}{8.315\text{J} \cdot \text{mol}^{-1} \cdot \text{K}^{-1} \times 373.15\text{K}} + C$

$$\ln(2 \times 10^{-6}) = -\frac{105\text{kJ} \cdot \text{mol}^{-1}}{8.315\text{J} \cdot \text{mol}^{-1} \cdot \text{K}^{-1} \times T} + C$$

以上两式联立求解 $T = 446\text{K}$

5.17 在 500～1 000K 温度范围内，反应 $A(g) + B(s) \Longrightarrow 2C(g)$ 的标准平衡常数 $K^{\ominus}$ 与温度 T 的关系为 $\ln K^{\ominus} = -\dfrac{7100}{T/\text{K}} + 6.875$。已知原料中只有反应物 $A(g)$ 和过量的 $B(s)$。

(1) 计算 800K 时反应的 $K^{\ominus}$；若反应系统的平衡压力为 200kPa，计算产物 $C(g)$ 的平衡分压。

(2) 计算 800K 时反应的 $\Delta_r H_m^{\ominus}$ 和 $\Delta_r S_m^{\ominus}$。

解题过程 (1) 设 $C(g)$ 的平衡分压为 p_C，则

$$A(g) + B(s) \Longrightarrow 2C(g)$$

平衡时组分分压 p_A p_C

其中 $p_A = p - p_C = 200 - p_C$

$$K^{\ominus} = \prod_B \left(\frac{p_B}{p^{\ominus}}\right)^{v_B} = \frac{(p_C/p^{\ominus})^2}{p_A/p^{\ominus}} = \frac{p_C^2}{p^{\ominus}(p - p_C)} \quad ①$$

由题意知 $T = 800\text{K}$ 时 $\ln K^{\ominus} = -\dfrac{7\,100}{800} + 6.875 = -2$

$$K^{\ominus} = 0.135\,3 \quad ②$$

由 ①② 得出 $p_C = 45.7\text{kPa}$

(2) $T = 800\text{K}$ 时，$\ln K^{\ominus} = -2$

故 $$\ln K^{\ominus} = -\frac{\Delta_r H_m^{\ominus}}{RT} + \frac{\Delta_r S_m^{\ominus}}{R} = -2 \quad ③$$

$$\Delta_r G_m^{\ominus} = \Delta_r H_m^{\ominus} - T\Delta_r S_m^{\ominus} = RT\ln K^{\ominus} \quad ④$$

联合 ③④ 求得 $\Delta_r H_m^{\ominus} = 59.03\text{kJ} \cdot \text{mol}^{-1}$

$\Delta_r S_m^{\ominus} = 57.16\text{J} \cdot \text{mol}^{-1} \cdot \text{K}^{-1}$

5.18 反应 $2NaHCO_3(s) \Longrightarrow Na_2CO_3(s) + H_2O(g) + CO_2(g)$

在不同温度时的平衡总压如表 5-3 所示。

表 5-3

t/℃	30	50	70	90	100	110
p/kPa	0.827	3.999	15.90	55.23	97.47	167.0

设反应的 $\Delta_r H_m^{\ominus}$ 与温度无关。求：

(1) $\Delta_r H_m^{\ominus}$。

(2) $\lg(p/\text{kPa})$ 与 T 的函数关系式。

(3) $NaHCO_3$ 的分解温度。

解题过程 (1) $$K^{\ominus} = \prod_B (p^{eq}/p^{\ominus})^{v_B} = \frac{y(H_2O)}{p^{\ominus}} \times \frac{y(CO_2)p}{p^{\ominus}} = \left(\frac{p}{2p^{\ominus}}\right)^2$$

$$\ln K^{\ominus} = 2(\ln p - \ln 2p^{\ominus})$$

又因为 $\ln K^{\ominus} = -\dfrac{\Delta_r H_m^{\ominus}}{RT} + C$

$$2(\ln p - \ln 2p^{\ominus}) = -\frac{\Delta_r H_m^{\ominus}}{RT} + C$$

$$\ln p = -\frac{\Delta_r H_m^{\ominus}}{2RT} + C'$$

由题给数据算出$\frac{1}{T}$与对应的 $\ln p$ 数值如表 5-4 所示。

表 5-4

$\frac{1}{T}\times 10^{-3}/\mathrm{K}^{-1}$	3.299	3.095	2.914	2.754	2.680	2.610
$\ln(p/\mathrm{kPa})$	−0.190	1.386	2.766	4.012	4.580	5.118

以 $\ln p$ 对 $1/T\times 10^3$ 作图，应得一直线，如图 5-1 所示。

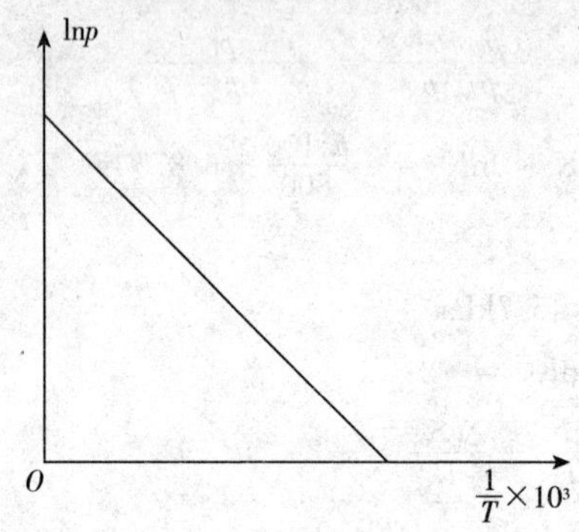

图 5-1

直线斜率$-\frac{\Delta_r H_m^{\ominus}}{2R} = -7.697\times 10^3$，得

$\Delta_r H_m^{\ominus} = 128\mathrm{kJ\cdot mol^{-1}}$

直线截距 $C' = 25.20$

(2) 由(1)题得 $\ln p = \frac{-7.697\times 10^3}{T} + 25.20$

所以 $\lg p = \frac{1}{\ln 10}\ln p = \frac{-3345}{T/\mathrm{K}} + 10.953$

(3)$NaHCO_3$(s) 分解温度在 $p = 101.325\mathrm{kPa}$ 时为

$\lg(101.325\mathrm{kPa}) = \frac{3342.76}{T} + 10.942$

$T = 374\mathrm{K}$

小　　结　应熟练掌握 $K^{\ominus} = \prod (p^{eq}/p^{\ominus})^{v_B}$，$\ln K^{\ominus} = -\frac{\Delta_r H_m^{\ominus}}{RT}$ 公式。

5.19 已知数据如表 5-5 所示。

表 5-5

物质	$\frac{\Delta_f H_m^{\ominus}(25℃)}{kJ \cdot mol^{-1}}$	$\frac{S_m^{\ominus}(25℃)}{J \cdot mol^{-1} \cdot K^{-1}}$	$C_{p,m} = a + bT + cT^2$		
			$\frac{a}{J \cdot mol^{-1} \cdot K^{-1}}$	$\frac{b \times 10^3}{J \cdot mol^{-1} \cdot K^{-2}}$	$\frac{c \times 10^6}{J \cdot mol^{-1} \cdot K^{-3}}$
$CO(g)$	−110.52	197.67	26.537	7.683 1	−1.172
$H_2(g)$	0	130.68	26.88	4.347	−0.326 5
$CH_3OH(g)$	−200.7	239.8	18.40	101.56	−28.68

求下列反应的 $\lg K^{\ominus}$ 与 T 的函数关系式及 300℃ 时的 $K^{\ominus}$：

$CO(g) + 2H_2(g) \rightleftharpoons CH_3OH(g)$

分　析　当$C_{p,m}^{\ominus} = a + bT + cT^2$ 时，

$$\Delta_r H_m^{\ominus}(T) = \Delta H_0 + \Delta aT + \frac{1}{2}\Delta bT^2 + \frac{1}{3}\Delta cT^3,$$

$$\ln K^{\ominus}(T) = -\frac{\Delta H_0}{RT} + \frac{\Delta a}{R}\ln T + \frac{1}{2R}\Delta bT + \frac{1}{6R}\Delta cT^2 + 1$$

解题过程　$\Delta_r H_m^{\ominus}(298.15K) = \Delta_f H_m^{\ominus}(CH_3OH,g) - \Delta_f H_m^{\ominus}(CO,g)$

$$= (-200.7 + 110.52)kJ \cdot mol^{-1}$$

$$= -90.18kJ \cdot mol^{-1}$$

$$\Delta a = (18.40 - 2 \times 26.88 - 26.537)J \cdot mol^{-1} \cdot K^{-1} = -61.897J \cdot mol^{-1} \cdot K^{-1}$$

$$\Delta b = (101.56 - 2 \times 4.347 - 7.683) \times 10^{-3} J \cdot mol^{-1} \cdot K^{-1}$$

$$= 85.182\,9 \times 10^{-3} J \cdot mol^{-1} \cdot K^{-1}$$

$$\Delta c = (-28.68 + 2 \times 0.326\,5 + 1.172) \times 10^{-6} J \cdot mol^{-1} \cdot K^{-1}$$

$$= -26.855 \times 10^{-6} J \cdot mol^{-1} \cdot K^{-1}$$

所以 $\Delta_r H_m^{\ominus}(T) = \Delta H_0 + \Delta aT + \frac{1}{2}\Delta bT^2 + \frac{1}{3}\Delta cT_3$

且又知 $\Delta_r H_m^{\ominus}(298.15K) = \{\Delta H_0 - 61.897 \times 298.15 + \frac{1}{2} \times 85.182\,9 \times 10^{-3}$

$$\times 298.15^2 - \frac{1}{3} \times 26.855 \times 298.15^3\}J \cdot mol^{-1}$$

$$= -90.18J \cdot mol^{-1}$$

所以 $\Delta H_0 = -7.527 \times 10^4 J \cdot mol^{-1}$

$\Delta_r S_m^{\ominus}(298.15K) = S_m^{\ominus}(CH_3OH,g) - S_m^{\ominus}(CO,g) - 2S_m^{\ominus}(H_2,g)$

$$= (239.8 - 197.67 - 2 \times 130.68)J \cdot mol^{-1} \cdot K^{-1}$$

$$= -219.23J \cdot mol^{-1} \cdot K^{-1}$$

$\Delta_r G_m^{\ominus}(298.15K) = \Delta_r H_m^{\ominus}(298.15K) - T\Delta_r S_m^{\ominus}(298.15K)$

$$= -90.18kJ \cdot mol^{-1} - 298.15K \times (-219.23)J \cdot mol^{-1} \cdot K^{-1}$$

$$= -24.8166kJ \cdot mol^{-1}$$

$$\ln K^{\ominus}(298.15\text{K}) = -\Delta_r G_m^{\ominus}(298.15\text{K})/(RT)$$
$$= \frac{24.8166\text{kJ}\cdot\text{mol}^{-1}}{8.315\text{J}\cdot\text{mol}^{-1}\cdot\text{K}^{-1}\times 298.15\text{K}}$$
$$= 10.017$$

$$\ln K^{\ominus}(T) = -\frac{\Delta H_0}{RT} + \frac{\Delta a}{R}\ln T + \frac{1}{2R}\Delta bT + \frac{1}{6R}\Delta cT^2 + I$$

因为 $\ln K^{\ominus}(298.15\text{K}) = \frac{7.527\times 10^4}{8.315\times 298.15} - \frac{61.897}{8.315}\times \ln 298.15 + \frac{1}{2\times 8.315}\times 85.1829 \times 10^{-3}\times 298.15 - \frac{1}{6\times 8.315}\times 26.855\times 10^{-6}\times 298.15^2 + I = 10.017$

所以积分常数 $I = 20.858$

$$\lg K^{\ominus} = \ln K^{\ominus}/\ln 10$$
$$= \left(-\frac{\Delta H_0}{RT} + \frac{\Delta a}{R}\ln T + \frac{1}{2R}\Delta bT + \frac{1}{6R}\Delta cT^2 + I\right)/\ln 10$$
$$= \frac{3932}{T/\text{K}} - 7.445\lg(T/\text{K}) + 2.225\times 10^{-3}(T/\text{K}) - 0.2338\times 10^{-6}(T/\text{K})^2 + 8.940$$

当 $T = 573.15\text{K}$ 时

$\lg K^{\ominus} = -3.533, K^{\ominus} = 2.93\times 10^{-4}$

5.20 工业上用乙基脱氢制苯乙稀

$$C_6H_5C_2H_5(g) \Longrightarrow C_6H_5C_2H_3(g) + H_2(g)$$

如反应在 900K 下进行，其 $K^{\ominus} = 1.51$。试分别计算在下述情况下，乙苯的平衡转化率：

(1) 反应压力为 100kPa。

(2) 反应压力为 10kPa。

(3) 反应压力为 100kPa，因加入水蒸气使原料气中水与苯蒸气的物质的量之比为 10∶1。

分　析　$K^{\ominus} = \left(\frac{p}{p^{\ominus}}\right)^{\sum v_B}\prod_B y_B^{v_B}$；当反应中有惰性组分存在时，有

$$K^{\ominus} = \prod_B\left(\frac{n_B}{n_0 + \sum n_B}\times\frac{p}{p^{\ominus}}\right)^{v_B}$$

解题过程　(1)　$C_6H_5C_2H_5(g) \rightleftharpoons C_6H_2H_3(g) + H_2(g)$

起始时	1	0	0
平衡时	$1-\alpha$	α	α

$$K^{\ominus} = \left(\frac{p}{p^{\ominus}}\right)^{\sum v_B}\prod_B y_B^{v_B} = \left(\frac{p}{p^{\ominus}}\right)\times\frac{\alpha^2}{1-\alpha} = \frac{100\text{kPa}}{100\text{kPa}}\times\frac{\alpha^2}{1-\alpha} = \frac{\alpha^2}{1-\alpha} = 1.51$$

$\alpha = 0.776 = 77.6\%$

(2) 当 $p = 10\text{kPa}$

$$K^{\ominus} = \left(\frac{p}{p^{\ominus}}\right)\frac{\alpha^2}{1-\alpha} = \left(\frac{10\text{kPa}}{100\text{kPa}}\right)\times\frac{\alpha^2}{1-\alpha} = \frac{1}{10}\frac{\alpha^2}{1-\alpha} = 1.51$$

$\alpha = 0.968 = 96.8\%$

(3) $C_6H_5C_2H_5(g) \rightleftharpoons C_6H_5C_2H_3(g) + H_2(g), H_2O(g)$

起始时　　1　　0　　0　　10

平衡时　　$1-\alpha$　　α　　α　　10

$n_0 = 10, \sum n_B = 1-\alpha+\alpha+\alpha = 1+\alpha$

$$K^{\ominus} = \prod_B \left(\frac{n_B}{n_0 + \sum n_B} \times \frac{p}{p^{\ominus}}\right)^{\nu_B} = \left(\frac{p/p^{\ominus}}{n_0 + \sum n_B}\right)^{\sum \nu_B} \times \prod_B n_B^{\nu_B}$$

$$= \frac{100\text{kPa}/100\text{kPa}}{10+1+\alpha} \times \frac{\alpha \times \alpha}{1-\alpha} = \frac{\alpha^2}{(11+\alpha)(1-\alpha)} = 1.51$$

$\alpha = 0.95 = 95.0\%$

小　结　本题考查压力对平衡转化率的影响。

5.21　在一个抽空的容器中放入很多的 $NH_4Cl(s)$，当加热到 340℃ 时，容器中仍有过量的 $NH_4Cl(s)$ 存在，此时系统的平衡压力为 104.67kPa。在同样的条件下，若放入的是 $NH_4I(s)$，则测得的平衡压力为 18.846kPa，试求当 $NH_4Cl(s)$ 和 $NH_4I(s)$ 同时存在时，反应系统在 340℃ 下达平衡时的总压。设 HI(g) 不分解，且此两种盐类不形成固溶体。

解题过程　设两反应同时存在且都达到平衡时，HCl(g) 和 HI(g) 的分压分别为 x 和 y，由反应

$$NH_4Cl(s) = NH_3(g) + HCl(g)$$

$$x$$

$$NH_4I(s) = NH_3(g) + HI(g)$$

$$y$$

可知平衡时 NH_3 的分压

$p(NH_3) = x + y$。

因此第一个反应的标准平衡常数

$$K_1^{\ominus} = \frac{x(x+y)}{(p^{\ominus})^2} = \left(\frac{p_1}{2p^{\ominus}}\right)^2 = \left(\frac{104.67}{2p^{\ominus}}\right)^2$$

第二个反应的标准平衡常数

$$K_2^{\ominus} = \frac{y(x+y)}{(p^{\ominus})^2} = \left(\frac{p_2}{2p^{\ominus}}\right)^2 = \left(\frac{18.846}{2p^{\ominus}}\right)^2$$

两式相加得

$$K_1^{\ominus} + K_2^{\ominus} = \frac{(x+y)^2}{(p^{\ominus})^2} = \frac{p_1^2 + p_2^2}{(2p^{\ominus})^2}$$

即　$x + y = \frac{1}{2}\sqrt{p_1^2 + p_2^2}$

则平衡时的总压

$$p = p(NH_3) + p(HCl) + p(HI)$$

$$= 2(x+y) = \sqrt{p_1^2 + p_2^2}$$

$$= 106.35\text{kPa}$$

5.22 在600℃、100kPa时下列反应达到平衡：

$CO(g)+H_2O(g) \longrightarrow CO_2(g)+H_2(g)$

现在把压力提高到5×10^4kPa，问：

(1) 若各气体均视为理想气体，平衡是否移动?

(2) 若各气体的逸度因子分别为$\varphi(CO_2)=1.09$，$\varphi(H_2)=1.10$，$\varphi(CO)=1.20$，$\varphi(H_2O)=0.75$，与理想气体反应相比，平衡向哪个方向移动?

解题过程 (1) 各气体视为理想气体，则反应的标准平衡常数

$$K^{\ominus}=K_y\left(\frac{p}{p^{\ominus}}\right)^{\sum v_B},\sum v_B=1+1-1-1=0$$

即$K^{\ominus}=K_y=\prod_B y_B^{v_B}$

即$K^{\ominus}$为定值，增大压力时平衡不会移动。

(2) 各气体为真实气体，则反应的标准平衡常数

$$K^{\ominus}=\prod_B \varphi_B^{v_B}\times\prod_B (p_B/p^{\ominus})^{v_B}$$

对于反应 $CO(g)+H_2O(g) \longrightarrow CO_2(g)+H_2(g)$

$$\prod_B \varphi_B^{v_B}=\frac{\varphi(H_2)\varphi(CO_2)}{\varphi(CO)\varphi(H_2O)}=\frac{1.10\times1.09}{1.20\times0.75}=1.33$$

对于真实气体，温度一定时$K^{\ominus}$为定值，$\prod_B \varphi_B^{v_B}>1$，与理想气体相比，$\prod_B (p_B/p^{\ominus})$将减小，平衡向逆方向移动。

5.23 已知25℃的水溶液中，甲酸HCOOH和乙酸HOAc的标准解离常数分别为1.82×10^{-4}和1.74×10^{-6}。求下列溶液中氢离子的质量摩尔浓度$b(H^+)$：

(1)$b=1mol\cdot kg^{-1}$的甲酸水溶液。

(2)$b=1mol\cdot kg^{-1}$的乙酸水溶液。

(3) 质量摩尔浓度均为$b=1mol\cdot kg^{-1}$的甲酸和乙酸的混合溶液。计算结果说明什么?

分　析 稀溶液$K^{\ominus}\approx\prod_B (b_B^{eq}/b^{\ominus})^{v_B}$

解题过程 (1) $HCCOH \rightleftharpoons H^+ \; HCOO^-$

平衡时 $1-x$ x x

$$K^{\ominus}\approx\prod_B (b_B^{eq}/b^{\ominus})^{v_B}=\frac{x}{p^{\ominus}}\times\frac{x}{b^{\ominus}}\times\left(\frac{1-x}{b^{\ominus}}\right)^{-1}=\frac{x^2}{b^{\ominus}(1-x)}=1.82\times10^{-4}$$

因为$b^{\ominus}=1mol\cdot kg^{-1}$

所以$x=1.34\times10^{-2}mol\cdot kg^{-1}$

(2) $CH_3COOH \rightleftharpoons H^+ \; CH_3COO^-$

平衡时 $1-x$ $x+y$ x

$$K^{\ominus}\approx\prod_B (b_B^{eq}/b^{\ominus})^{v_B}=\frac{x}{b^{\ominus}}\times\frac{x}{b^{\ominus}}\times\left(\frac{1-x}{b^{\ominus}}\right)^{-1}=\frac{x^2}{b^{\ominus}(1-x)}=1.74\times10^{-5}$$

所以$x=4.17\times10^{-3}mol\cdot kg^{-1}$

(3) 当质量摩尔浓度均为 $1\text{mol}\cdot\text{kg}^{-1}$ 的甲酸和乙酸混合时，设甲酸分解掉 x，乙酸分解掉 y

$$HCOOH \longrightarrow H^+ + HCOO^-$$

平衡时 $1-x \quad x+y \quad x$

$$CH_3COOH \longrightarrow H^+ + CH_3COO^-$$

平衡时 $1-y \quad x+y \quad y$

$$\frac{x}{b^\ominus}\times\frac{x+y}{b^\ominus}\times\left(\frac{1-x}{b^\ominus}\right)^{-1}=1.82\times10^{-4} \quad ①$$

$$\frac{y}{b^\ominus}\times\frac{x+y}{b^\ominus}\times\left(\frac{1-y}{b^\ominus}\right)^{-1}=1.74\times10^{-5} \quad ②$$

由式 ① 得 $y=\dfrac{1.82\times10^{-4}(1-x)-x^2}{x}$

代入式 ② 得 $1.001\,6x^3+x^2+3.151\,6\times10^{-4}x-1.661\,44\times10^{-4}=0$

用牛顿迭代法可得

$x=1.265\,4\times10^{-2}\text{mol}\cdot\text{kg}^{-1}$

$y=1.546\,8\times10^{-3}\text{mol}\cdot\text{kg}^{-1}$

由此可知混合溶液中 $b(H^+)=x+y=1.412\times10^{-4}\text{mol}\cdot\text{kg}^{-1}$

小　结　稀溶液中 $K^\ominus\approx\prod_B(b_B^{eq}/b^\ominus)^{\nu_B}$，要着重掌握。

5.24　(1) 应用路易斯—兰德尔规则及逸度因子图，求 250℃、20.265MPa 下，合成甲醇反应的 K_φ：

$$CO(g)+2H_2(g) \rightleftharpoons CH_3OH(g)$$

(2) 已知 250℃ 时上述反应的 $\Delta_r G_m^\ominus=25.899\text{kJ}\cdot\text{mol}^{-1}$，求此反应的 $K^\ominus$。

(3) 化学计量比的原料气，在上述条件下达平衡时，求混合物中甲醇的摩尔分数。

分　析　真实气体：$K_\varphi=\prod_B(\varphi^{eq})^{\nu_B}$；$K^\ominus=\prod_B(\varphi_B^{eq})^{\nu_B}\times\prod_B(p_B^{eq}/p^\ominus)^{\nu_B}$

解题过程　查逸度系数图得

CO(g)　$T_r=\dfrac{T}{T_c}=\dfrac{523.15}{132.92}=3.94$

$$p_r=\frac{p}{p_c}=\frac{20.265}{3.499}=5.79$$

由逸度系数图，查得 $\varphi(CO)=1.09$

$H_2(g)$　$T_f=\dfrac{T}{T_c+8}=\dfrac{532.15}{33.28+8}=12.7$

$$p_r=\frac{p}{p_c+0.810\,7}=\frac{20.265}{1.297+0.810\,7}=9.61$$

查得 $\varphi(H_2)=1.08$

$CH_3OH(g)$　$T_r=\dfrac{T}{T_c}=\dfrac{523.15}{512.58}=1.02$

$$p_r=\frac{p}{p_c}=\frac{20.265}{8.10}=2.50$$

由逸度系数图，查得 $\varphi(CH_3OH)=0.38$

$$K_\varphi=\prod_B(\varphi_B^{eq})^{v_B}=\frac{\varphi(CH_3OH)}{\varphi(CO)\varphi(H_2)^2}=\frac{0.38}{1.09\times1.08^2}=0.299$$

$$(2)K^\ominus=\exp\left(-\frac{\Delta_rG_m}{RT}\right)=\exp\left(-\frac{25.899kJ\cdot mol^{-1}}{8.315J\cdot mol^{-1}\cdot K^{-1}\times523.15K}\right)=2.59\times10^{-3}$$

(3) $\qquad CO(g)+2H_2(g)\rightleftharpoons CH_3OH(g)$

起始时 $\quad$ 1mol $\quad$ 2mol $\quad$ 0

平衡时 $\quad 1-x \quad 2-2x \quad x$

$$因为 K^\ominus=\prod_B(\varphi_B^{eq})^{v_B}\times\prod_B(p_B^{eq}/p^\ominus)^{v_B}=K_\varphi\times\left(\frac{p}{p^\ominus}\right)^{\sum v_B}\prod_B y_B{}^{v_B}$$

$$=0.299\times\left(\frac{20.265\times10^3kPa}{100kPa}\right)^{-2}\times\frac{x}{3-2x}\times\left(\frac{3-2x}{2-2x}\right)\times\frac{3-2x}{1-x}$$

$$=7.28\times10^{-6}\times\frac{x(3-2x)^2}{4(1-x)^3}=2.59\times10^{-3}$$

所以$\dfrac{x(3-2x)^2}{(1-x)^3}=1\,423.1$

用累试法得 $x=0.903\,31$

故 $y(CH_3OH)=\dfrac{x}{3-2x}=\dfrac{0.903\,31}{3-2\times0.903\,31}=0.757$

第六章

相平衡

知识点归纳

一、相律

$$F = C - P + 2 \tag{6.1}$$

其中

$$C = S - R - R' \tag{6.2}$$

式中 F 为系统的独立变量数，即自由度数；C 为组分数；R 为独立的平衡反应数；R' 为独立的限制条件数，即除了任一相中 $\sum x_B = 1$，同一物质在各平衡相中的浓度受化学势相等的限制以及 R 个独立化学反应的平衡常数 $K^{\ominus}$ 对浓度的限制之外，其他的浓度(或分压)限制条件皆包含于 R' 之中。S 为系统的化学物质数，P 为相数。公式中的"2"代表 T 和 p 两个影响条件。此式适用于只受温度、压力影响的平衡系统。

二、杠杆规则

杠杆规则在相平衡中是用来计算系统分成平衡两相(或两部分)时，两相(或两部分)的相对量。如图 6-1 所示，设在温度 T 下，系统中共存在的两相分别为 α 相与 β 相。图中 M、α、β 分别表示系统点与两相的相点；x_B^M、x_B^α、x_B^β 分别代表整个系统、α 相和 β 相的组成(以 B 的摩尔分数表示)；n、n^α 与 n^β 则分别为系统点、α 相与 β 相的物质的量。由质量衡算可得

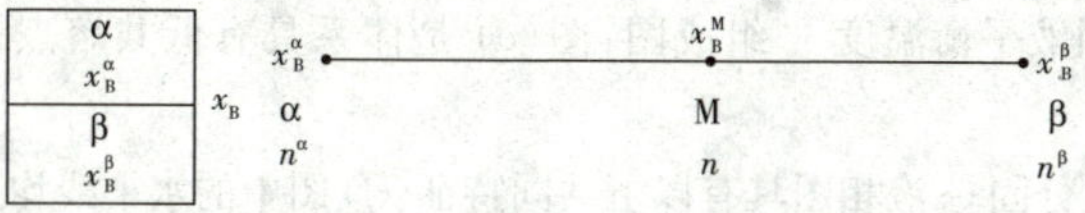

图 6-1　杠杆规则的示意图

$$n^\alpha (x_B^M - x_B^\alpha) = n^\beta (x_B^\beta - x_B^M) \tag{6.3}$$

或 $$\frac{n^{\alpha}}{n^{\beta}}=\frac{(x_B^{\beta}-x_B^{M})}{x_B^{M}-x_B^{\alpha}} \tag{6.4}$$

上式称为杠杆规则，它表示 α、β 两相的物质的量的相对大小。如式中的组成由摩尔分数 x_B^{α}、x_B^{M}、x_B^{β} 换成质量分数 w_B^{α}、w_B^{M}、ω_B^{β} 时，则两相的量相应由物质的量 n^{α} 与 n^{β} 换成两相的质量 m^{α} 与 m^{β}。

三、单组分系统相图

参考图 6-2，单组分体系 $C=1$，单相时，$P=1$，则 $F=2$，温度和压力均可变，称为双变量体系；汽化、凝固和升华时两相平衡（三条线上），$P=2$，则 $F=1$，温度和压力只有一个可变，称为单变量体系；而其三相点（O 点）外，$P=3$，则 $F=0$，状态确定，温度、压力和组成都是定值，没有变量。

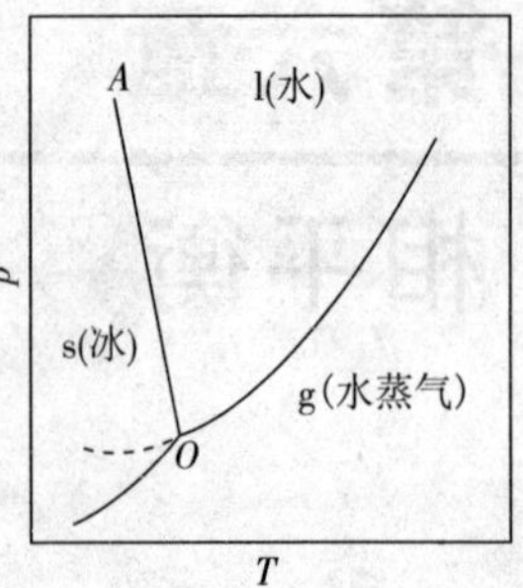

图 6-2　水的相图

四、二组分相图

1. 气－液平衡相图

二组分体系 $C=2$，若在恒温条件下，可作压力－组成图；若在恒压条件下，可作温度－组成图。此时自由度 $F=2-P+1=3-P$。定压下，单相区 $F=2$；二相区 $F=1$；最高、最低恒沸点时混合物 $F=0$。

参看图 6-3，图(a)、(b) 完全共溶系统气－液平衡的压力－组成相同。图(a) 是 A、B 两种物质形成理想液态混合物的相图，图(b) 是 A、B 两物质形成真实液态混合物的相图，两图的差别很明显，图(a) 的液相线为直线。图(c) 是二组分理想液态混合物的气－液平衡温度－组成相图。图(d) 是部分互溶系统的温度－组成相图，具有最低恒沸点的完全互溶体系与部分互溶体系的组合。图(e) 是完全不互溶系统的温度－组成相图。由相图可以得出，共沸点低于每一种纯液体沸点。

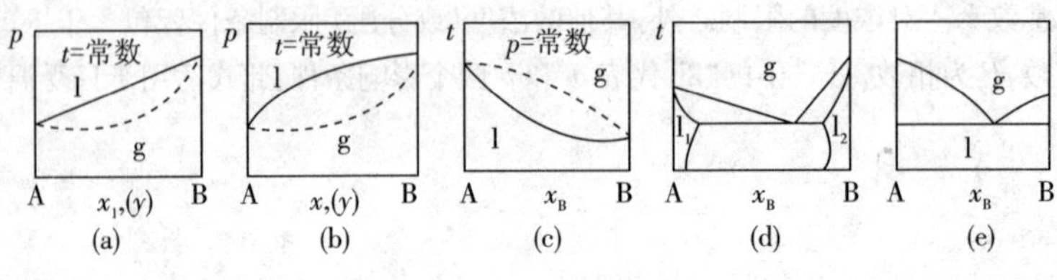

图 6-3　气－液相图

2. 固－液相图

固相完全不互溶的固液平衡温度－组成图：图(a) 是简单低共熔混合物；图(b) 是形成稳定化合物；图(c) 是形成不稳定化合物。

固相部分互溶的固液平衡温度－组成图：图(d) 是体系具有低共熔点；图(e) 是体系有转熔温度。

图 6-4 所示的二组分固－液相图具有以下共同特征：① 图中的水平线均是三相线；② 图中垂线都表示化合物。

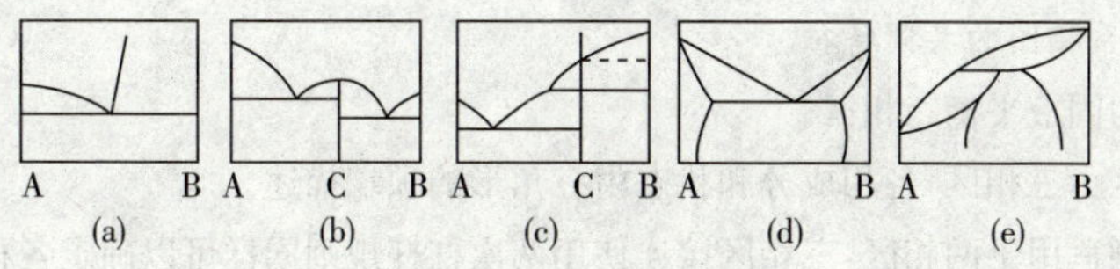

图 6-4　固一液相图

五、三组分系统

利用相律研究体系中相和自由度的变化 $C=3,F=C-P+2=5-P$，自由度最小为零，则相数最多是 5；相数最少为 1，则自由度最多是 4。

采用固定温度和压力，利用正三角形的三边表现三组分的摩尔分数，得到体系中各相的平衡曲线。此时条件自由度 $F^{*}=3-P$。

1. 相图类型

相图类型（如图 6-5 所示）分为两大类：

(1) 部分互溶的三液体系

有一对部分互溶的三液体体系(a)；

有二对部分互溶的三液体体系(b)；

有三对部分互溶的三液体体系(c)；

利用部分互溶三液体体系进行连续萃取。

(2) 二固一液的水盐体系

无水合盐和复盐形成的体系；

有水合盐形成的体系(d)；

有复盐形成的体系(e)；

利用二固一液的水盐体系采用逐步循环法进行盐类的提纯和分离。

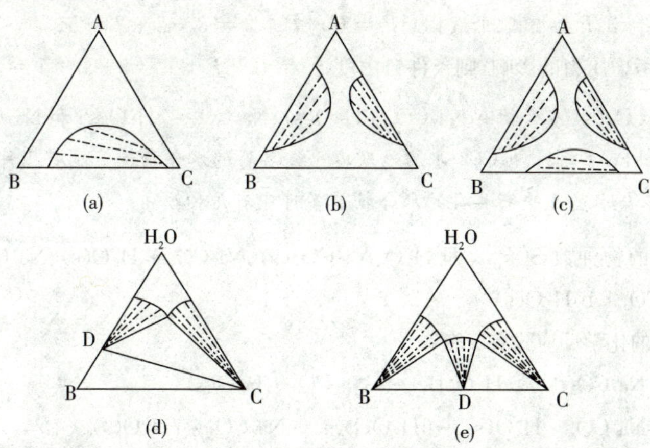

图 6-5　三组分相图

2. 三组分体系相图的共同特征

(1) 扇形区为固液平衡二相区。

(2) 三角形区为三相区，各相成分和状态由三角形的顶端描述。

(3) 杠杆规则适用于两相区，三相区接连使用两次杠杆规则同样可以确定各相的量，三组分相图用于材料特性(例如反磁性、超导性等) 的研究。

课后习题全解

6.1 指出下列平衡系统中的组分数 C、相数 P 及自由度数 F。

(1)$I_2(s)$ 与其蒸气成平衡。

(2)$CaCO_3(s)$ 与其分解产物 $CaO(s)$ 和 $CO_2(g)$ 成平衡。

(3)$NH_4HS(s)$ 放入一抽空的容器中，并与其分解产物 $NH_3(g)$ 和 $H_2S(g)$ 成平衡。

(4) 取任意量的 $NH_3(g)$ 和 $H_2S(g)$ 与 $NH_4HS(s)$ 成平衡。

(5)I_2 作为溶质在两个互溶液体 H_2O 和 CCl_4 中达到分配平衡(凝聚系统)。

解题过程 (1)$C=1$。$P=2$(一个固相，一个气相)。$F=C-P+2=1-2+2=1$。

(2) 物种数 $S=3$，有一个化学平衡存在，所以 $C=2$。$P=3$(二个固相，一个气相)。$F=C-P+2=2-3+2=1$。

(3) 物种数 $S=3$，有一个化学平衡存在，还有一个浓度限制关系式 $p(NH_3)=p(H_2S)$，所以 $C=3-1-1=1$。$P=2$(一个固相，一个气相)。$F=C-P+2=1-2+2=1$。

(4) 物种数 $S=3$，有一个化学平衡存在，没有浓度限制关系式，所以 $C=3-1-1=2$。$P=2$(一个固相，一个气相)。$F=C-P+2=2-2+2=2$。

(5)$C=3$。$P=2$(二个液相)。$F=C-P+2=3-2+2=3$。

若不考虑压力的影响，则条件自由度 $F'=C-P+1=3-2+1=2$。

6.2 常见的 $Na_2CO_3(s)$ 水合物有 $Na_2CO_3\cdot H_2O(s)$、$Na_2CO_3\cdot 7H_2O(s)$ 和 $Na_2CO_3\cdot 10H_2O(s)$。

(1)101.325kPa 下，与 Na_2CO_3 水溶液及冰平衡共存的水合物最多能有几种?

(2)20℃ 时，与水蒸气平衡共存的水合物最多可能有几种?

解题过程 系统的物种数 $S=5$，即 H_2O、$Na_2CO_3(s)$、$Na_2CO_3\cdot H_2O(s)$、$Na_2CO_3\cdot 7H_2O(s)$ 和 $Na_2CO_3\cdot 10H_2O(s)$。

独立的化学反应式有 3 个：

$$Na_2CO_3(s)+H_2O(l) = Na_2CO_3\cdot H_2O(s)$$

$$Na_2CO_3\cdot H_2O(s)+6H_2O(l) = Na_2CO_3\cdot 7H_2O(s)$$

$$Na_2CO_3\cdot 7H_2O(s)+3H_2O(l) = Na_3CO_3\cdot 10H_2O(s)$$

则 $R=3$

没有浓度限制条件　$R'=0$

所以，组分数　$C=S-R-R'=5-3-0=2$

在指定温度或压力的条件下，其自由度数　$F=C-P+1=3-P$

平衡条件下 $F=0$ 时相数最多，因此上述系统最多只能有 3 相共存。

(1) 压力 $p=101.325\text{kPa}$，已有两相(水溶液、冰)，故只能有一种水合物与其平衡。

(2) 温度一定，已知相个数为 1(水蒸气)，与之平衡共存的水合物最多有两种。

6.3　已知液体甲苯(A)和液体苯(B)在 90℃ 时的饱和蒸气压分别为 $p_A^*=54.22\text{kPa}$ 和 $p_B^*=136.12\text{kPa}$。两者可形成理想液态混合物。

今有系统组成 $x_{B,0}=0.3$ 的甲苯—苯混合物 5mol，在 90℃ 下成气—液平衡，若气相组成为 $y_B=0.4556$，求：

(1) 平衡时液相组成 x_B 及系统的压力 p。

(2) 平衡时气、液两相物质的量 $n(\text{g})$、$n(\text{l})$。

解题过程　(1) 设平衡时液相组成为 x_B，气相组成为 y_B，则

$$y_B=\frac{p_B}{p}=\frac{x_B p_B^*}{p}$$

$$p=p_A+p_B=x_A p_A^*+x_B p_B^*=(1-x_B)p_A^*+x_B P_B^*=p_A^*+x_B(p_B^*-p_A^*)$$

$$y_B=\frac{x_B p_B^*}{p_A^*+x_B(p_B^*-p_A^*)}$$

$$0.4556=\frac{136.12x_B}{54.22+(136.12-54.22)x_B}$$

平衡时液相组成 $x_B=0.2500$

平衡时系统压力为

$$p=p_A^*+x_B(p_B^*-p_A^*)=[54.22+0.2500\times(136.12-54.22)]\text{kPa}=74.70\text{kPa}$$

(2) 设系统物质的量为 n，气相和液相物质的量分别为 $n(\text{g})$ 和 $n(\text{l})$，则

$$n=n(\text{g})=n(\text{l})$$

系统中 B 组分物质的量为 $x_{B,0}=y_B n(\text{g})+x_B n(\text{l})$，所以

$$x_{B,0}[n(\text{g})+n(\text{l})]=y_B n(\text{g})+x_B n(\text{l})$$

移项整理得

$$\frac{n(\text{g})}{n(\text{l})}=\frac{x_{B,0}-x_B}{y_B-x_{B,0}}$$

上式即杠杆规则，可用图 6-6 表示。

$$\frac{n(\text{g})}{n(\text{l})}=\frac{0.3-0.2500}{455.6-0.3}=0.3213$$

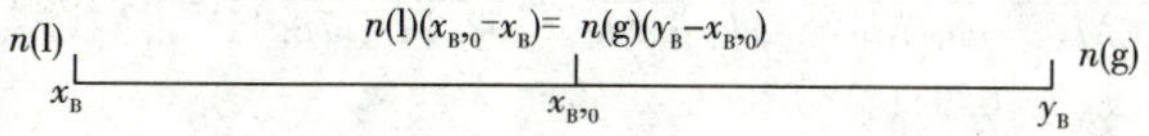

$n(\text{l})$　$n(\text{l})(x_{B,0}-x_B)=n(\text{g})(y_B-x_{B,0})$　$n(\text{g})$

x_B　$x_{B,0}$　y_B

图 6-6

因为 $n=n(\text{g})+n(\text{l})$，所以

$$5\text{mol}=0.3213n(\text{l})+n(\text{l}),\ n(\text{l})=3.784\text{mol}$$

$n(\mathrm{g}) = 5\mathrm{mol} - 3.784\mathrm{mol} = 1.216\mathrm{mol}$

6.4 单组分系统硫的相图示意如图 6-7 所示。

(1) 分析图中各点、线、面的相平衡关系及自由度数。

(2)25℃、101.325kPa 下,碳以什么状态稳定存在?

(3) 增加压力可以使石墨转变为金刚石。已知石墨的摩尔体积大于金刚石的摩尔体积,那么加压使石墨转变为金刚石的过程吸热还是放热?

解题过程 (1) 单相区如图 6-7 所示,单相区自由度数 $f = 2$。

线为二相,自由度 $f = 1$,平衡关系:

OA:C(金刚石) $\rightleftharpoons$ C(石墨)

OB:C(石墨) $\rightleftharpoons$ C(l)

OC:C(金刚石) $\rightleftharpoons$ C(l)

点为三相,自由度 $f = 0$,平衡关系::

C(金刚石) $\rightleftharpoons$ C(石墨) $\rightleftharpoons$ C(l)

(2) 从图中找出 $T = 298\mathrm{K}$, $p = 101.325\mathrm{kPa}$ 时物系点位于石墨相区,所以碳以石墨状态存在最稳定。

(3) 加压使石墨变成金刚石 C(石墨) $\longrightarrow$ C(金刚石)

$$\frac{\mathrm{d}p}{\mathrm{d}T} = \frac{\Delta H}{T(V_{金刚石} - V_{石墨})}$$

OA 线斜率为正,即 $\frac{\mathrm{d}p}{\mathrm{d}T} > 0$,而 $V_{金刚石} - V_{石墨} < 0$,故 $\Delta H < 0$,此反应为吸热。

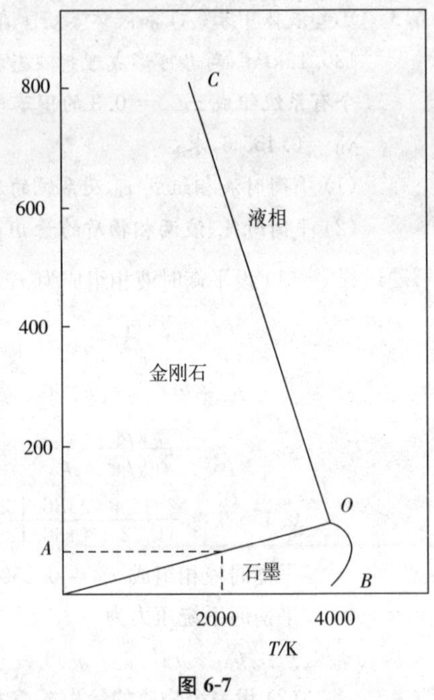

图 6-7

6.5 已知甲苯、苯在 90℃ 下纯液体的饱和蒸气压分别为 54.22kPa 和 136.12kPa。两者可形成理想液态混合物。取 200.0g 甲苯和 200.0g 苯置于带活塞的导热容器中,始态为一定压力下 90℃ 的液态混合物。在恒温 90℃ 下逐渐降低压力,问:

(1) 压力降到多少时,开始产生气相,此气相的组成如何?

(2) 压力降到多少时,液相开始消失,最后一滴液相的组成如何?

(3) 压力为 92.00kPa 时,系统内气、液两相平衡,两相的组成如何?两相的物质的量各为多少?

解题过程 (1) 甲苯和苯形成理想液态混合物,故蒸气分压 p_A、p_B 服从拉乌尔定律,用 A 表示甲苯,B 表示苯,则原始溶液的组成:

$$x_A = \frac{m_A/M_A}{m_A/M_A + m_B/M_B} = \frac{M_B}{M_A + M_B} = \frac{78.11}{92.14 + 78.11} = 0.4588$$

$$x_B = 1 - x_A = 0.5412$$

刚产生气相时,气相量微,可认为液相组成与原溶液组成相同。

由拉乌尔定律得 $p = x_A p_A^* + x_B p_B^*$

$$= (0.4588 \times 54.22 + 0.5412 \times 136.12)\mathrm{kPa} = 98.54\mathrm{kPa}$$

此时 A 的体积分数 $y_A = \frac{x_A p_A^*}{p} = \frac{0.458\,8 \times 54.22}{98.54} = 0.252\,4$

B 的体积分数 $y_B = 1 - y_A = 0.747\,6$

(2) 当只剩下最后一滴液体时，可认为气相的组成与原始溶液的组成，即 $y'_B = x_B = 0.541\,2$。

又 $y'_B = \frac{x'_B p_B^*}{p_A^* + (p_B^* - p_A^*)x'_B}$

故 $x_B^* = \frac{y'_B p_A^*}{p_B^* - (p_B^* - p_A^*)y'_B} = \frac{0.541\,2 \times 54.22}{136.12 - (136.12 - 54.22) \times 0.541\,2} = 0.319\,7$

此时压力 $p = p_A^* + (p_B^* - p_A^*)x'_B$

$= [54.22 + (136.12 - 54.22) \times 0.3197]\text{kPa} = 80.40\text{kPa}$

(3) 当系统总压 $p = 92.00\text{kPa}$ 时

$p = x_A p_A^* + x_B p_B^* = (1 - x_B)p_A^* + x_B p_B^*$

则 $x_B = \frac{p - p_A^*}{p_B^* - p_A^*} = \frac{92 - 54.22}{136.12 - 54.22} = 0.461\,3$

$y_B = \frac{x_B p_B^*}{p} = \frac{0.461\,3 \times 136.12}{92} = 0.682\,5$

两相的物质的量关系如下：

x_B=0.461 3　　$x_{B,0}$=0.541 2　　y_B=0.682 5

n(l)　　n　　n(g)

即 $\frac{n(\text{l})}{n(\text{g})} = \frac{y_B - x_{B,0}}{x_{B,0} - x_B} = \frac{0.682\,5 - 0.541\,2}{0.541\,2 - 0.461\,3} = 1.768\,5$

又 $n = n(\text{l}) + n(\text{g}) = \frac{m(\text{l})}{M(\text{l})} + \frac{m(\text{g})}{M(\text{g})} = \left(\frac{200.0}{92.14} + \frac{200.0}{78.11}\right)\text{mol} = 4.731\text{mol}$

由两式得　$n(\text{l}) = 3.022\text{mol}$

$n(\text{g}) = 1.709\text{mol}$

6.6 101.325kPa 下水(A)－醋酸(B) 系统的气－液平衡数据如表 6-1 所示。

表 6-1

t/10℃	100.0	102.1	104.4	107.5	113.8	118.3
x_B	0	0.300	0.500	0.700	0.900	1.000
y_B	0	0.185	0.374	0.575	0.833	1.000

(1) 画出气－液平衡的温度－组成图。

(2) 从图上找出组成为 $x_B = 0.800$ 液相的泡点。

(3) 从图上找出组成为 $y_B = 0.800$ 气相的露点。

(4) 在 105.0℃ 时气－液平衡两相的组成是多少?

(5)9kg 水与 30kg 醋酸组成的系统在 105.0℃ 达到平衡时，气、液两相的质量各为多少?

分　析　此题根据气－液平衡的性质，画出温度－组成图，并根据泡点、露点的概念及杠杆规则进行求解。

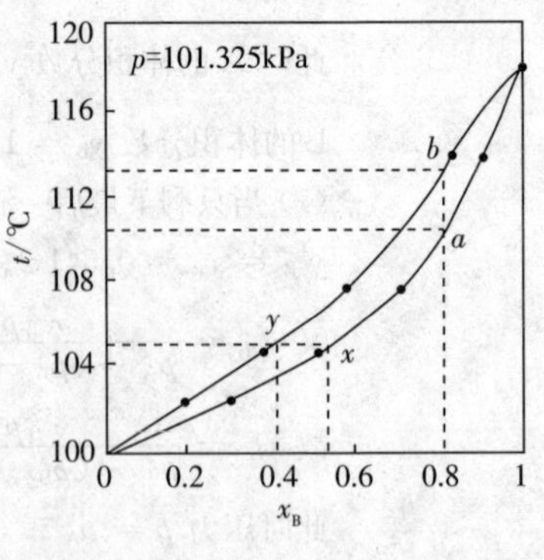

图 6-8

解题过程　(1) 气－液平衡的温度－组成图如图 6-8 所示。

(2) 在 $x_B = 0.800$ 处作直线与液相线相交于 a 点，此时对应的温度 110.2℃ 即是液相的泡点。

(3) 在 $x_B = 0.800$ 处作直线与气相线相交于 b 点，此时对应的温度 112.8℃ 即是气相的露点。

(4) 在 105.0℃ 作水平线与气相线、液相线分别相交于 y、x 两点，气相组成 $y_B = 0.417$，液相组成 $x_B = 0.544$。

(5) 水的摩尔质量为 $M_A = 18.015 \times 10^{-3}\,\text{kg}\cdot\text{mol}^{-1}$，醋酸的摩尔质量为 $M_B = 60.052 \times 10^{-3}\,\text{kg}\cdot\text{mol}^{-1}$。

$$n_A = \frac{m_A}{M_A} = \frac{9}{18.015 \times 10^{-3}}\text{mol} = 499.58\text{mol}$$

$$n_B = \frac{m_B}{M_B} = \frac{30}{60.052 \times 10^{-3}}\text{mol} = 499.57\text{mol}$$

$$n = n_A + n_B = 999.15\text{mol}$$

系统原始组成为

$$x_{B,0} = \frac{n_B}{n_A + n_B} = 0.500$$

105.0℃ 气－液平衡时，气相组成 $y_B = 0.417$，液相组成 $x_B = 0.544$。由杠杆规则知

$$\frac{n(\text{g})}{n(\text{l})} = \frac{x_{B,0} - x_B}{y_B - x_{B,0}} = \frac{0.500 - 0.544}{0.417 - 0.500} = 0.53$$

又 $n(\text{g}) + n(\text{l}) = 999.15\text{mol}$

从以上两式解出

$n(\text{g}) = 346.08\text{mol}, n(\text{l}) = 653.07\text{mol}$

平衡时液相组成 $x_B = 0.544, x_A = 1 - x_B = 0.456$，$n_A(\text{l})$、$n_B(\text{l})$ 分别为液相中 A 与 B 的物质的量。

液相质量为

$$\begin{aligned} m(\text{l}) &= n_A(\text{l})M_A + n_B(\text{l})M_B = x_A n(\text{l})M_A + x_A n(\text{l})M_B \\ &= [(0.456 \times 18.015 \times 10^{-3} + 0.544 \times 60.052 \times 10^{-3}) \times 653.07]\text{kg} \\ &= 26.7\text{kg} \end{aligned}$$

气相质量为

$$m(\text{g}) = m - m(\text{l}) = [(9 + 30) - 26.7]\text{kg} = 12.3\text{kg}$$

小　结　本题全面考查了二组分液态部分互溶系统的气－液平衡相图，涉及泡点、露点的概念。

6.7　已知水－苯酚系统在 30℃ 液－液平衡时共轭溶液的组成 w(苯酚) 为：L_1(苯酚溶于水)，8.75%；L_2(水溶于苯酚)，69.9%。

(1) 在 30℃，100g 苯酚和 200g 水形成的系统达液－液平衡时，两液相的质量各为多少？

(2) 在上述系统中若再加入 100g 苯酚，又达到相平衡时，两液相的质量各变到多少？

分　析　此题根据共轭溶液的性质进行求解。

解题过程　(1) 系统点S组成为：$\omega(S)=\dfrac{100}{100+200}=33.3\%$，系统点与物系点的组成如图6-9所示。

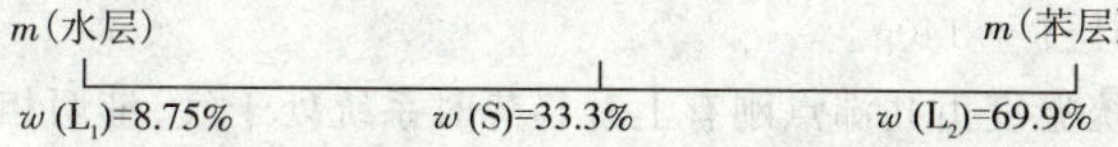

m(水层)　m(苯层)

$w(L_1)=8.75\%$　$w(S)=33.3\%$　$w(L_2)=69.9\%$

图 6-9

根据杠杆规则有

$$\frac{m(\text{水层})}{m(\text{总})}=\frac{w(L_2)-w(S)}{w(L_2)-w(L_1)}=\frac{0.699-0.333}{0.699-0.0875}=0.5985$$

$m(\text{水层})=0.5985m(\text{总})=(0.5985\times300)\text{g}=179.6\text{g}$

$m(\text{苯层})=m-m(\text{水层})=120.4\text{g}$

(2) 系统中再加入100g苯酚时，系统点S组成 $w(S)=\dfrac{200}{200+200}=50.0\%$。由于温度不变，所以共轭点组成保持不变(如图6-10所示)。

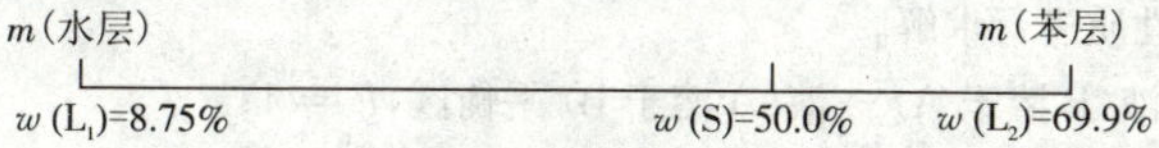

m(水层)　m(苯层)

$w(L_1)=8.75\%$　$w(S)=50.0\%$　$w(L_2)=69.9\%$

图 6-10

根据杠杆规则有

$$\frac{m(\text{水层})}{m(\text{总})}=\frac{w(L_2)-w(S)}{w(L_2)-w(L_1)}=\frac{0.699-0.500}{0.699-0.0875}=0.3254$$

$m(\text{水层})=0.3254m(\text{总})=(0.3254\times400)\text{g}=130.2\text{g}$

$m(\text{苯层})=m-m(\text{水层})=269.8\text{g}$

6.8　水－异丁醇系统液相部分互溶。在101.325kPa下，系统的共沸点为89.7℃。气(G)、液(L_1)、液(L_2)三相平衡时的组成w(异丁醇)依次为70.0%、8.7%、85.0%。今由350g和150g异丁醇形成的系统在101.325kPa压力下由室温加热，问：

(1) 温度刚要达到共沸点时，系统处于相平衡时存在哪些相？其质量各是多少？

(2) 当温度由共沸点刚有上升趋势时，系统处于相平衡时存在哪些相？其质量各为多少？

分　析　此题根据二组分液态部分互溶系统的性质及杠杆规则进行求解。

解题过程　(1) 水－异丁醇系统相图示意图如图6-11所示。

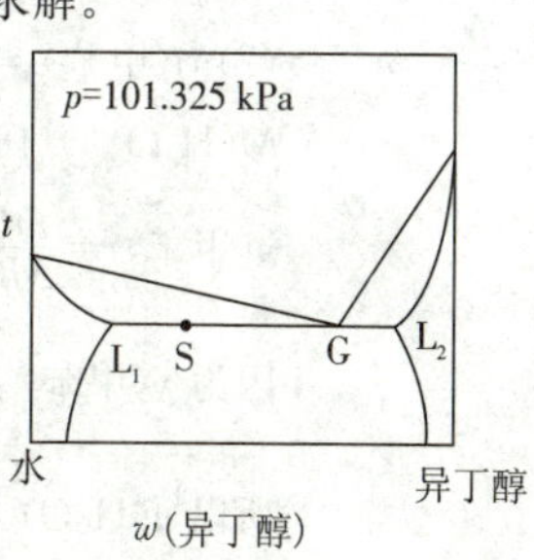

图 6-11

温度刚要达到共沸点(还未达到共沸点)时，系统处于相平衡时只有两个液相：水层(L_1)和异丁醇层(L_2)。因为系统非常接近其沸点，所以水层组成为 $w(L_1)=8.7\%$，异丁醇层组成为 $w(L_2)=85.0\%$。

350g水和150g异丁醇形成的系统，其系统点S的组成为

$$w(S)=\frac{150}{150+350}=30\%$$

由杠杆规则得

$$\frac{m(\text{水层})}{m(\text{总})}=\frac{w(L_2)-w(S)}{w(L_2)-w(L_1)}=\frac{85.0-30.0}{85.0-8.7}=0.7208$$

$m(\text{水层})=0.7208m(\text{总})=(0.7208\times500)g=360g$

$m(\text{异丁醇层})=140g$

(2) 当系统温度由共沸点刚有上升趋势时系统处于气、液两相平衡。液相含异丁醇 $w(L_1)=8.7\%$,气相含异丁醇 $\omega(G)=70\%$。

$$\frac{m(\text{水层})}{m(\text{总})}=\frac{w(G)-w(S)}{w(G)-w(L_1)}=\frac{70.0-30.0}{70.0-8.7}=0.6525$$

$m(\text{水层})=0.6525m(\text{总})=(0.6525\times500)g=326g$

$m(\text{气相})=174g$

6.9 恒压下二组分液态部分互溶系统气－液平衡的温度－组成图如图6-12所示,指出4个区域内平衡的相及自由度数。

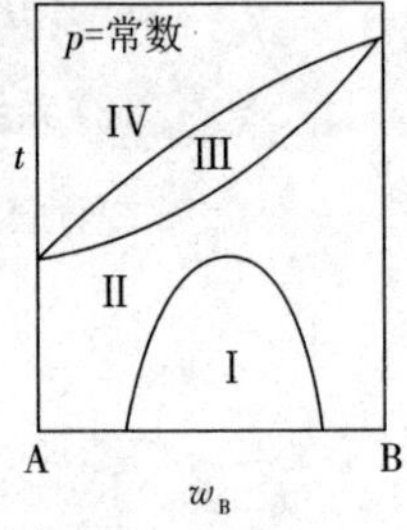

图 6-12

分　　析　此题根据恒压下二组分液态部分互溶系统气－液平衡的温度－组成图的性质进行求解。

解题过程　Ⅰ 区为液(B溶于A)－液(A溶于B)平衡区,$F=1$;

Ⅱ 区为单相区,液相,$F=2$;

Ⅲ 区为气－液平衡区,$F=1$;

Ⅳ 区为单相区,气相,$F=2$。

6.10 为了将含非挥发性杂质的甲苯提纯,在86.0kPa压力下用水蒸气蒸馏。已知:在此压力下该系统的共沸点为80℃,80℃时水的饱和蒸气压为47.3kPa,试求:

(1) 气相的组成(含甲苯的摩尔分数)。

(2) 欲蒸出100kg纯甲苯,需要消耗水蒸气多少千克?

分　　析　此题根据共沸点的概念进行求解。

解题过程　(1) $p(\text{总})=p(H_2O)+p(\text{甲苯})$

$p(\text{甲苯})=p(\text{总})-p(H_2O)=(86.0-47.3)\text{kPa}=38.7\text{kPa}$

$$y(\text{甲苯})=\frac{p(\text{甲苯})}{p(\text{总})}=\frac{38.7}{86.0}=0.45$$

(2) $M(\text{甲苯})=92.141\times10^{-3}\text{kg}\cdot\text{mol}^{-1}$

$M(H_2O)=18.015\times10^{-3}\text{kg}\cdot\text{mol}^{-1}$

$$n(\text{甲苯})=\frac{m(\text{甲苯})}{M(\text{甲苯})}=\frac{100}{92.141\times10^{-3}}\text{mol}=1085.29\text{mol}$$

因为 $y(\text{甲苯})=\dfrac{n(\text{甲苯})}{n(\text{甲苯})+n(H_2O)}$

所以 $n(H_2O)=\dfrac{[1-y(\text{甲苯})]n(\text{甲苯})}{y(\text{甲苯})}=\dfrac{(1-0.45)\times1085.29}{0.45}\text{mol}=1326.47\text{mol}$

$m(H_2O)=n(H_2O)M(H_2O)=(1326.47\times18.015\times10^{-3})\text{kg}=23.90\text{kg}$

6.11 A-B二组分液态部分互溶系统的液—固平衡相图如图6-13所示，试指出各个相区的相平衡关系、各条线所代表的意义以及三相线所代表的相平衡关系。

解题过程 各相区的平衡相如下：

相区1：溶液，单相区，$F=2$；

相区2：溶液L_1、溶液L_2两相平衡区，$F=1$；

相区3：溶液L_1、A(s)两相平衡区，$F=1$；

相区4：溶液L_2、B(s)两相平衡区，$F=1$；

相区5：溶液L_1、B(s)两相平衡区，$F=1$；

相区6：A(s)、B(s)两相平衡区，$F=1$；

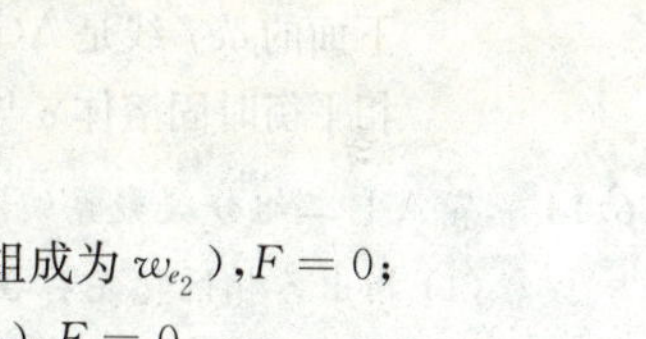

图6-13

be_1线是A(s)的饱和溶解度曲线，也是A的凝固点降低曲线；

ee_2线是B(s)的饱和溶解度曲线，也是B的凝固点降低曲线；

ce_1线是B(s)的饱和溶解度曲线；

cd线是B(l)溶于A(l)中的溶解度曲线；

de_2线是A(l)溶于B(l)中的溶解度曲线；

水平线ce_2f为三相平衡，L_1(组成为w_c)$+$B(s)$\rightleftharpoons L_2$(组成为w_{e_2})，$F=0$；

水平线ae_1g为三相平衡，A(s)$+$B(s)$\rightleftharpoons L_1$(组成为w_{e_1})，$F=0$。

6.12 固态完全互溶、具有最高熔点的A-B二组分凝聚系统相图如图6-14所示。指出各相区的相平衡关系、各条线的意义并绘出状态点为a、b的样品的冷却曲线。

解题过程 1区为液态溶液，单相区；

2区为固态溶液(固溶体)，单相区；

3区和4区是液态溶液与固态溶液两相平衡区。

系统从a点降温至与液相线相交于c点时，开始有固溶体析出，二相平衡，自由度为1，继续降温，至与固相线相交于d点时，液体全部凝固，进入单相区。

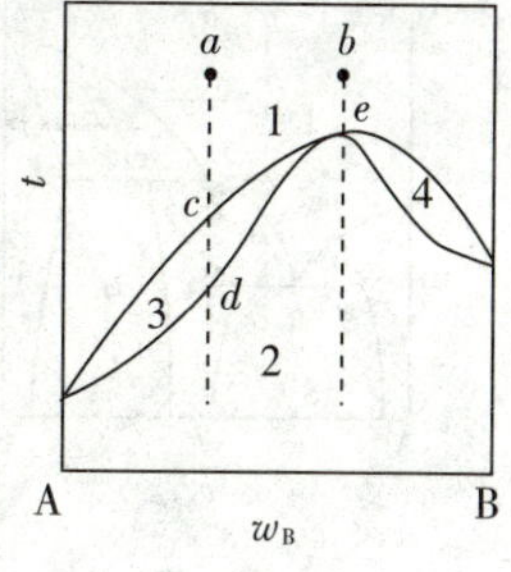

图6-14

系统从b点降温至e点时，固、液两相平衡，液相与固相组成相同，自由度数为0，当液相全部消失后，温度才会继续下降。

状态点为a、b的样品的冷却曲线如图6-15所示。

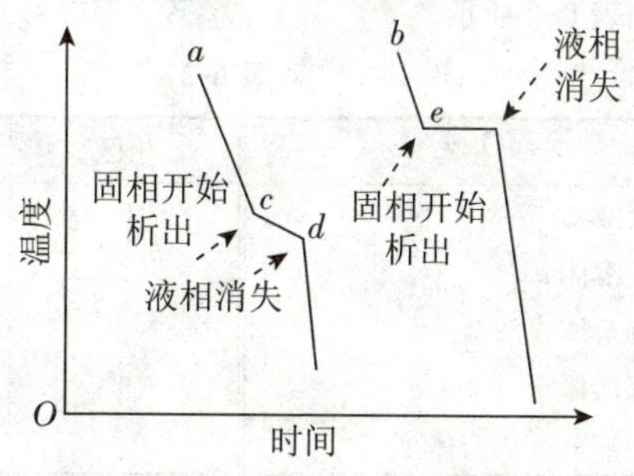

图6-15

6.13 低温时固态部分互溶、高温时固态完全互溶且具有最低熔点的 A-B 二组分凝聚系统相图如图 6-16 所示。指出各相区的相平衡关系及各条线所代表的意义。

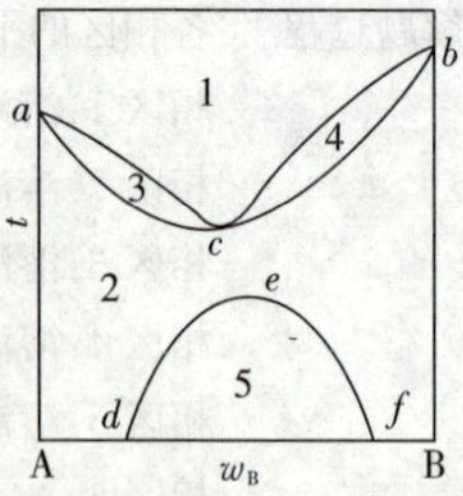

解题过程 1 区为液态溶液，单相区；

2 区为固态溶液（固溶体），此区域内 A、B 可相互溶解成一相；

3 区是液态溶液与固溶体 α 两相平衡区；

4 区是液态溶液与固溶体 β 两相平衡区；

5 区为固溶体 α 与固溶体 β 两相平衡区。

最上边的一条曲线是液相组成线，也是 A、B 相互溶解度随温度变化曲线；

中间的 *acb* 线是固态溶液组成线，表示不同温度下与液相平衡时固态溶液的组成；

下面的 *def* 线是 A(s)、B(s) 的相互溶解度曲线，表示不同温度下固溶体 α 与固溶体 β 两相平衡时固溶体 α 与固溶体 β 的组成。

图 6-16

6.14 某 A-B 二组分凝聚系统相图如图 6-17 所示。

(1) 指出各相区稳定存在时的相。

(2) 绘出图中状态点为 *a*、*b*、*c* 的 3 个样品的冷却曲线，并注明各阶段时的相变化。

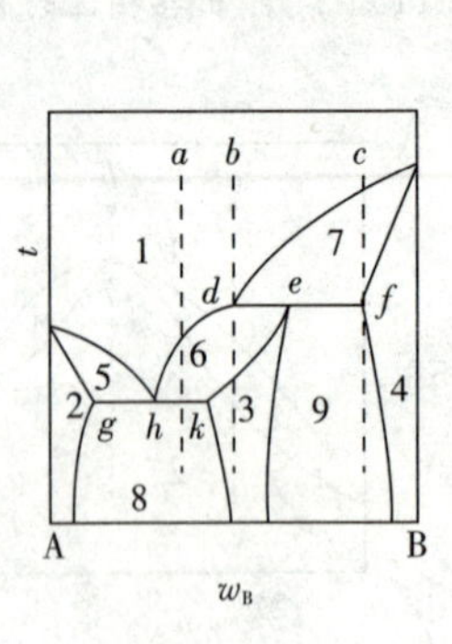

图 6-17

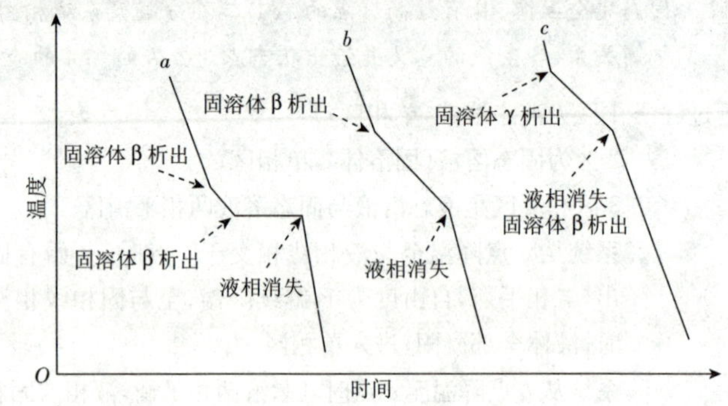

图 6-18

解题过程 (1) 各相区相态如表 6-2 所示。

表 6-2

相区	相态	相区	相态
1	溶液 L	6	溶液 L＋固溶体 β
2	固溶体 α	7	溶液 L＋固溶体 γ
3	固溶体 β	8	固溶体 α＋固溶体 β
4	固溶体 γ	9	固溶体 β＋固溶体 γ
5	溶液 L＋固溶体 α		

(2) 状态点为 *a*、*b*、*c* 的 3 个样品的冷却曲线如图 6-18 所示。

6.15 二元凝聚系统 Hg-Cd 相图示意图如图 6-19 所示。指出各个相区的稳定相、三相线上的相平衡关系。

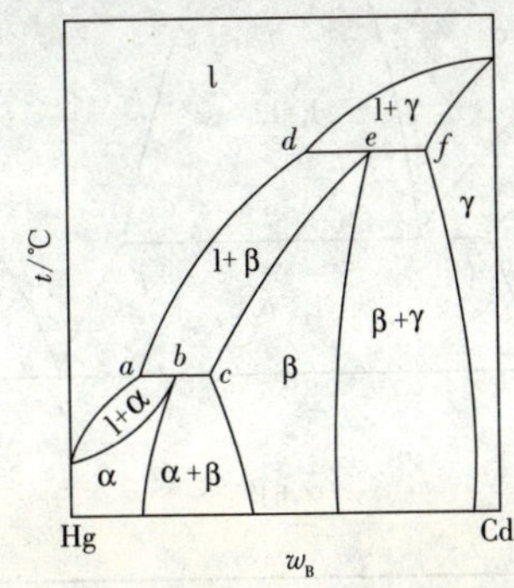

图 6-19

解题过程　各相区的稳定相如图 6-19 所示，三相线上的相平衡关系：$\beta + l \rightleftharpoons \alpha$

6.16 某 A-B 二组分凝聚系统相图如图 6-20 所示。

(1) 指出各相区的稳定相、三相线上的相平衡关系。

(2) 绘出图中状态点为 *a*、*b*、*c* 三个样品的冷却曲线，并注明各阶段时的相变化。

解题过程　(1) 各相区的稳定相如图 6-20(1) 所示，三相线的相平衡关系为

def：$\alpha + \beta \rightleftharpoons l$；$ghi$：$l + \gamma \rightleftharpoons \beta$

(2)*a*、*b*、*c* 三个样品的冷却曲线如图(2) 所示

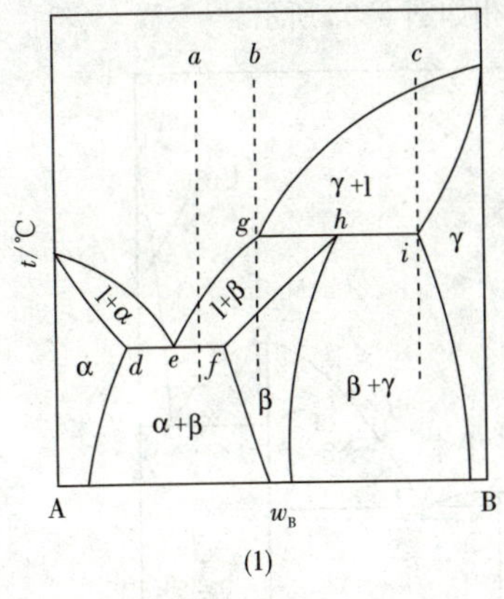

(1)

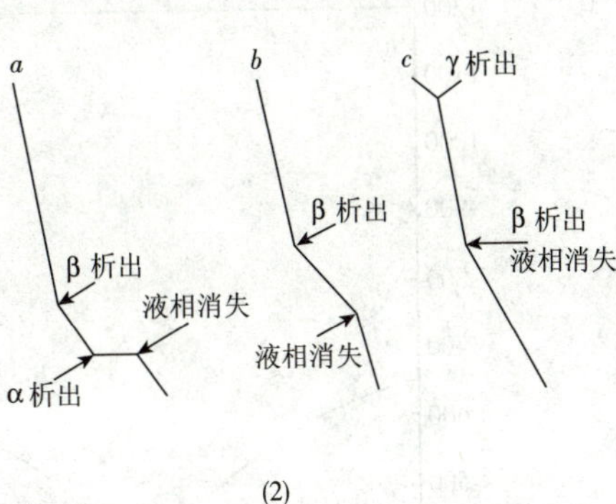

(2)

图 6-20

6.17 某 A-B 二组分凝聚系统相图如图 6-21 所示，指出各相区的稳定相和三相线上的相平衡关系。

解题过程　各相区的稳定相标注如图 6-21 所示。三相线上的相平衡关系：

abc：$\alpha + \beta \rightleftharpoons l$；$def$：$\alpha + l_2 \rightleftharpoons l_1$

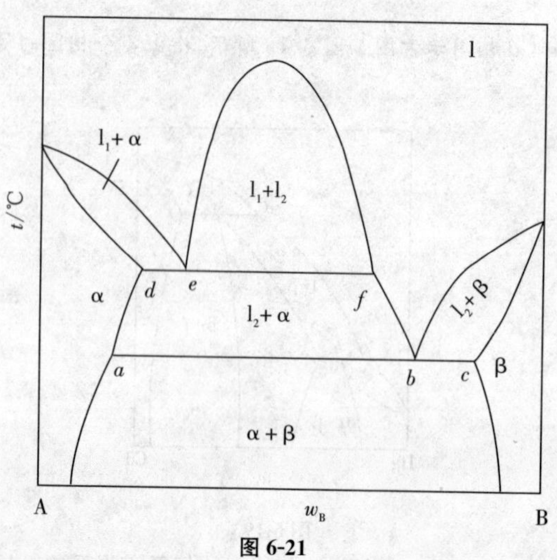

图 6-21

6.18 利用下列数据,粗略地描绘出 Mg-Cu 二组分凝聚系统相图,并标出各区的稳定相。Mg 与 Cu 的熔点分别为 648℃ 和 1085℃。两者可形成两种稳定化合物 Mg_2Cu 和 $MgCu_2$,其熔点依次为 580℃、800℃。两种金属与两种化合物四者之间形成三种低共熔混合物。低共熔混合物的组成 $w(Cu)$ 及低共熔点对应为 35%,380℃;66%,560℃;90.6%,680℃。

解题过程 由已知数据得 $Mg_2Cu(l)$ 和 $MgCu_2(l)$ 中 $w(Cu)$ 为

$w_1(Cu) = 0.566\,6 \qquad w_2(Cu) = 0.839\,5$

Mg-Cu 二组分凝聚系统相图,各相区的稳定相如图 6-22 所示。

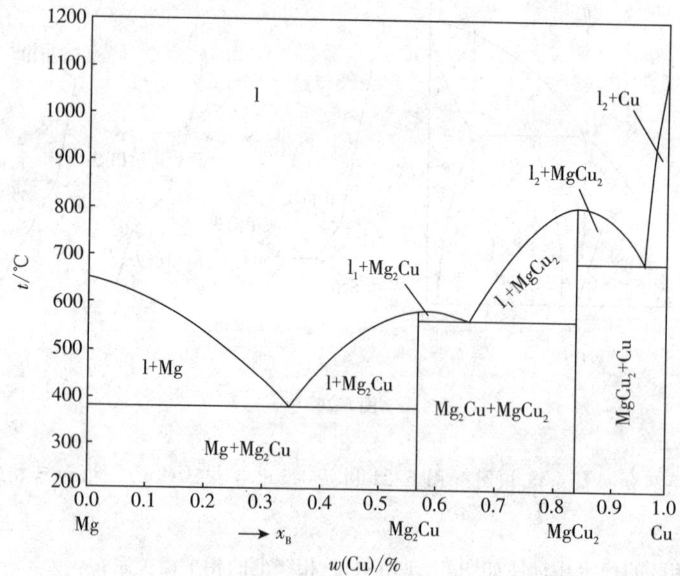

图 6-22

6.19 某生成不稳定化合物系统液-固平衡相图如图 6-23 所示，绘出图中状态点为 a、b、c、d、e、f、g 的样品的冷却曲线。

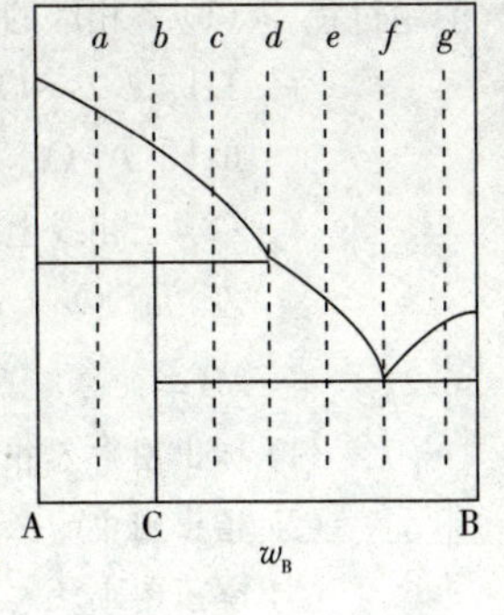

图 6-23

分　析　根据不稳定化合物系统液-固平衡相图的性质及冷却曲线的概念进行求解。由任一状态点冷却，在单相区时冷却速度是均匀的，当与液相线相交时，固态物质开始析出，有相变热放出，故冷却速度变慢，冷却曲线斜率改变，曲线出现折点。当温度到达三相线温度时，系统三相平衡，自由度数 $F=0$，温度保持不变，冷却曲线出现平台，直至有一个相消失后，温度才可继续下降。

解题过程　状态点 a、b、c、d、e、f、g 的冷却曲线如图 6-24 所示。

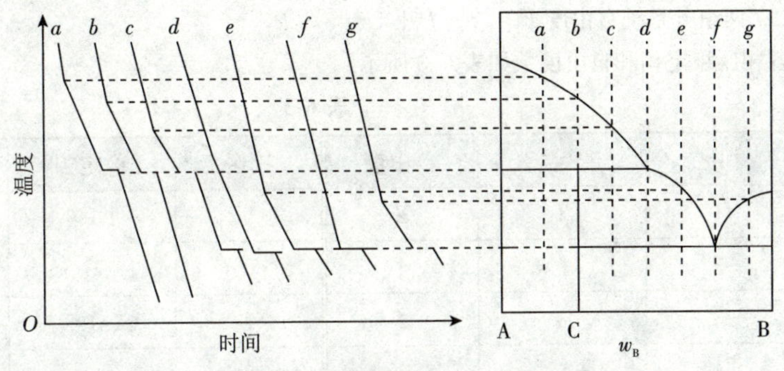

图 6-24

6.20 SiO_2-Al_3O_3 系统高温区间的相图示意图如图 6-25 所示。高温下，SiO_2 有白硅石和鳞石英两种晶型，AB 是其转晶线，AB 线之上为白硅石，之下为鳞石英。化合物 M 组成为 $3SiO_2 \cdot 2Al_2O_3$。

(1) 指出各相区的稳定相以及三相线的相平衡关系。

(2) 绘出图中状态点为 a、b、c 的样品的冷却曲线。

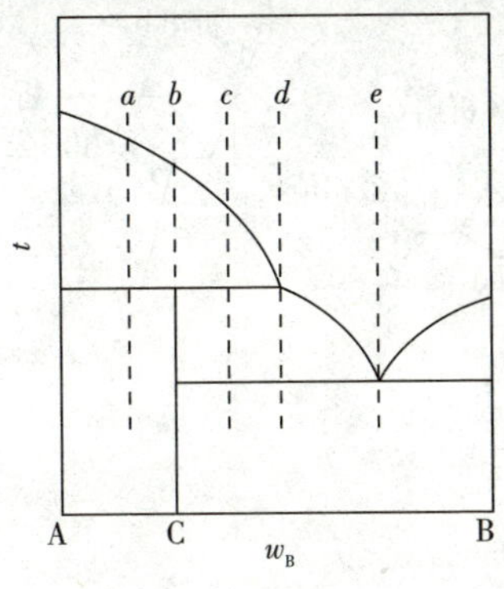

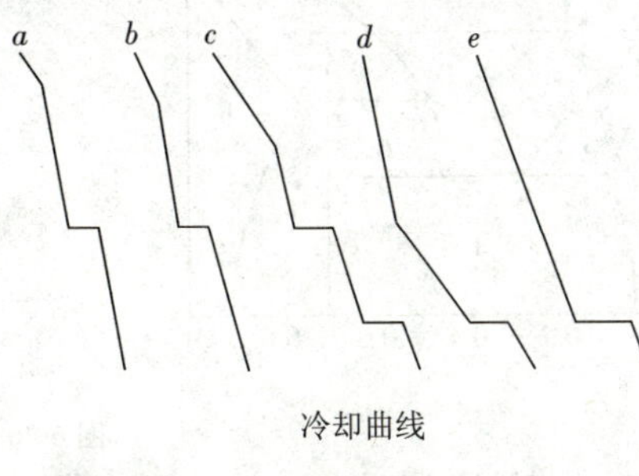

图 6-25

解题过程 （1）各相区的稳定相为

1:l　2:SiO_2＋l　3:l＋M　4:SiO_2＋M　5:SiO_2＋M

6:l＋Al_2O_3　7:M＋Al_2O_3

（2）三相线上的相平衡关系为

左边：$SiO_2 + M \rightleftharpoons l$；右边：$l + Al_2O_3 \rightleftharpoons M$

6.21 某A-B二组分凝聚系统相图如图6-26所示，其中C为不稳定化合物。

（1）标出图中各相区的稳定相和自由度数。

（2）指出图中的三相线及平衡关系。

（3）绘出图中状态点为 a、b 的样品的冷却曲线，注明冷却过程相变化情况。

（4）将5kg处于 b 点的样品冷却至 t_1，系统中液态物质与析出固态物质的质量各为多少？

解题过程 （1）两组分系统自由度 $F = 2 - P + 1 = 3 - P$

各相区稳定相和自由度数如表6-3所示。

表 6-3

相区	稳定相	自由度	相区	稳定相	自由度
1	l	2	5	l＋β	1
2	l＋α	1	6	l＋C(s)	1
3	α	2	7	C(s)＋β	1
4	α＋C(s)	1	8	β	2

（2）三相线上的相平衡关系：

cde：$\alpha + C(s) \rightleftharpoons l$

fgh：$l + \beta \rightleftharpoons C(s)$

（3）冷却曲线如图6-26所示。

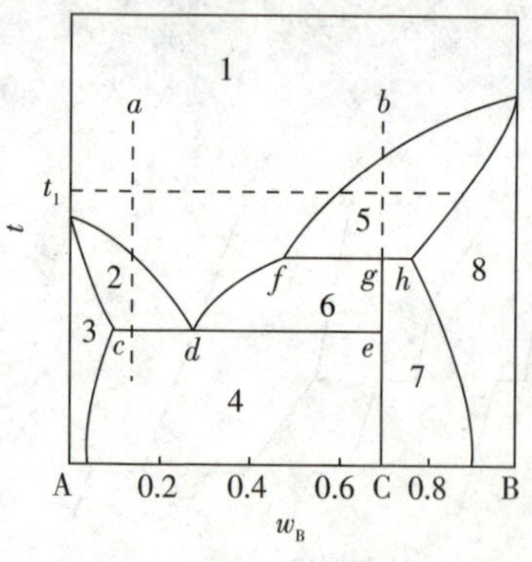

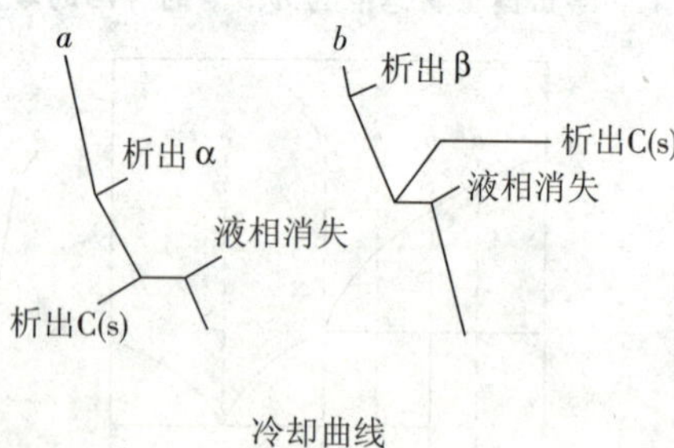

图 6-26

（4）b 点样品冷却到 t_1，l和β共存，由图6-26知：

$w_B(l) = 0.6$，$w_B(s) = 0.9$，$w_B(b) = 0.7$，故

$$\frac{m(\mathrm{l})}{m(\mathrm{s})}=\frac{0.9-0.7}{0.7-0.6}=\frac{2}{1}$$

又 $m(\mathrm{l})+m(\mathrm{s})=5$

故 $m(\mathrm{s})=1.67\mathrm{kg}, m(\mathrm{l})=3.33\mathrm{kg}$

6.22 某 A-B 二组分凝聚系统相图如图 6-27 所示。标出各相区的稳定相、三相线上的相平衡关系。

解题过程 各相区稳定相如图 6-27 所示。三相线上的平衡关系：

def：$\mathrm{l}+\mathrm{C_2(s)} \rightleftharpoons \mathrm{C_1(s)}$

abc：$\alpha+\mathrm{C_1(s)} \rightleftharpoons \mathrm{l}$

ghi：$\mathrm{C_2(s)}+\mathrm{B(s)} \rightleftharpoons \mathrm{l}$

6.23 某 A-B 二组分凝聚系统相图如图 6-27 所示，指出各相区的稳定相、三相线上的相平衡关系。

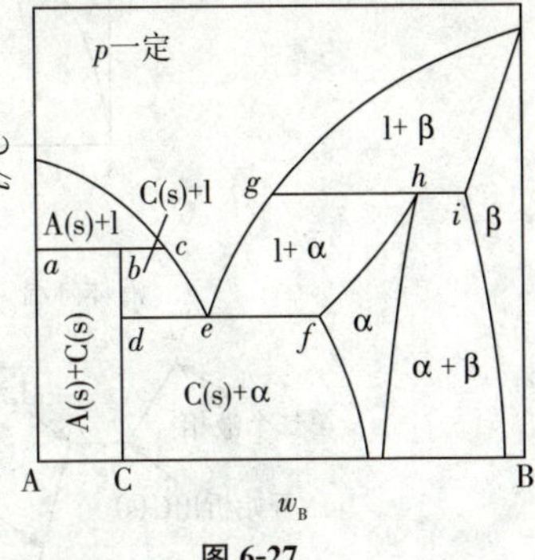

图 6-27

解题过程 如图 6-27 所示，三相线上的相平衡关系：

abc：$\mathrm{A(s)}+\mathrm{l} \rightleftharpoons \mathrm{C(s)}$

def：$\mathrm{C(s)}+\alpha \rightleftharpoons \mathrm{l}$

ghi：$\mathrm{l}+\beta \rightleftharpoons \alpha$

6.24 指出图 6-28 中二组分凝聚系统相图内各相区的稳定相和三相线上的相平衡关系。

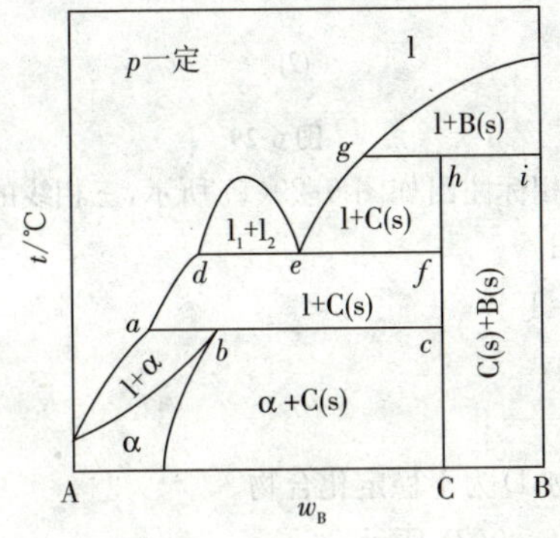

图 6-28

解题过程 各相区稳定相如图 6-28 所示，三相线的相平衡关系：

abc：$\mathrm{l}+\mathrm{C(s)} \rightleftharpoons \alpha$

def：$\mathrm{l_1}+\mathrm{C(s)} \rightleftharpoons \mathrm{l_2}$

ghi：$\mathrm{l_2}+\mathrm{B(s)} \rightleftharpoons \mathrm{C(s)}$

6.25 A-B 二组分凝聚系统相图如图 6-29 所示。

(1) 标出各相区的稳定相；指出各三相平衡线的相平衡关系。

(2) 指出图中的化合物 C、D 是稳定化合物还是不稳定化合物。

(3) 绘出图中状态点为 a、b 的样品的冷却曲线，并指明冷却过程相变化情况。

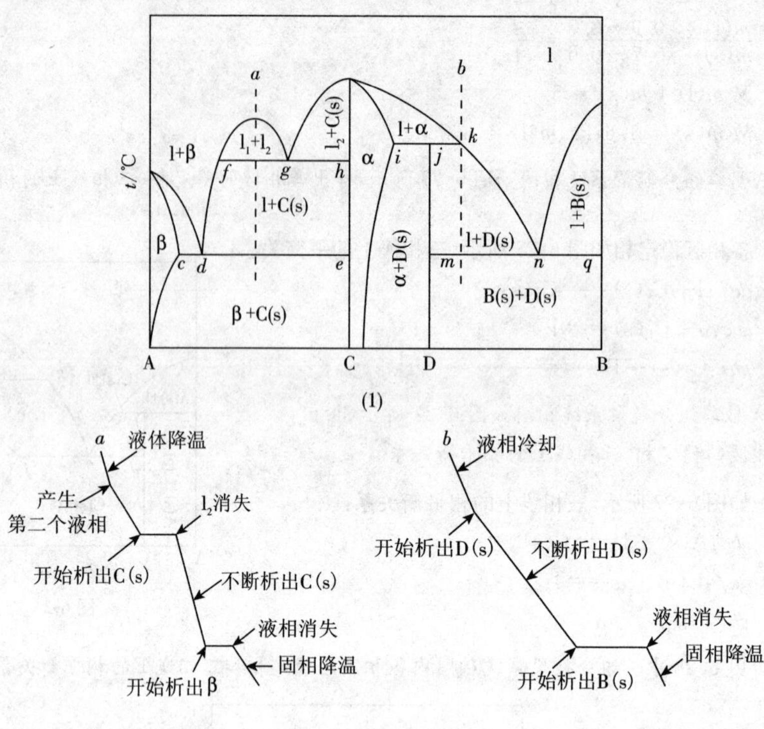

(1)

(2)

图 6-29

解题过程　(1) 各相区的稳定相标注出如图 6-29(1) 所示,三相线的相平衡关系为

cde:$\beta + C(s) \rightleftharpoons l$

fgh:$C(s) + l_1 \rightleftharpoons l_2$

ijk:$\alpha + l \rightleftharpoons D(s)$

mnq:$B(s) + D(s) \rightleftharpoons l$

(2)C 为稳定化合物,D 为不稳定化合物。

(3) 冷却曲线如图 6-29(2) 所示。

6.26　二元凝聚系统 Ga-Sr 在 101.325kPa 下的相图示意图如图 6-30 所示。

(1) 标明 C_1、C_2、C_3 是稳定化合物还是不稳定化合物。

(2) 标出各相区的稳定相,写出三相线的相平衡关系。

(3) 绘出图中状态点为 a 的样品的冷却曲线,并指明冷却过程相变化情况。

解题过程　(1)C_2 为稳定化合物,C_1 和 C_3 为不稳定化合物。

(2) 各相区的稳定相如图 6-30(1) 所示,三相线的相平衡关系为

bcd:$l_1 + \alpha \rightleftharpoons C_1(s)$

efg:$C_2(s) + l_2 \rightleftharpoons C_3(s)$

hij:$C_3(s) + Sr \rightleftharpoons l$

(3)a 的样品冷却曲线如图 6-30(2) 所示。

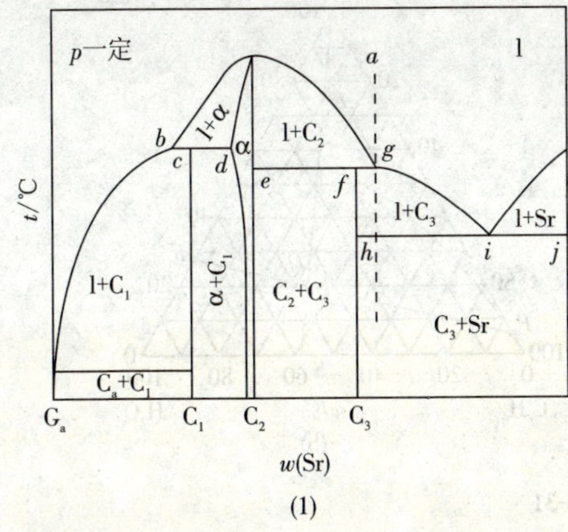

(1)

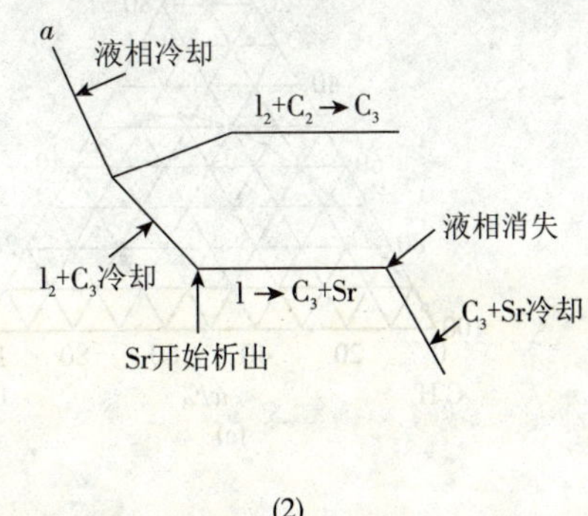

(2)

图 6-30

6.27 25℃ 时苯—水—乙醇系统的相互溶解度数据 w 如表 6-4 所示。

表 6-4

苯	0.1	0.4	1.3	4.4	9.2	12.8	17.5	20.0	30.0
水	80.0	70.0	60.0	50.0	40.0	35.0	30.0	27.7	20.5
乙醇	19.9	29.6	38.7	45.6	50.8	52.2	52.5	52.3	49.5
苯	40.0	50.0	53.0	60.0	70.0	80.0	90.0	95.0	
水	15.2	11.0	9.8	7.5	4.6	2.3	0.80	0.2	
乙醇	44.8	39.0	37.2	32.5	25.4	17.7	9.2	4.8	

(1) 绘出三组分液—液平衡相图。

(2) 在 1kg 质量比为 42∶58 的苯与水的混合液(两相)中,加入多少克的纯乙醇才能使系统成为单一液相,此时溶液的组成如何?

(3) 为了萃取乙醇,往 1kg$w$(苯)$=60\%$,w(乙醇)$=40\%$ 的溶液中加入 1kg 水,此时系统分成两层。苯层的组成 w(苯)$=95.7\%$,w(水)$=0.2\%$,w(乙醇)$=4.1\%$。问水层中能萃取出乙醇多少克?萃取效率(已萃取出的乙醇占乙醇总量的分数)多大?

分　析　此题根据三组分液—液平衡相图的性质求解。

解题过程　(1) 三组分系统相图如图 6-31(a) 所示。

(2) 质量比为 42∶58 的苯与水的混合液,系统点为图 6-31(b) 中的 S 点。若加入纯乙醇,则系统点沿 SS_1 线向乙醇顶点方向移动,超过 S_1 点即进入单相区。S_1 点组成为:w(苯)$=20\%$,w(乙醇)$=52\%$,w(水)$=28\%$。

加入乙醇为

$$\frac{1\text{kg}\times 0.42}{20\%}-1\text{kg}=1.1\text{kg}$$

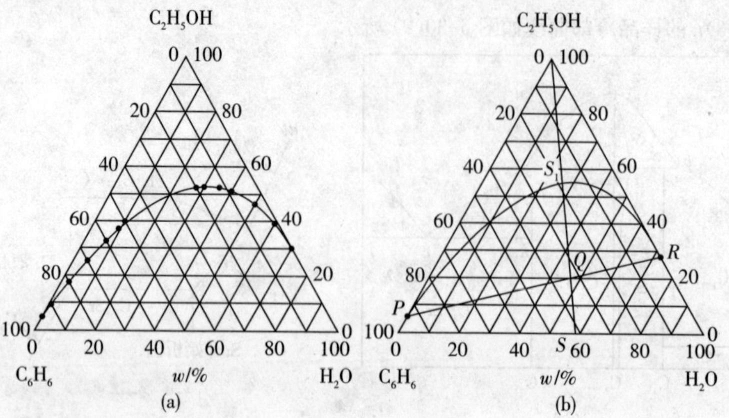

图 6-31

(3) 往 1kg w(苯) = 60%，w(乙醇) = 40% 的溶液中加入 1kg 水，此时系统点为图 6-31(b) 中的 Q 点，其组成为

$$w(\text{苯}) = \frac{1\text{kg} \times 0.6}{2\text{kg}} \times 100\% = 30\%$$

$$w(\text{乙醇}) = \frac{1\text{kg} \times 0.4}{2\text{kg}} \times 100\% = 20\%$$

$$w(\text{水}) = \frac{1\text{kg}}{2\text{kg}} \times 100\% = 50\%$$

此时平衡苯层为图 6-31(b) 中的 P 点，其组成由题设知

w(苯) = 95.7%，w(水) = 27%，w(乙醇) = 4.1%

PQ 连线与液相线相交于 R 点，此即为与苯层平衡的水层的组成。

R 点的组成由图中读出，约为

w(苯) = 0.1%，w(乙醇) = 27%，w(水) = 72.9%

根据杠杆规则有

$$\frac{m(\text{水层})}{m(\text{总})} = \frac{\overline{PQ}}{\overline{PR}}$$

$$m(\text{水层}) = m(\text{总})\frac{\overline{PQ}}{\overline{PR}} = (2 \times \frac{50.0 - 0.2}{72.9 - 0.2})\text{kg} = 1.370\text{kg}$$

$$m(\text{乙醇}) = m(\text{水层})w(\text{乙醇}) = (1.370 \times 0.27)\text{kg} = 0.375\text{kg}$$

$$\text{萃取效率} = \frac{0.375}{1 \times 0.4} = 93.8\%$$

第七章

电化学

知识点归纳

一、法拉第定律

$$Q = zF\xi \tag{7.1}$$

通过电极的电荷量正比于电极反应的反应进度与电极反应电荷数的乘积。其中 $F = Le$ 为法拉第常数，一般取 $F = 96\,485\mathrm{C \cdot mol^{-1}}$。近似值为 $965\,000\mathrm{C \cdot mol^{-1}}$。

二、离子迁移数及电迁移率

电解质溶液导电是依靠电解质溶液中正、负离子的定向运动而导电，即正、负离子分别承担导电的任务。但是，溶液中正、负离子导电的能力是不同的。为此，采用正(负)离子所迁移的电荷量占通过电解质溶液的总电荷量的分数来表示正(负)离子导电能力，并称之为迁移数，用 t_+ (t_-) 表示，即

正离子迁移数

$$t_+ = Q_+ / (Q_+ + Q_-) = v_+ / (v_+ + v_-) = u_+ / (u_+ + u_-) \tag{7.2}$$

负离子迁移数

$$t_- = Q_- / (Q_+ + Q_-) = v_- / (v_+ + v_-) = u_- / (u_+ + u_-) \tag{7.3}$$

上述两式适用于温度及外电场一定而且只含有一种正离子和一种负离子的电解质溶液。式子表明，正(负)离子迁移电荷量与在同一电场下正、负离子运动速率 v_+ 与 v_- 有关。式中的 u_+ 与 u_- 称为电迁移率，它表示在一定溶液中，当电势梯度为 $1\mathrm{V \cdot m^{-1}}$ 时正、负离子的运动速率。

若电解质溶液中含有两种以上正(负)离子时，则其中某一种离子 B 的迁移数 t_B 计算式为

$$t_{B^{z+}} = \frac{Q_B}{\sum_B Q_B} \tag{7.4}$$

三、电导、电导率、摩尔电导率

1. 电导

电阻的倒数称为电导,单位为 S(西门子)。

$$G=\frac{1}{R} \tag{7.5}$$

2. 电导率

电极面积为 $1m^2$,电极间距为 1m 时溶液的电导,称为电导率,单位为 $S\cdot m^{-1}$。

$$G=\frac{1}{R}=\frac{\kappa A_s}{l} \tag{7.6}$$

3. 摩尔电导率

在相距为单位长度的两平行电极之间,放置有 1mol 电解质溶液时的电导,称为摩尔电导率,单位是 $S\cdot m^2\cdot mol^{-1}$。

$$\Lambda_m=\kappa/c \tag{7.7}$$

4. 摩尔电导率与电解质溶液浓度的关系式

(1) 柯尔劳施(Kohlrausch) 公式

$$\Lambda_m=\Lambda_m^\infty-A\sqrt{c} \tag{7.8}$$

式中 Λ_m^∞ 是在无限稀释条件下溶质的摩尔电导率;c 是电解质的体积摩尔浓度。在一定温度下,对于指定的溶液,式中 A 和 Λ_m^∞ 皆为常数。此式只适用于强电解质的稀溶液。

(2) 柯尔劳施离子独立运动定律

$$\Lambda_m^\infty=v_+\Lambda_{m,+}^\infty+v_-\Lambda_{m,-}^\infty \tag{7.9}$$

式中 v_+ 及 v_- 分别为正、负离子的化学计量数;$\Lambda_{m,+}^\infty$ 及 $\Lambda_{m,-}^\infty$ 分别为在无限稀释条件下正、负离子的摩尔电导率。此式适用于一定温度下的指定溶剂中,强电解质或弱电解质在无限稀释时摩尔电导率的计算。

四、电解质的平均离子活度、平均离子活度因子及德拜－休克尔极限公式

1. 平均离子活度

$$a_\pm\overset{\text{def}}{=\!=}(a_+^{v_+}a_-^{v_-})^{1/v} \tag{7.10}$$

2. 平均离子活度因子

$$\gamma_\pm\overset{\text{def}}{=\!=}(\gamma_+^{v_+}\gamma_-^{v_-})^{1/v} \tag{7.11}$$

3. 平均离子质量摩尔浓度

$$b_\pm\overset{\text{def}}{=\!=}(b_+^{v_+}b_-^{v_-})^{1/v} \tag{7.12}$$

4. 离子活度

$$a=a_\pm^v=a_+^{v_+}a_-^{v_-}=\gamma_\pm^v(b_\pm/b^\ominus) \tag{7.13}$$

5. 离子强度与德拜－休克尔极限公式

离子强度的定义式为

$$I = \frac{1}{2}\sum b_B z_B^2 \tag{7.14}$$

式中 b_B 与 z_B 分别代表溶液中某离子 B 的质量摩尔浓度和该离子的电荷数。I 的单位为 $mol \cdot kg^{-1}$。I 值的大小反映了电解质溶液中离子的电荷所形成静电场强度的强弱。I 的定义式用于强电解质溶液。若溶液中有强、弱电解质时，则计算 I 值时，需要将弱电解质解离部分离子计算在内。

德拜－休克尔极限公式为

$$\lg\gamma_{\pm} = -Az_{+}|z_{-}|\sqrt{I} \tag{7.15}$$

上式是德拜－休克尔从理论上导出的计算 $\gamma_{\pm}$ 的式子，它只适用于强电解质极稀浓度的溶液。A 为常数，在 25℃ 的水溶液中 $A = 0.509(mol^{-1} \cdot kg^{-1})^{-1/2}$。

五、可逆电池及其电动势

1. 可逆电池热力学

(1)
$$\Delta_r G_m = W_{r,m} = -zFE \tag{7.16}$$

式中 z 是电池反应中电子转移数；F 为法拉第常数；E 是电动势。当 $\Delta_r G_m < 0$ 时，$E > 0$，说明自发的化学反应恒温恒压下在原电池中可逆进行。

(2)
$$\Delta_r S_m = -\left(\frac{\partial \Delta_r G_m}{\partial T}\right)_p = zF\left(\frac{\partial E}{\partial T}\right)_p \tag{7.17}$$

式中 $\left(\frac{\partial E}{\partial T}\right)_p$ 称为原电池电动势的温度系数，表示恒压下电动势随温度的变化率，单位为 $V \cdot K^{-1}$。

(3)
$$\Delta_r H_m = -zFE + zFT\left(\frac{\partial E}{\partial T}\right)_p \tag{7.18}$$

(4)
$$Q_{r,m} = zFT\left(\frac{\partial E}{\partial T}\right)_p \tag{7.19}$$

2. 电动势的计算

(1) 能斯特方程

化学反应为 $\sum \nu_B = 0$

$$E = E^{\ominus} - \frac{RT}{zF}\ln\prod_B a_B^{\nu_B} \tag{7.20}$$

或

$$E = E^{\ominus} - \frac{0.059\ 16V}{z}\lg\prod_B a_B^{\nu_B} \tag{7.21}$$

当电池反应达平衡时，$\Delta_r G_m = 0$，$E = 0$，则

$$E^{\ominus} = \frac{RT}{zF}\ln K^{\ominus} \tag{7.22}$$

(2) 电极的能斯特公式

$$E(\text{电极}) = E^{\ominus}_{(\text{电极})} - \frac{RT}{zF}\ln\prod_{B(\text{电极})}\{a_{B(\text{电极})}\}^{\nu_{B(\text{电极})}}$$

$$= E^{\ominus}_{(\text{电极})} + \frac{RT}{zF}\ln\frac{a(\text{氧化态})}{a(\text{还原态})} \tag{7.23}$$

(3) 任何可逆电池的电动势

$$E = E_{(右)} - E_{(左)} = E_{(阴)} - E_{(阳)} \quad (7.24)$$

$$E^{\ominus} = E^{\ominus}_{(阴)} - E^{\ominus}_{(阳)} \quad (7.25)$$

(4) 液体接界电势

$$E_{(液界)} = (t_+ - t_-)\frac{RT}{F}\ln\frac{a_{\pm,1}}{a_{\pm,2}} \quad (7.26)$$

六、电极的种类

1. 第一类电极

这类电极一般是将某金属或吸附了某种气体的惰性金属置于含有该元素离子的溶液中构成的，包括金属电极、氢电极、氧电极和卤素电极等。

2. 第二类电极

第二类电极包括金属－难溶盐电极和金属－难溶氧化物电极。

3. 氧化还原电极

任何电极均可发生氧化还原反应。这里所说的氧化还原电极专指如下一类电极：电极极板(Pt)只起输送电子的任务，参加电极反应的物质都在溶液中。如电极 Fe^{3+}，Fe^{2+}；MnO_4^-，Mn^{2+}，H^+，H_2O | Pt。

七、极化电极电势

阳极： $$E_{(阳)} = E_{(阳,平)} + \eta_{(阳)} \quad (7.27)$$

阴极： $$E_{(阴)} = E_{(阴,平)} - \eta_{(阴)} \quad (7.28)$$

式中 $E_{(阳,平)}$ 及 $E_{(阴,平)}$ 分别为阳极及阴极的平衡电极电势；$\eta_{(阴)}$ 及 $\eta_{(阳)}$ 分别为阴、阳极的超电势。上述二式既适用于原电池，也适用于电解池个别电极的极化电极电势的计算。

课后习题全解

7.1 用铂电极电解 $CuCl_2$ 溶液。通过的电流为 20A，经过 15min 后，问：(1) 在阴极上能析出多少质量的 Cu？(2) 在阳极上能析出多少体积的 27℃、100kPa 下的 $Cl_2(g)$？

分　析　首先利用法拉第定律求出电极反应的反应进度，进而利用公式 $m = \nu\xi M$ 求出在两极上析出的质量。

解题过程　(1) 阴极电极反应为

$$Cu^{2+} + 2e^- = Cu(s)$$

由此可求得电极的反应进度为

$$\xi = \frac{Q}{zF} = \frac{20A \times 15 \times 60s}{2 \times 96\,485C \cdot mol^{-1}} = 0.093\,3$$

由此可求得阴极上析出铜的质量为

$$m(\mathrm{Cu}) = \Delta n(\mathrm{Cu})M(\mathrm{Cu}) = v(\mathrm{Cu})\xi M(\mathrm{Cu}) = (1\times 0.093\times 63.546)\mathrm{g} = 5.928\mathrm{g}$$

(2) 阳极电极反应为

$$2\mathrm{Cl}^- \xlongequal{} 2\mathrm{e}^- + \mathrm{Cl_2(g)}$$

由此可求得电极的反应进度为

$$\xi = \frac{Q}{zF} = \frac{20\mathrm{A}\times 15\times 60\mathrm{s}}{2\times 96485\mathrm{C\cdot mol^{-1}}} = 0.0933$$

$$\Delta n(\mathrm{Cl_2}) = v(\mathrm{Cl_2})\xi = 0.0933\mathrm{mol}$$

由此可得析出氯气的体积为

$$V = \frac{nRT}{p} = \frac{0.0933\mathrm{mol}\times 8.315\mathrm{J\cdot mol^{-1}\cdot K^{-1}}\times 300.15\mathrm{K}}{100\mathrm{kPa}} = 2.328\mathrm{dm^3}$$

7.2 用 Pb(s) 电极电解 $Pb(NO_3)_2$ 溶液，已知电解前溶液浓度为 1g 水中含有 $Pb(NO_3)_2$ 1.66×10^{-2}g。通电一段时间后，测得与电解池串联的银库仑计中有 0.1658g 银沉积。阳极区的溶液质量为 62.50g，其中含有 $Pb(NO_3)_2$ 1.151g。试计算 Pb^{2+} 的迁移数。

解题过程 用 Pb(s) 电极电解 $Pb(NO_3)_2$ 溶液时阳极反应：

$$\mathrm{Pb} \longrightarrow \mathrm{Pb^{2+}} + 2\mathrm{e}^-$$

设电解过程水量不变，电解前阳极区 $Pb(NO_3)_2$ 的物质的量

$$n_{电解前} = \frac{m[\mathrm{Pb(NO_3)_2}]}{M[\mathrm{Pb(NO_3)_2}]} = \frac{1.66\times10^{-2}\times(62.50-1.151)}{331.22}\mathrm{mol} = 3.075\times10^{-3}\mathrm{mol}$$

电解后阳极区 $Pb(NO_3)_2$ 的物质的量为

$$n_{电解后} = \frac{m[\mathrm{Pb(NO_3)_2}]}{M[\mathrm{Pb(NO_3)_2}]} = \frac{1.151}{331.22}\mathrm{mol} = 3.475\times10^{-3}\mathrm{mol}$$

电解过程中因电极反应溶解下来的 Pb^{2+} 的物质的量

$$n_{反应} = \frac{1}{2}n(\mathrm{Ag}) = \left(\frac{1}{2}\times\frac{0.1658}{107.9}\right)\mathrm{mol} = 0.7683\times10^{-3}\mathrm{mol}$$

Pb^{2+} 迁移的物质的量

$$\begin{aligned} n_{迁移} &= n_{电解前} + n_{反应} - n_{电解后} \\ &= (3.075\times10^{-3} + 0.7683\times10^{-3} - 3.475\times10^{-3})\mathrm{mol} \\ &= 3.683\times10^{-4}\mathrm{mol} \end{aligned}$$

故 Pb^{2+} 的迁移数 $t(\mathrm{Pb^{2+}}) = \frac{n_{迁移}}{n_{反应}} = \frac{3.683\times10^{-4}}{0.7683\times10^{-3}} = 0.479$

7.3 用银电极电解 $AgNO_3$ 溶液。通电一段时间后，阴极上有 0.078g 的 Ag(s) 析出，阳极区溶液质量为 23.376g，其中含 $AgNO_3$ 0.236g。已知原来溶液浓度为 1kg 水中溶有 $AgNO_3$ 7.39g。求 Ag^+ 和 NO_3^- 的迁移数。

解题过程 银电极电解 $AgNO_3$ 溶液的电极反应为

阳极 $\mathrm{Ag} \longrightarrow \mathrm{Ag^+} + \mathrm{e}^-$

阴极 $\mathrm{Ag^+} + \mathrm{e}^- \longrightarrow \mathrm{Ag}$

电解前阳极区 $AgNO_3$ 的物质的量为

$$n_{前} = \frac{m(AgNO_3)}{M(AgNO_3)} = \frac{23.14\times 7.39\times 10^{-3}}{169.94}mol = 1.006\times 10^{-3}mol$$

电解后阳极区 $AgNO_3$ 的物质的量为

$$n_{后} = \frac{m(AgNO_3)}{M(AgNO_3)} = \frac{0.236}{169.94}mol = 1.389\times 10^{-3}mol$$

阳极反应溶解的 Ag 的物质的量为

$$n_{反应} = \frac{m(Ag)}{M(Ag)} = \frac{0.078}{107.9}mol = 7.229\times 10^{-4}mol$$

Ag^+ 迁移阳极区的物质的量为

$$n_{迁移} = n_{前} + n_{反应} - n_{后} = 3.399\times 10^{-4}mol$$

故 Ag^+ 迁移数　$t(Ag^+) = \frac{n_{迁移}}{n_{反应}} = 0.47$

NO_3^- 迁移数　$t(NO_3^-) = 1 - t(Ag^+) = 0.53$

7.4　在一个细管中，于 $0.033\ 27mol\cdot dm^{-3}$ 的 $GdCl_3$ 溶液上面放入 $0.073mol\cdot dm^{-3}$ 的 LiCl 溶液，使它们之间有一个明显的界面。令 5.594mA 的电流自上而下通过该管，界面不断向下移动，并且一直是很清晰的。3976s 以后，界面在管内向下移动的距离相当于 $1.002cm^3$ 的溶液在管中所占的长度。计算在实验室温度 25℃ 下，$GdCl_3$ 溶液中的 $t(Gd^{3+})$ 和 $t(Cl^-)$。

解题过程　由题意可知在此反应中转移的总电荷量为

$$Q_{总} = It = 5.594\times 10^{-3}A\times 3976s = 22.2417C$$

$$\begin{aligned}Q(Gd^{3+}) &= \Delta n(Gd^{3+})zF\\ &= 1.002\times 10^{-3}dm^3\times 0.033\ 27mol\cdot dm^{-3}\times 3\times 96\ 485C\cdot mol^{-1}\\ &= 9.649\ 4C\end{aligned}$$

由此可知 $t(Gd^{3+}) = \frac{Q(Gd^{3+})}{Q_{总}} = \frac{9.649\ 4C}{22.241\ 7C} = 0.434$

$$t(Cl^-) = 1 - t(Gd^{3+}) = 1 - 0.434 = 0.566$$

7.5　已知 25℃ 时 $0.02mol\cdot dm^{-3}$ KCl 溶液的电导率为 $0.276\ 8S\cdot m^{-1}$。一电导池中充以此溶液，在 25℃ 时测知其电阻为 453Ω。在同一电导池中盛入同样体积的质量浓度为 $0.555g\cdot dm^{-3}$ 的 $CaCl_2$ 溶液，测得电阻为 1050Ω。计算：(1) 电导池系数；(2)$CaCl_2$ 溶液的电导率；(3)$CaCl_2$ 溶液的摩尔电导率。

解题过程　(1) 电导池常数为 $K_{cell} = \kappa R = 0.276\ 8S\cdot m^{-1}\times 453\Omega = 125.4m^{-1}$

(2) 同一电导池，K_{cell} 是一样的，所以

$$\kappa(CaCl_2) = \frac{1}{R}K_{cell} = \frac{125.4m^{-1}}{1050\Omega} = 0.119\ 4S\cdot m^{-1}$$

(3) $$\Lambda_m = \kappa/c = \frac{0.119\ 4S\cdot m^{-1}}{\frac{0.555g\cdot dm^{-3}}{M(CaCl_2)}} = 0.023\ 88S\cdot m^2\cdot mol^{-1}$$

7.6　已知 25℃ 时 $\Lambda_m^{\infty}(NH_4Cl) = 0.012\ 625S\cdot m^2 mol^{-1}$，$t^{\infty}(NH_4^+) = 0.490\ 7$。试计算 $\Lambda_m^{\infty}(NH_4^+)$ 及 $\Lambda_m^{\infty}(Cl^-)$。

分　析　$\Lambda_m^\infty = v_+\Lambda_{m,+}^\infty + v_-\Lambda_{m,-}^\infty, t_+^\infty = \frac{v_+\Lambda_{m,+}^\infty}{\Lambda_m^\infty}$。

解题过程　$NH_4Cl \rightleftharpoons NH_4^+ + Cl^-$

因为 $t^\infty(NH_4^+) = \frac{v_+\Lambda_m^\infty(NH_4^+)}{\Lambda_m^\infty(NH_4Cl)}$，所以

$$\begin{aligned}\Lambda_m^\infty(NH_4^+) &= t^\infty(NH_4^+)\Lambda_m^\infty(NH_4Cl) = (0.490\,7 \times 0.012\,625)\,S \cdot m^2 \cdot mol^{-1}\\ &= 6.195 \times 10^{-3}\,S \cdot m^2 \cdot mol^{-1}\end{aligned}$$

因为 $\Lambda_m^\infty = v_+\Delta_{m,+}^\infty + v_-\Lambda_{m,-}^\infty$，所以

$$\begin{aligned}\Lambda_m^\infty(Cl^-) &= \Lambda_m^\infty(NH_4Cl) - \Lambda_m^\infty(NH_4^+)\\ &= (0.012\,625 - 0.006\,195)\,S \cdot m^2 \cdot mol^{-1}\\ &= 6.430 \times 10^{-3}\,S \cdot m^2 \cdot mol^{-1}\end{aligned}$$

7.7　25℃时将电导率为 $0.141 S \cdot m^{-1}$ 的KCl溶液装入一电导池中，测得其电阻为525Ω。在同一电导池中装入 $0.1 mol \cdot dm^{-3}$ 的 NH_4OH 溶液，测得电阻为2 030Ω。利用教材中表7.3.2中的数据计算 NH_4OH 的解离度 α 及解离常数 $K^\ominus$。

解题过程　$K_{cell} = \kappa R = 0.141\,S \cdot m^{-1} \times 525\,\Omega = 74.025\,m^{-1}$

$$\kappa(NH_4OH) = \frac{1}{R}K_{cell} = \frac{74.025\,m^{-1}}{2\,030\,\Omega} = 3.647 \times 10^{-2}\,S \cdot m^{-1}$$

$$NH_4OH \rightleftharpoons NH_4^+ + OH^-$$

平衡时　$c(1-\alpha)$　　$c\alpha$　　$c\alpha$

$$\Lambda_m(NH_4OH) = \frac{\kappa(CH_4OH)}{c} = \frac{3.647 \times 10^{-2}\,S \cdot m^{-1}}{0.1\,mol \cdot dm^{-3}} = 3.647 \times 10^{-4}\,S \cdot m^2 \cdot mol^{-1}$$

由教材中的表7.3.2可查得

$\Lambda_m^\infty(NH_4^+) = 73.4 \times 10^{-4}\,S \cdot m^2 \cdot mol^{-1}$

$\Lambda_m^\infty(OH^-) = 198.0 \times 10^{-4}\,S \cdot m^2 \cdot mol^{-1}$

$$\begin{aligned}\Lambda_m^\infty(NH_4OH) &= \Lambda_m^\infty(NH_4^+) + \Lambda_m^\infty(OH^-) = (73.4 + 198.0) \times 10^{-4}\,S \cdot m^2 \cdot mol^{-1}\\ &= 271.4 \times 10^{-4}\,S \cdot m^2 \cdot mol^{-1}\end{aligned}$$

$$\alpha = \frac{\Lambda_m(NH_4OH)}{\Lambda_m^\infty(NH_4OH)} = \frac{3.647 \times 10^{-4}}{271.4 \times 10^{-4}} = 0.013\,44$$

$$K^\ominus = \frac{(\alpha c/c^\ominus)^2}{(1-\alpha)c/c^\ominus} = \frac{0.013\,44^2 \times 0.1^2}{(1-0.013\,44) \times 0.1} = 1.831 \times 10^{-5}$$

7.8　25℃时纯水的电导率为 $5.5 \times 10^{-6} S \cdot m^{-1}$，密度为 $997.0 kg \cdot m^{-3}$。H_2O 中存在下列平衡：$H_2O \rightleftharpoons H^+ + OH^-$，计算此时 H_2O 的摩尔电导率、解离度和 H^+ 的浓度。

解题过程　设纯水的电离度为 α，水的电离反应方程

$$H_2O \rightleftharpoons H^+ + OH^-$$

解离前浓度　　c　　0　　0

平衡浓度　　$c(1-\alpha)$　　$c\alpha$　　$c\alpha$

由于水的解离前很小，故水溶液的浓度近似为纯水浓度，

故 H_2O 的摩尔电导率

$$\Lambda_m = \frac{\kappa}{c} = \frac{\kappa M}{\rho} = \frac{5.5\times10^{-6}\times0.018}{997.0}\text{S}\cdot\text{m}^2\cdot\text{mol}^{-1} = 9.93\times10^{-11}\text{S}\cdot\text{m}^2\cdot\text{mol}^{-1}$$

H_2O 的解离度

$$\alpha = \frac{\Lambda_m}{\Lambda_m^\infty} = \frac{\Lambda_m}{\Lambda_m^\infty(H^+)+\Lambda_m^\infty(OH^-)}$$

$$= \frac{9.93\times10^{-11}}{349.65\times10^{-4}+198.0\times10^{-4}}$$

$$= 1.813\times10^{-9}$$

H_2O 的 H^+ 的浓度

$$c(H^+) = c\alpha = (5.539\times10^4\times1.813\times10^{-9}\times10^{-3})\text{mol}\cdot\text{L}^{-1} = 1.004\times10^{-7}\text{mol}\cdot\text{L}^{-1}$$

7.9 已知25℃时水的离子积 $K_w = 1.008\times10^{-14}$，NaOH、HCl和NaCl的 Λ_m^∞ 分别等于0.024 808 $\text{S}\cdot\text{m}^2\cdot\text{mol}^{-1}$、0.042 596$\text{S}\cdot\text{m}^2\cdot\text{mol}^{-1}$ 和 0.012 639$\text{S}\cdot\text{m}^2\cdot\text{mol}^{-1}$。

(1) 求25℃时纯水的电导率。

(2) 利用上述纯水配制 AgBr 饱和水溶液，测得溶液的电导率 k(溶液) $= 1.664\times10^{-5}$ $\text{S}\cdot\text{m}^{-1}$，求 AgBr(s) 在纯水中的溶解度。

解题过程 (1) 水的无限摩尔电导率为

$$\Lambda_m^\infty(H_2O) = \Lambda_m^\infty(NaOH)+\Lambda_m^\infty(HCl)-\Lambda_m^\infty(NaCl)$$

代入题目中数据得 $\Lambda_m^\infty(H_2O) = 0.054\,765\text{S}\cdot\text{m}^2\cdot\text{mol}^{-1}$

故25℃时纯水的电导率

$$\kappa(H_2O) = c(H_2O)\Lambda_m(H_2O) = \alpha c\Lambda_m^\infty(H_2O) = \sqrt{K_w}c^\ominus\,\Lambda_m^\infty(H_2O)$$

$$= (\sqrt{1.008\times10^{-14}}\times10^3\times0.054\,765)\text{S}\cdot\text{m}^{-1}$$

$$= 5.500\times10^{-6}\text{S}\cdot\text{m}^{-1}$$

(2) AgBr 的电导率 $\kappa(\text{AgBr}) = \kappa(\text{溶液})-\kappa(H_2O)$

$$= (1.664\times10^{-5}-5.500\times10^{-6})\text{S}\cdot\text{m}^{-1}$$

$$= 1.114\times10^{-5}\text{S}\cdot\text{m}^{-1}$$

由于 AgBr 在水中溶解度很小，故可近似认为

$\Lambda_m(\text{AgBr}) = \Lambda_m^\infty(Ag^+)+\Lambda_m^\infty(Br^-)$。

查得 $\Lambda_m^\infty(Ag^+) = 61.9\times10^{-4}\text{S}\cdot\text{m}^2\cdot\text{mol}^{-1}$，$\Lambda_m^\infty(Br^-) = 78.1\times10^{-4}\text{S}\cdot\text{m}^2\cdot\text{mol}^{-1}$，

故 $\Lambda_m^\infty(\text{AgBr}) = 1.400\times10^{-2}\text{S}\cdot\text{m}^2\cdot\text{mol}^{-1}$

由 $\Lambda_m = \frac{\kappa}{c}$ 得 AgBr(s) 在纯水中溶解度为

$$c(\text{AgBr}) = \frac{\kappa(\text{AgBr})}{\Lambda_m(\text{AgBr})} = \frac{1.114\times10^{-5}}{1.400\times10^{-2}}\text{mol}\cdot\text{m}^{-3} = 7.957\times10^{-4}\text{mol}\cdot\text{m}^{-3}$$

7.10 应用德拜—休克尔极限公式计算25℃时 0.002$\text{mol}\cdot\text{kg}^{-1}$ $CaCl_2$ 溶液中的 $\gamma(Ca^{2+})$、$\gamma(Cl^-)$ 和 $\gamma_\pm$。

分　析　$\lg\gamma_i = -Az_i^2\sqrt{I}, \lg\gamma_\pm = -Az_+|z_-|\sqrt{I}$。

解题过程　溶液中 $b(Ca^{2+}) = 0.002 mol\cdot kg^{-1}, b(Cl^-) = 2b = 0.004 mol\cdot kg^{-1}$

$z(Ca^{2+}) = 2, z(Cl)^- = -1$

$$I = \frac{1}{2}\sum b_B \cdot z_B{}^2 = \frac{1}{2}\times[0.002\times 2^2 + 0.004\times(-1)^2] mol\cdot kg^{-1}$$

$$= 0.006 mol\cdot kg^{-1}$$

又因为 25℃ 的水溶液 $A = 0.509$，所以

$\lg\gamma(Ca^{2+}) = -A[z(Ca^{2+})]^2\times\sqrt{I} = -0.509\times 2^2\times\sqrt{0.006} = -0.1577$

$\gamma(Ca^{2+}) = 0.6955$

$\lg(Cl^-) = -A[z(Cl^-)]^2\times\sqrt{I} = -0.509\times(-1)^2\times\sqrt{0.006} = -0.03943$

$\gamma(Cl^-) = 0.9132$

$\lg\gamma_\pm = -Az_+|z_-|\sqrt{I} = -0.509\times 2\times 1\times\sqrt{0.006} = -0.07885$

$\gamma_\pm = 0.8340$

7.11　现有 25℃ 时，$0.01 mol\cdot kg^{-1}$ 的 $BaCl_2$ 水溶液。计算溶液的离子强度 I 以及 $BaCl_2$ 的平均离子活度因子 $\gamma_\pm$ 和平均离子活度 $a_\pm$。

解题过程　由于 $BaCl_2$ 水溶液 $b = 0.01 mol\cdot kg^{-1}$，故溶液中正离子 $b_+ = 0.01 mol\cdot kg^{-1}$

负离子 $b_- = 2b = 0.02 mol\cdot kg^{-1}$，正离子 $z_+ = 2$，负离子 $z_- = -1$。

故离子强度

$$I = \frac{1}{2}(b_+ z_+^2 + 2b_- z_-^2) = \frac{1}{2}[0.01\times 2^2 + 0.02\times(-1)^2] mol\cdot kg^{-1} = 0.03 mol\cdot kg^{-1}$$

由德拜－休克极限公式

$\lg\gamma_\pm = -0.509\times 2\times\sqrt{0.03} = -0.1763$

故 $\gamma_\pm = 0.666$

$BaCl_2$ 水溶液中，正离子 $v_+ = 1$，负离子 $v_- = 2$，$v = v_+ + v_- = 3$

故 $b_\pm = (b_+^{v_+} b_-^{v_-})^{\frac{1}{v}} = 4^{\frac{1}{3}}\times 0.01 = 0.01587 mol\cdot kg^{-1}$

所以平均离子活度

$$a_\pm = \gamma_\pm\frac{b_\pm}{b^\ominus} = 0.666\times 0.01587 = 0.01057$$

7.12　25℃ 时碘酸钡 $Ba(IO_3)_2$ 在纯水中的溶解度为 $5.46\times 10^{-4} mol\cdot dm^{-3}$。假定可以应用德拜－休克尔极限公式，试计算该盐在 $0.01 mol\cdot dm^{-3}$ $CaCl_2$ 溶液中的溶解度。

解题过程　由于是稀溶液，可近似认为 $b_B \approx c_B$，故离子强度为

$$I_0 = \frac{1}{2}\sum_B b_B z_B^2 = \frac{1}{2}\sum_B c_B z_B^2 = \frac{1}{2}\{5.46\times 10^{-4}\times[2^2 + 2\times(-1)^2]\} mol\cdot kg^{-1}$$

$$= 1.638\times 10^{-3} mol\cdot kg^{-1}$$

由 $\lg\gamma_{\pm,0} = -Az_+|z_-|\sqrt{I_0}$ 求得

$\gamma_{\pm,0} = 0.9095$

故 $K_{sp}=a(Ba^{2+})a^2(IO_3^-)=4\gamma_\pm^3(b_0/b^\ominus)^3=4\times0.909\,5^3\times(5.46\times10^{-4})^3$

$=4.898\,3\times10^{-10}$

在一定温度下，$Ba(IO_3)_2$ 的活度积 K_{sp} 并不因溶液中是否存在其他离子而变化。

设 b 表示 $Ba(IO_3)_2$ 在 $0.01mol\cdot dm^{-3}$ 的 $CaCl_2$ 溶液中的溶解度，则 $CaCl_2$ 溶液中离子强度

$$I=\frac{1}{2}\sum_B b_B z_B^2$$

$$=\frac{1}{2}\left[0.01\times2^2+0.01\times2\times(-1)^2+\frac{b}{b^\ominus}\times2^2+2\times\frac{b}{b^\ominus}\times(-1)^2\right]mol\cdot kg^{-1}$$

$$=\left[3\left(0.01+\frac{b}{b^\ominus}\right)\right]mol\cdot kg^{-1}$$

故 $\lg\gamma_\pm=-Az_+|z_-|\sqrt{I}=-1.763\,2\sqrt{0.01+\dfrac{b}{b^\ominus}}$ ①

又 $b=\sqrt[3]{\dfrac{K_{sp}}{4}}\dfrac{b^\ominus}{\gamma_\pm}=\sqrt[3]{\dfrac{4.898\,3\times10^{-10}}{4}}\dfrac{b^\ominus}{\gamma_\pm}=\dfrac{4.965\,9\times10^{-4}b^\ominus}{\gamma_\pm}$ ②

由 ①② 求得 $\gamma_\pm=0.656\,3$

因此 $Ba(IO_3)_2$ 的溶解度为

$$b=\sqrt[3]{\frac{K_{sp}}{4}}\frac{b^\ominus}{\gamma_\pm}=7.566\times10^{-4}mol\cdot kg^{-1}$$

7.13 电池 $Pt\,|\,H_2(101.325kPa)\,|\,HCl(0.1mol\cdot kg^{-1})\,|\,Hg_2Cl_2(s)\,|\,Hg$ 的电动势 E 与温度 T 的关系为 $E/V=0.069\,4+1.881\times10^{-3}T/K-2.9\times10^{-6}(T/K)^2$

(1) 写出电极反应和电池反应。

(2) 计算 25℃ 时该反应的 Δ_rG_m、Δ_tS_m、Δ_rH_m 以及电池恒温可逆放电时该反应过程的 $Q_{r,m}$。

(3) 若反应在电池外于同样温度下恒压进行，计算系统与环境交换的热。

解题过程　(1) 两极的电极反应为

阴极　$\frac{1}{2}Hg_2Cl_2(s)+e^-\longrightarrow Hg(l)+Cl^-(b)$

阳极　$\frac{1}{2}H_2(g,p)\longrightarrow H^+(b)+e^-$

电池反应　$\frac{1}{2}H_2(g)+\frac{1}{2}Hg_2Cl_2(s)=\!=\!=Hg(l)+HCl(b)$

(2) $T=298.15K$ 时，由题目公式求得

$E=(0.0694+1.881\times10^{-3}\times298.15-2.9\times10^{-6}\times298.15^2)V=0.372\,4V$

故 $\left(\dfrac{\partial E}{\partial T}\right)_p=1.881\times10^{-3}-2\times2.9\times10^{-6}\times298.15=1.517\times10^{-4}$

$z=1$ 时　$\Delta_rG_m=-zFE=(-1\times96\,485\times0.372\,4)kJ\cdot mol^{-1}=-35.93kJ\cdot mol^{-1}$

$\Delta_rS_m=zF\left(\dfrac{\partial E}{\partial T}\right)_p=(1\times96\,485\times1.517\times10^{-4})J\cdot mol^{-1}\cdot K^{-1}$

$=14.64J\cdot mol^{-1}\cdot K^{-1}$

$Q_{r,m}=T\Delta_rS_m=(298.15\times14.64)kJ\cdot mol^{-1}=4.365kJ\cdot mol^{-1}$

$$\Delta_r H_m = \Delta_r G_m + T\Delta_r S_m = -35.93 \times 10^3 + 298.15 \times 14.64$$
$$= -31.57 \text{kJ} \cdot \text{mol}^{-1}$$

(3) 反应在电池外于同样温度下恒压进行时

$$Q_{p,m} = \Delta_r H_m = -31.57 \text{kJ} \cdot \text{mol}^{-1}$$

7.14 25℃ 时，电池 Zn | $ZnCl_2$(0.555mol·kg^{-1}) | AgCl(s) | Ag 的电动势 $E = 1.015$V。已知 $E^\ominus(Zn^{2+} | Zn) = -0.7620$V，$E^\ominus\{Cl^- | AgCl(s) | Ag\} = 0.2222$V，电池电动势的温度系数 $\left(\frac{\partial E}{\partial T}\right)_p = -4.02 \times 10^{-4}\text{V} \cdot \text{K}^{-1}$。

(1) 写出电池反应。

(2) 计算反应的标准平衡常数 $K^\ominus$。

(3) 计算电池反应的可逆热 $Q_{r,m}$。

(4) 求溶液中 $ZnCl_2$ 的平均离子活度因子 $\gamma_\pm$。

解题过程 (1) 电极反应：

阴极 $2AgCl(s) + 2e^- \longrightarrow 2Ag(s) + 2Cl^-(b)$

阳极 $Zn(s) \longrightarrow Zn^{2+}(b) + 2e^-$

(2) 由于 $\Delta_r G_m^\ominus = -RT\ln K^\ominus = -zFE^\ominus$

故 $\ln K^\ominus = \dfrac{zFE}{RT} = \dfrac{2 \times 96485 \times (0.2222 + 0.7620)}{8.315 \times 298.15} = 76.62$

故 $K^\ominus = 1.89 \times 10^{33}$

(3) 可逆热 $Q_{r,m} = T\Delta_r S_m = zFT\left(\dfrac{\partial E}{\partial T}\right)_p$

$$= 2 \times 298.15\text{K} \times 96485 \times (-4.02 \times 10^{-4})$$
$$= -2.313 \times 10^4 \text{J} \cdot \text{mol}^{-1}$$

(4) 平均离子活度 $a(ZnCl_2) = a_\pm^3 = 4\left(\dfrac{\gamma_\pm b}{b^\ominus}\right)^3$

由能斯特方程 $E = E^\ominus - \dfrac{RT}{zF}\ln a(ZnCl_2)$ 得

$$1.015 = 0.2222 + 0.7620 - \frac{0.05916}{2}\lg[4(0.555\gamma_\pm)^3]$$

求得 $\gamma_\pm = 0.508$

7.15 甲烷燃烧过程可设计成燃料电池，当电解质为酸性溶液时，电极反应和电池反应分别为

阳极 $CH_4(g) + 2H_2O(l) \longrightarrow CO_2(g) + 8H^+ + 8e^-$

阴极 $2O_2(g) + 8H^+ + 8e^- \longrightarrow 4H_2O(l)$

电池反应 $CH_4(g) + 2O_2(g) == CO_2(g) + 2H_2O(l)$

已知，25℃ 时有关物质的标准摩尔生成吉布斯函数 $\Delta_f G_m^\ominus$ 为

物质	CH_4(g)	CO_2(g)	H_2O(l)
$\Delta_f G_m^\ominus$/(kJ·mol^{-1})	−50.72	−394.359	−237.129

计算 25℃ 时该电池的标准电动势。

解题过程　由电池反应求得

$$\Delta_f G_m^{\ominus} = 2\Delta_f G_m^{\ominus}(H_2O,l) + \Delta_f G_m^{\ominus}(CO_2,g) - \Delta_f G_m^{\ominus}(CH_4,g)$$

$$= [2\times(-237.129) + (-394.359) - (-50.72)]\text{kJ}\cdot\text{mol}^{-1}$$

$$= -817.897\text{kJ}\cdot\text{mol}^{-1}$$

电池标准电动势：$E^{\ominus} = -\dfrac{\Delta_f G_m^{\ominus}}{zF} = -\dfrac{-817.897\times 10^3}{8\times 96\ 485}\text{V} = 1.059\ 6\text{V}$

7.16　写出下列各电池的电池反应，应用教材中表7.7.1中的数据计算25℃时各电池的电动势、各电池反应的摩尔吉布斯函数变及标准平衡常数，并指明各电池反应能否自发进行。

(1) $Pt|H_2(g,100kPa)|HCl[a(HCl)=0.8]|Cl_2(g,100kPa)|Pt$

(2) $Zn|ZnCl_2[a(ZnCl_2)=0.6]|AgCl(s)|Ag$

(3) $Cd|Cd^{2+}[a(Cd^{2+})=0.01]\vdots\vdots Cl^-[a(Cl^-)=0.5]|Cl_2(g,100,kPa)|Pt$

解题过程　(1) 对于反应

$$H_2(g,100kPa) + Cl_2(g,100kPa) = 2HCl[a(HCl)=0.8]$$

$$E^{\ominus} = E^{\ominus}(Cl^-|Cl_2(g)|Pt) - E^{\ominus}(H^+|H_2(g)|Pt) = 1.357\ 9\text{V}$$

$$E = E^{\ominus} - \frac{RT}{zF}\ln\frac{a^2(HCl)}{[p(H_2)/p^{\ominus}][p(Cl_2)/p^{\ominus}]} = E^{\ominus} - \frac{RT}{F}\ln a(HCl)$$

$$= 1.357\ 9 - \frac{8.315\times 298.15}{96\ 485}\ln 0.8 = 1.363\ 6\text{V}$$

$$\Delta_r G_m = -zFE = (-2\times 96\ 485\times 1.363\ 6)\text{kJ}\cdot\text{mol}^{-1} = -263.13\text{kJ}\cdot\text{mol}^{-1} < 0$$

故反应可自发进行

标准平衡常数 $K^{\ominus} = \exp\left(\dfrac{zFE^{\ominus}}{RT}\right) = \exp\left(\dfrac{2\times 96\ 485\times 1.357\ 9}{8.315\times 298.15}\right) = 8.108\times 10^{45}$

(2) 对于反应

$$Zn(s) + 2AgCl(s) = 2Ag(s) + ZnCl_2[a(ZnCl_2)=0.6]$$

$$E^{\ominus} = E^{\ominus} = [Cl^-|AgCl(s)|Ag] - E^{\ominus}(Zn^{2+}|Zn)$$

$$= [0.222\ 16 - (-0.762\ 0)]\text{V} = 0.984\ 16\text{V}$$

$$E = E^{\ominus} - \frac{RT}{zF}\ln\frac{a^2(Ag)a(ZnCl_2)}{a(Zn)a(AgCl)} = E^{\ominus} - \frac{RT}{2F}\ln a(ZnCl_2)$$

$$= \left(-0.984\ 16 - \frac{8.315\times 298.15}{2\times 96\ 485}\ln 0.6\right)\text{V} = 0.990\ 7\text{V}$$

故 $\Delta_r G_m = -zFE = (-2\times 96\ 485\times 0.990\ 7)\text{kJ}\cdot\text{mol}^{-1} = -191.18\text{kJ}\cdot\text{mol}^{-1} < 0$

所以反应可自发进行。

标准平衡常数 $K^{\ominus} = \exp\left(\dfrac{zFE^{\ominus}}{RT}\right) = 1.876\times 10^{33}$

(3) 对于反应

$$Cd(s) + Cl_2(g,100kPa) = Cd^{2+}[a(Cd^{2+}=0.01] + 2Cl^-[a(Cl^-)=0.5]$$

$$E^{\ominus} = E^{\ominus}[Cl^-|Cl_2(g)|Pt] - E^{\ominus}(Cd^{2+}|Cd) = 1.357\ 9 - (-0.403\ 2) = 1.761\ 1\text{V}$$

$$E = E^{\ominus} - \frac{RT}{zF}\ln\frac{a(Cd^{2+})a^2(Cl^-)}{a(Cd)[p(Cl_2)/p^{\ominus}]} = E^{\ominus} - \frac{RT}{2F}\ln[a(Cd^{2+})a^2(Cl^-)]$$

$$= \left[1.7611 - \frac{8.315 \times 298.15}{2 \times 96485} \ln(0.01 \times 0.5^2)\right] \mathrm{V}$$

$$= 1.8381\mathrm{V}$$

$\Delta_r G_m = -zFE = (-2 \times 96485 \times 1.8381)\mathrm{kJ \cdot mol^{-1}} = -354.70\mathrm{kJ \cdot mol^{-1}} < 0$

故反应可自发进行

标准平衡常数 $K^\ominus = \exp\left(\frac{zFE^\ominus}{RT}\right) = 3.472 \times 10^{59}$

7.17 应用教材中表 7.4.1 的数据计算下列电池在 25℃ 时的电动势：

$Cu \mid CuSO_4(b_1 = 0.01\mathrm{mol \cdot kg^{-1}}) \vdots\vdots CuSO_4(b_2 = 0.1\mathrm{mol \cdot kg^{-1}}) \mid Cu$

解题过程 由教材表 7.4.1 可查得

$0.01\mathrm{mol \cdot kg^{-1}}$ 的 $CuSO_4$ 的 $\gamma_\pm = 0.41$

$0.1\mathrm{mol \cdot kg^{-1}}$ 的 $CuSO_4$ 的 $\gamma_\pm = 0.16$

对于 $CuSO_4$ 来说，$\gamma_\pm = \gamma_-$，所以 $\gamma_+ = \gamma_- = \gamma_\pm$

又因为 $a_+ = \gamma_\pm b_+ / b^\ominus$

$a_1(Cu^+) = \gamma_{\pm,1} b_{\pm,1} / b^\ominus = 0.41 \times 0.01\mathrm{mol \cdot kg^{-1}} = 0.0041\mathrm{mol \cdot kg^{-1}}$

$a_2(Cu^+) = \gamma_{\pm,1} b_{\pm,1} / b^\ominus = 0.16 \times 0.1\mathrm{mol \cdot kg^{-1}} = 0.016\mathrm{mol \cdot kg^{-1}}$

阳极 $Cu \rightleftharpoons Cu^{2+}(a_1) + 2e^-$

阴极 $Cu^{2+}(a_2) + 2e^- \rightleftharpoons Cu$

电池反应 $Cu^{2+}(a_2) \rightleftharpoons Cu^{2+}(a_1)$

$z = 2$

$$E = E^\ominus - \frac{RT}{zF} \ln \prod_B a_B^{\nu_B} = a_B^{\nu_B} = 0 - \frac{8.315 \times 298.15}{2 \times 96485} \ln a_1 \cdot a_2^{-1}$$

$$= \left(-\frac{8.315 \times 298.15}{2 \times 96485} \ln \frac{0.0041}{0.016}\right) \mathrm{V} = 0.01749\mathrm{V}$$

7.18 25℃ 时，电池 $Pt \mid H_2(g, 100\mathrm{kPa}) \mid HCl(b = 0.1\mathrm{mol \cdot kg^{-1}}) \mid Cl_2(g, 100\mathrm{kPa}) \mid Pt$ 的电动势为 1.4881V，计算 HCl 溶液中 HCl 的平均离子活度因子。

解题过程 对于反应

$H_2(g, 100\mathrm{kPa}) + Cl_2(g, 100\mathrm{kPa}) = 2HCl(b = 0.1\mathrm{mol \cdot kg^{-1}})$

$E^\ominus = E^\ominus[Cl^- \mid Cl_2(g) \mid Pt] - E^\ominus[H^+ \mid H_2(g) \mid Pt] = 1.3579\mathrm{V}$

$$E = E^\ominus - \frac{RT}{zF} \ln \frac{a^2(HCl)}{[p(H_2)/p^\ominus][p(Cl_2)/p^\ominus]} = E^\ominus - \frac{RT}{F} \ln a(HCl)$$

故 $a(HCl) = \exp \frac{(E^\ominus - E)F}{RT}$ ①

又 $a(HCl) = \left(\frac{\gamma_\pm b_\pm}{b^\ominus}\right)^2$ ②

由①②得 $\gamma_\pm(HCl) = \frac{\sqrt{a(HCl)}}{b_\pm / b^\ominus} = \frac{\sqrt{6.296 \times 10^{-3}}}{0.1} = 0.7935$

7.19 25℃时,实验测得电池 $Pb \mid PbSO_4(s) \mid H_2SO_4(0.01mol\cdot kg^{-1}) \mid H_2(g,p^{\ominus}) \mid Pt$ 的电动势为0.1705V。已知25℃时,$\Delta_f G_m^{\ominus}(H_2SO_4\text{ 水溶液}) = \Delta_f G_m^{\ominus}(SO_4^{2-}\text{,水溶液}) = -744.53kJ\cdot mol^{-1}$,$\Delta_f G_m^{\ominus}(PbSO_4,s) = -813.0kJ\cdot mol^{-1}$。

(1) 写出上述电池的电极反应和电池反应。

(2) 求25℃时的 $E^{\ominus}[SO_4^{2-} \mid PbSO_4 \mid Pb]$。

(3) 计算 $0.01mol\cdot kg^{-1}$ H_2SO_4 溶液的 $a_{\pm}$ 和 $\gamma_{\pm}$。

解题过程 (1) 电极反应如下:

阴极 $2H^+(b) + 2e^- \longrightarrow H_2(g)$

阳极 $Pb(s) + SO_4^{2-}(b) \longrightarrow PbSO_4(s) + 2e^-$

电池反应为:$Pb(s) + H_2SO_4(0.01mol\cdot kg^{-1}) = PbSO_4(s) + H_2(g)$

(2) 对电池反应

$$\Delta_r G_m^{\ominus} = \Delta_f G_m^{\ominus}(H_2,g) + \Delta_f G_m^{\ominus}(PbSO_4,s) - \Delta_f G_m^{\ominus}(Pb,s) - \Delta_f G_m^{\ominus}(SO_4^{2-},\text{溶液})$$
$$= [0 - 813 - 0 - (-744.53)]kJ\cdot mol^{-1} = -68.47kJ\cdot mol^{-1}$$

25℃时电池电动势

$$E^{\ominus} = -\frac{\Delta_r G_m^{\ominus}}{zF} = -\frac{-68.47\times 10^3}{2\times 96\ 485}V = 0.354\ 8V$$

又 $E^{\ominus} = E^{\ominus}[H^+ \mid H_2(g) \mid Pt] - E^{\ominus}[SO_4^{2-} \mid PbSO_4(s) \mid Pb]$

故 $E^{\ominus}(SO_4^{2-} \mid PbSO_4 \mid Pb) = E^{\ominus}[H^+ \mid H_2(g) \mid Pt] - E^{\ominus} = -0.354\ 8V$

(3) 由能斯特方程

$$E = E^{\ominus} - \frac{RT}{zF}\ln\frac{a(PbSO_4)p[H_2(g)]/p^{\ominus}}{a^2(H^+)a(SO_4^{2-})a(Pb)} = E^{\ominus} + \frac{RT}{2F}\ln a_{\pm}^3$$

求得 $a_{\pm} = 8.376\times 10^{-3}$

由 $a_{\pm} = \dfrac{\gamma_{\pm} b_{\pm}}{b^{\ominus}}$

$$b_{\pm} = (b_+^{\nu_+} b_-^{\nu_-}) = [(2b)^2 b]^{\frac{1}{3}} = (4^{\frac{1}{3}}\times 0.01)mol\cdot kg^{-1} = 1.587\times 10^{-2}mol\cdot kg^{-1}$$

求得 $\gamma_{\pm} = \dfrac{a_{\pm} b^{\ominus}}{b_{\pm}} = 0.528$

7.20 浓差电池 $Pb \mid PbSO_4(s) \mid CdSO_4(b_1,\gamma_{\pm,1}) \parallel CdSO_4(b_2,\gamma_{\pm,2}) \mid PbSO_4(s) \mid Pb$,其中 $b_1 = 0.2mol\cdot kg^{-1}$,$\gamma_{\pm,1} = 0.1$;$b_2 = 0.02mol\cdot kg^{-1}$,$\gamma_{\pm,2} = 0.32$。已知在两液体接界处 Cd^{2+} 的迁移数的平均值为 $t(Cd^{2+}) = 0.37$。

(1) 写出电池反应。

(2) 计算25℃时液体接界电势 E(液接)及电池电动势 E。

解题过程 (1) 电极反应为

阴极 $PbSO_4(s) + Cd^{2+}(a_2) + 2e^- \longrightarrow Pb(s) + Cd^{2+}(a_2) + SO_4^{2-}(a_2)$

阳极 $Pb(s) + SO_4^{2-}(a_1) + Cd^{2+}(a_1) \longrightarrow PbSO_4(s) + Cd^{2+}(a_1) + 2e^-$

电池反应为 $CdSO_4(a_{\pm,1}) = CdSO_4(a_{\pm,2})$

(2) 对于 $CdSO_4$，$b_\pm=(b_+^{\nu_+}b_-^{\nu_-})^{\frac{1}{2}}=b$，故

$$a_{\pm,1}=\frac{\gamma_{\pm,1}b_{\pm,1}}{b^\ominus}=\frac{0.1\times0.2}{1}=0.02$$

$$a_{\pm,2}=\frac{\gamma_{\pm,2}b_{\pm,2}}{b^\ominus}=\frac{0.32\times0.02}{1}=0.0064$$

又 $t(Cd^{2+})=0.37$，$z=2$，电池为双液电池，故

$$E(\text{液接})=(0.37\times2-1)\frac{8.315\times298.15}{2\times96\,485}\ln\frac{0.02}{0.0064}=-0.003\,806\text{V}$$

当不考虑液体连接电势，浓差电动势为

$$E(\text{浓差})=\frac{RT}{zF}\ln\frac{a_{\pm,1}}{a_{\pm,2}}$$

故电池电动势为

$$E=E(\text{液接})+E(\text{浓差})=\frac{RT}{zF}\ln\frac{a_{\pm,1}}{a_{\pm,2}}+(2t_+-1)\frac{RT}{zF}\ln\frac{a_{\pm,1}}{a_{\pm,2}}$$

$$=\left(2\times0.37\times\frac{8.315\times298.15}{2\times96\,485}\ln\frac{0.02}{0.0064}\right)\text{V}=0.010\,83\text{V}$$

7.21 为了确定亚汞离子在水溶液中是以 Hg^+ 还是以 Hg_2^{2+} 形式存在，设计了如下电池：

$$\text{Hg}\left|\begin{matrix}\text{HNO}_3\ 0.1\text{mol}\cdot\text{dm}^{-3}\\ \text{硝酸亚汞}\ 0.263\text{mol}\cdot\text{dm}^{-3}\end{matrix}\right\|\begin{matrix}\text{HNO}_3\ 0.1\cdot\text{dm}^{-3}\\ \text{硝酸亚汞}\ 2.63\text{mol}\cdot\text{dm}^{-3}\end{matrix}\left|\text{Hg}\right.$$

测得 18℃ 时的 $E=29\text{mV}$，求亚汞离子的形式。

解题过程 (1) 设亚汞离子为 Hg^+，则电极反应为

阴极 $Hg^+(a_2)+e^-\longrightarrow Hg(l)$

阳极 $Hg(l)\longrightarrow Hg^+(a_1)+e^-$

电池反应为 $Hg^+(a_2)=\!=\!=Hg^+(a_1)$

故 $$E'=-\frac{RT}{F}\ln\frac{a_{1,Hg^+}}{a_{2,Hg^+}}\approx\frac{RT}{F}\ln\frac{b_{1,Hg^+}}{b_{2,Hg^+}}$$

由题意知 $$\frac{b_{1,Hg^+}}{b_{2,Hg^+}}=\frac{0.263}{2.63}=\frac{1}{10}$$

故 $E'=0.059\,16\text{V}$

测得 $t=18℃$ 时 $E=29\text{mV}$，故 E' 与 E 不符，所以亚汞离子不是以 Hg^+ 存在，而是以 Hg_2^{2+} 存在。

7.22 电池 $Pt\,|\,H_2(g,100kPa)\,|$ 待测 pH 的溶液 $\vdots\vdots$ $1mol\cdot dm^{-3}KCl\,|\,Hg_2Cl_2(s)\,|\,Hg$ 在 25℃ 时测得电池电动势 $E=0.664$，试计算待测溶液的 pH。

解题过程 电极反应为

阴极 $Hg_2Cl_2(s)+2e^-\rightleftharpoons 2Hg(l)+2Cl^-(a)$

阳极 $H_2(g,100kPa)\rightleftharpoons 2H^+(a)+2e^-$

由能斯特方程 $$E_{\text{阳}}=E_{\text{阳}}^\ominus-\frac{RT}{zF}\ln\frac{p(H_2)/p^\ominus}{a^2(H^+)}=0-\frac{8.315\times298.15}{2\times96\,485}\ln\frac{1}{a^2(H^+)}$$

$=-0.059\ 16\mathrm{pH}$

查得 $c(\mathrm{KCl})=1\mathrm{mol\cdot dm^{-3}}$ 时,$E[\mathrm{Hg_2Cl_2(s)\mid Hg}]=0.279\ 9\mathrm{V}$

又 $E=E[\mathrm{Hg_2Cl_2(s)\mid Hg}]-E[\mathrm{H^+\mid H_2(g,100kPa)}]=0.664\mathrm{V}$

故 $\mathrm{pH}=6.49$

7.23 在电池 $\mathrm{Pt\mid H_2(g,100kPa)\mid HI}$ 溶液$[a(\mathrm{HI})=1]\mid \mathrm{I_2(s)\mid Pt}$ 中,进行如下两个电池反应:

(1) $\mathrm{H_2(g,100kPa)+I_2(s)=\!=\!=2HI}[a(\mathrm{HI})=1]$

(2) $\frac{1}{2}\mathrm{H_2(g,100,kPa)}+\frac{1}{2}\mathrm{I_2(s)=\!=\!=HI}[a(\mathrm{HI})=1]$

应用教材表 7.7.1 的数据计算两个电池反应的 $E^\ominus$、$\Delta_r G_m^\ominus$ 和 $K^\ominus$。

解题过程　电池反应(1) 的电极反应为

阴极　$\mathrm{I_2(s)+2e^-\longrightarrow 2I^-}[a(\mathrm{I^-})]$

阳极　$\mathrm{H_2(g,100kPa)\longrightarrow 2H^+}[a(\mathrm{H^+})]+2\mathrm{e^-}$

由　$E=E^\ominus-\frac{RT}{2F}\ln\frac{a^2(\mathrm{HI})}{p(\mathrm{H_2})/p^\ominus\cdot a(\mathrm{I_2})}$ 得

$E^\ominus(1)=E^\ominus[\mathrm{I^-\mid I_2(s)\mid Pt}]-E^\ominus[\mathrm{H^+\mid H_2(g)\mid Pt}]=0.535\ 3\mathrm{V}$

又 $z=2$,故

$\Delta_r G_m^\ominus(1)=-zFE^\ominus(1)=(-2\times 96\ 485\times 0.535\ 3)\mathrm{kJ\cdot mol^{-1}}=-103.30\mathrm{kJ\cdot mol^{-1}}$

由 $\Delta_r G_m^\ominus=-RT\ln K^\ominus$ 求得

$K^\ominus(1)=\exp\left[\frac{\Delta_r G_m^\ominus(1)}{RT}\right]=1.25\times 10^{18}$

电池反应(2) 的电极反应为

阴极　$\frac{1}{2}\mathrm{I_2(s)+e^-\longrightarrow I^-}[a(\mathrm{I^-})]$

阳极　$\frac{1}{2}\mathrm{H_2(g,100kPa)\longrightarrow H^+}[a(\mathrm{H^+})]+\mathrm{e^-}$

由 $E=E^\ominus-\frac{RT}{F}\ln\frac{a(\mathrm{HI})}{p^{\frac{1}{2}}(\mathrm{H_2})/p^\ominus\cdot a^{\frac{1}{2}}(\mathrm{I_2})}$ 求得 $E^\ominus(2)=0.535\ 3\mathrm{V}$

又 $z=1$,则 $\Delta_r G_m^\ominus(2)=-zFE^\ominus(2)=(-1\times 96\ 485\times 0.535\ 3)\mathrm{kJ\cdot mol^{-1}}$

$=-51.65\mathrm{kJ\cdot mol^{-1}}$

$K^\ominus(2)=\exp[-\Delta_r G_m^\ominus(2)/(RT)]=1.12\times 10^9$

分　析　由此题知,对确定的原电池,电动势 E 与电池反应计量式的写法无关,但广义性质的热力学函数变化值与反应计量式的写法有关。

7.24 将下列反应设计成原电池,并应用教材表 7.7.1 的数据计算 25℃ 时电池反应的 $\Delta_r G_m^\ominus$ 及 $K^\ominus$。

(1) $\mathrm{2Ag^+ + H_2(g)=\!=\!=2Ag+2H^+}$

(2) $\mathrm{Cd+Cu^{2+}=\!=\!=Cd^{2+}+Cu}$

(3) $\mathrm{Sn^{2+}+Pb^{2+}=\!=\!=Sn^{4+}+Pb}$

(4) $\mathrm{2Cu^+=\!=\!=Cu^{4+}+Cu^{2+}}$

解题过程 (1) 电池反应的电极反应为

阴极 $2Ag^+ + 2e^- \longrightarrow 2Ag$

阳极 $H_2(g) \longrightarrow 2H^+ + 2e^-$

电池表示为 $Pt \mid H_2(g) \mid H^+ \parallel Ag^+ \mid Ag$

故 $E^\ominus = E^\ominus(Ag^+ \mid Ag) - E^\ominus[H^+ \mid H_2(g) \mid Pt] = 0.799\,4V$

所以 $\Delta_r G_m^\ominus = -zFE^\ominus = (-2 \times 0.799\,4 \times 96\,485)kJ \cdot mol^{-1} = -154.26kJ \cdot mol^{-1}$

$$K^\ominus = \exp\left(\frac{-\Delta_r G_m^\ominus}{RT}\right) = \exp\left(\frac{154.26 \times 10^3}{8.315 \times 298.15}\right) = 1.06 \times 10^{27}$$

(2) 电池反应的电极反应为

阴极 $Cu^{2+} + 2e^- \longrightarrow Cu$

阳极 $Cd \longrightarrow Cd^{2+} + 2e^-$

电池表示为 $Cd \mid Cd^{2+} \parallel Cu^{2+} \mid Cu$

所以 $\Delta_r G_m^\ominus = -zFE^\ominus = (-2 \times 0.744\,9 \times 96\,485)kJ \cdot mol^{-1} = -143.74kJ \cdot mol^{-1}$

$$K^\ominus = \exp\left(-\frac{\Delta_r G_m^\ominus}{RT}\right) = \exp\left(\frac{143.74 \times 10^3}{8.315 \times 298.15}\right) = 1.53 \times 10^{25}$$

(3) 电池反应的电极反应为

阴极 $Pb^{2+} + 2e^- \longrightarrow Pb$

阳极 $Sn^{2+} \longrightarrow Sn^{4+} + 2e^-$

电池表示为 $Pt \mid Sn^{2+}, Sn^{4+} \parallel Pb^{2+} \mid Pb$

故 $E^\ominus = E^\ominus(Pb^{2+} \mid Pb) - E^\ominus(Sn^{2+}, Sn^{4+} \mid Pt) = -0.277\,4V$

可以 $\Delta_r G_m^\ominus = -zFE^\ominus = 53.53kJ \cdot mol^{-1}$

$$K^\ominus = \exp\left(\frac{-\Delta_r G_m^\ominus}{RT}\right) = 4.18 \times 10^{-10}$$

(4) 电池反应的电极反应为

阴极 $2Cu^+ + 2e^- \longrightarrow 2Cu$

阳极 $Cu \longrightarrow Cu^{2+} + 2e^-$

电池表示为 $Cu \mid Cu^{2+} \parallel Cu^{2+} \mid Cu$

故 $E^\ominus = E^\ominus(Cu^+ \mid Cu) - E^\ominus(Cu^+ \mid Cu) = 0.179\,3V$

所以 $\Delta_r G_m^\ominus = -zFE^\ominus = -34.60kJ \cdot mol^{-1}$

$$K^\ominus = \exp\left(-\frac{\Delta_r G_m^\ominus}{RT}\right) = 1.15 \times 10^6$$

7.25 将反应 $Ag(s) + \frac{1}{2}Cl_2(g, p^\ominus) = AgCl(s)$ 设计成原电池。已知 25℃ 时，$\Delta_r H_m^\ominus(AgCl, s) = -127.07kJ \cdot mol^{-1}$，$\Delta_f G_m^\ominus(AgCl, s) = -109.79kJ \cdot mol^{-1}$，标准电极电势 $E^\ominus(Ag^+ \mid Ag) = 0.799\,4V$，$E^\ominus[Cl^- \mid Cl_2(g) \mid Pt] = 1.357\,9V$。

(1) 写出电极反应和电池图示。

(2) 求 25℃、电池可逆放电 $2F$ 电荷量时的热 Q_r。

(3) 求 25℃ 时 AgCl 的活度积 K_{sp}。

解题过程　(1) 电极反应为

阴极　$\frac{1}{2}Cl_2(g) + e^- \longrightarrow Cl^-$

阳极　$Ag(s) + Cl^- \longrightarrow AgCl(s) + e^-$

电池图示为 $Ag \mid AgCl(s) \mid Cl^- [a(Cl^-)] \mid Cl_2(g, p^\ominus) \mid Pt$

(2) 对于题目给出的反应,有

$\Delta_r G_m^\ominus = \Delta_f G_m^\ominus(AgCl, s)$

$\Delta_r H_m^\ominus = \Delta_f H_m^\ominus(AgCl, s)$

25℃,电池可逆放电 $2F$ 电荷量时 $\xi = 2$,又 $z = 1$

故 $Q_r = \xi T\Delta_r S_m^\ominus = \xi(\Delta_r H_m^\ominus - \Delta_r G_m^\ominus) = [2\times(-127.07 - 109.79)]\text{kJ} = -34.56\text{kJ}$

(3) 反应 $AgCl(s) = Ag^+ + Cl^-$ 设计成原电池,电极电池为

阴极　$AgCl(s) + e^- \longrightarrow Ag(s) + Cl^-$

阳极　$Ag(s) \longrightarrow Ag^+ + e^-$

电池表示为　$Ag \mid Ag^+ \,\vdots\vdots\, Cl^- \mid AgCl(s) \mid Ag$

对于 $Ag \mid AgCl(s) \mid Cl^- [a(Cl^-)] \mid Cl(g, p^\ominus) \mid Pt$ 有

$E^\ominus(1) = E^\ominus[Cl^\ominus \mid Cl_2(g)Pt] - E^\ominus[Cl^- \mid AgCl(s) \mid Ag] = -\frac{\Delta_r G_m^\ominus}{zF}$

$= 1.1379\text{V}$

故 $E^\ominus[Cl^- \mid AgCl(s) \mid Ag] = E^\ominus[Cl^- \mid Cl_2(g) \mid Pt] - E^\ominus$

$= (1.3579 - 1.1379)\text{V} = 0.2200\text{V}$

对于电池　$Ag \mid Ag^+ \,\vdots\vdots\, Cl^- \mid AgCl(s) \mid Ag$ 有

$E^\ominus(2) = E^\ominus[Cl^- \mid AgCl(s) \mid Ag] - E^\ominus(Ag^+ \mid Ag)$

$= -0.5794\text{V}$

又 $E^\ominus(2) = \frac{RT}{F}\ln K_{sp}$

所以 $K_{sp} = \exp\frac{E^\ominus(2)F}{RT} = \exp\left(-\frac{0.579\times 96485}{8.315\times 298.185}\right) = 1.605\times 10^{-10}$

7.26　25℃ 时,电池 $Pt \mid H_2(g, p^\ominus) \mid H_2SO_4(b) \mid Ag_2SO_4(s) \mid Ag$ 的标准电动势 $E^\ominus = 0.627\text{V}$。已知 $E^\ominus(Ag^+ \mid Ag) = 0.7994\text{V}$。

(1) 写出电极反应和电池反应。

(2)25℃,实验测得 H_2SO_4 溶液质量摩尔浓度为 b 时,上述电池的电动势为 0.623V。已知此 H_2SO_4 溶液的离子平均活度因子 $\gamma_\pm = 0.7$,求 b 为多少?

(3) 计算 $Ag_2SO_4(s)$ 的活度积 K_{sp}。

解题过程　(1) 电极反应为

阴极　$Ag_2SO_4(s) + 2e^- \longrightarrow 2Ag + SO_4^{2-}[a(SO_4^{2-})]$

阳极　$H_2(g, p^\ominus) \longrightarrow 2H^+[a(H^+)] + 2e^-$

电池反应为　$H_2(g, p^\ominus) + Ag_2SO_4(s) = 2Ag + 2H^+[a(H^+)] + SO_4^{2-}[a(SO_4^{2-})]$

(2) 对于上述反应有

$$E = E^{\ominus} - \frac{RT}{zF}\ln[a^2(H^+)a(SO_4^{2-})] = E^{\ominus} - \frac{RT}{2F}\ln a(H_2SO_4) = 0.623$$

故 $a(H_2SO_4) = \exp\left[\frac{2F(E^{\ominus} - E)}{RT}\right] = 1.3653$

又 $a(H_2SO_4) = a_{\pm}^3 = \left(\frac{\gamma_{\pm} b_{\pm}}{b^{\ominus}}\right)^3$ 求得 $b_{\pm} = 1.585\text{mol} \cdot \text{kg}^{-1}$

又 $b_{\pm} = (b_+^{\nu_+} b_-^{\nu_-})^{\frac{1}{\nu}} = \sqrt[4]{3}b$ 求得 $b = 0.9985\text{mol} \cdot \text{kg}^{-1}$

(3) 题目中电池的标准电动势

$$E^{\ominus} = E^{\ominus}[SO_4^{2-} | Ag_2SO_4(s) | Ag] - E^{\ominus}[H^+ | H_2(g) | Pt]$$
$$= E^{\ominus}[SO_4^{2-} | Ag_2SO_4(s) | Ag]$$

将 $Ag_2SO_4(s) = 2Ag^+ + SO_4^{2-}$ 设计成原电池为

$Ag | Ag^+ \,\vdots\vdots\, SO_4^{2-} | Ag_2SO_4(s) | Ag$

则有 $E = E^{\ominus}[SO_4^{2-} | Ag_2SO_4(s) | Ag] - E^{\ominus}(Ag^+ | Ag) - \frac{RT}{zT}\ln K_{sp}$

又平衡时 $E = 0$,故$\frac{RT}{2F}\ln K_{sp} = E^{\ominus}[SO_4^{2-} | Ag_2SO_4(s) | Ag] - E^{\ominus}(Ag^+ | Ag)$

故 $\ln K_{sp} = \frac{2 \times 96\,485 \times (0.627 - 0.7994)}{8.315 \times 298.15} = 13.42$

故 $K_{sp} = 1.483 \times 10^{-6}$

7.27 (1) 已知 25℃ 时,$H_2O(l)$ 的标准摩尔生成焓和标准摩尔生成吉布斯函数分别为 $-285.83\text{kJ} \cdot \text{mol}^{-1}$ 和 $-237.129\text{kJ} \cdot \text{mol}^{-1}$。计算在氢—氧燃料电池中进行下列反应时电池的电动势及其温度系数:

$$H_2(g,100,kPa) + \frac{1}{2}O_2(g,100kPa) = H_2O(l)$$

(2) 应用教材表 7.7.1 的数据计算上述电池的电动势。

解题过程 (1) 将 $H_2(g,100kPa) + \frac{1}{2}O_2(g,100kPa) = H_2O(l)$ 设计成原电池为

阴极 $\frac{1}{2}O_2(g,p^{\ominus}) + 2H^+ + 2e^- \longrightarrow H_2O(l)$

阳极 $H_2(g,p^{\ominus}) \longrightarrow 2H^+ + 2e^-$

电池表示为 $Pt | H_2(g,100kPa) | H^+[a(H^+)],H_2O | O_2(g,100kPa) | Pt$

由 $E = E^{\ominus} - \frac{RT}{zF}\ln\frac{a(H_2O)}{\sqrt{[p(H_2)/p^{\ominus}][p(O_2)/p^{\ominus}]}}$

又 $\Delta_r G_m^{\ominus} = -zFE^{\ominus}$,故

$$E^{\ominus} = -\frac{\Delta_r G_m^{\ominus}}{zF} = -\frac{\Delta_f G_m^{\ominus}(H_2O,l)}{zF} = -\frac{-237.129 \times 10^3}{2 \times 96\,485} = 1.229V$$

对电池反应有 $\Delta_r S_m^{\ominus} = zF\left(\frac{\partial E}{\partial T}\right)_p$,故

$$\left(\frac{\partial E}{\partial T}\right)_p = \frac{\Delta_r S_m^\ominus}{zF} = \frac{\Delta_r H_m^\ominus - \Delta_r G_m^\ominus}{zFT}$$

$$= \frac{[-285.83-(-237.129)]\times 10^3}{2\times 96\ 485\times 298.15}\text{V}\cdot\text{K}^{-1}$$

$$= -8.46\times 10^{-4}\text{V}\cdot\text{K}^{-1}$$

(2) 查教材得 $E^\ominus[H_2O,H^+|O_2(g)|Pt]=1.229V$,$E^\ominus[H^+|H_2(g)|Pt]=0$

对于电池 $Pt|H_2(g,100kPa)|H^+|[a(H^+)],H_2O|O_2(g,100kPa)|Pt$

电动势 $E=E^\ominus[H_2O,H^+|O_2(g)|Pt]-E^\ominus[H^+|H_2(g)|Pt]$

$=(1.229-0)V=1.229V$

7.28 已知25℃时$E^\ominus(Fe^{3+}|Fe)=-0.036V$,$E^\ominus(Fe^{3+}|Fe^{3+})=0.770V$。试计算25℃时电极$Fe^{2+}|Fe$的标准电极电势$E^\ominus(Fe^{2+}|Fe)$。

解题过程 由题给数据可以设计下列原电池

原电池(1) $Fe|Fe^{3+}(a=1)\|Fe^{3+}(a=1),Fe^{2+}(a=1)|Pt$

阳极 $Fe \rightleftharpoons Fe^{3+}+3e^-$

阴极 $3Fe^{3+}+3e^- \rightleftharpoons 3Fe^{2+}$

电池反应 $Fe+2Fe^{3+} \rightleftharpoons 3Fe^{2+}$

$E_1^\ominus=E^\ominus(Fe^{3+},Fe^{2+}|Pt)-E^\ominus(Fe^{3+}|Fe)=[0.770-(-0.036)]V=0.806V$

$\Delta_r G_{m,1}{}^\ominus=-zE^\ominus F=(-3\times 0.806\times 96\ 485)J\cdot mol^{-1}=-233.300\ 73kJ\cdot mol^{-1}$

原电池(2) $Fe|Fe^{2+}(a=1)\|Fe^{3+}(a=1)|Fe$

阳极 $3Fe \rightleftharpoons 3Fe^{2+}+6e^-$

阴极 $2Fe^{3+}+6e^- \rightleftharpoons 2Fe$

电池反应 $2Fe^{3+}+Fe \rightleftharpoons 3Fe^{2+}$

$E^\ominus=E^\ominus(Fe^{3+}|Fe)-E^\ominus(Fe^{2+}|Fe)=-0.036-E^\ominus(Fe^{2+}|Fe)$

$\Delta_r G_{m,2}{}^\ominus=-zE^\ominus F=-6\times\{-0.036-E^\ominus(Fe^{2+}|Fe)\}\times 96\ 485$

因原电池(1)和(2)的电池反应完全相同,则

$\Delta_r G_{m,1}{}^\ominus=\Delta_r G_{m,2}{}^\ominus=233.300\ 73kJ\cdot mol^{-1}$

$=-6\times\{-0.036-E^\ominus(Fe^{2+}|Fe)\}\times 96\ 485\times 10^{-3}$

所以$E^\ominus(Fe^{2+}|Fe)=-0.439V$

7.29 已知25℃时AgBr的溶度积$K_{sp}=4.88\times 10^{-13}$,$E^\ominus(Ag^+|Ag)=0.799\ 4V$,$E^\ominus\{Br_2(l)|Br^-\}=1.065V$。试计算25℃时

(1) 银-溴化银电极的标准电极电势$E^\ominus\{AgBr(s)|Ag\}$。

(2) AgBr(s)的标准生成吉布斯函数。

解题过程 (1) 可通过设计原电池来计算$E^\ominus\{AgBr(s)|Ag\}$。

原电池 $Ag|Ag^+\|Br^-|AgBr(s)|Ag$

阳极 $Ag(s) \rightleftharpoons Ag^+ + e^-$

阴极 $AgBr(s)+e^- \rightleftharpoons Ag+Br^-$

电池反应　$AgBr(s) \rightleftharpoons Ag^+ + Br^-$

$$E^{\ominus} = E^{\ominus}\{Br^- | AgBr(s) | Ag\} - E^{\ominus}\{Ag^+ | Ag\} = E^{\ominus}\{Br^- | AgBr(s) | Ag\} - 0.7994$$

$$E = E^{\ominus} - \frac{RT}{zF}\ln\prod_B a_B^{\nu_B}$$

$$= E^{\ominus}\{Br^- | AgBr(s) | Ag\} - 0.7994\mathrm{V} - \frac{8.315 \times 298.15}{1 \times 96485}\mathrm{V}\ln\{a(Ag^+) \cdot a(Br^-)\}$$

当平衡时

$$E = E^{\ominus}\{Br^- | AgBr(s) | Ag\} - 0.7994\mathrm{V} - \frac{8.315 \times 298.15}{96485}\mathrm{V}\ln K_{sp} = 0$$

$$E^{\ominus} = \{Br^- | AgBr(s) | Ag\} = \left[0.7994 + \frac{8.315 \times 298.15}{96485}\ln(4.88 \times 10^{-13})\right]\mathrm{V}$$

$$= 0.0715\mathrm{V}$$

(2) $AgBr(s)$ 生成反应为

$$Ag + \frac{1}{2}Br_2(l) \rightleftharpoons AgBr(s)$$

如从电动势测定求该反应的 $\Delta_r G_m^{\ominus}$，则需要将反应设计成原电池，由于反应的产物为难溶盐 $AgBr(s)$，故推想出阳极为第二类电极。

可设计如下原电池 $Ag | AgBr(s) \| Br^- | Br_2(l) | Pt$

阳极　$Ag(s) + Br^- \rightleftharpoons AgBr(s) + e^-$

阴极　$\frac{1}{2}Br_2(l) + e^- \rightleftharpoons Br^-$

电池反应　$Ag + \frac{1}{2}Br_2(l) \rightleftharpoons AgBr(s)$

$$\Delta_f G_m^{\ominus}(AgBr) = \Delta_r G_m^{\ominus} = -zE^{\ominus}F$$

则上述电池的电动势

$$E^{\ominus} = E^{\ominus}\{Br^- | Br_2(l) | Pt\} - E^{\ominus}\{Br^- | AgBr(s) | Ag\} = (1.065 - 0.0715)\mathrm{V}$$

$$= 0.9935\mathrm{V}$$

$$\Delta_f G_m^{\ominus}(AgBr) = (-1 \times 0.9935 \times 96485)\mathrm{J \cdot mol^{-1}} = -95.6\mathrm{kJ \cdot mol^{-1}}$$

7.30　25℃ 用铂电极电解 $1\mathrm{mol \cdot dm^{-3}}$ H_2SO_4。

(1) 计算理论分解电压。

(2) 若两电极面积均为 $1\mathrm{cm^2}$，电解液电阻为 100Ω，$H_2(g)$ 和 $O_2(g)$ 的超电势 η 与电流密度 J 的关系分别为

$$\eta\{H_2(g)\}/\mathrm{V} = 0.472 + 0.118\lg[J/(\mathrm{A \cdot cm^{-2}})]$$

$$\eta\{O_2(g)\}/\mathrm{V} = 1.062 + 0.118\lg[J/(\mathrm{A \cdot cm^{-2}})]$$

问当通过的电流为 1mA 时，外加电压为多少？

分　析　用铂电极电解 H_2SO_4 水溶液实为电解水，其理论分解电压等于 $E^{\ominus}$。

解题过程　(1) 所谓理论分解电压是指外加电压比可逆原电池电动势大一个 $\mathrm{d}E$ 时，此时的源电池就变为电解池，所加的外加电压称为理论分解电压，用铂电极电解 H_2SO_4 水溶液实为电

解水，所以

电解反应　$H_2O(l) \rightleftharpoons H_2(g,100kPa)+\frac{1}{2}O_2(g,100kPa)$

阳极　$H_2O(l) \rightleftharpoons 2H^+ + \frac{1}{2}O_2(g,100kPa)+2e^-$

阴极　$2H^+ + 2e^- \rightleftharpoons H_2(g,100kPa)$

由教材表 7.7.1 可得

$E^{\ominus}\{H_2O,H^+|O_2(g)|Pt\}=1.229V$

$E^{\ominus}=E^{\ominus}\{H_2O,H^+|O_2(g)|Pt\}-E^{\ominus}\{H^+|H_2(g)Pt\}=(1.229-0)V=1.229V$

因为上述原电池的电动势等于其标准电动势，故

$E_{(理论分解电压)}=E^{\ominus}=1.229V$

(2) 当流过电解池电流不是无限小时，则因极化作用而外加电压要增加，而且与流过电极的电流密度 J 有关。而又因为

$J=\frac{I}{A_s}=\frac{1mA}{1cm^2}=0.001A\cdot cm^{-2}$

$\eta(H_2)/V=0.472+0.118\lg 0.001=0.118$

$\eta(O_2)/V=1.062+0.118\lg 0.001=0.708$

$E_{(外加电压)}=E_{(理论分解电压)}+IR+\eta(H_2)+\eta(O_2)$

$=1.229V+100\Omega\times 1mA+0.118V+0.708V=2.155V$

小　结　本题考查了分解电压的概念，要求同学们可以灵活运用电解水的概念和性质。

第八章 量子力学基础

知识点归纳

一、量子力学的基本假设

量子力学的4个基本假设是对3个问题的回答:一是运动状态如何描述;二是可观测的力学量如何表达;三是状态变化的规律。

1. 波函数

由 N 个粒子组成的微观系统,其状态可由 N 个粒子的坐标(或动量)的函数 $\Psi(t,q_1,q_2,\cdots)$ 来表示,Ψ 被称为波函数。波函数是单值、连续的。

2. 薛定谔方程

系统状态 $\Psi(t,\vec{r})$($\vec{r}$ 代表所有坐标)随时间的变化遵循薛定谔方程

$$-\frac{\hbar}{i}\frac{\partial\Psi}{\partial \mathrm{t}}=\hat{\boldsymbol{H}}\Psi \tag{8.1}$$

其中 $\hat{\boldsymbol{H}}$ 为哈密顿算符,$\hat{\boldsymbol{H}}=\sum_j\left[\frac{\hbar^2}{2m}(\frac{\partial^2}{\partial x_j^2}+\frac{\partial^2}{\partial y_j^2}+\frac{\partial^2}{\partial z_j^2})\right)+V(t,\vec{r})$ (8.2)

当势能函数与时间无关时,系统的波函数

$$\Psi(t,\vec{r})=\mathrm{e}^{-\mathrm{i}Et/\hbar}\psi(\vec{r}) \tag{8.3}$$

3. 系统所有可观测物理量的算符表示

量子力学中与力学量 O 对应的算符的构造方法:

(1) 写出以时间、坐标和动量为变量的力学量 O 的经典表达式

$$O(t;q_1,q_2,\cdots;p_1,p_2,\cdots) \tag{8.4}$$

式中,$q_1,q_2,\cdots$ 表示动量;$p_1,p_2,\cdots$ 表示坐标。

(2) 将时间 t 与坐标 $q_1,q_2,\cdots$ 看做数乘算符,而将动量 p_j 用算符 $\hat{p}_j=\frac{\hbar}{i}\frac{\partial}{\partial q_j}$ 代替,则与力学量

O 对应的算符 $\hat{O}$ 为

$$\hat{O}(t,q_1,q_2\cdots;\frac{\hbar}{i}\frac{\partial}{\partial q_1},\frac{\hbar}{i}\frac{\partial}{\partial q_1},\frac{\hbar}{i}\frac{\partial}{\partial q_2},\cdots) \tag{8.5}$$

4.测量原理

在一个系统中对力学量 $\hat{O}$ 进行测量的本征值 λ_n：

$$\hat{O}\psi_n = \lambda_n\psi_n \tag{8.6}$$

其有两层含义：

(1) 如果系统所处的状态为 $\hat{O}$ 的本征态 ψ_n，则对 $\hat{O}$ 的测量结果一定为 λ_n。

(2) 如果系统所处的状态 ψ 不是 $\hat{O}$ 的本征态，则对 $\hat{O}$ 的测量将使系统跃迁到 $\hat{O}$ 的某一本征态 ψ_k，其测量结果为该本征态对应的本征值 λ_k。

可将 ψ 用 $\hat{O}$ 的本征态展开，即

$$\psi = \sum_j a_j\psi_j \tag{8.7}$$

则测量结果为 λ_k 的概率为 $|a_k|^2$。一般说来，对处于状态 ψ 的系统进行测量，力学量 $\hat{O}$ 的平均值为

$$\langle\hat{O}\rangle = \frac{\int\psi^*\hat{O}\psi\mathrm{d}\tau}{\int\psi^*\psi\mathrm{d}\tau} \tag{8.8}$$

二、一维势箱中粒子的薛定谔方程

$$-\frac{\hbar^2 d^2\psi}{2m\mathrm{d}x^2} = E\psi \tag{8.9}$$

波函数 $$\psi(x) = \sqrt{\frac{2}{\mathrm{a}}}\sin\left(\frac{n\pi x}{a}\right) \qquad (n=1,2,3,\cdots) \tag{8.10}$$

能级公式 $$E = \frac{n^2h^2}{8ma^2} \qquad (n=1,2,3,\cdots) \tag{8.11}$$

三、一维谐振子

哈密顿算符

$$\hat{\boldsymbol{H}} = -\frac{\hbar^2}{2m}\frac{d^2}{\mathrm{d}x^2} + \frac{1}{2}kx^2 \tag{8.12}$$

能级 $$E_v = \left(\frac{1}{2}+v\right)hv_0 \tag{8.13}$$

其中 $v=0,1,2,3,\cdots$ 为振动量子数，$v_0 = \frac{1}{2\pi}\sqrt{\frac{k}{m}}$ 为谐振子经典基频。

波函数

$$\psi_v = N_vH_v(\xi)\exp\left(-\frac{\xi^2}{2}\right) \tag{8.14}$$

其中

$$\xi = x\sqrt{\frac{\sqrt{km}}{\hbar}} = x\frac{\sqrt{2\pi mv_0}}{\hbar} \tag{8.15}$$

$$N_\upsilon \sqrt{\frac{1}{2^\upsilon \upsilon ! \sqrt{\pi}}} \tag{8.16}$$

$H_\upsilon(\xi)$ 为 υ 阶厄米多项式

$$H_\upsilon(\xi) = (-1)^\upsilon \exp(\xi^2)\left(\frac{d^\xi}{d\xi^\upsilon}\exp(-\xi^2)\right) \tag{8.17}$$

四、二体刚性转子

1. 拉普拉斯算符在球极坐标中的表示

$$\nabla^2 = \frac{1}{r^2}\frac{\partial}{\partial r}\left(r^2\frac{\partial}{\partial r}\right) + \frac{1}{r^2}\left\{\frac{1}{\sin\theta}\frac{\partial}{\partial\theta}\left(\sin\theta\frac{\partial}{\partial\theta}\right) + \frac{1}{\sin^2\theta}\left(\frac{\partial^2}{\partial\varphi^2}\right)\right\} \tag{8.18}$$

2. 球谐函数

$$Y_{J,m}(\theta,\psi) = \sqrt{\frac{(2J+1)(J-|m|)!}{4\pi(J+|m|)!}} P_J^{|m|}(\cos\theta)\exp(\mathrm{i}m\varphi) \tag{8.19}$$

若设 $\xi = \cos\theta$，则其中

$$P_J^{|m|}(\xi) = \frac{1}{2^J J}(1-\xi^2)^{\frac{|m|}{2}} \frac{d^J}{d\xi^{J+|m|}}(\xi^2-1)^J \qquad (J \geqslant |m|) \tag{8.20}$$

3. 二体刚性转子

若 r 及 $V(r)$ 均为常数，二体问题即成为二体刚性转子问题。若 $\mu = m_1 m_2/(m_1+m_2)$，则

$$E_J = \frac{\hbar}{2\mu d^2}J(J+1) = J(J+1)\frac{\hbar}{2I} \qquad (J = 0,1,2,\cdots) \tag{8.21}$$

其中 $I = \mu d^2$ 为转动惯量，波函数即为球谐函数 $Y_{J,m}(\theta,\varphi)$。

五、类氢离子及多电子原子的结构

1. 类氢离子

$$V(r) = -\frac{Ze^2}{r^2} \tag{8.22}$$

$$E_n = -\frac{Z^2 e^2}{2n^2 a_0} \tag{8.23}$$

$$a_0 = 0.5292 \times 10^{-10} m \qquad (n = 1,2,3,\cdots) \tag{8.24}$$

$$\psi = R_{n,J}(r) \cdot Y_{J,m}(\theta,\varphi) \tag{8.25}$$

其中：

$$R_{n,J}(r) = -\sqrt{\left(\frac{2Z}{na_0}\right)^3 \cdot \frac{(n-J-1)!}{2n\{(n+J)!\}^3}} \rho^J L_{n+J}^{2J+1}(\rho)\exp\left(-\frac{\rho}{2}\right)$$

式中：$\rho = \frac{2Zr}{na_0}$，而 $L_{n+J}^{2J+1}(\rho) = \frac{d^{2J+1}}{d\rho^{2J+1}}\left(e^\rho \frac{d^{n+J}}{d\rho^{n+J}}(\rho^{n+J}e^{-\rho}\right)$

2. 多电子原子

(1) 多电子原子的哈密顿算符

$$\hat{\boldsymbol{H}} = -\frac{\hbar^2}{2m}\sum_i \nabla_i^2 - \sum_i \frac{Ze^2}{r_i} + \sum_i\sum_{j>i}\frac{e^2}{r_{ij}} \tag{8.26}$$

其中 $\nabla_i^2 = \frac{\partial^2}{\partial x_i^2} + \frac{\partial^2}{\partial y_i^2} + \frac{\partial^2}{\partial z_i^2}$ 为第 i 个电子的拉普拉斯算符，r_i 为它与核的距离，r_{ij} 为电子 i 与电子

j 的距离，m 为电子质量。

(2) 多电子原子电子波函数

① 中心力场近似法

将除电子 i 以外的其余 $Z-1$ 个电子看做是球形对称分布的，电子 i 的势能为 $V_i=-\frac{(Z-\sigma)e^2}{r_i}=-\frac{Z^* e^2}{r_i}$，对不同电子 σ_i 值不同。

$$\hat{H}=\sum_i\left\{-\frac{\hbar^2}{2m}\nabla_i^2-\frac{Z^* e^2}{r_i}\right\} \tag{8.27}$$

$$\psi_{n,J,m}=R'(r)Y_{J,m}(\theta,\varphi) \tag{8.28}$$

$$E_n=-13.6\frac{Z^{*2}}{n^2}\text{eV} \tag{8.29}$$

② 自洽场方法

多原子的电子波函数为各个电子的波函数的乘积：

$$\psi(1,2,\cdots,Z)=\prod_j\psi_j(j) \tag{8.30}$$

电子 i 与所有其他电子 j 的相互作用即为

$$V_{ij}=e^2\int\frac{\psi_j^*(j)\psi_j(j)}{r_{ij}}d\tau_j \tag{8.31}$$

单电子哈密顿算符

$$\hat{H}_i=-\frac{\hbar^2}{2m}\nabla_i^2-\frac{Ze^2}{r_i}+V_i \tag{8.32}$$

通过求解单电子薛定谔方程

$$\hat{H}_i\psi_i(i)=\varepsilon_i\psi_i(i) \tag{8.33}$$

即可得到多电子薛定谔方程的解。可通过迭代过程求解。先假设一组单电子波函数。

3. 斯莱特行列式

$\psi=\prod_i\psi_i$ 不满足费米子对波函数的反对称性的要求，斯莱特提出构造反对称波函数的一般方法。对 N 个电子的系统，若归一化的空间－自旋轨道组为 $\{\psi_j, j=1,2,3\cdots\}$，则反对称波函数表示为

$$\psi(1,2,3,\cdots,N)=\frac{1}{\sqrt{N!}}\begin{vmatrix}\psi_1(1) & \psi_2(1) & \cdots & \psi_N(1)\\ \psi_1(2) & \psi_2(2) & \cdots & \psi_N(2)\\ \vdots & \vdots & & \vdots\\ \psi_1(N) & \psi_2(N) & \cdots & \psi_N(N)\end{vmatrix} \tag{8.34}$$

六、分子轨道理论简介

1. 玻恩－奥本海默近似

分子系统中核的运动与电子的运动可以分离。

2. 类氢分子离子的 Schrödinger 方程的解

哈密顿算符

$$\hat{H}_{el} = -\frac{\hbar^2}{2m}\nabla^2 - \frac{e^2}{r_a} - \frac{e^2}{r_b} \tag{8.35}$$

定义椭球坐标为

$$\xi = \frac{r_a + r_b}{R}, \eta = \frac{r_a - r_b}{R} \tag{8.36}$$

(1)Schrödinger 方程的解

$$\psi_{el}(\xi,\eta,\varphi) = \frac{1}{\sqrt{2\pi}}L(\xi)M(\eta)\exp(im\psi) \quad (m = 0, \pm 1, \pm 2, \cdots) \tag{8.37}$$

(2)

表 8-1

$\lambda = \| m \|$	0	1	2	3	4
分子轨道符号	σ	π	δ	φ	γ

对于坐标反演$(\xi,\eta,\varphi) \longrightarrow (\xi,\eta,-\varphi+\pi)$波函数不变的用 g 表示，改变符号的用 u 表示。

(3) 电子能级 $E_{el}(R)$ 为核间距的函数，当核间距 $R \longrightarrow \infty$ 时趋于氢原子能级，核间距 $R \longrightarrow 0$ 时趋于氦正离子 He^+ 能级。

(4)$U(R) = E_{el}(R) + e^3/R$ 为势能曲线，对基态，在 $R = R_e = 1.06 \times 10^{-10}$m 时有极小值 -16.40eV。所以，该轨道为成键轨道。

课后习题全解

8.1 同光子一样，实物粒子也具有波动性。与实物粒子相关联的波的波长，即德布罗意波长由教材式(8.0.2)给出。试计算下列实物粒子波长($1\text{eV} = 1.602\ 177 \times 10^{-19}$J)：

(1) 具有动能 1eV、100eV 的电子。

(2) 具有动能 1eV 的中子。

(3) 速度为 640m/s 的弹头(质量 $m = 15$g)。

解题过程 由动能 $E = \frac{1}{2}mv^2$

动量 $p = mv$ 可得

$$\lambda = \frac{h}{p} = \frac{h}{\sqrt{2mE}}$$

(1) 查得 $m_{电子} = 9.109\ 38 \times 10^{-31}$kg，故具有 1eV 的电子的波长

$$\lambda_1 = \frac{h}{\sqrt{2mE}} = \frac{6.626 \times 10^{-34}}{\sqrt{2 \times 9.109 \times 10^{-31} \times 1.602 \times 10^{-19}}}\text{m}$$
$$= 1.226 \times 10^{-9}\text{m}$$

具有 100eV 的电子的波长

$$\lambda_2 = \frac{h}{\sqrt{2mE}} = 1.226 \times 10^{-10}\text{m}$$

(2) 因 $m_{中子} = 1.672 \times 10^{-27}$ kg,故

具有 1eV 的中子的波长

$$\lambda_3 = \frac{h}{\sqrt{2m_{中子}E}} = \frac{6.626 \times 10^{-34}}{\sqrt{2 \times 1.672 \times 10^{-27} \times 1.602 \times 10^{-19}}}\,\text{m}$$

$$= 2.863 \times 10^{-11}\,\text{m}$$

(3) 弹头质量 $m = 15\text{g}$,速度 $v = 640\text{m/s}$　故

波长 $\lambda_f = \dfrac{h}{mv} = \dfrac{6.626 \times 10^{-34}}{15 \times 10^{-3} \times 640}\text{m} = 6.901 \times 10^{-35}\,\text{m}$

8.2　在一维势箱问题求解中,假定在箱内 $V(x) = 0$。如果 $V(x) = C \neq 0$(C 为常数),是否会对其解产生影响?怎样影响?

分　析　根据一维势箱中运动的薛定谔方程$(-\dfrac{\hbar^2}{2m}\dfrac{d^2}{dx^2} + c)\psi = E\psi$ 进行求解。

解题过程　$V(x) = C$ 的一维势箱中运动的粒子的薛定谔方程为

$$(-\frac{\hbar^2}{2m}\frac{d^2}{dx^2} + C)\psi = E\psi$$

上式改写为

$$\frac{d^2\psi}{dx^2} + \frac{2m}{\hbar^2}(E - C)\psi = 0$$

其通解为

$$\psi = A\cos[\sqrt{2m(E-C)/\hbar^2}\,x] + B\sin[\sqrt{2m(E-C)/\hbar^2}\,x] \qquad ①$$

边界条件 $x = 0$ 时,$\psi(0) = 0$,得 $A = 0, B \neq 0$

式 ① 变为 $\psi = B\sin[\sqrt{2m(E-C)/\hbar^2}\,x]$　②

边界条件 $x = a$ 时,$\psi(a) = 0$

得　$\sqrt{2m(E-C)/\hbar^2}\,a = n\pi$　　$(n = 1,2,3,\cdots)$

由上式解出能量为

$$E = \frac{n^2h^2}{8ma^2} + C \qquad (n = 1,2,3,\cdots)$$

将能量表达式代入式 ② 得

$$\psi = B\sin\frac{n\pi x}{a} \qquad (n = 1,2,3,\cdots) \qquad ③$$

求归一化系数 B:

由　$\int_0^a |\psi|^2 dx = \int_0^a \left(B\sin\frac{n\pi x}{a}\right)^2 dx = 1$

得　$B = \sqrt{2/a}$

将 B 代入式 ③ 得波函数为

$$\psi = \sqrt{\frac{2}{a}}\sin\frac{n\pi x}{a} \qquad (n = 1,2,3,\cdots)$$

所以,在 $V(x) = C \neq 0$ 的势箱中运动的粒子,其波函数与 $V(x) = 0$ 的势箱中运动的粒

子相同，但能量值相差常数 C。

8.3 一质量为 m，在一维势箱 $0 \leqslant x \leqslant a$ 中运动的粒子，其量子态为

$$\psi(x)=\left(\frac{2}{a}\right)^{1/2}\left[0.5\sin\left(\frac{\pi}{a}x\right)+0.866\sin\left(\frac{3\pi}{a}x\right)\right]$$

(1) 该量子态是否为能量算符 $\hat{\boldsymbol{H}}$ 的本征态？

(2) 对该系统进行能量测量，其可能的结果及其所对应的概率为何？

(3) 处于该量子态粒子能量的平均值是多少？

分　析　根据一维势箱中运动的粒子的能量算符 $\hat{\boldsymbol{H}}=-\frac{\hbar^2}{2m}\frac{\mathrm{d}^2}{\mathrm{d}x^2}$，粒子的波函数 $\psi=\sqrt{\frac{2}{a}}\sin\frac{n\pi x}{a}$ $(n=1,2,3,\cdots)$ 及能量平均值 $\bar{E}=\frac{\int_0^a \psi H\psi\mathrm{d}x}{\int_0^a |\psi|^2\mathrm{d}x}$ 进行求解。

解题过程　(1) 一维势箱中运动的粒子的能量算符

$$\hat{\boldsymbol{H}}=-\frac{\hbar^2}{2m}\frac{\mathrm{d}^2}{\mathrm{d}x^2}-\frac{\hbar^2}{2m}\frac{\mathrm{d}^2}{\mathrm{d}x^2}\psi(x)$$

$$=-\frac{\hbar^2}{2m}\frac{\mathrm{d}^2}{\mathrm{d}x^2}\left\{\left(\frac{2}{a}\right)^{1/2}\left[0.5\sin\left(\frac{\pi}{a}x\right)+0.866\sin\left(\frac{3\pi}{a}x\right)\right]\right\}$$

$$=\left(\frac{2}{a}\right)^{1/2}\left[0.5\left(\frac{\pi}{a}\right)^2\sin\left(\frac{\pi}{a}x\right)+0.866\left(\frac{3\pi}{a}\right)^2\sin\left(\frac{3\pi}{a}x\right)\right]$$

$$\neq \text{常数}\times\left\{\left(\frac{2}{a}\right)^{1/a}\left[0.5\sin\left(\frac{\pi}{a}x\right)+0.866\sin\left(\frac{3\pi}{a}x\right)\right]\right\}$$

所以 $\psi(x)=\left(\frac{2}{a}\right)^{1/2}\left[0.5\sin\left(\frac{\pi}{a}x\right)+0.866\sin\left(\frac{3\pi}{a}x\right)\right]$ 不是能量算符 $\hat{\boldsymbol{H}}$ 的本征态。

(2) 一维势箱中运动的粒子的波函数为

$$\psi=\sqrt{\frac{2}{a}}\sin\frac{n\pi x}{a}\qquad(n=1,2,3,\cdots)$$

所以，题设量子态是 $\psi_1(x)=\sqrt{\frac{2}{a}}\sin\frac{\pi x}{a}$ 和 $\psi_3(x)=\sqrt{\frac{2}{a}}\sin\frac{3\pi x}{a}$ 的叠加，即

$$\psi(x)=0.5\psi_1(x)+0.866\psi_3(x)$$

由状态叠加原理可知，对该系统进行能量测量，得到 $E_1=\frac{h_2}{8ma^2}$ 的概率为 $0.5^2=0.25$，得到 $E_3=\frac{9h^2}{8ma^2}$ 的概率为 $0.866^2=0.75$。

(3) 能量平均值为

$$\bar{E}=\frac{\int_0^a \psi\hat{\boldsymbol{H}}\psi\mathrm{d}x}{\int_0^a |\psi|^2\mathrm{d}x}=\frac{\frac{\hbar^2}{2m}\left[0.5^2\left(\frac{\pi}{a}\right)^2+0.866^2\left(\frac{3\pi}{a}\right)^2\right]}{0.5^2+0.866^2}=\frac{7h^2}{8ma^2}$$

或　$\bar{E}=0.5^2E_1+0.866^2E_3=0.25\times\frac{h^2}{8ma^2}+0.75\times\frac{3^2h^2}{8ma^2}=\frac{7h^2}{3ma^2}$

8.4 质量为 1g 的小球在 1cm 长的盒内,试计算当它能量等于在 300K 下的 kT 时的量子数 n。这一结果说明了什么?k 和 T 分别为玻耳兹曼常数和热力学温度。

解题过程 $T = 300\text{K}$

$$kT = (1.38\times10^{-23})\times300)\text{J} = 4.14\times10^{-21}\text{J}$$

题设 $kT = \dfrac{n^2h^2}{3ma^2}$

$$\text{解得 } n = \sqrt{\frac{8kTma^2}{h^2}} = \frac{2a}{h}\sqrt{2kTm} = \frac{2\times1\times10^{-2}}{6.626\times10^{-34}}\sqrt{2\times4.14\times10^{-21}\times1\times10^{-3}}$$

$$= 8.868\times10^{19}$$

以上计算结果表明,宏观物体在一宏观箱中运动,能量处于大量子数状态,此时能级 n 和能级$n+1$ 的间隔与物体本身能量相比完全可以忽略,即能量量子化效应不显示,也就是说在大量子数的情况下,量子力学过渡到经典力学,这也称为玻尔对应原理。

8.5 有机共轭分子的性质如共轭能、吸收光谱中吸收峰的位置等可用一维势箱模型加以粗略描述。已知下列共轭四烯分子

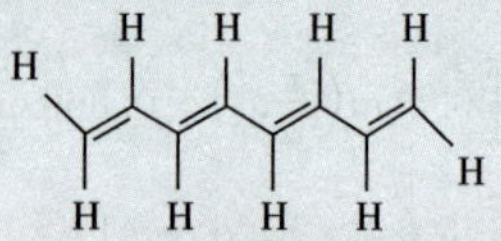

的长度约为 1.120nm,试用一维势箱模型估算其波长最大吸收峰的位置。

解题过程 用一维势箱模型描述该分子时,其每个波函数即为一个轨道。每个轨道最多只能容纳 2 个电子,故该分子的 8 个 π 电子占据 4 个能量最低轨道。对应于从最高轨道向最低空轨道跃迁,即从 $4\rightarrow5$ 的跃迁。

$$\text{因此}\quad hv = h\frac{c}{\lambda} = \Delta E_{4\rightarrow5} = \frac{h^2}{8ma^2}(5^2-4^2) = \frac{9h^2}{8ma^2}$$

$$\text{故}\quad \lambda = \frac{8ma^2c}{9h} = \frac{8\times9.10938\times10^{-31}\times(1.120\times10^{9})^2\times2.9979\times10^{8}}{9\times6.6261\times10^{-34}}\text{m}$$

$$= 460\text{nm}$$

8.6 在质量为 m 的单原子组成的晶体中,每个原子可被看做在所有其他原子组成的球对称势场 $V(r) = \dfrac{1}{2}fr^2$ 中振动,式中,$r^2 = x^2+y^2+z^2$。该模型称为三维各向同性谐振子模型,请给出其能级的表达式。

分　析 根据三维势箱中粒子的哈密顿算符计算公式及薛定谔方程进行求解。

解题过程 系统的哈密顿算符为

$$\hat{\boldsymbol{H}} = -\frac{\hbar^2}{2m}\left(\frac{\partial^2}{\partial x^2}+\frac{\partial^2}{\partial y^2}+\frac{\partial^2}{\partial z^2}\right)+V(r)$$

$$= -\frac{\hbar^2}{2m}\left(\frac{\partial^2}{\partial x^2}+\frac{\partial^2}{\partial y^2}+\frac{\partial^2}{\partial z^2}\right)+\frac{1}{2}f(x^2+y^2+z^2)$$

$$= \left(-\frac{\hbar^2}{2m}\frac{\partial^2}{\partial x^2}+\frac{1}{2}fx^2\right)+\left(-\frac{\hbar^2}{2m}\frac{\partial^2}{\partial y^2}+\frac{1}{2}fy^2\right)+\left(-\frac{\hbar^2}{2m}\frac{\partial^2}{\partial z^2}+\frac{1}{2}fz^2\right)$$

$$= \hat{\boldsymbol{H}}_x+\hat{\boldsymbol{H}}_y+\hat{\boldsymbol{H}}_z$$

很明显，$\hat{\boldsymbol{H}}_x$、$\hat{\boldsymbol{H}}_y$、$\hat{\boldsymbol{H}}_z$ 分别是三个一维谐振子的哈密顿算符。

设系统的波函数 $\Psi(x,y,z)=\psi(x)\psi(y)\psi(z)$，设系统的能量 $E=E_x+E_y+E_z$，则薛定谔方程

$$\hat{\boldsymbol{H}}\Psi(x,y,z)=E\Psi(x,y,z)$$

$$(\hat{\boldsymbol{H}}_x+\hat{\boldsymbol{H}}_y+\hat{\boldsymbol{H}}_z)\psi(x)\psi(y)\psi(z)=(E_x+E_y+E_z)\psi(x)\psi(y)\psi(z)$$

由变量分离法得

$$\hat{\boldsymbol{H}}\psi(x)=E_x\psi(x),\hat{\boldsymbol{H}}_y\psi(y)=E_y\psi(y),\hat{\boldsymbol{H}}_z\psi(z)=E_z\psi(z),$$

这 3 个方程都是一维谐振子的薛定谔方程，它们的能量分别是

$E_x=\left(\frac{1}{2}+v_x\right)hv_0$，$E_y=\left(\frac{1}{2}+v_y\right)hv_0$，$E_z=\left(\frac{1}{2}+v_z\right)hv_0$，式中，$v_0$ 为原子振动频率，v_x、v_y、v_z 分别是振动量子数。

系统能量 $E=E_x+E_y+E_z=\left(\frac{3}{2}+v_x+v_y+v_z\right)hv_0 \quad (v_x,v_y,v_z=1,2,3,\cdots)$

8.7 一维势箱$[0,a]$中两个 α 自旋的电子，如果它们之间不存在相互作用，试写出它们的基态波函数 $\psi(x_1,x_2)$。

解题过程 设一维势箱$[0,a]$中两个能量最低的波函数分别为 ψ_1 和 ψ_2。由于两个电子的自旋态均为 α，故其基态波函数用斯莱特行列式表示为

$$\psi(x_1,x_2)=\frac{1}{\sqrt{2!}}\begin{vmatrix}\psi_1(x_1)\alpha_1 & \psi_2(x_1)\alpha_1\\ \psi_1(x_2)\alpha_2 & \psi_2(x_2)\alpha_2\end{vmatrix}$$

$$=\frac{1}{\sqrt{2}}[\psi_1(x_1)\psi_2(x_2)-\psi_1(x_2)\psi_2(x_1)]\alpha_1\alpha_2$$

8.8 在忽略电子间相互作用的情况下，He 原子电子运动的哈密顿算符可近似表示为

$$\hat{\boldsymbol{H}}=-\frac{\hbar^2}{2m}\nabla_1^2-\frac{2e^2}{r_1}-\frac{\hbar^2}{2m}\nabla_2^2-\frac{2e^2}{r_2}$$

式中，m 为电子质量，r_1 和 r_2 分别为电子 1 和电子 2 与核之间的距离。

(1) 在上述近似下，写出 He 原子的能量表达式并给出基态的能量值。

(2) 如果 1s 为 He^+ 的基态波函数（空间轨道），则 He 原子基态波函数表示为 $\psi(1,2)=1s(1)\alpha(1)1s(2)\beta(2)$，这种说法正确吗？为什么？

分　析　根据哈密顿算符公式、薛定谔方程及泡利原理进行求解。

解题过程 (1) 忽略电子间相互作用的情况下，He 原子电子运动的哈密顿算符可写为

$$\hat{\boldsymbol{H}}\left(-\frac{\hbar^2}{2m}\nabla_1^2-\frac{2e^2}{r_1}\right)+\hat{\boldsymbol{H}}\left(-\frac{\hbar^2}{2m}\nabla_2^2-\frac{2e^2}{r_2}\right)=\hat{\boldsymbol{H}}_1+\hat{\boldsymbol{H}}_2$$

He 原子波函数为

$$\psi(1,2)=\psi(1)\psi(2)$$

He 原子薛定谔方程为

$$\hat{\boldsymbol{H}}\psi(1,2)=E\psi(1,2)$$

变量分离法得

$$\hat{\boldsymbol{H}}_1\psi(1)=E_1\psi(1)=\hat{\boldsymbol{H}}_2\psi(2)=E_2\psi(2)$$

以上单电子薛定谔方程就是类氢离子薛定谔方程,所以

$$E_n=-\frac{Z^2}{n^2}\frac{me^4}{8\varepsilon_0^2h^2}=-\frac{Z^2}{n^2}\times 13.6\text{eV}$$

He 原子基态两个电子都处于 1s 轨道,原子能量为

$$E=2E_1=\left(-2\times\frac{2^2}{1^2}\times 13.6\right)\text{eV}=-108.8\text{eV}$$

(2) 泡利原理要求电子的完全波函数对于两电子交换应是反对称的,而题设 He 原子基态波函数 $\psi(1,2)=1s(1)\alpha(1)1s(2)\beta(2)$ 是非对称的,所以不正确。He 原子基态完全波函数应用斯莱特行列式表示为

$$\psi=\frac{1}{\sqrt{2}}\begin{vmatrix}1s(1)\alpha(1) & 1s(1)\beta(1)\\ 1s(2)\alpha(2) & 1s(2)\beta(2)\end{vmatrix}=\frac{1}{\sqrt{2}}\{1s(1)1s(2)\alpha(1)\beta(2)-1s(1)1s(2)\alpha(2)\beta(1)\}$$

小　结　本题要求同学们掌握哈密顿算符公式、薛定谔方程及泡利原理。

8.9　在金属有机化合物的合成中,N_2 常被用作保护气体,定出 N_2、N_2^+ 和 N_2^- 基态的电子组态,并依此解释 N_2 的特殊稳定性。

解题过程　N_2:$KK(\sigma_g 2s)^2(\sigma_u^* 2s)^2(\pi_u 2p)^4(\sigma_g 2p)^2$

两个 π 键和一个 σ 键,键级 $=\frac{6}{2}=3$

N_2^+:$KK(\sigma_g 2s)^2(\sigma_u^* 2s)^2(\pi_u 2p)^4(\sigma_g 2p)^1$

两个 π 键和一个单电子 σ 键,键级 $=\frac{5}{2}=2.5$

N_2^-:$KK(\sigma_g 2s)^2(\sigma_u^* 2s)^2(\pi_u 2p)^4(\sigma_g 2p)^2(\sigma_u 2p)^1$

两个 π 键和一个单电子 σ 键,键级 $=\frac{5}{2}=2.5$

N_2 中有两个 π 键和一个 σ 键,键级为 3,无论其失去电子(氧化)还是得到电子(还原),键级都减小,产物的稳定性都小于 N_2,所以 N_2 有很好的稳定性。

第九章

统计热力学初步

知识点归纳

一、粒子各运动形式的能级及能级的简并度

1. 三维平动子

$$\varepsilon_t = \frac{h^2}{8m}\left(\frac{n_x^2}{a^2}+\frac{n_y^2}{b^2}+\frac{n_z^2}{c^2}\right) \quad (n_x, n_y, n_z = 0,1,2,\cdots) \tag{9.1}$$

当 $a=b=c$ 时有简并，$(n_x^2+n_y^2+n_z^2)$ 相等的能级为简并的。

2. 刚性转子（双原子分子）

$$\varepsilon_r = J(J+1)\frac{h^2}{8\pi^2 I} \quad (J=0,1,2,\cdots) \tag{9.2}$$

式中，$I=\mu R_0^2$，$\mu=\dfrac{m_1 m_2}{m_1+m_2}$，简并度为 $g_{r,J}=2J+1$。

3. 一维谐振子

$$\varepsilon_v = \left(v+\frac{1}{2}\right)h\nu \quad (v=0,1,2,\cdots) \tag{9.3}$$

式中，$\nu=\dfrac{1}{2\pi}\sqrt{\dfrac{k}{\mu}}$，$k$ 为常数，μ 为折合质量。能级为非简并的，即 $g_{v,v}=1$。

4. 电子及原子核

系统中全部粒子的电子运动及核运动均处于基态。电子运动及核运动基态的简并度为常数。

分子能级是各种独立运动能级之和，为

$$\varepsilon = \varepsilon_t+\varepsilon_r+\varepsilon_v+\varepsilon_e+\varepsilon_n \tag{9.4}$$

二、能级分布微态数及系统总微态数

1. 定域子系统

$$W_D = N!\prod_i \frac{g_i^{n_i}}{n_i!} \tag{9.5}$$

2. 离域子系统

温度不太低时(即 $g_i \gg n_i$), $W_D = \prod_i \frac{g_i^{n_i}}{n_i!}$ (9.6)

一般情况下 $W_D = \prod_i \frac{n_i + g_i - 1!}{n_i! \times (g_i - 1)!}$ (9.7)

3. 系统总微态数

$$\Omega = \sum_D W_D \tag{9.8}$$

三、最概然分布与平衡分布

1. 等概率定理

在 N、U、V 确定的情况下,假设系统各微态出现的概率相等。这个假设称为等概率定理。

$$P = \frac{1}{\Omega} \tag{9.9}$$

分布 D 出现的概率是

$$P_D = \frac{W_D}{\Omega} \tag{9.10}$$

2. 最概然分布和平衡分布

在 N、U、V 确定的条件下,微态数最大的分布称为最概然分布。而当 N 很大时,出现的分布方式几乎可以用最概然分布来代表。

N、U、V 确定的系统平衡时,粒子的分布方式几乎不随时间而变化的分布,称为平衡分布。

四、玻耳兹曼分布

$$n_i = \frac{N}{q} g_i e^{-\varepsilon_i/(kT)} \tag{9.11}$$

符合上式的分布称为玻耳兹曼分布。其中 q 为粒子的配分函数。

$$q \overset{\text{def}}{=\!=} \sum_j e^{-\varepsilon_j/(kT)} = \sum_i g_i e^{\varepsilon_i/(kT)} \tag{9.12}$$

任两个能级上分布 n_i,n_k 之比为

$$\frac{n_i}{n_k} = \frac{g_i e^{-\varepsilon_i/(kT)}}{g_k e^{-\varepsilon_k/(kT)}} \tag{9.13}$$

任一能级 i 上分布的粒子数 n_i 与系统的总粒子数 N 之比为

$$\frac{n_i}{N} = \frac{g_i e^{-\varepsilon_i/(kT)}}{\sum_i g_i e^{-\varepsilon_i/(kT)}} = \frac{g_i e^{-\varepsilon_i/(kT)}}{q} \tag{9.14}$$

五、粒子配分函数的计算

1. 配分函数的析因子性质

$$q = q_t q_r q_v q_e q_n \tag{9.15}$$

2. 能量零点的选择对配分函数的影响

若基态能级能量值为 ε_0，以基态为能量零点时，能量值 $\varepsilon_i^0=\varepsilon_i-\varepsilon_0$

$$q=\sum_i g_i \mathrm{e}^{-\varepsilon_i/(kT)}=\mathrm{e}^{-\varepsilon_0/(kT)}\sum_i g_i \mathrm{e}^{-\varepsilon_i^0/(kT)}=e^{-\varepsilon_i^0/(kT)}q^0 \tag{9.16}$$

即

$$q^0=\mathrm{e}^{\varepsilon_0/(kT)}q \tag{9.17}$$

常温下，平动及转动配分函数与能量零点选择几乎无关，但振动配分函数与能量零点选择有关，即

$$q_t^0\approx q_t \tag{9.18}$$

$$q_r^0\approx q_r \tag{9.19}$$

因为

$$\varepsilon_{v,0}=\frac{1}{2}h\upsilon$$

所以

$$q_v^0=q_v\exp\left(\frac{h\upsilon}{2kT}\right)\approx \mathrm{e}^5 q_v \tag{9.20}$$

电子运动与核运动的配分函数与能量零点选择也无关。

3. 配分函数的计算

(1) 平动

$$q_t=\left(\frac{2\pi mkT}{h^2}\right)^{3/2}V \tag{9.21}$$

(2) 转动(对线性刚性转子)

$$q_r=\sum_{J=0}^{\infty}(2J+1)\exp\left[-J(J+1)\frac{\hbar^2}{2IkT}\right] \tag{9.22}$$

其中

$$\hbar=\frac{h}{2\pi}$$

若设 $\Theta_r=\dfrac{\hbar^2}{2Ik}$，则当 $T\gg\Theta_r$ 时

$$q_r\approx\frac{T}{\sigma\Theta_r} \tag{9.23}$$

其中 σ 为绕通过质心，垂直于分子的轴旋转一周出现的不可分辨的几何位置的次数，即分子对称数。对线性刚性转子转动自由度为 2。

(3) 振动

$$q_v=\sum_i g_{v,i}\exp[-\varepsilon_{v,i}/(kT)]=\mathrm{e}^{-h\upsilon/(2kT)}\sum_{\upsilon=0}^{\infty}\exp\left[-\frac{\upsilon h\upsilon}{kT}\right] \tag{9.24}$$

若设 $\Theta_v=\dfrac{h\upsilon}{k}$，$x=\mathrm{e}^{\Theta_v/T}$，当 $T\ll\Theta_v$ 时(常温)，振动运动量子化效应突出，不能用积分代替加和；

$$q_v=\mathrm{e}^{-\Theta_v/(2T)}\sum_{\upsilon=0}^{\infty}\mathrm{e}^{-\upsilon\Theta_v/T}=\frac{\sqrt{x}}{1-x} \tag{9.25}$$

$$q_v^0=\frac{1}{1-x} \tag{9.26}$$

(4) 电子运动

因为电子运动全部处于基态，电子运动能级完全没有开放，求和项中自第二项起均可忽略。所以

$$q_e = g_{e,0}\,e^{-\varepsilon_{n,0}/(kT)} \quad (9.27)$$

$$q_e^0 = g_{e,0} = \text{Const} \quad (9.28)$$

(5) 核运动

$$q_n = g_{n,0}\,e^{-\varepsilon_{n,0}/(kT)} \quad (9.29)$$

$$q_n^0 = g_{n,0} = \text{const} \quad (9.30)$$

六、系统的热力学能与配分函数的关系

$$U_i = NkT^2\left(\frac{\partial \ln q_i}{\partial T}\right)_V \quad (9.31)$$

此处U_i可代表:

总热力学能。

零点为ε_0时的热力学能$U^0 = U - N\varepsilon_0$。 (9.32)

平动能,q_i表示相应的配分函数。

当U_i代表转动能、振动能、电子能、核能时,q_i与V无关,偏微商可以写作全微商。

U_i与U_i^0的关系:只有$U_v^0 = U_v - \dfrac{Nhv}{2}$,其余:

$$U_t \approx U_t^0 \quad (9.33)$$

$$U_r = U_r^0 \quad (9.34)$$

$$U_e = U_e^0 \quad (9.35)$$

$$U_n = U_n^0 \quad (9.36)$$

七、系统的摩尔定容热容与配分函数的关系

$$C_{V,m} = \left(\frac{\partial U_m}{\partial T}\right)_V = \frac{\partial}{\partial T}\left[RT^2\left(\frac{\partial \ln q}{\partial T}\right)_V\right]_V = \frac{\partial}{\partial T}\left[RT^2\left(\frac{\partial \ln q^0}{\partial T}\right)_V\right]_V \quad (9.37)$$

$q = q^0 e^{-\varepsilon/(kT)}$,$\varepsilon_0$与$T$无关,$C_{v,m}$与零点能选择无关。

$$C_{V,m} = C_{V,t} + C_{V,r} + C_{V,v} \quad (9.38)$$

八、系统熵与配分函数的关系

1. 玻耳兹曼熵定理

$$S = k\ln\Omega \quad (9.39)$$

k为玻耳兹曼常数。

当N无限大时,最概然分布微态微$\ln W_B/\ln\Omega \rightarrow 1$时,用$\ln W_B$代替$\ln\Omega$,则$S = K\ln W_B$,这种近似方法称为摘取量大项原理。

2. 熵与配分函数的关系

离域子系统:

$$S = Nk\ln\frac{q}{N} + \frac{U}{T} + Nk = Nk\ln\frac{q^0}{N} + \frac{U^0}{T}Nk \quad (9.40)$$

定域子系统：

$$S = Nk\ln q^0 + \frac{U^0}{T} = Nk\ln q + \frac{U}{T} \tag{9.41}$$

3. 统计熵

通常把由统计热力学方法计算出系统的 S_t、S_r 及 S_v 之和称为统计熵

$$S = S_t + S_r + S_v \tag{9.42}$$

$$S_{m,t} = R\{\frac{3}{2}\ln[M/(kJ\cdot mol^{-1})] + \frac{5}{2}\ln(T/K) - \ln(p/Pa) + 20.723\}\text{(理想气体)} \tag{9.43}$$

$$S_{m,r} = R\ln\left[\frac{T}{\Theta_r\sigma}\right] + R \tag{9.44}$$

$$S_{m,v} = R\ln(1 - e^{-\Theta_v/T^{-1}} + R\Theta_v T^{-1}(e^{-\Theta_v/T} - 1)^{-1} \tag{9.45}$$

九、其他热力学函数与配分函数关系

1. A、G、H 与配分函数的关系

(1)
$$A = -kT\ln Q \tag{9.46}$$

$$Q = \frac{q^N}{N!}, A = -kT\ln\frac{q^N}{N!}\text{(离子域子系统)} \tag{9.47}$$

$$Q = q^N, A = -kT\ln q^N\text{(定域子系统)} \tag{9.48}$$

(2)
$$G = -kT\ln(q^N/N!) + NkTV(\partial\ln q/\partial V)_T\text{(离域子系统)} \tag{9.49}$$

$$G = -kT\ln q^N + NkTV(\partial\ln q/\partial V)_T\text{(定域子系统)} \tag{9.50}$$

(3)
$$H = NkT^2(\partial\ln q/\partial T)_V + NkTV(\partial\ln q/\partial V)_T \tag{9.51}$$

2. 理想气体的标准摩尔吉布斯函数

$$G^{\ominus}_{m,T} = -RT\ln\left(\frac{q}{N}\right) = -RT\ln\left(\frac{q^0}{N}\right) + U_{0,m} \tag{9.52}$$

3. 理想气体的标准摩尔吉布斯自由能函数

$$\frac{(G^{\ominus}_{m,T} - U_{0,m})}{T} = -R\ln\left(\frac{q^0}{N}\right) \tag{9.53}$$

4. 理想气体的标准摩尔焓函数

$$\frac{H^{\ominus}_{m,T} - U_{0,m}}{T} = RT\left(\frac{\partial\ln q^0}{\partial T}\right)_V + R \tag{9.54}$$

十、理想气体反应的标准平衡常数

$$\begin{aligned} -\ln K^{\ominus} &= \frac{1}{R}\sum_B \upsilon_B\left(\frac{G^{\ominus}_{m,B} - U_{0,m,B}}{T}\right) + \frac{1}{RT}\sum_B \upsilon_B U_{0mT,B} \\ &= -\frac{1}{R}\Delta_r\left(\frac{G^{\ominus}_m - U_{0,m}}{T}\right) + \frac{1}{RT}\Delta_r U_{0,m} \end{aligned} \tag{9.55}$$

以平衡系统中各组分的粒子数 N_B 表示的平衡常数为

$$K_N \overset{\text{def}}{=\!=} \prod_B N_B^{\upsilon_B} = \prod_B q_B^{0\,\upsilon_B}\, e^{-\Delta_r\varepsilon_0/(kT)} \tag{9.56}$$

其中，$\Delta_r\varepsilon_0 = \sum_B \upsilon_B\varepsilon_{0,B}$。

以平衡系统中各组分单位体积中的粒子数 C_B 表示的平衡常数为

$$K_C \overset{\text{def}}{=\!=} \prod_B C_B^{\upsilon_B} = \{\prod_B (q_B^0/V)^{\upsilon_B}\} e^{-\Delta_r\varepsilon_0/(kT)} \quad (9.57)$$

其中，分子浓度 $C_B \overset{\text{def}}{=\!=} N_B/V$。

课后习题全解

9.1 按照能量均分定律，每摩尔气体分子在各平动自由度上的平动能为 $RT/2$。现有 1molCO 气体于 0℃、101.325kPa 条件下置于立方容器中，试求：

(1) 每个 CO 分子的平均动能 $\bar{\varepsilon}$。

(2) 能量与此 $\bar{\varepsilon}$ 相当的 CO 分子的平动量子数平方和 $(n_x^2+n_y^2+n_z^2)$。

解题过程 (1) 由能量均分定律，每个分子的平均动能为

$$\bar{\varepsilon}\left(3\times\frac{RT}{2}\right)\div L = \frac{3\times 8.315\text{J}\cdot\text{mol}^{-1}\cdot\text{K}^{-1}\times 273.15\text{K}}{2\times 6.022\times 10^{23}\text{mol}^{-1}} = 5.658\times 10^{-21}\text{J}$$

$$(2) V = \frac{nRT}{p} = \frac{1\text{mol}\times 8.315\text{J}\cdot\text{mol}^{-1}\cdot\text{K}^{-1}\times 273.15\text{K}}{101.325\text{kPa}} = 22.415\text{dm}^3$$

每个 CO 分子的质量为

$$m = \frac{M}{L} = \frac{28.01\text{g}\cdot\text{mol}^{-1}}{6.022\times 10^{23}\text{mol}^{-1}} = 4.6513\times 10^{-23}\text{g}$$

因为 $\bar{\varepsilon} = \varepsilon_t = \frac{h^2}{8mV^{2/3}}(n_x^2+n_y^2+n_z^2)$，所以

$$(n_x^2+n_y^2+n_z^2) = \frac{\bar{\varepsilon}\cdot 8mV^{2/3}}{h^2}$$

$$= \frac{5.657\times 10^{21}\text{J}\times 8\times 4.6513\times 10^{-23}\times 10^{-3}\text{kg}\times(22.415\text{dm}^2)^{2/3}}{(6.626\times 10^{-34}\text{J}\cdot\text{s})^2}$$

$$= 3.811\times 10^{20}$$

9.2 某平动能级的 $(n_x^2+n_y^2+n_z^2)=45$，试求该能级的统计权重。

解题过程 n_x、n_y、n_z 是平动量子数，$n_x, n_y, n_z = 1,2,3,\cdots$，所以当 $(n_x^2+n_y^2+n_z^2)=45$ 时，n_x、n_y、n_z 只能是 2、4、5 三个数，所以能级的统计权重，即简并度为

$$g = 3! = 6$$

9.3 气体 CO 分子的转动惯量 $I = 1.45\times 10^{-46}\text{kg}\cdot\text{m}^2$，试求转动量子数 J 为 4 与 3 两能级的能量差 $\Delta\varepsilon$，并求 $T=300\text{K}$ 时的 $\Delta\varepsilon/(kT)$。

解题过程 $\varepsilon_r = \frac{h^2}{8\pi^2 I}J(J+1)$

由此可知 4 与 3 两能级的能量差为

$$\Delta\varepsilon = [4\times(4+1)-3\times(3+1)]\times\frac{h^2}{8\pi^2 I}$$

$$=\frac{(6.626\times10^{-34})^2}{(3.1416)^2\times1.45\times10^{-46}}\text{J}$$

$$=3.068\times10^{-22}\text{J}$$

当 $T=300\text{K}$ 时

$$\Delta\varepsilon/(kT)=\frac{3.068\times10^{-22}\text{J}}{1.38066\times10^{-23}\times300\text{K}}=7.405\times10^{-2}$$

9.4 三维简谐振子的能级公式为

$$\varepsilon(s)=(s+\frac{3}{2})h\upsilon$$

式中 s 为振动量子数，即

$$s=\upsilon_x+\upsilon_y+\upsilon_z=0,1,2,3,\cdots$$

试证明能级 $\varepsilon(s)$ 的统计权重 $g(s)$ 为

$$g(s)=\frac{1}{2}(s+2)(s+1)$$

提　示　此题中 $g(s)$ 相当于 s 个无区别的球放在 x、y、z 三个不同的盒子中，每个盒子容纳的球数不受限制的放置方式数。

解题过程　三维谐振子基态能级的能值为 $3\times\frac{1}{2}h\upsilon=\frac{3}{2}h\upsilon$，即在 x、y、z 方向上基态振动能各为 $\frac{1}{2}h\upsilon$，所以，能级 $\varepsilon(s)$ 的简并度 $g(s)$ 相当于 $sh\upsilon$ 能量在 x、y、z 方向按量子化条件分配的不同方式数，即 $g(s)$ 相当于 s 个无区别的球在 x、y、z 三个不同盒子的组合方法，相当于 $n_i=s$，$g_i=3$ 的离域子系统的能级分布。

$$g(s)=\frac{(3+s-1)!}{s!\times(3-1)!}=\frac{(s+2)!}{s!\times2!}=\frac{1}{2}(s+2)(s+1)$$

9.5 某系统由 3 个一维谐振子组成，分别围绕着 A、B、C 三个定点作振动，总能量为 $11h\upsilon/2$。试列出该系统各种可能的能级分布方式。

解题过程　一维谐振子

$$\varepsilon=(\upsilon+\frac{1}{2})h\upsilon,\upsilon=0,1,2,\cdots$$

因为在 A、B、C 三个定点作振动，所以 $N=\sum_i n_i=3$

$$U=\sum_i n_i\varepsilon_i=\frac{11}{2}h\upsilon$$

$$\varepsilon_0=\frac{1}{2}h\upsilon$$

$$\varepsilon_1 = \frac{3}{2}h\nu$$

$$\varepsilon_2 = \frac{5}{2}h\nu$$

$$\varepsilon_3 = \frac{7}{2}h\nu$$

$$\varepsilon_4 = \frac{9}{2}h\nu$$

系统中肯定不会有任何粒子处于能量大于ε_4以上能级，否则能量之和将超过$\frac{11}{2}h\nu$。可能的能级分布方式如表 9-1 所示。

表 9-1

能级分布数	能级分布 n_0 n_1 n_2 n_3 n_4	$\sum_i n_i$	$\sum_i n_i\varepsilon_i$
Ⅰ	2 0 0 0 1	3	$2\times\frac{1}{2}h\nu+1\times\frac{9}{2}h\nu=\frac{11}{2}h\nu$
Ⅱ	1 0 2 0 0	3	$1\times\frac{1}{2}h\nu+2\times\frac{5}{2}h\nu=\frac{11}{2}h\nu$
Ⅲ	1 1 0 1 0	3	$1\times\frac{1}{2}h\nu+1\times\frac{3}{2}h\nu+1\times\frac{7}{2}h\nu=\frac{11}{2}h\nu$
Ⅳ	0 2 1 0 0	3	$2\times\frac{3}{2}h\nu+1\times\frac{5}{2}h\nu=\frac{11}{2}h\nu$

9.6 计算上题中各种能级分布方式拥有的微态数及系统的总微态数。

解题过程 对于一维简谐振子，各个能级都是非简并的，$g_i=1$，所以

$$W_{\mathrm{I}} = 3!\times\left(\frac{1}{2!}\times\frac{1}{1!}\right)=\frac{3\times2\times1}{2\times1}=3$$

$$W_{\mathrm{II}} = 3!\times\left(\frac{1}{1!}\times\frac{1}{2!}\right)=\frac{3\times2\times1}{2\times1}=3$$

$$W_{\mathrm{III}} = 3!\times\left(\frac{1}{1!}\times\frac{1}{1!}\times\frac{1}{1!}\right)=3\times2\times1=6$$

$$W_{\mathrm{IV}} = 3!\times\left(\frac{1}{2!}\times\frac{1}{1!}\right)=3$$

物系总的微观状态数为

$$\Omega=W_{\mathrm{I}}+W_{\mathrm{II}}+W_{\mathrm{III}}+W_{\mathrm{IV}}=3+3+6+3=15$$

9.7 在体积V的立方形容器中有极大数目的三维平动子，其$h^2/(8mV^{2/3})=0.1kT$。试计算该系统在平衡情况下，$(n_x^2+n_y^2+n_z^2)=14$的平动能级上粒子的分布数n与基态能级的分布数n_0之比。

分　析 玻耳兹曼分布$\frac{n_i}{n_k}=\frac{g_i\mathrm{e}^{-\varepsilon_i/(kT)}}{g_k\mathrm{e}^{-\varepsilon_k/(kT)}}$。

解题过程　当 $n_x^2+n_y^2+n_z^2=14$ 时，因为 $n_x,n_y,n_z=0,1,2,\cdots$，所以 n_x,n_y,n_z 为1,2,3，则有6个独立的量子态 $\psi_{1,2,3},\psi_{1,3,2},\psi_{2,1,3}\psi_{2,3,1},\psi_{3,1,2},\psi_{3,2,1},g=6$

立方形容器

$$\varepsilon=\frac{h^2}{8mV^{2/3}}(n_x^2+n_y^2+n_z^2)=0.1kT\times 14=1.4kT$$

基态时，$g_0=1$

$$\varepsilon_0=\frac{h^2}{8mV^{2/3}}(n_x^2+n_y^2+n_z^2)=0.1kT\times 3=0.3kT$$

$$\frac{n}{n_0}=\frac{g\mathrm{e}^{-\varepsilon/(kT)}}{g_0\mathrm{e}^{-\varepsilon_0/(kT)}}=\frac{6\times\mathrm{e}^{\frac{1.4kT}{kT}}}{1\times\mathrm{e}^{\frac{0.3kT}{kT}}}=6\mathrm{e}^{-1.1}=1.997$$

9.8　若将双原子分子看做一维谐振子，则气体 HCl 分子与 I_2 分子的振动能级间隔分别是 5.9×10^{-20} J和 0.426×10^{-20} J。在25℃时，试分别计算上述两种分子在相邻两振动能级上分布数之比。

解题过程　对于 HCl 分子

$$\frac{n_i+1}{n_i}=\frac{g_i+\mathrm{e}^{-\varepsilon_i+1/(kT)}}{g_i\mathrm{e}^{-\varepsilon_i/(kT)}}=\mathrm{e}^{-(\varepsilon_i+1-\varepsilon_2)/(kT)}=\mathrm{e}^{-\Delta\varepsilon_i/(kT)}=\mathrm{e}^{-\frac{5.94\times 10^{-20}}{1.380\,66\times 10^{-23}\times 298.15}}=5.409\times 10^{-7}$$

≈ 0，对于 I_2 分子

$$\frac{n_{i+1}}{n_i}=\mathrm{e}^{-\Delta_{\varepsilon_i}/(kT)}=\mathrm{e}^{-\frac{0.426\times 10^{-20}}{1.380\,66\times 10^{-22}\times 298.15}}=0.355\,4$$

小　结　以上两题均考查了玻耳兹曼分布的内容。

9.9　试证明离域子系统的平衡分布与定域子系统同样符合玻耳兹曼分布，即

$$n_i=\frac{N}{q}g_i\exp[-\varepsilon_i/(kT)]$$

解题过程　对于 N,U,V 一定的离域子系统，有　$W_D=\prod_i\frac{g_i^{n_i}}{n_i!}$　(1)

在满足　$\varphi_1=\sum_i n_i-N=0,\varphi_2=\sum_i n_i\varepsilon_i-U=0$ 条件下，求分布数 W_D 的极大值，即可得平衡系统分布的一套微态数。

对(1)式两边取对数可得　$\ln W_D=\sum_i(n_i\ln g_i-\ln n_i!)$　(2)

将斯特林公式，粒子数很大时，$\ln N!=N\ln N-N$，代入式(2)中有

$$\ln W_D=\sum_i(n_i\ln g_i-n_i\ln n_i+n_i)\tag{3}$$

设 α、β 为待定系数，乘以条件方程，即

$$\alpha\varphi_1=\alpha(\sum_i n_i-N)=0\tag{4}$$

$$\beta\varphi_2=\beta(\sum_i n_i\varepsilon_i-U)=0\tag{5}$$

由将(3)、(4)、(5)相加得一新函数，设

$$z = \ln W_D + \alpha\varphi_1 + \beta\varphi_2$$

则 $\quad dZ = d\ln W_D + \alpha d\varphi_1 + \beta d\varphi_2 = 0 \qquad (6)$

又 $d\ln W_D = \sum_i \frac{\partial(\ln W_D)}{\partial n_i} dn_i = \sum_i \left[\ln g_i - \ln n_i - n_i \frac{\partial(\ln n_i)}{\partial n_i} + 1\right] dn_i \qquad (7)$

$$\alpha d\varphi_1 = \sum_i \alpha \frac{\partial \varphi_1}{\partial n_i} dn_i = \sum_i \alpha dn_i \qquad (8)$$

$$\beta d\varphi_2 = \sum_i \beta \frac{\partial \varphi_2}{\partial n_i} dn_i = \sum_i \beta dn_i \qquad (9)$$

将(7)、(8)、(9) 代入(6) 中得

$$\sum_i (\ln g_i - \ln n_i + \alpha + \beta\varepsilon_i) dn_i = 0$$

因此 $\quad n_i = e^{\alpha} g_i e^{\beta\varepsilon_i}$

所以 $\quad \beta = -\frac{1}{kT}, e^{\alpha} = \frac{N}{\sum_i g_i e^{\beta\varepsilon_i}} = \frac{N}{q}$

故 $\quad n_i = \frac{N}{q} g_i \exp[-\varepsilon_i/(kT)]$

9.10 温度为 T 的某理想气体，分子质量为 m。按下列情况分别写出分子的平动配分函数的计算式：

(1)$1cm^3$ 气体。

(2)101.325kPa 下的 1mol 气体。

(3) 压力为 p，分子数为 N 的气体。

分　析　直接利用平动配分函数求得。

解题过程　(1) 由题意可知 $V = 10^{-6} m^3$，所以

$$q_t = \left(\frac{2\pi mkT}{h^2}\right)^{3/2} V$$

$$= \left[\frac{2 \times 3.1415 \times m \times 1.381 \times 10^{-23} \times T}{(6.626 \times 10^{-34})^2}\right]^{3/2} \times 10^{-6} m^3$$

$$= 2.778 \times 10^{60} (m/kg)^{3/2} (T/K)^{3/2}$$

(2)$V = \frac{nRT}{p} = \frac{1mol \times 8.315 J \cdot mol^{-1} \cdot K^{-1} \times T}{101325Pa} = 8.2062 \times 10^{-5} T$

$$q_t = \left(\frac{2\pi mkT}{h^2}\right)^{3/2} V$$

$$= \left[\frac{2 \times 3.1415 \times m \times 1.381 \times 10^{-23} \times T}{(6.626 \times 10^{-34})^2}\right]^{3/2} \times 8.2062 \times 10^{-5} T$$

$$= 2.279 \times 10^{62} (m/kg)^{3/2} (T/K)^{3/2}$$

(3) 因为 $n = \frac{N}{L} = \frac{N}{6.022 \times 10^{23}}$，所以

$$V = \frac{nkT}{p} = \frac{N \times 8.315 \times T}{6.022 \times 10^{23} p} = 1.3808 \times 10^{-23} \frac{TN}{p}$$

$$q_t = \left(\frac{2\pi mkT}{h^2}\right)^{3/2} V = \left[\frac{2 \times 3.1416 \times m \times 1.381 \times 10^{-23} \times T}{(6.626 \times 10^{-34})^2}\right]^{3/2} \times 1.3808 \times 10^{-23} \frac{TN}{p}$$

$= 3.834\,7 \times 10^{43} N(m/\text{kg})^{3/2}(T/\text{K})^{5/2}/(p/\text{kPa})$

9.11 2mol N_2 置于一容器中，$T = 400\text{K}$，$p = 50\text{kPa}$，试求容器中 N_2 分子的平动配分函数。

解题过程 N_2 的相对分子质量为 28.013 48，故 N_2 分子的质量为

$$m = \frac{M}{L} = \frac{28.013\,48\text{g} \cdot \text{mol}^{-1}}{6.022 \times 10^{23}\text{mol}^{-1}} = 4.651\,9 \times 10^{-26}\text{kg}$$

$$V = \frac{nRT}{p} = \frac{2\text{mol} \times 8.315\text{J} \cdot \text{mol}^{-1} \cdot \text{K}^{-1} \times 400\text{K}}{50\text{kPa}} = 0.133\,4\text{m}^3$$

$$q_t = \left(\frac{2\pi mkT}{h^2}\right)^{3/2} V$$

$$= \left[\frac{2 \times 3.141\,6 \times 4.651\,9 \times 10^{-26}\text{kg} \times 1.381 \times 10^{-38}\text{J} \cdot \text{K}^{-1} \times 400\text{K}}{(6.626 \times 10^{-34}\text{J} \cdot \text{s})^2}\right] \times 0.130\,4\text{m}^3$$

$$= 2.965\,6 \times 10^{31}$$

9.12 根据玻耳兹曼分布，分子处于能级 ε_i 的概率为 $n_i/N = g_i e^{-\varepsilon_i/(kT)}/q$。类似地，分子处于平动能级 $\varepsilon_{t,i}$ 的概率为 $n_i/N = g_{t,i} e^{-\varepsilon_{t,i}/(kT)}/q_t$。试分别计算 300K、101.325kPa 下气体氩与氢分子平运动的 N/q_t 值，并以此说明离域子系统通常能够符合 $n_i \ll g_i$。

解题过程 对于平动运动有

$$\frac{q_t}{N} = 3.837 \times 10^{43} m^{\frac{3}{2}} T^{\frac{5}{2}} p^{-1}$$

对 H_2 有 $\quad T = 300\text{K}, p = 101.325\text{KPa}, m = \dfrac{M(H_2)}{L}$，

$$故\left(\frac{q_t}{N}\right)^{-1} = \left[3.837 \times 10^{43} \times \left(\frac{2.016 \times 10^{-3}}{6.022 \times 10^{23}}\right]^{\frac{3}{2}} \times \frac{300^{\frac{5}{2}}}{101\,325}\right\}^{-1} = 8.86 \times 10^{-6} \ll 1$$

$$对\ Ar\ 有：\left(\frac{q_t}{N}\right)^{-1} = \left[3.837 \times 10^{43} \times \left(\frac{39.948 \times 10^{-3}}{6.022 \times 10^{23}}\right)^{\frac{3}{2}} \times \frac{300^{\frac{5}{2}}}{101\,325}^{-1}\right]$$

$$= 9.92 \times 10^{-8} \ll 1$$

因为 $\quad \dfrac{n_i}{g_i} = \dfrac{N}{q_t}\exp[-\varepsilon_{t,i}/(kT)]$，$\exp[-\varepsilon_{t,i}/(kT)] < 1$

故 $\quad \dfrac{n_i}{g_i} \ll 1$，即 $n_i \ll g_i$。

9.13 能否断言：粒子按能级分布时，能级越高，则分布数越小。试计算 300K 时 HF 分子按转动能级分布时各能级的有效状态数，以验证上述结论的正误。已知 HF 的转动特征温度 $\Theta_r = 30.3\text{K}$。

解题过程 HF 分子是异核双原子分子，$\sigma = 1$

$$q_r = \frac{T}{\Theta_r \sigma} = \frac{300\text{K}}{30.3\text{K} \times 1} = 9.901$$

因为 $\dfrac{n_i}{N} = \dfrac{g_i e^{-\varepsilon_i/(kT)}}{q}$

能级的有效状态数 $ge^{-\varepsilon_i/(kT)}$ 的分布数为 $J(J+1)\exp\left[\dfrac{-J(J+1)\Theta_r}{T}\right]$，该函数有极值，

原因是转动能级的简并度随能级的升高而增加，而指数部分随能量的升高而迅速降低。

9.14 已知气体 I_2 相邻振动能级的能量差 $\Delta\varepsilon = 0.426\times10^{-20}$J，试求 300K 时 I_2 分子的 Θ_v、q_v、q_v^0 及 f_v^0。

分　析　$\Theta_v = \dfrac{h\nu}{k}$，$q_v = \dfrac{1}{e^{\Theta_v/(2T)} - e^{-\Theta_v/(2T)}}$，$q_v^0 = f_v^0$，$q_v^0 = \dfrac{1}{1-e^{\Theta_v/T}}$；$\varepsilon_v = \left(\upsilon+\dfrac{1}{2}\right)h\nu$。

解题过程　$\varepsilon_v = \left(\upsilon+\dfrac{1}{2}\right)h\nu$。

相邻振动能级的能量差为

$$\Delta\varepsilon_v = h\nu = 0.426\times10^{-20}\,\text{J}$$

则振动特征温度为

$$\Theta_v = \frac{h\nu}{k} = \frac{0.426\times10^{-20}\,\text{J}}{1.381\times10^{-23}\,\text{J}\cdot\text{K}^{-1}} = 308.5\text{K}$$

$$q_v = \frac{1}{e^{\Theta_v/(2T)} - e^{-\Theta_v/(2T)}} = \frac{1}{e^{308.5/(2\times300)} - e^{-308.5/(2\times300)}} = 0.930\,9$$

由一维简谐振子的自由度为 1，所以

$$f_v^0 = q_v^0 = \frac{1}{1-e^{-\Theta_v/T}} = \frac{1}{1-e^{-308.5/300}} = 1.557$$

9.15 设有 N 个振动频率为 ν 的一维谐振子组成的系统，试证明其中能量不低于 $\varepsilon(\upsilon)$ 的粒子总数为 $N\exp[-\upsilon h\nu/(kT)]$，其中 υ 为振动量子数。

解题过程　对于一维谐振子，由玻耳兹曼分布表达式 $n_i = \dfrac{N}{q}g_i\exp[-\varepsilon_i/(kT)]$

其中 $g_i = 1$，$\varepsilon_i = \left(\upsilon+\dfrac{1}{2}\right)h\nu$，可得 $n(\upsilon) = \dfrac{N\exp\left[-\left(\upsilon+\frac{1}{2}\right)h\nu/(kT)\right]}{\sum\limits_{\upsilon=0}^{\infty}\exp\left[-\left(\upsilon+\frac{1}{2}\right)h\nu/(kT)\right]}$

于是

$$\sum_{\upsilon=0}^{\infty}n(\upsilon) = \frac{N\sum\limits_{\upsilon=0}^{\infty}\exp\left[-\left(\upsilon+\frac{1}{2}\right)h\nu/(kT)\right]}{\sum\limits_{\upsilon=0}^{\infty}\exp\left[-\left(\upsilon+\frac{1}{2}\right)h\nu/(kT)\right]}$$

$$= \frac{N\exp[-\upsilon h\nu/(kT)]\sum\limits_{\upsilon=0}^{\infty}\exp\left[-\left(\upsilon+\frac{1}{2}\right)h\nu/(kT)\right]}{\sum\limits_{\upsilon=0}^{\infty}\exp\left[-\left(\upsilon+\frac{1}{2}\right)h\nu/(kT)\right]}$$

$$= N\exp[-\upsilon h\nu/(kT)]$$

9.16 已知气态 I 原子的 $g_{e,0}=2$，$g_{e,1}=2$ 电子第一激发态与基态能量之差 $\Delta\varepsilon_e = 1.510\times10^{-20}$J，试计算1 000K时气态 I 原子的电子配分函数 q_e^0 以及在第一激发态的电子分布数 n_1 与总电子数 N 之比。

解题过程　由配分函数定义得

$$q_e^0=\sum_i g_i\exp[-\varepsilon_i/(kT)]=g_{e,0}+g_{e,1}\exp[-\varepsilon_{e,1}^0/(kT)]$$

$$=2+2\exp\left(\frac{-1.510\times10^{-20}}{1.381\times10^{-23}\times1\,000}\right)=2.67$$

故 $\frac{n_1}{N}=\frac{g_{e,1}\exp[-\varepsilon_{e,1}^0/(kT)]}{q_e^0}$

$$=\frac{2}{2.67}\exp\left(\frac{-1.510\times10^{-20}}{1.381\times10^{-23}\times1\,000}\right)=0.251\,0$$

9.17 1mol O_2 在 298.15K、100kPa 条件下，试计算：

(1)O_2 分子的平动配分函数 q_t。

(2)O_2 分子的转动配分函数 q_r，已知 O_2 分子的平衡核间距 $R_0=1.203\,7\times10^{-10}$m。

(3)O_2 分子的振动配分函数 q_v 及 q_v^0，已知 O_2 分子的振动频率 $v=4.666\times10^{13}\text{s}^{-1}$。

(4)O_2 分子的电子配分函数 q_e^0，已知电子基态 $g_{e,0}=3$，电子激发态可忽略。

解题过程 (1)O_2 分子的平动配分函数

$$q_t=\frac{(2\pi mkT)^{\frac{3}{2}}}{h^3}V=\frac{nRT(2\pi mkT)^{\frac{3}{2}}}{h^3}$$

$$=\frac{1\times8.315\times298.15\times\left(2\pi\times\frac{2\times16\times10^{-3}}{6.022\times10^{23}}\times1.381\times10^{-23}\times298.15\right)^{\frac{3}{2}}}{(6.626\times10^{34})^3}$$

$$=4.345\times10^{30}$$

(2)O_2 分子的转动配分函数

$$q_r=\frac{T}{\Theta_r\sigma} \quad ①$$

又转动特征温度

$$\Theta_r=\frac{h^2}{8\pi^2 Ik} \quad ②$$

$$I=\mu R_0^2 \quad ③$$

$$R_0=1.203\,7\times10^{-10} \quad ④$$

由 ①②③④ 可得 $q_r=71.26$

(3)O_2 分子的振动配分函数

$$q_v=\frac{1}{e^{\Theta_v/(2T)}-e^{-\Theta_v/(2T)}} \quad ⑤$$

又振动特征温度

$$\Theta_r=\frac{hv}{k} \quad ⑥$$

$$v=4.666\times10^{13}\text{s}^{-1} \quad ⑦$$

由 ⑤⑥⑦ 得 $q_v=0.023\,4$

故 $q_v^0=\frac{1}{1-e^{-\Theta_v/T}}=1.000\,5$

(4)O_2 分子的电子配分函数 $q_e^0 = \sum_i g_i \exp[-\varepsilon_i/(kT)] = g_{e,0} = 3$

9.18 Cl_2 及CO分子的振动特征温度分别为810K和3084K，试分别计算300K时两种气体分子的振动对摩尔热容的贡献，并求该温度下 Cl_2 的 $C_{m,V}$ 值。

分　析　$C_{V,m} = C_{V,t} + C_{V,r} + C_{V,v}, C_{V,t} = \frac{3}{2}R, C_{V,r} = R, C_{V,v} = R\left(\frac{\Theta_v}{T}\right)^2 e^{\Theta_v/T}(e^{\Theta_v/T}-1)^{-2}$

解题过程　对 Cl_2 来说，$\frac{\Theta_v}{T} = \frac{810K}{300K} = 2.7$

$$C_{V,v}(Cl_2) = R\left(\frac{\Theta_v}{T}\right)^2 e^{\Theta_v/T}(e^{\Theta_v/T}-1)^{-2}$$

$$= 8.315J \cdot mol^{-1} \cdot K^{-1} \times 2.7^2 \times e^{2.7} \times (e^{2.7}-1)^{-2}$$

$$= 4.68J \cdot mol^{-1} \cdot K^{-1}$$

对CO，$\frac{\Theta_v}{T} = \frac{3084K}{300K} = 10.28$

$$C_{V,v}(CO) = R\left(\frac{\Theta_v}{T}\right)^2 e^{\Theta_v/T}(e^{\Theta_v/T}-1)^{-2}$$

$$= 8.315J \cdot mol^{-1} \cdot K^{-1} \times 10.28^2 \times e^{10.28} \times (e^{10.28}-1)^{-2}$$

$$= 0.0302J \cdot mol^{-1} \cdot K^{-1} \approx 0$$

对 Cl_2，$C_{V,m} = C_{V,t} + C_{V,r} + C_{V,v}$

$$= \frac{3}{2}R + R + 4.68$$

$$= \left(\frac{5}{2} \times 8.315 + 4.68\right)J \cdot mol^{-1} \cdot K^{-1}$$

$$= 25.47J \cdot mol^{-1} \cdot K^{-1}$$

9.19 试求25℃时氩气的标准摩尔熵 $S_m^\ominus(298.15K)$。

解题过程　氩气的摩尔质量 $M = 39.948 \times 10^{-3} kJ \cdot mol^{-1}$。因Ar是单原子气体，不存在振动及转动，故 $S_m = S_{m,t}$。

对于1mol气体，在 $T = 298.15K, p = 100 \times 10^3 Pa$ 时

$$S_m^\ominus(298.15) = R[\frac{3}{2}\ln(39.948 \times 10^{-3}) + \frac{5}{2}\ln 298.15 - \ln(1 \times 10^5) + 20.723]$$

$$= 8.315\{\frac{3}{2} \times (-3.220) + \frac{5}{2} \times 5.6976 - 11.5129 + 20.723\}J \cdot mol^{-1} \cdot K^{-1}$$

$$= 154.8J \cdot mol^{-1} \cdot K^{-1}$$

9.20 CO的转动惯量 $I = 1.45 \times 10^{-46} kg \cdot m^2$，振动特征温度 $\Theta_v = 3084K$，试求：25℃时CO的标准准摩尔熵 $S_m^\ominus(298.15K)$。

分　析　$S_m = S_{m,t} + S_{m,r} + S_{m,v}$

$$S_{m,t} = R\{\frac{3}{2}\ln[M/(kJ \cdot mol^{-1})] + \frac{5}{2}\ln(T/K) - \ln(p/Pa) + 20.723\}$$

$$S_{m,r} = R\ln(T/\Theta_r\sigma) + R$$

$$S_{m,v} = R\ln(1-e^{-\Theta_v/T})^{-1} + R\Theta_v T^{-1}(e^{\Theta_v/T}-1)^{-1}$$

解题过程 CO的摩尔质量为 28.0104×10^{-3} kJ·mol^{-1}

$$S^{\ominus}_{m,t}(298.15\text{K}) = R\left\{\frac{3}{2}\ln(28.0104\times10^{-3})+\frac{5}{2}\ln298.15-\ln10^5+20.723\right\}$$
$$= 150.42\text{J}\cdot\text{mol}^{-1}\cdot\text{K}^{-1}$$

$$\Theta_r = \frac{h^2}{8\pi Ik} = \frac{(6.626\times10^{-34})^2}{8\times3.14^2\times1.45\times10^{-4}\times1.381\times10^{-23}} = 2.7776$$

$$S^{\ominus}_{m,r} = R\ln\left(\frac{T}{\Theta_r\sigma}\right)+R$$
$$= \left(8.315\times\ln\frac{298.15}{2.7776\times1}+8.315\right)\text{J}\cdot\text{mol}^{-1}\cdot\text{K}^{-1}$$
$$= 47.19\text{J}\cdot\text{mol}^{-1}\cdot\text{K}^{-1}$$

$$\frac{\Theta_v}{T} = \frac{3084}{298.15} = 10.3438$$

$$S^{\ominus}_{m,v} = R\ln(1-e^{-\Theta_v/T})^{-1}+R\Theta_v T^{-1}(e^{\Theta_v/T}-1)^{-1}$$
$$= R\times\ln(1-e^{-10.343})^{-1}+R\times10.3438\times(e^{10.3438}-1)^{-1}$$
$$= 3.036\times10^{-3}\text{J}\cdot\text{mol}^{-1}\cdot\text{K}^{-1}$$

$$S^{\ominus}_m = S^{\ominus}_{m,t}+S^{\ominus}_{m,r}+S^{\ominus}_{m,v}$$
$$= (150.42+47.19+3.036\times10^{-3})\text{J}\cdot\text{mol}^{-1}\cdot\text{K}^{-1}$$
$$= 197.6\text{J}\cdot\text{mol}^{-1}\cdot\text{K}^{-1}$$

9.21 利用9.17题的结果计算25℃时氧气的标准摩尔熵 $S^{\ominus}_m(298.15\text{K})$。

解题过程 由 O_2 为双原子分子，故

$$S^{\ominus}_{m,r} = R+R\ln q^0_r = R+R\ln71.26 = 43.784\text{J}\cdot\text{mol}^{-1}\cdot\text{K}^{-1}$$

$$S^{\ominus}_{m,t} = \frac{3}{2}R+R+R\ln\frac{q^0_t}{L}$$
$$= R\left(\frac{5}{2}+\ln\frac{4.345\times10^{30}}{6.022\times10^{23}}\right)$$
$$= 152.077\text{J}\cdot\text{mol}^{-1}\cdot\text{K}^{-1}$$

$$S^{\ominus}_{m,v} = \frac{U^0_{m,v}}{T}+R\ln q^0_v$$
$$= \frac{R\Theta_v}{T[\exp(\Theta_v/T)-1]}+R\ln\left[\frac{1}{1-\exp(-\Theta_v/T)}\right]$$
$$= 0.0357\text{J}\cdot\text{mol}^{-1}\cdot\text{K}^{-1}$$

$$S^{\ominus}_{m,e} = \frac{U^0_{m,e}}{T}+R\ln q^0_e = R\ln q^0_e = 9.1339\text{J}\cdot\text{mol}^{-1}\cdot\text{K}^{-1}$$

故 $S^{\ominus}_m(298.15\text{K}) = S^{\ominus}_{m,r}+S^{\ominus}_{m,t}+S^{\ominus}_{m,v}+S^{\ominus}_{m,e} = 205.034J\cdot\text{mol}^{-1}\cdot\text{K}^{-1}$

9.22 N_2 与CO的相对分子质量非常相近，转动惯量的差别也极小，在25℃时振动与电子运动均处于基态。但是 N_2 的标准摩尔熵为 191.9J·mol^{-1}·K^{-1}，而CO的为 197.6J·mol^{-1}·K^{-1}，试分析其原因。

分　析　N_2 与 CO 皆为双原子分子，二者的相对分子质量相同，且在同一温度下，故二者的平均熵相同，二者的振动熵均可忽略不计。但二者的对称数不同，所以两者标准摩尔熵不同是由转动中对称数不等而引起的。

解题过程　$S^{\ominus}_{m,t} = R\{\frac{3}{2}\ln[M/(kJ\cdot mol^{-1})] + \frac{5}{2}\ln(T/K) - \ln(p/Pa) + 20.723\}$

$= R\{\frac{3}{2}\ln[M/(kJ\cdot mol^{-1})] + \frac{5}{2}\ln 298.15 - \ln 10^5 + 20.723\}$

因为 N_2 和 CO 相对分子质量非常相近，则

$S^{\ominus}_{m}(N_2) = S^{\ominus}_{m,t}(CO)$

$\Theta_r = \frac{h^2}{8\pi^2 Ik}$

因为 N_2 与 CO 的转动惯量的差别极小，则

$\Theta_r(N_2) = \Theta_r(CO)$

$S^{\ominus}_{m,r} = R\ln(T/\Theta_r\sigma) + R$

对于 N_2 分子，为同核双原子分子，$\sigma = 2$

$S^{\ominus}_{m,r}(N_2) = R\ln\frac{1}{2} + R\ln(T/\Theta_r) + R$

对于 CO 分子，为异核双原子分子，$\sigma = 1$

$S^{\ominus}_{m,r}(CO) = R\ln(T/\Theta_r) + R$

而 N_2、CO，25℃ 时振动与电子运动均处于基态，则

$S^{\ominus}_{m} = S^{\ominus}_{m,r} + S^{\ominus}_{m,t}$

$S^{\ominus}_{m}(N_2) = S^{\ominus}_{m,r}(N_2) + S^{\ominus}_{m,t}(N_2)$

$S^{\ominus}_{m}(CO) = S^{\ominus}_{m,r}(CO) + S^{\ominus}_{m,t}(CO)$

$S^{\ominus}_{m,t}(N_2) = S^{\ominus}_{m,t}(CO)$

而 $S^{\ominus}_{m,v}(N_2) = R\ln\frac{1}{2} + R\ln(T/\Theta_r) + R < S^{\ominus}_{m,r}(CO) = R\ln(T/\Theta_r) + R$，

所以 $S^{\ominus}_{m}(N_2) = 191.6J\cdot mol^{-1}\cdot K^{-1} < S^{\ominus}_{m}(CO) = 197.6J\cdot mol^{-1}\cdot K^{-1}$。

N_2 与 CO 在 298.15K 的标准摩尔熵不同的原因是转动中对称数不等的影响。

小　结　此题的关键是了解相同相对分子质量的气体平均熵相同，但对称数不同。

9.23　试由 $\left(\frac{\partial A}{\partial V}\right)_T = -p$ 导出理想气体服从 $pV = NkT$。

解题过程　因为理想气体为离子域系统，故

$A = -kT\ln\frac{q^N}{N!} = -NkT\ln q + kT\ln N!$

$= -NkT\ln q_t + k\ln N! - NkT\ln(q_r q_v q_e q_n)$

其中只有平动配分函数与体积有关，且与体积成正比，故

$\left(\frac{\partial A}{\partial V}\right)_T = -NkT\left(\frac{\partial \ln q_t}{\partial V}\right)_T = -\frac{NkT}{V}$

又$\left(\frac{\partial A}{\partial V}\right)_T=-p$,故 $pV=NkT$。

9.24 试证明:含有 N 个粒子的离域子系统处于平衡时:

(1)$A=-kT\ln\frac{q^N}{N!}$

(2)$G=-kT\ln\frac{q^N}{N!}+NkTV\left(\frac{\partial \ln q}{\partial V}\right)_T$

分　析　离域子系统 $U=NkT^2\left(\frac{\partial \ln q}{\partial T}\right)_V$;$S=Nk\ln\frac{q}{N}+\frac{U}{T}+Nk$。

解题过程　(1) 对离域子系统,则

$$U=NkT^2\left(\frac{\partial \ln q}{\partial}\right)_V, S=Nk\ln\frac{q}{N}+\frac{U}{T}+Nk$$

根据 Striling 公式,当 $n\gg 1$ 时,$-N\ln N+N=-\ln N!$

$$\begin{aligned}所以 A=U-TS&=U-\left(TNk\ln\frac{q}{N}+U+NkT\right)\\&=-Tk(N\ln q-N\ln N+N)\\&=Tk[\ln q^N-(N\ln N-N)]\\&=-Tk(\ln q^N-\ln N!)\\&=-Tk\ln\frac{q^N}{N!}\end{aligned}$$

(2) 离域子系统

$$p=-\left(\frac{\partial A}{\partial V}\right)_T=kNT=\left(\frac{\partial \ln q}{\partial V}\right)_T$$

$$G=A+pV=-kT\ln\frac{q^N}{N!}+NkTV\left(\frac{\partial \ln q}{\partial V}\right)_T$$

9.25 用标准摩尔吉布斯自由能函数及标准摩尔焓函数计算下列合成氨反应在 1 000K 时的标准平衡常数。

$N_2(g)+3H_2(g)\rightleftharpoons 2NH_3(g)$

已知数据如表 9-2 所示。

表 9-2

物质	$-\left(\frac{G^{\ominus}_{m,T}-U_{0,m}}{T}\right)_{1\,000K}/(J\cdot mol^{-1}\cdot K^{-1})$	$(H^{\ominus}_{m,298K}-U_{0,m})/(kJ\cdot mol^{-1})$
$N_2(g)$	198.054	8.669
$H_2(g)$	137.093	8.468
$NH_3(g)$	203.577	9.916

$\Delta_f H^{\ominus}_m(NH_3, 298.15K)=-46.11kJ\cdot mol^{-1}$

分　析　理想气体反应 $-\ln K^{\ominus}=\frac{1}{R}\Delta_r\left(\frac{G^{\ominus}_m-U_{0,m}}{T}\right)+\frac{1}{RT}\Delta_r U_{0,m}$。

解题过程 $\Delta_r H_m^\ominus = \sum_B \nu_B \Delta_f H_m^\ominus = 2\times\Delta_f H_m^\ominus$

$= 2\times(-46.11)\text{kJ}\cdot\text{mol}^{-1}$

$= -92.22\text{kJ}\cdot\text{mol}^{-1}$

$\Delta_r(H_{m,T}^\ominus - U_{0,m}) = (2\times 9.916 - 3\times 8.468 - 8.669)\text{kJ}\cdot\text{mol}^{-1}$

$= -14.241\text{kJ}\cdot\text{mol}^{-1}$

$\Delta_r U_{0,m} = \Delta_r H_m^\ominus - \Delta_r(H_{m,T}^\ominus - U_{0,m})$

$= [-92.22 - (-14.241)]\text{kJ}\cdot\text{mol}^{-1}$

$= -77.979\text{kJ}\cdot\text{mol}^{-1}$

$\Delta_r\left(\dfrac{G_{m,T}^\ominus - U_{0,m}}{T}\right) = [2\times(-203.577) - 3\times(-137.093) - (-198.054)]\text{J}\cdot\text{mol}^{-1}\cdot\text{K}^{-1}$

$= 202.179\text{J}\cdot\text{mol}^{-1}\cdot\text{K}^{-1}$

$-\ln K^\ominus = \dfrac{1}{R}\Delta_r\left(\dfrac{G_{m,T}^\ominus - U_{0,m}}{T}\right) + \dfrac{1}{RT}\Delta_r U_{0,m}$

$= \dfrac{1}{8.315\text{J}\cdot\text{mol}^{-1}\cdot\text{K}^{-1}}\times 202.179\text{J}\cdot\text{mol}^{-1}\cdot\text{K}^{-1} + \dfrac{1}{8.315\text{J}\cdot\text{mol}^{-1}\cdot\text{K}^{-1}\times 1\,000}$

$\times(-77.979\text{kJ}\cdot\text{mol}^{-1})$

$= 14.9369$

即在 1 000K 时的标准平衡常数 $K^\ominus = 3.255\times 10^{-7}$

9.26 已知下列化学反应于 25℃ 时的 $\Delta_r G_{m,T}^\ominus / T = -493.017\text{J}\cdot\text{mol}^{-1}\cdot\text{K}^{-1}$。

$2H_2(g) + S_2(g) \longrightarrow 2H_2S(g)$

有关物质的标准摩尔吉布斯自由能函数如表 9-3 所示。

表 9-3

T/K	$-\dfrac{G_{m,T}^\ominus - U_{0,m}}{T}$/(J·mol⁻¹·K⁻¹)		
	$H_2(g)$	$S_2(g)$	$H_2S(g)$
298.15	102.349	197.770	172.381
1 000	137.143	236.421	214.497

试求：(1) $\Delta U_{0,m}$。

(2) 1 000K 时上述反应的标准平衡常数 $K^\ominus$。

分　析 $-\ln K^\ominus = \dfrac{1}{R}\Delta_r\left(\dfrac{G_m^\ominus - U_{0,m}}{T}\right) + \dfrac{1}{R}T\Delta_r U_{0,m}$。

解题过程 (1) 在 298.15K 时

$\Delta_r\left(\dfrac{G_{m,T}^\ominus - U_{0,m}}{T}\right) = \sum_B \nu_B (G_{m,B}^\ominus - U_{0,m,B})/T$

$= [2\times(-172.381) + 197.770 + 2\times 102.349]\text{J}\cdot\text{mol}^{-1}\cdot\text{K}^{-1}$

$= 57.706\text{J}\cdot\text{mol}^{-1}\cdot\text{K}^{-1}$

$\Delta_r U_{0,m} = T\times\left[\dfrac{\Delta_r G_m^\ominus}{T} - \Delta_r\left(\dfrac{G_{m,T}^\ominus - U_{0,m}}{T}\right)\right]$

$$= 398.15\text{K} \times (-493.017 - 57.706)\text{J} \cdot \text{mol}^{-1} \cdot \text{K}^{-1}$$

$$= -164.198\text{kJ} \cdot \text{mol}^{-1}$$

(2) 在 1 000K 时

$$\Delta_r\left(\frac{G_{m,t}^{\ominus} - U_{0,m}}{T}\right) = \sum_B v_B\left(\frac{G_{m,B}^{\ominus} - U_{0,m,B}}{T}\right)$$

$$= [2 \times (-214.497) + 236.421 + 2 \times 137.143]\text{J} \cdot \text{mol}^{-1} \cdot \text{K}^{-1}$$

$$= 81.731\text{J} \cdot \text{mol}^{-1} \cdot \text{K}^{-1}$$

$$-\ln K^{\ominus} = \frac{1}{R}\Delta_r\left(\frac{G_m^{\ominus} - U_{0,m}}{T}\right) + \frac{1}{RT}\Delta_r U_{0,m}$$

$$= \frac{1}{8.315}\left[81.713 + \frac{1}{1\,000} \times (-164\,198)\right]$$

$$= -9.920\,0$$

$$K^{\ominus} = 20\,363$$

第十章 界面现象

知识点归纳

一、表面功、表面吉布斯函数和表面张力

在温度、压力和组成不变的条件下，可逆地使表面积增加 dA_s 时，环境对体系所做的非体积功 $\delta W'_r$ 称为表面功，表示为

$$\delta W'_r = \gamma dA_s \tag{10.1}$$

恒温、恒压下，可逆非体积功等于系统的吉布斯函数的增加，即

$$dG_{T,p} = \delta W'_r = \gamma dA_s \tag{10.2}$$

该式表明，若 $dA_s < 0$，则 $dG_{T,p} < 0$，即表面积减小的变化是自发的。

上式又可写作

$$\gamma = \left(\frac{\partial G}{\partial A_s}\right)_{T,p} \tag{10.3}$$

γ 表示在单位表面积上，表面层的分子比相同数量的内部分子多余的吉布斯函数，称表面吉布斯函数，其单位为 $J \cdot m^{-2}$。

γ 又表示沿着液（或固）体表面并垂直作用在单位长度上的表面收缩力，称为表面张力，其单位为 $N \cdot m^{-1}$。

二、弯曲液面的附加压力和蒸气压

1. 弯曲液面的附加压力

弯曲液面下的液体或气体均受到一个附加压力 Δp 的作用，该 Δp 的大小可由拉普拉斯方程计算，该方程为

$$\Delta p = 2\gamma/r \tag{10.4}$$

式中，Δp 为弯曲液面内外的压力差；γ 为表面张力；r 为弯曲液面的曲率半径。

注意：(1) 计算 Δp 时，无论凸液面还是凹液面，曲率半径 r 一律取正数，并规定弯曲液面的凹面一侧压力为 $p_{内}$，凸面一侧压力为 $p_{外}$，Δp 一定是 $p_{内}$ 减 $p_{外}$，即

$$\Delta p = p_{内} - p_{外} \tag{10.5}$$

(2) 附加压力的方向总指向曲率半径中心。

(3) 对于在气相中悬浮的气泡，因液膜两侧有两个气液表面，所以气泡内气体所承受的附加压力为

$$\Delta p = 4\gamma / r \tag{10.6}$$

2. 弯曲液面附加压力引起的毛细现象

当液体润湿毛细管管壁时，则液体沿内管上升，其上升高度可按下式计算

$$h = 2\gamma \cos\theta / (r\rho g) \tag{10.7}$$

式中，r 为液体表面张力；ρ 为液体密度；g 为重力加速度；θ 为接触角；r 为毛细管内径。

注意：当液体不润湿毛细管时，则液体沿内管降低。

3. 微小液滴的饱和蒸气压——开尔文公式

$$RT\ln(p_r / p) = 2\gamma M / \rho r \tag{10.8}$$

式中，p_r 为液滴的曲率半径为 r 时的饱和蒸气压；p 为平液面的饱和蒸气压；ρ、M 和 γ 分别为液体的密度、摩尔质量和表面张力。上式只用于计算在一定温度下，凸液面（如微小液滴）的饱和蒸气压随球形半径的变化。当计算毛细管凹液面（如过热液体中亚稳蒸气泡）的饱和蒸气压随曲率半径变化时，则上式的等式左边项要改写为 $RT\ln(p/p_r)$。无论凸液面还是凹液面，计算时曲率半径均取正数。

三、固体吸附

固体表面的分子由于受力不均而具有剩余力场，对气体分子产生吸引力，使气体在固体表面聚集，从而降低固体的表面自由能，这种现象称为吸附。按吸附剂与吸附质作用本质的不同，吸附可分为物理吸附和化学吸附。

用单位质量吸附剂所吸附气体的物质的量 n 或其在标准状况下所占有的体积 V 来表示吸附量

$$n^a = \frac{n}{m} \text{ 或 } V^a = \frac{V}{m} \tag{10.9}$$

单位分别为 $mol \cdot kg^{-1}$ 或 $m^3 \cdot kg^{-1}$。

1. 朗缪尔单分子层吸附等温式

朗缪尔从吸附动态平衡的基本观点出发，提出了在均匀固体表面、吸附分子间无相互作用，只发生单分子层吸附情况下的吸附理论，推导出朗缪尔吸附等温式

$$\theta = \frac{bp}{1 + bp} \tag{10.10}$$

式中，θ 为覆盖率，$\theta = V^a / V^a_m$，表示固体表面被覆盖的分数；b 为吸附平衡常数，又称吸附系数，b 值越大，则表示吸附能力越强；p 为平衡时的气相压力。朗缪尔吸附等温式也可以表示为

$$V^a = V^a_m \frac{bp}{1 + bp} \tag{10.11}$$

式中，V_m^a 表示吸附达饱和时的吸附量；V^a 则表示覆盖为 θ 时的平衡吸附量。当压力很低或吸附较弱时，$bp \ll 1$，则上式可简化为 $V^a = V_m^a bp$；当压力足够高时或吸附较强时，$bp \gg 1$，则上式可简化为 $V^a = V_m^a$。

2. 吸附热力学

吸附是一个自发过程，是吉布斯函数下降的过程，$\Delta G = \Delta H - T\Delta S < 0$。因吸附过程中，气体分子由三维空间被吸附到二维表面，自由度减小，$\Delta S < 0$，则 $\Delta H < 0$。吸附通常为放热过程。

$$\Delta_{ads} H = -\frac{RT_2 T_1}{T_2 - T_1} \ln \frac{p_2}{p_1} \tag{10.12}$$

p_1 和 p_2 分别是在 T_1 和 T_2 下达到某一相同吸附量时的平衡压力。温度升高时，要想维持同样的吸附量，必然要增大气体的压力，即若 $T_2 > T_1$，必然 $p_2 > p_1$。

四、液－固界面

1. 接触角与杨氏方程

当一液滴在固体表面上不完全展开时，在气、液、固三相会合点，液－固界面的水平线与气－液界面切线之间通过液体内部的夹角 θ，称为接触角。其角度大小取决于同时作用于 O 点处的液体分子之上的固体表面张力 γ^s、液固界面张力 γ^{ls} 以及液体表面张力 γ^l。当平衡时，存在以下关系：

$$\gamma^s = \gamma^{ls} + \gamma^l \cos\theta \tag{10.13}$$

以上公式只适用于光滑的表面。

2. 润湿与铺展

润湿是固体表面上的气体被液体取代的过程。按润湿程度的不同，分为沾湿、浸湿和铺展 3 种。$\theta < 90°$ 的情形称为润湿；$\theta > 90°$ 的称为不润湿；$\theta = 0°$ 或不存在时称为完全润湿；$\theta = 180°$ 时称为完全不润湿。

铺展是少量液体在固体表面上自动展开，形成一层薄膜的过程。用铺展系数 S 作为衡量液体在固体表面能否铺展的判据。

$$S = -\Delta G_s = \gamma^s - \gamma^{ls} - \gamma^l \tag{10.14}$$

$S \geqslant 0$ 时，可发生铺展，S 越大，铺展性能越好；$S < 0$，则不能铺展。

五、溶液表面的吸附

1. 溶液表面的吸附现象

溶液的表面张力随溶质的性质及浓度而变化，所以溶液会自动调节表面层的浓度而尽量降低表面自由能，导致溶液表面层的组成与本体溶液的组成不同，称这种现象为溶液表面的吸附作用。若溶质在表面层的浓度大于它在本体溶液中的浓度，则为正吸附，反之为负吸附。

2. 吉布斯吸附等温式

吉布斯吸附公式描述了溶质的表面吸附量 Γ 与溶质的活度和表面张力随溶质活度变化率之间的关系：

$$\Gamma_2 = -\frac{a_2}{RT} \cdot \frac{d\gamma}{da_2} \tag{10.15}$$

对于稀溶液，可用溶质的浓度代替活度，并可略去下角标，表示为

$$\Gamma=-\frac{c}{RT}\cdot\frac{\mathrm{d}\gamma}{\mathrm{d}c} \tag{10.16}$$

若$\frac{\mathrm{d}\gamma}{\mathrm{d}c}<0$得$\Gamma>0$，表明凡增加浓度使表面张力降低的溶质在表面层发生正吸附；

若$\frac{\mathrm{d}\gamma}{\mathrm{d}c}>0$得$\Gamma<0$，表明凡增加浓度使表面张力增大的溶质在表面层发生负吸附。

3. 表面活性剂

凡溶于某液体后能使某液体的表面张力显著降低，在液体表面产生正吸附的物质称为表面活性剂。

按化学结构来分类，大体上可分为离子型和非离子型两大类。

表面活性剂物质的基本性质包括外表面定向排列和内部形成胶束，它们都能降低表面张力。表面活性物质在溶液中开始形成胶束的最低浓度为临界胶束浓度。

课后习题全解

10.1 请回答下列问题：

(1) 常见的亚稳状态有哪些？为什么会产生亚稳状态？如何防止亚稳状态的产生？

(2) 在一个封闭的钟罩内，有大小不等的两个球形液滴，问长时间恒温放置后，会出现什么现象？

(3) 下雨时，雨滴落在水面上形成一个大气泡，试说明气泡的形状及其理由。

(4) 物理吸附与化学吸附最本质的区别是什么？

(5) 在一定温度、压力下，为什么物理吸附都是放热过程？

解题过程 (1) 常见的亚稳状态有过饱和蒸气、过冷及过热液体、过饱和溶液等。产生亚稳状态的原因是新相种子难以生成。如在蒸气冷凝、液体凝固和沸腾以及溶液结晶等过程中，由于要从无到有生成新相，因而最初生成的新相的颗粒是极其微小的，其比表面积和表面吉布斯函数都很大，因此在系统中要产生新相极为困难，进而会产生过饱和蒸气、过冷及过热液体、过饱和溶液等这些亚稳状态。为了防止亚稳状态的产生，可预先在系统中加入少量将要产生的新相的种子。

(2) 若钟罩内还有该液体的蒸气存在，则长时间恒温放置，会出现大液滴越来越大，小液滴越来越小的过程，最终，小液滴消失，而大液滴与其蒸气成平衡，并不再变化。其原因在于，一定温度下，液滴的半径不同，其相应的饱和蒸气压不同，液滴越小，其相应的饱和蒸气压越大。当钟罩内液体蒸气的蒸气压达到大液滴的饱和蒸气压时，该蒸气压对小液滴尚未达到饱和，小液滴会继续蒸发，则蒸气就会在大液滴上凝结，因而出现了上述现象。

(3) 气泡的形状近似于半球状，如不考虑重力影响，则应为半球状。雨滴落在水面上形成

气泡的过程基本上是恒温恒压生成内外表面的过程，当气泡达到稳定状态时，要求其表面吉布斯函数处于最低，而相同体积的气泡则以球状表面积最小，这就是气泡为半球状的原因。

(4) 物理吸附与化学吸附最本质的区别是固体与气体之间的吸附作用力不同。物理吸附是固体表面上的分子与气体分子间的作用力为范德华力，化学吸附是固体表面上的分子与气体分子间的作用力为化学键力。

(5) 在一定温度、压力下，物理吸附过程是一个自发过程，由热力学原理可知，此过程系统的 $\Delta G<0$。同时，气体分子吸附在固体表面，由三维运动变为二维运动，系统的混乱度减小，因此过程系统的 $\Delta S<0$。根据 $\Delta G=\Delta H-T\Delta S$ 可得，物理吸附过程的 $\Delta H<0$。在一定的压力下，吸附焓就是吸附热，故物理吸附过程都是放热过程。

10.2 在 293.15K 及 101.325kPa 下，把半径为 1×10^{-3}m 的汞滴分散成半径为 1×10^{-9}m 的小汞滴，试求此过程系统的表面吉布斯函数变为多少？已知 293.15K 汞的表面张力为 0.486 5N·m^{-1}。

解题过程　设大汞滴的半径为 r_1，小汞滴的半径为 r_2，小汞滴的数目为 N，因分散前后体积不变，故

$$\frac{4}{3}\pi r_1^3=N\frac{4}{3}\pi r_2^3,N=\left(\frac{r_1}{r_2}\right)^3$$

$$\begin{aligned}\Delta G&=\int_{A_1}^{A_2}\gamma \mathrm{d}A_s=\gamma(A_2-A_1)=\gamma(N4\pi r_2^2-4\pi r_1^2)=4\pi\gamma(Nr_2^2-r_1^2)\\&=4\pi\gamma(r_1^3/r_2-r_1^2)=4\pi\gamma r_1^2(r_1/r_2-1)\\&=[4\times3.141\,6\times0.486\,5\times(10^{-3})^2\times(10^{-3}/10^{-9}-1)]\mathrm{J}\\&=6.114\mathrm{J}\end{aligned}$$

即此过程的表面吉布斯函数变为 5.906J。

10.3 计算 373.15K 时，下列情况下弯曲液面承受的附加压力，已知 373.15K 时水的表面张力为 58.91×10^{-3}N·m^{-1}：

(1) 水中存在的半径为 0.1μm 的小气泡。

(2) 空气中存在的半径为 0.1μm 的小液滴。

(3) 空气中存在的半径为 0.1μm 的小气泡。

解题过程　由于(1) 和(2) 只存在一个气－液界面，故它们的附加压力相同，由拉普拉斯方程得

$$\Delta p(1)=\Delta p(2)=\frac{2\gamma}{r}=\frac{2\times58.91\times10^{-3}}{0.1\times10^{-6}}\mathrm{Pa}=1.178\times10^3\mathrm{kPa}$$

(3) 中存在两个气－液界面，由拉普拉斯方程得

$$\Delta p(3)=\frac{4\gamma}{r}=\frac{4\times58.91\times10^{-3}}{0.1\times10^{-6}}\mathrm{Pa}=2.356\times10^3\mathrm{kPa}$$

10.4 在 293.15K 时，将直径为 0.1mm 的玻璃毛细管插入乙醇中，问需要在管内加多大的压力才能阻止液面上升？若不加任何压力，平衡后毛细管内液面的高度为多少？已知该温度下乙醇的表面张力为 22.3×10^{-3}N·m^{-1}，密度为 789.4kg·m^{-3}，重力加速度为 9.8m·s^{-2}。设乙醇能很好地润湿玻璃。

解题过程 设施加压力 Δp 能阻止液面上升，由于毛细管内液面上升需抵抗附加压力的作用，故施加压力与附加压力大小相等，即

$$\Delta p = \frac{2\gamma}{r} = \frac{2 \times 22.3 \times 10^{-3}}{0.05 \times 10^{-3}} \mathrm{Pa} = 892\mathrm{Pa}$$

由于润湿角 θ 在 $0° \sim 90°$ 之间才能润湿，由题意乙醇很好地润湿故 $\theta \approx 0°$

所以 $h = \dfrac{2\gamma\cos\theta}{\rho g r} = \dfrac{2 \times 22.3 \times 10^{-3}}{789.4 \times 9.8 \times \frac{0.1}{2} \times 10^{-3}} \mathrm{m} = 0.115\mathrm{m}$

10.5 水蒸气迅速冷却至 298.15K 时可达到过饱和状态。已知该温度下水的表面张力为 $71.97 \times 10^{-3} \mathrm{N \cdot m^{-1}}$，密度为 $997\mathrm{kg \cdot m^{-3}}$。当过饱和水蒸气压力为平液面水的饱和蒸气压的 4 倍时，计算：

(1) 开始形成水滴的半径。

(2) 每个水滴中所含水分子的个数。

解题过程 (1) 由开尔文公式 $RT\ln\dfrac{p_r}{p} = \dfrac{2\gamma M}{\rho r}$ 得

$$r = \frac{2\gamma M}{\rho RT \ln\frac{p_r}{p}}$$

由题意知 $\dfrac{p_r}{p} = 4$，故

$$r = \frac{2 \times 71.97 \times 10^{-3} \times 0.018\,015}{997 \times 8.314 \times 298.15 \ln 4} \mathrm{m} = 7.569 \times 10^{-10} \mathrm{m}$$

(2) 每个水滴的体积

$$V_1 = \frac{4}{3}\pi r^3 = 1.815 \times 10^{-27} \mathrm{m^3}$$

每个水分子的体积

$$V_2 = \frac{M}{\rho L} = \frac{0.018\,015}{997 \times 6.022 \times 10^{23}} \mathrm{m} = 3 \times 10^{-29} \mathrm{m^3}$$

所以每个水滴含有水分子数

$$N = \frac{V_1}{V_2} = 61$$

10.6 已知 $CaCO_3$ 在 773.15K 时的密度为 $3\,900\mathrm{kg \cdot m^{-3}}$，表面张力为 $1210 \times 10^{-3} \mathrm{N \cdot m^{-1}}$，分解压力为 101.325Pa。若将 $CaCO_3$ 研磨成半径为 30nm($1\mathrm{nm} = 10^{-9}\mathrm{m}$) 的粉末，求其在 773.15K 时的分解压力。

解题过程 设普通 $CaCO_3$ 固体的分解压力为 p，粉末 $CaCO_3$ 固体的分解压力为 p_r，根据开尔文公式

$RT\ln\dfrac{p_r}{p} = \dfrac{2\gamma M}{\rho r}$ 得

$$\ln\frac{p_r}{p} = \frac{2\gamma M}{RT\rho r} = \frac{2 \times 1210 \times 10^{-3} \times 100.09 \times 10^{-3}}{8.315 \times 773.15 \times 3\,900 \times 30 \times 10^{-9}} = 0.322\,0$$

$$\frac{p_r}{p} = 1.380$$

所以 $p_r = -1.380p = (1.380 \times 101.325)\text{Pa} = 139.8\text{Pa}$

小　结　以上两题考查开尔公式的运用。

10.7 在一定温度下，容器中加入适量的、完全不互溶的某油类和水，将一支半径为 r 的毛细管垂直地固定在油—水界面之间，如图 10-1(a) 所示，已知水能润湿毛细管壁，油则不能，在与毛细管同样性质的玻璃上，滴上一小滴水，再在水上覆盖上油，这时水对玻璃的润湿角为 θ，如图10-1(b) 所示。油和水的密度分别用 $\rho_{油}$ 和 $\rho_{水}$，AA 为油—水界面，油层的深度为 h'。请导出水在毛细管中上升的高度 h 与油—水界面张力 γ^{OW} 之间的定量关系。

分　析　此题根据拉普拉斯方程 $\Delta p = \frac{2\gamma}{r}$ 进行求解。

解题过程　将 10-1(a) 中的毛细管局部放大如图 10-2 所示，其中毛细管的半径为 r，由力的分析可知，水在毛细管中的上升是由于附加压力 $\Delta p = 2\gamma/r'$ 弯曲液面的曲率半径为 r' 和管外油柱产生的压力 $\rho_{油}gh$ 所致，因而，达到力的平衡状态时，毛细管内液柱所产生的静压力 $\rho_{水}gh$ 应与($\Delta p + \rho_{油}gh$) 在数值上相等，即

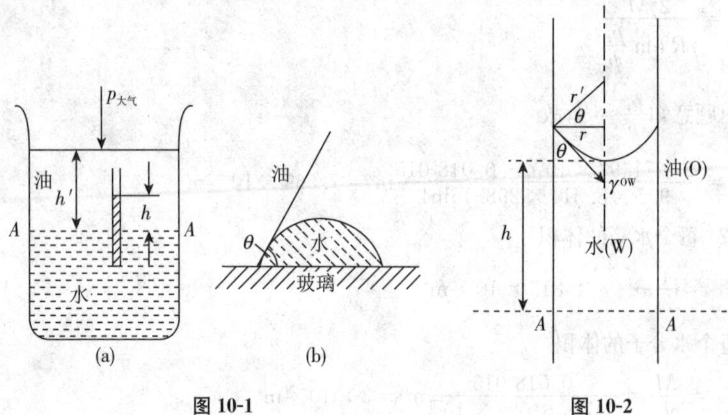

图 10-1　　　　图 10-2

$$\frac{2\gamma^{OW}}{r'} + \rho_{油}gh = \rho_{水}gh$$

所以
$$h = \frac{2\gamma^{OW}}{(\rho_{水} - \rho_{油})gr'} \quad ①$$

由图 10-2 中可见，润湿角与毛细管半径 r 及弯曲液面的曲率半径 r' 之间的关系为

$$\cos\theta = \frac{r}{r'}, r' = \frac{r}{\cos\theta}$$

将上式代入式 ① 得

$$h = \frac{2\gamma^{OW}\cos\theta}{(\rho_{水} - \rho_{油})gr}$$

小　结　以上两题的求解运用了拉普拉斯方程。

10.8 在 351.45K 时，用焦灰吸附 NH_3 气测得如表 10-1 所示的数据，设 V^a-p 关系符号 $V^2=kp^n$ 方程。试求方程式 $V^a=kp^n$ 中的常数项 k 及 n 的数值。

表 10-1

p/kPa	0.722 4	1.307	1.723	2.898	3.931	7.528	10.102
$V^a/(dm^3\cdot kg^{-1})$	10.2	14.7	17.3	23.7	28.4	41.9	50.1

分　析　此题运用图解法验证弗罗因德利希公式。

解题过程　将题给方程两边取自然对数，得

$$\ln\frac{V^a}{dm^3\cdot kg^{-1}}=n\ln\frac{p}{kPa}+\ln\frac{k}{dm^3\cdot kg^{-1}} \quad ①$$

$\ln[V^a/dm^3\cdot kg^{-1}]$ 与 $\ln(p/kPa)$ 是线性关系。将题给数据（表 10-1）取自然对数并列表如表 10-2 所示。将表 10-2 中的数据按式 ① 进行线性拟合并作图（图 10-3），得

$$\ln\frac{V^a}{dm^3\cdot kg^{-1}}=0.601\ 9\ln\frac{p}{kPa}+2.522\ 6$$

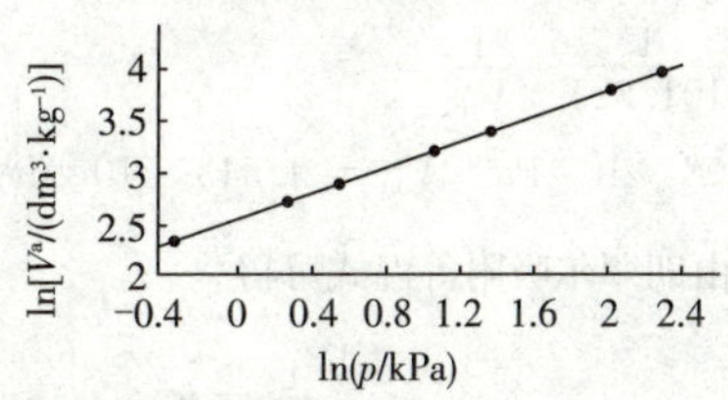

图 10-3

表 10-2

$\ln(p/kPa)$	−0.325 2	0.267 7	0.544 1	1.064 0	1.368 9	2.018 6	2.312 7
$\ln[V^a/(dm^3\cdot kg^{-1})]$	2.322 3	2.687 8	2.850 7	3.165 5	3.346 4	3.735 3	3.914 0

将式 ② 与式 ① 对比，得 $n=0.603$

$$\ln\frac{k}{dm^3\cdot kg^{-1}}=2.522\ 6$$

$$k=12.5dm^3\cdot kg^{-1}$$

10.9 已知在 273.15K 时，用活性炭吸附 $CHCl_3$，其饱和吸附量为 $93.8dm^3\cdot kg^{-1}$，若 $CHCl_3$ 的分压力为 13.375kPa，其平衡吸附量为 $82.5dm^{-3}\cdot kg^{-1}$。试求：

(1) 朗缪尔吸附等温式中的 b 值。

(2) $CHCl_3$ 的分压为 6.667 2kPa 时，平衡吸附量为多少？

分　析　此题根据朗缪尔吸附等温式进行求解。

解题过程　(1) 朗缪尔吸附等温式为

$$V^a=V_m^a\times\frac{bp}{1+bp}$$

将其变形并代入题给数据，得 b 值为

$$b=\frac{V^{a}}{p(V_{m}^{a}-V^{a})}=\frac{82.5}{13.375\times(93.8-82.5)}\text{kPa}^{-1}=0.5459\text{kPa}^{-1}$$

(2) 将 b 值与 $CHCl_3$ 的分压 6.667 2kPa 代入朗缪尔吸附等温式，得平衡吸附量为

$$V^{a}=V_{m}^{a}\frac{bp}{1+bp}=(93.8\times\frac{0.5459\times6.6672}{1+0.5459\times6.6672})\text{dm}^{3}\cdot\text{kg}^{-1}=73.58\text{dm}^{3}\cdot\text{kg}^{-1}$$

10.10 473.15K 时，测定氧在某催化剂表面上的吸附作用，当平衡压力分别为 101.325kPa 和 1013.25kPa 时，每千克催化剂的表面吸附氧的体积分别为 $2.5\times10^{-3}\text{m}^3$ 和 $4.2\times10^{-3}\text{m}^3$(已换算为标准状况下的体积)，假设该吸附作用服从朗缪尔吸附公式，试计算当氧的吸附量为饱和吸附量的一半时，氧的平衡压力为多少?

解题过程 由朗缪尔吸附等温式 $\frac{1}{V^{a}}=\frac{1}{V_{m}^{a}b}\frac{1}{p}+\frac{1}{V_{m}^{a}}$

代入数据可得

$$\frac{1}{2.5\times10^{-3}}=\frac{1}{V_{m}^{a}b}\frac{1}{101.325}+\frac{1}{V_{m}^{a}} \quad ①$$

$$\frac{1}{4.2\times10^{-3}}=\frac{1}{V_{m}^{a}b}\frac{1}{101.325}+\frac{1}{V_{m}^{a}} \quad ②$$

由 ①② 得 $b=1.208\times10^{-5}\text{Pa}^{-1}$，$V_{m}^{a}=4.543\times10^{-3}\text{m}^{3}$

当 $V^{a}=\frac{1}{2}V_{m}^{a}$ 时，由朗缪尔吸附等温式可得

$$\frac{1}{p}=b$$

故 $p=\frac{1}{b}=\left(\frac{1}{1.208\times10^{-5}}\right)\text{Pa}=82.78\text{kPa}$

10.11 在 291.15K 的恒温条件下，用骨炭从醋酸的水溶液中吸附醋酸，在不同的平衡浓度下，每千克骨炭吸附醋酸的物质的量如表 10-3 所示。将上述数据关系用朗缪尔吸附等温式表示，并求出式中的常数 n_{m}^{a} 及 b。

表 10-3

$c/(10^{-3}\text{mol}\cdot\text{dm}^{-3})$	2.02	2.46	3.05	4.10	5.81	12.8	100	200	500
$n^{a}/(\text{mol}\cdot\text{kg}^{-1})$	0.202	0.244	0.299	0.394	0.541	1.05	3.38	4.03	4.57

解题过程 朗缪尔吸附等温式可用于固体对溶液中溶质的吸附，其表示式为

$$\frac{c}{n^{a}}=\frac{c}{n_{m}^{a}}+\frac{1}{n_{m}^{a}b} \quad ①$$

即 c/n^{a} 与 c 是线性关系，故将题给数据(表 10-3) 进行 c/n^{a} 的计算并列表如表 10-4 所示。

将表 10-4 中的数据按式 ① 进行线性拟合，得

$$\frac{c}{n^{a}}=0.199c+0.00963 \quad ②$$

表 10-4

$\frac{c}{10^{-3}\text{mol}\cdot\text{dm}^{-3}}$	2.02	2.46	3.05	4.10	5.81	12.8	100	200	500
$\frac{c/n^a}{\text{dm}^{-3}\cdot\text{kg}}$	0.010 0	0.010 1	0.010 2	0.010 4	0.010 7	0.012 2	0.029 6	0.049 6	0.109

式 ② 与式 ① 对比，得

$$\frac{1}{n_m^a}=0.199\text{kg}\cdot\text{mol}^{-1}$$

$$\frac{1}{n_m^a b}=0.009\ 63\text{dm}^3\cdot\text{kg}^{-1}$$

所以 $n_m^a=5.025\text{mol}\cdot\text{kg}^{-1}$

$$b=\frac{1}{0.009\ 63n_m^a}=\frac{0.199}{0.009\ 63}\text{mol}^{-1}\cdot\text{dm}^3=20.66\text{mol}^{-1}\cdot\text{dm}^3$$

10.12 在 77.2K 时，用微球型硅酸铝催化剂吸附 N_2 气，在不同的平衡压力下，测得每千克催化剂吸附的 N_2 气在标准状况下的体积数据如表 10-5 所示。已知 77.2K 时 N_2 的饱和蒸气压为 99.125kPa，每个 N_2 分子的截面积 $a_m=16.2\times10^{-20}\text{m}^2$。试用 BET 公式计算该催化剂的比表面积。

表 10-5

p/kPa	8.699 3	13.639	22.112	29.924	38.910
$V^a/(\text{dm}^3\cdot\text{kg}^{-1})$	115.58	126.3	150.69	166.38	184.42

分　析　此题根据 BET 公式进行求解。

解题过程　由 BET 吸附等温式

$$\frac{p}{V^a(p^*-p)}=\frac{1}{cV_m^a}+\frac{c-1}{cV_m^a}\cdot\frac{p}{p^*} \quad ①$$

可知，$\frac{p}{V^a(p*-p)}$ 与 $\frac{p}{p^*}$ 是线性关系，故将题给数据(表 10-5) 进行计算，如表 10-6 所示。将表10-6 中的数据按式 ① 进行线性拟合，得

$$\frac{p}{V^a(p^*-p)}=4.302\times10^{-5}+0.008\ 652\frac{p}{p^*} \quad ②$$

表 10-6

p/p^*	0.087 76	0.137 6	0.223 1	0.301 9	0.392 5
$\frac{p/[V^a(p^*-p)]}{\text{kg}\cdot\text{dm}^{-3}}$	0.000 832 4	0.001 263	0.001 905	0.002 599	0.003 504

式 ② 与式 ① 对比，得

$$\frac{1}{cV_m^a}=4.302\times10^{-5}\text{kg}\cdot\text{dm}^{-3} \quad ③$$

$$\frac{c-1}{cV_m^a} = 0.008\ 652\text{kg} \cdot \text{dm}^{-3} \quad ④$$

式③加式④,得

$$\frac{1}{V_m^a} = \frac{1}{cV_m^a} + \frac{c-1}{cV_m^a} = (4.302 \times 10^{-5} + 0.008\ 652)\text{kg} \cdot \text{dm}^{-3} = -0.008\ 695\text{kg} \cdot \text{dm}^{-3}$$

所以 $V_m^a = 115.0\text{dm}^3 \cdot \text{kg}^{-1}$

设催化剂的比表面积为 A_W,则

$$A_W = nLa_m = \frac{pV_m^a}{RT}La_m$$

$$= \left(\frac{101\ 325 \times 115.0 \times 10^{-3}}{8.315 \times 273.15} \times 6.022 \times 10^{23} \times 16.2 \times 10^{-20}\right)\text{m}^2 \cdot \text{kg}^{-1}$$

$$= 5.0 \times 10^5 \text{m}^2 \cdot \text{kg}^{-1}$$

10.13 假设某气体在固体表面上吸附平衡时的压力 p,远远小于该吸附质在相同温度下的饱和蒸气压 p^*。试由 BET 吸附等温式

$$\frac{p}{V^a(p^* - p)} = \frac{1}{cV_m^a} + \frac{c-1}{cV_m^a}\frac{p}{p^*}$$

导出朗缪尔吸附等温式 $V^a = V_m^a \dfrac{bp}{1+bp}$。

解题过程　BET 吸附等温式 $\dfrac{p}{V^a(p^* - p)} = \dfrac{1}{cV_m^a} + \dfrac{c-1}{cV_m^a}\dfrac{p}{p^*}$,当吸附平衡时的压力 p 远远小于该吸附质在相同温度下的饱和蒸气压 p^* 时,可近似认为 $p^* - p \approx p^*$,故有

$$\frac{p}{V_m^a p^*} = \frac{1}{cV_m^a} + \frac{c-1}{cV_m^a}\frac{p}{p^*}$$

故 $V^a = \dfrac{cV_m^a p}{p^* + (c-1)p}$,分子分母同除以 p^* 得

$$V^a = \frac{(cV_m^a)/p^*}{[p^* + (c-1)p]/p^*} = V_m^a \frac{c}{p^*} \cdot \frac{p}{1 + p\dfrac{c}{p^*}}$$

$\dfrac{c}{p^*}$ 为常数,设 $b = \dfrac{c}{p^*}$

故 $V^a = V_m^a \dfrac{bp}{1+bp}$

10.14 在 1373.15K 时向某固体材料表面涂银。已知该温度下固体材料的表面张力 $\gamma^s = 965\text{mN} \cdot \text{m}^{-1}$,Ag(l) 的表面张力 $\gamma^l = 878.5\text{mN} \cdot \text{m}^{-1}$,固体材料与 Ag(l) 之间的界面张力 $\gamma^{sl} = 1364\text{mN} \cdot \text{m}^{-1}$。计算接触角,并判断液态银能否润湿该材料表面。

解题过程　设接触角为 θ,则

$$\cos\theta = \frac{\gamma^s - \gamma^{sl}}{\gamma^l} = \frac{965 - 1364}{878.5} = -0.454 < 0$$

即 $\theta = 130° > 90°$,故液态银不能润湿该材料表面。

10.15 293.15K 时，水的表面张力为 $72.75mN \cdot m^{-1}$，汞的表面张力为 $486.5mN \cdot m^{-1}$，汞和水之间的界面张力为 $375mN \cdot m^{-1}$，试判断：

(1) 水能否在汞的表面上铺展开？

(2) 汞能否在水的表面上铺展开？

解题过程　(1) 水在汞表面上的铺展系数

$$S_{H_2O/Hg} = \gamma^{Hg} - \gamma^{H_2O} - \gamma^{H_2O\text{-}Hg} = 38.75mN \cdot m^{-1} > 0$$

故水在汞表面上能铺展。

(2) 汞在水表面上的铺展系数

$$S_{Hg/H_2O} = \gamma^{H_2O} - \gamma^{Hg} - \gamma^{H_2O\text{-}Hg} = -788.75mN \cdot m^{-1} < 0$$

故汞在水表面上不能铺展。

10.16 298.15K 时，将少量的某表面活性物质溶解在水中，当溶液的表面吸附达到平衡后，实验测得该溶液的浓度为 $0.20mol \cdot m^{-3}$。用一很薄的刀片快速地刮去已知面积的该溶液的表面薄层，测得在表面薄层中活性物质的吸附量为 $3 \times 10^{-6} mol \cdot m^{-2}$。已知 298.15K 时纯水的表面张力为 $72mN \cdot m^{-1}$。假设在很稀的浓度范围内，溶液的表面张力与溶液的浓度呈线性关系，试计算上述溶液的表面张力。

分　析　此题根据吉布斯吸附等温式进行求解。

解题过程　吉布斯吸附等温式为

$$\Gamma = -\frac{c}{RT}\frac{d\gamma}{dc}$$

则 $$\frac{d\gamma}{dc} = -\frac{RT\Gamma}{c} = -\frac{8.315 \times 298.15 \times 3 \times 10^{-6}}{0.20} J \cdot mol^{-1} \cdot m$$

$$= -0.037\,18 N \cdot m^{-1} \cdot mol^{-1} \cdot m^3$$

因为在稀浓度范围内，溶液表面张力是随表面活性物质的浓度的降低而减小的，又由题意可知溶液的表面张力与溶液的浓度呈线性关系，故可得

$$\gamma = \gamma_0 - bc$$

式中，γ_0 为纯水的表面张力，b 为一常数。上式对浓度 c 微分得

$$\frac{d\gamma}{dc} = -b$$

即　$b = 0.037\,18 N \cdot m^{-1} \cdot mol^{-1} \cdot m^3$

所以，当浓度为 $0.20mol \cdot m^{-3}$ 时，溶液的表面张力为

$$\gamma = \gamma_0 - bc = (72 \times 10^{-3} - 0.037\,18 \times 0.2) N \cdot m^{-1} = 0.064\,56 N \cdot m^{-1}$$

10.17 292.15K 时，丁酸水溶液的表面张力可以表示为

$$\gamma = \gamma_0 - a\ln(1 + bc)$$

式中，γ_0 为纯水的表面张力，a 和 b 皆为常数。

(1) 试求该溶液中丁酸的表面吸附量 Γ 和浓度 c 的关系。

(2) 若已知 $a = 13.1\mathrm{mN \cdot m^{-1}}$, $b = 19.62\mathrm{dm^3 \cdot mol^{-1}}$,试计算当 $c = 0.200\mathrm{mol \cdot dm^{-3}}$ 时的 Γ 为多少?

(3) 当丁酸的浓度足够大,达到 $bc \gg 1$ 时,饱和吸附量 Γ_m 为多少?设此时表面上丁酸成单分子层吸附,试计算在液面上每个丁酸分子所占的截面积为多少?

解题过程 (1) 将题给关系式 $\gamma = \gamma_0 - a\ln(1 + bc)$ 对浓度 c 微分,得

$$\frac{\mathrm{d}\gamma}{\mathrm{d}c} = -\frac{ab}{1 + bc}$$

将上式代入吉布斯吸附等温式,得表面吸附量 Γ 和浓度 c 的关系为

$$\Gamma = -\frac{c}{RT}\frac{\mathrm{d}\gamma}{\mathrm{d}c} = \frac{c}{RT}\frac{ab}{1 + bc} \qquad ①$$

(2) 当 $c = 0.200\mathrm{mol \cdot dm^{-3}}$ 时,将题给数据代入式 ①,得

$$\Gamma = \left(\frac{0.200 \times 10^3}{8.315 \times 292.15} \times \frac{0.0131 \times 19.62 \times 10^{-3}}{1 + 19.62 \times 10^{-3} \times 0.200 \times 10^3}\right)\mathrm{mol \cdot m^{-2}}$$

$$= 4.298 \times 10^{-6}\,\mathrm{mol \cdot m^{-2}}$$

(3) 当 $bc \gg 1$ 时,由式 ① 得

$$\Gamma = \frac{a}{RT}$$

此时,表面吸附量与浓度无关,表明溶质在表面的吸附已达到饱和吸附,故

$$\Gamma = \Gamma_\infty = \frac{a}{RT} = \frac{0.0131}{8.315 \times 292.15}\mathrm{mol \cdot m^{-2}} = 5.393 \times 10^{-6}\,\mathrm{mol \cdot m^{-2}}$$

此时,丁酸在表面层的浓度远比没有吸附时大,已非常接近单位表面上丁酸的总物质的量,所以每个丁酸分子的截面积为

$$a_\mathrm{m} = \frac{1}{L\Gamma_\infty} = \frac{1}{6.022 \times 10^{23} \times 5.393 \times 10^{-6}}\mathrm{m^2} = 3.08 \times 10^{-19}\,\mathrm{m^2}$$

第十一章
化学动力学

知识点归纳

一、化学反应速率及速率方程

1. 反应速率

单位时间单位体积内化学反应的反应进度为反应速率。

$$v \xlongequal{\text{def}} (1/\nu_B V)(\mathrm{d}n_B/\mathrm{d}t) \tag{11.1}$$

反应速率的单位为 $\mathrm{mol \cdot m^{-3} \cdot s^{-1}}$。其与用来表示速率的物质 B 的选择无关，与化学计量式的写法有关。

对于恒容反应 $v=(1/\nu_B V)(\mathrm{d}c_B/\mathrm{d}t)$ (11.2)

对于化学计量反应 $-\nu_A A-\nu_B B-\cdots \rightarrow \cdots+\nu_Y Y+\nu_Z Z$ (11.3)

经常指定反应物 A 的消耗速率 $v_A=-(1/V)(\mathrm{d}n_A/\mathrm{d}t)$ 或某指定产物 Z 的生成速率 $v_Z=(1/V)(\mathrm{d}n_z/\mathrm{d}t)$ 来表示反应进行的速率，则

$$v=\frac{v_A}{-\nu_A}=\frac{v_B}{-\nu_B}=\cdots=\frac{v_Y}{\nu_Y}=\frac{v_Z}{\nu_Z} \tag{11.4}$$

各不同物质的消耗速率或生成速率与各自的化学计量数的绝对值成正比。

对于恒温恒容气相反应，$v_p=(1/\nu_B)(\mathrm{d}p_B/\mathrm{d}t)$(恒容) (11.5)

$v_p=vRT$ (11.6)

2. 基元反应的质量作用定律

对基元反应 $a\mathrm{A}+b\mathrm{B} \longrightarrow \mathrm{P}$

其质量作用定律表示为 $r=kc_A^a c_B^b$ (11.7)

该式表示基元反应的速率与所有反应物浓度(带相应指数)的乘积成正比，其中浓度指数恰是反应式中各相应物质化学计量数的绝对值。其中，比例系数 k 为基元反应的速率常数。

3. 反应速率方程

表示化学体系中反应速率与反应物的浓度间函数关系的方程式称为反应速率方程。由实验数据得出的经验速率方程一般可表示为

$$v_A = -\frac{dc_A}{dt} = kc_A^{n_A}c_B^{n_B}\cdots \tag{11.8}$$

式中 n_A、n_B 等分别称为反应组分的反应分级数;$n = n_A + n_B + \cdots$ 为反应的总级数。反应级数的大小表示浓度对反应速率影响的程度,级数越大,则反应速率受浓度的影响越大。

二、具有简单级数反应的速率方程及特点

表 11-1

级数	微分式	积分式	半衰期	k 的单位
零级	$-\frac{dc_A}{dt} = k(c_A)^0$	$c_{A,0} - c_A = k_A t$	$t_{1/2} = c_{A,0}/(2k)$	浓度·时间$^{-1}$
一级	$-\frac{dc_A}{dt} = kc_A$	$\ln\frac{c_{A,0}}{c_A} = k_A t$	$t_{1/2} = \frac{\ln 2}{k}$	时间$^{-1}$
二级	$-dc_A/dt = k_A c_A^2$	$\frac{1}{c_A} = kt + 1/c_{A,0}$	$t_1/2 = 1/kc_{A,0}$	浓度$^{-1}$·时间$^{-1}$
n 级 ($n \neq 1$)	$-dc_A/dt = k_A c_A^n$	$\frac{1}{c_A^{n-1}} - \frac{1}{c_{A,0}^{n-1}} = (n-1)k_A t$	$t_{1/2} = \frac{2^{n-1}-1}{(n-1)k_A c_{A,0}^{n-1}}$	浓度$^{n-1}$·时间$^{-1}$

三、速率方程的确定

确定反应级数的 3 种常用方法:微分法、尝试法和半衰期法,后两种属于积分法。

1. 微分法

$-dc_A/dt = kc_A^n$ 是速率方程的微分式,应用此式求反应级数的方法即为微分法。

2. 尝试法

尝试法又称为试差法。就是看某一化学反应的 c_A 与 t 间的关系适合于哪一级数的动力学积分式,从而确定该反应的反应级数。

3. 半衰期法

半衰期法确定反应级数的依据是化学反应的半衰期和反应物初始浓度之间的关系与反应级数有关。

四、反应速率与温度的关系

阿伦尼乌斯公式

指数式
$$k = A \cdot e^{\frac{-E_a}{RT}} \tag{11.9}$$

式中 E_a 为活化能;A 为指前因子(GB3102-93 称"指前参量")。

对数式
$$\ln k = -\frac{E_a}{RT} + \ln A \tag{11.10}$$

微分式 $$\frac{\mathrm{d}\ln k}{\mathrm{d}T}=\frac{E_a}{RT^2} \tag{11.11}$$

定积分式 $$\ln\frac{k_2}{k_1}=\frac{E_a(T_2-T_1)}{RT_2T_1} \tag{11.12}$$

五、典型复合反应

1. 对行反应

如以正、逆反应均为一级反应。

$$\mathrm{A}\underset{k_{-1}}{\overset{k_1}{\rightleftharpoons}}\mathrm{B}$$

$t=0$	$c_{\mathrm{A},0}$	0
$t=t$	c_A	$c_{\mathrm{A},0}-c_\mathrm{A}$
$t=\infty$	$c_{\mathrm{A,e}}$	$c_{\mathrm{A},0}-c_{\mathrm{A,e}}$

$$-\mathrm{d}c_\mathrm{A}/\mathrm{d}t=k_1c_\mathrm{A}-k_{-1}(c_{\mathrm{A},0}-c_\mathrm{A}) \tag{11.13}$$

$$-\mathrm{d}c_{\mathrm{A,e}}/\mathrm{d}t=k_1c_{\mathrm{A,e}}-k_{-1}(c_{\mathrm{A},0}-c_{\mathrm{A,e}})=0 \tag{11.14}$$

$$K_c=k_1/k_{-1}=(c_{\mathrm{A},0}-c_{\mathrm{A,e}})/c_{\mathrm{A,e}} \tag{11.15}$$

$$-\mathrm{d}(c_\mathrm{A}-c_{\mathrm{A,e}})/\mathrm{d}t=(k_1+k_{-1})(c_\mathrm{A}-c_{\mathrm{A,e}}) \tag{11.16}$$

当 K_c 很大，即 $k_1\gg k_{-1}$，$c_{\mathrm{A,e}}\approx 0$ 时

$$-\mathrm{d}c_\mathrm{A}/\mathrm{d}t=k_1c_\mathrm{A} \tag{11.17}$$

2. 平行反应

$$\mathrm{A}\begin{cases}\xrightarrow{k_1}\mathrm{B}\\ \longrightarrow\mathrm{C}\end{cases}$$

当两个反应都是一级反应，则

$$\mathrm{d}c_\mathrm{B}/\mathrm{d}t=k_1c_\mathrm{A} \tag{11.18}$$

$$\mathrm{d}c_\mathrm{C}/\mathrm{d}t=k_2c_\mathrm{A} \tag{11.19}$$

若反应开始时，$c_{\mathrm{B},0}=c_{\mathrm{C},0}=0$，则 $c_\mathrm{A}+c_\mathrm{B}+c_\mathrm{C}=c_{\mathrm{A},0}$，所以

$$-\mathrm{d}c_\mathrm{A}/\mathrm{d}t=(k_1+k_2)c_\mathrm{A} \tag{11.20}$$

积分得 $$\ln(c_{\mathrm{A},0}/c_\mathrm{A})=(k_1+k_2)t \tag{11.21}$$

平行反应的特点：当组成平行反应的每一个反应级数均相同时，则各个反应物的浓度比等于各反应的速率常数之比，而与反应物的起始浓度及时间无关。

3. 连串反应

假设由两个一级反应组成的连串反应。

$$\mathrm{A}\xrightarrow{k_1}\mathrm{B}\xrightarrow{k_2}\mathrm{C}$$

$t=0$	$c_{\mathrm{A},0}$	0	0
$t=t$	c_A	c_B	c_C

$$-\mathrm{d}c_\mathrm{A}/\mathrm{d}t=k_1c_\mathrm{A} \tag{11.22}$$

$$\mathrm{d}c_\mathrm{B}/\mathrm{d}t=k_1c_\mathrm{A}-k_2c_\mathrm{B} \tag{11.23}$$

因为 $c_A + c_B + c_C = c_{A,0}$，则

$$c_C = c_{A,0}\left[1 - \frac{1}{k_2 - k_1}(k_2 e^{-k_1 t} - k_1 e^{-k_2 t})\right] \tag{11.24}$$

六、复合反应速率的近似处理法

1. 选取控制步骤法

连串反应的总速率等于最慢一步的速率。最慢的一步称为反应速率的控制步骤。控制步骤的反应速率常数越小，其他各串联步骤的速率常数越大，则此规律就越准确。这时，要想使反应加速进行，关键就在于提高控制步骤的速率。

2. 平衡态近似法

对于反应处理

$$A + B \underset{k-1}{\overset{k_1}{\rightleftharpoons}} C \qquad \text{（快速平衡）}$$

$$C \longrightarrow k_2 D \qquad \text{（慢）}$$

若最后一步为慢步骤，因而前面的对行反应能随时近似维持平衡。从化学动力学角度考虑，上面的快速平衡时正向、逆向反应速率应近似视为相等。

3. 稳态近似法

在连串反应中

$$A \xrightarrow{k_1} B \xrightarrow{k_2} C$$

若中间物 B 很活泼，极易继续反应，则必 $k_2 \gg k_1$。就是说第二步反应比第一步反应快得多，B 一旦生成，就立即经第二步反应掉，所以反应系统中 B 基本上没什么积累，c_B 很小。这时 B 的浓度是处于稳态或定态。所以稳态或定态就是指某中间物的生成速率与消耗速率相等以致其浓度不随时间变化的状态。

七、基元反应速率理论

1. 简单碰撞理论

(1) 双分子气体反应的碰撞数 Z（碰撞频率）

同种分子
$$Z_{AA} = 2\pi d^2 L^2 \sqrt{\frac{RT}{\pi M_A}} c_A^2 \tag{11.25}$$

异种分子
$$Z_{AB} = \pi d^2 L^2 \sqrt{\frac{8RT}{\pi \mu M}} c_A c_B \tag{11.26}$$

(2) 双分子气体反应速率

同种分子
$$k = 2\pi d^2 L \sqrt{\frac{RT}{\pi M_A}} \exp\left(-\frac{E_c}{RT}\right) \tag{11.27}$$

异种分子
$$k = \pi d^2 L \sqrt{\frac{8RT}{\pi \mu_M}} \exp\left(-\frac{E_c}{RT}\right) \tag{11.28}$$

其中 E_c 为阈能。

2. 过渡状态理论(活化络合物理论)

(1) 浓度 $c^{\ominus}$ 为标准时的速率常数

$$k = \frac{k_B T}{h}(c^{\ominus})^{1-n}\exp\left(\frac{\Delta^{\neq} S_m(c^{\ominus})}{R}\right)\exp\left(\frac{\Delta^{\neq} H_m(c^{\ominus})}{RT}\right) \tag{11.29}$$

其中 k_B 为玻耳兹曼常量,h 为普朗克常量,n 为所有反应物系数之和。

(2) 对气相反应,以 $p^{\ominus}$ 为标准态时的速率常数

$$k = \frac{k_B T}{h}\left(\frac{p^{\ominus}}{RT}\right)^{1-n}\exp\left(\frac{\Delta^{\neq} S_m(p^{\ominus})}{R}\right)\exp\left(\frac{\Delta^{\neq} H_m(p^{\ominus})}{RT}\right) \tag{11.30}$$

(3) 溶液中离子反应速率的原盐效应

$$\lg\frac{k}{k_0} = 2z_A z_B A\sqrt{I} \tag{11.31}$$

式中 Z_A、Z_B 为离子A、B的电荷;I 为离子强度;k_0 为各种离子和活化络合物的活度系数均为1时的速率常数;25℃ 的水溶液 $A = 0.509$。

八、量子效率与量子产率

量子效率 $\varphi = \frac{\text{发生反应的分子数}}{\text{被吸收的光子数}} = \frac{\text{发生反应的物质的量}}{\text{被吸收光子的物质的量}}$ (11.32)

量子产率 $\varphi = \frac{\text{生成产物 B 的分子数}}{\text{被吸收的光子数}} = \frac{\text{生成产物 B 的物质的量}}{\text{被吸收光子的物质的量}}$ (11.33)

课后习题全解

11.1 气相反应 $SO_2Cl_2(g) \longrightarrow SO_2(g) + Cl_2(g)$ 为一级气相反应,320℃ 时 $k = 2.2\times10^{-5}\ s^{-1}$。若在 320℃ 加热 90min,$SO_2Cl_2$ 的分解分数为多少?

解题过程 对于一级反应 $c_A = c_{A,0}e^{-kt}$

$$\frac{c_A}{c_{A,0}} = e^{-kt} = e^{-2.2\times10^{-5}\times90\times60} = 0.888$$

SO_2Cl_2 的分解分数为

$$1-\frac{c_A}{c_{A,0}} = 1-0.888 = 11.20\%$$

11.2 某一级反应 A ⟶ B 的半衰期为 10min,求 1h 后剩余 A 的分数。

解题过程 因为 $t_{1/2} = 0.693\quad 1/k = (10\times60)s = 600s$,所以

$k = 1.1552\times10^{-3}\ s^{-1}$

对于一级反应 $c_A = c_{A,0}e^{-kt}$

1h 后剩余 A 的分数为

$$\frac{c_A}{c_{A,0}} = e^{kt} = e^{-1.1552\times10^{-3}\times3\,600} = 1.56\%$$

11.3 某一级反应，反应进行 10min 后，反应物质反应掉 30%，问反应掉 50% 需要多少时间？

解题过程 对于一级反应 $c_A = c_{A,0}e^{-kt}$

$$1-\frac{c_A}{c_{A,0}} = 1-e^{-kt} = 30\%,1-e^{-k\times 600} = 30\%$$

解得 $k = 5.94\times 10^{-4}\ s^{-1}$

反应掉 50% 的时间即半衰期为

$$t_{1/2} = 0.693\ 1/k = \frac{0.693\ 1}{5.94\times 10^{-4}\times 60}min = 19.4min$$

11.4 25℃ 时，酸催化蔗糖转化反应

$$\underset{(蔗糖)}{C_{12}H_{22}O_{11}} + H_2O \longrightarrow \underset{(葡萄糖)}{C_6H_{12}O_6} + \underset{(果糖)}{C_6H_{12}O_6}$$

的动力学数据如表 11-2 所示（蔗糖初始浓度 c_0 为 1.002 3mol·dm^{-3}，时刻 t 的浓度为 c）。

表 11-2

t/min	0	30	60	90	130	180
$(c_0-c)/(mol\cdot dm^{-3})$	0	0.100 1	0.194 6	0.277 0	0.372 6	0.467 6

(1) 试用作图法证明此反应为一级反应，求算速率常数及半衰期。

(2) 若蔗糖转化 95% 需要多长时间？

分　析 根据一级反应的特点，即 $\ln c_A = -kt + \ln c_{A,0}$。以 $\ln c_A$ 对 t 作图，如为一条直线则该反应为一级反应。

解题过程 由题提供的数据计算 c、$\ln c$ 如表 11-3 所示。

表 11-3

t/min	0	30	60	90	130	180
$c/(mol\cdot dm^{-3})$	1.002 3	0.902 2	0.807 7	0.725 3	0.629 7	0.534 7
$\ln[c/(mol\cdot dm^{-3})]$	0.002 3	−0.102 9	−0.213 6	−0.321 2	−0.462 5	−0.626 0

以 $\ln c$ 对 t 作图，如图 11-1 所示。

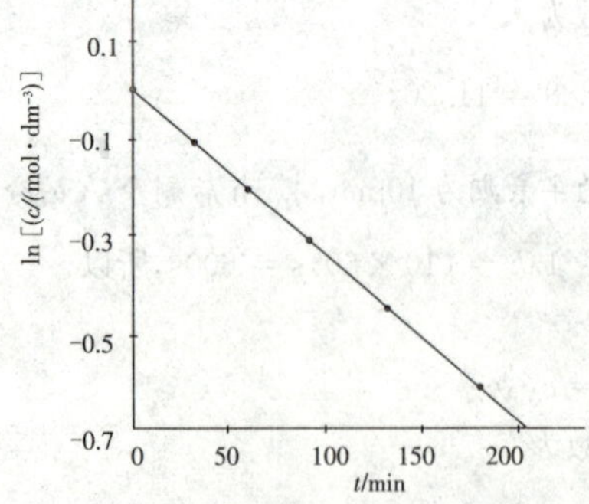

图 11-1

由图 11-1 可知，$\ln c$ 对 t 作图为一条直线。而由一级反应 $\ln c_A = -kt + \ln c_A$ 可知，$\ln c_A$ 对 t 作图为一条直线，所以题述反应为一级反应。

由图可知

$$k = -\frac{0.0023-(-0.6260)}{0-180}\text{min}^{-1} = 3.49\times10^{-3}\text{min}^{-1}$$

$$t_{1/2} = 0.6931/k = \frac{0.6931}{3.49\times10^{-3}\text{min}^{-1}} = 198.6\text{min}$$

$$c_A = c_{A,0}e^{-kt}$$

当转化为 95% 时

$$\frac{c_A}{c_{A,0}} = e^{-kt} = 1-95\%$$

$$e^{-3.49\times10^{-3}t} = 0.05$$

$$t = 858.4\text{min}$$

11.5 对于一级反应，试证明转化率达到 87.5% 所需时间为转化率达到 50% 所需时间的 3 倍。对于二级反应又应为多少？

分　析　对于一级反应半衰期 $t_{1/2} = \dfrac{\ln 2}{k}$，对于二级反应半衰期 $t_{1/2} = \dfrac{1}{kc_{A,0}}$。

解题过程　一级反应时，转化率达到 87.5% 时

$$\frac{c_A}{c_{A,0}} = 1-87.5\% = 0.125$$

$$\ln\frac{c_A}{c_{A,0}} = -kt$$

$$t = \frac{\ln 0.125}{-k}$$

$$t_{1/2} = \frac{\ln 2}{k}$$

$$t/t_{1/2} = \frac{\ln 0.125}{\ln 2} = -3$$

二级反应时，转化率达到 87.5% 时

$$c_A = (1-87.5)c_{A,0} = 0.125c_{A,0}$$

$$\frac{1}{c_A} - \frac{1}{c_{A,0}} = kt$$

$$t = \frac{1}{kc_{A,0}}\left(\frac{1}{0.125}-1\right) = \frac{7}{kc_{A,0}}$$

$$t_{1/2} = \frac{1}{kc_{A,0}}$$

$$t/t_{1/2} = 7$$

11.6 偶氮甲烷分解反应

$$CH_3NNCH_3(g) \longrightarrow C_2H_6(g) + N_2(g)$$

为一级反应。287℃ 时，一密闭恒容容器中 CH_3NNCH_3 初始压力为 21.332kPa，1 000s 后总压为 22.732kPa，求 k 及 $t_{1/2}$。

解题过程 $CH_3NNCH_3(g) \longrightarrow C_2H_6(g) + N_2(g)$

$t = 0$ 时 $\quad p_0 \quad 0 \quad 0$

$t = 1\ 000s$ 时 $\quad p \quad p_0 - p \quad p_0 - p$

$p + 2(p_0 - p) = 22.732\text{kPa}$

$p = (2 \times 21.332 - 22.732)\text{kPa} = 19.932\text{kPa}$

气体视为理想气体 $p = \frac{n}{V}RT = cRT$，则 $\frac{c_A}{c_{A,0}} = \frac{p}{p_0}$

一级反应

$$\ln \frac{c_A}{c(A,0)} = \ln \frac{p}{p_0} = -kt$$

$$k = -\frac{\ln(19.932/21.332)}{1\ 000s} = 6.79 \times 10^{-5}\,s^{-1}$$

$$t_{1/2} = \frac{\ln 2}{k} = \frac{\ln 2}{6.79 \times 10^{-5}\,s^{-1}} = 1.02 \times 10^4\,s$$

11.7 硝基乙酸在酸性溶液中的分解反应

$(NO_2)CH_2COOH \longrightarrow CH_3NO_2 + CO_2(g)$

为一级反应。25℃，101.3kPa 下，于不同时间测定放出的 $CO_2(g)$ 体积如表 11-4 所示。

表 11-4

t/min	2.28	3.92	5.92	8.42	11.92	17.47	∞
V/cm^3	4.09	8.05	12.02	16.01	20.02	24.02	28.94

反应不是从 $t = 0$ 开始的，求速率常数。

分　析 反应在进行一段时间后才开始计时，则当 $t = 0$ 时 $CO_2(g)$ 体积并不为零，对一级反应，用作图法求 k。$t = 0$ 时 $CO_2(g)$ 的体积是否为零对 k 值无影响。

解题过程 $(NO_2)CH_3COOH \longrightarrow CH_3\ NO_2 \quad + \quad CO_2(g)$

$t = 0$ 时 $\quad n_{A,0} \quad n_{z,0} \quad V_0 = n_{z,0}RT/p$

$t = t$ 时 $\quad n_A \quad n_{z,0} + n_{A,0} - n_A \quad V = \{n_{z,0} + n_{A,0}\}RT/p$

$t = \infty$ 时 $\quad 0 \quad n_{z,0} + n_{A,0} \quad V_\infty = \{n_{z,0} + n_{A,0}\}RT/p$

$V_\infty - V_0 = n_{A,0}RT/p, V_\infty - V_t == n_ART/p$

因溶液体积不变

$$\frac{c_A}{c_{A,0}} = \frac{n_A}{n_{A,0}} = \frac{V_\infty - V_t}{V_\infty - V_0}$$

一级反应 $\ln \frac{c_A}{c_{A,0}} = -kt$

$$\ln \frac{V_\infty V_t}{V_\infty - V_0} = kt$$

$$\ln(V_\infty - V_t) = -kt + \ln(V_\infty - V_0)$$

由题述数据计算 $\ln(V_\infty - V_t)$ 如表 11-5 所示。

表 11-5

t/min	2.28	3.92	5.92	8.42	11.92	17.47
$(V_\infty - V_t)/cm^3$	24.85	20.89	16.92	12.93	8.92	4.92
$\ln[(V_\infty - V_t)/dm^3]$	3.213	3.039	2.828	2.560	2.188	1.593

以 $\ln[(V_\infty - V_t)/dm^3]$ 对 t 作图，如图 11-2 所示。

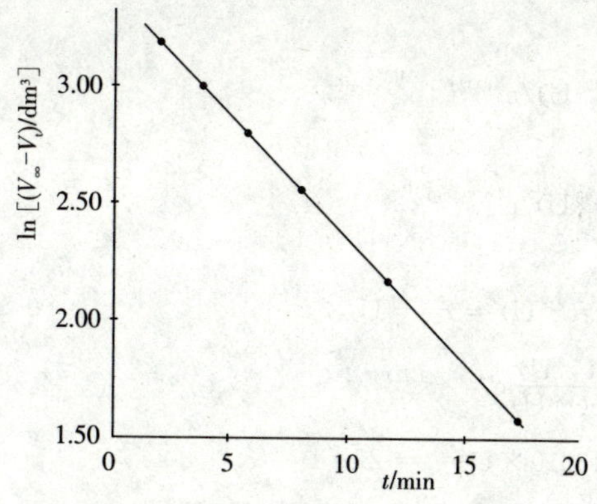

图 11-2

$$k = -\text{斜率} = -\frac{3.213 - 1.593}{(2.28 - 17.47)\text{min}} = 0.107\text{min}^{-1}$$

小　结　本题关键是了解 $t = 0$ 时 $CO_2(g)$ 的体积是否为零对 k 值无影响。注意从题目中推导 n、c 与 V 之间的关系。

11.8　某一级反应 A ⟶ 产物，初始速率为 $1 \times 10^{-3} mol \cdot dm^{-3} \cdot min^{-1}$，1h 后速率为 $0.25 \times 10^{-3} mol \cdot dm^{-3} \cdot min^{-1}$。求 k、$t_{1/2}$ 和初始浓度 $c_{A,0}$。

解题过程　对于一级反应 $-dc_A/dt = kc_{A,0}$

$$1 \times 10^{-3} mol \cdot dm^3 \cdot min^{-1} = kc_A$$

$$0.25 \times 10^{-3} mol \cdot dm^{-3} \cdot min^{-3} = kc_A$$

可得 $\frac{c_{A,0}}{c_A} = 4$

同时 $\ln \frac{c_{A,0}}{c_A} = \ln 4 = k \times 60\text{min}$

所以 $k = 0.0231\text{min}^{-1}$

$$t_{1/2} = \ln 2/k = \frac{\ln 2}{0.0231\text{min}^{-1}} = 30\text{min}$$

$$kc_{A,0} = 1 \times 10^{-3} mol \cdot dm^{-3} \cdot min^{-1}$$

$$c_{A,0} = \frac{1 \times 10^{-3} mol \cdot dm^{-3} \cdot min^{-1}}{0.0231\text{min}^{-1}} = 0.0434 mol \cdot dm^{-3}$$

11.9 现在的天然铀矿中$^{238}U : {}^{235}U = 139.0 : 1$。已知$^{238}U$的蜕变反应的速率常数为$1.520 \times 10^{-10} a^{-1}$，$^{235}U$的蜕变反应的速率常数为$9.72 \times 10^{-10} a^{-1}$。问在20亿年($2 \times 10^9 a$)前，$^{238}U : {}^{235}U$等于多少?(a是时间单位年的符号)

分　析　铀的蜕变反应为一级反应，所以$c_A = c_{A,0} e^{-kt}$。

解题过程　$c_{A,0} = c_A / e^{kt}$

对于^{238}U

$c_0(^{238}U) = c(^{238}U)/e^{-1.520\times10^{-10}\times2\times10^9}$

对于^{235}U

$c_0(^{235}U) = c(^{235}U)/e^{-9.72\times10^{-10}\times2\times10^9}$

20亿年前

$$^{238}U : {}^{235}U = c_0(^{238}U) = c_0(^{235}U)$$

$$= \frac{(^{238}U)}{c(^{235}U)} e^{(1.520-9.72)\times0.2}$$

$$= 139.0 \times e^{-1.64} = 27 : 1$$

11.10 某二级反应$A(g) + B(g) \longrightarrow 2D(g)$在恒温恒容的条件下进行。当反应物的初始浓度为$c_{A,0} = c_{B,0} = 0.2 mol \cdot dm^{-3}$时，反应的初始速率为

$$-\left(\frac{dc_A}{dt}\right)_{t=0} = 5 \times 10^{-2} mol \cdot dm^{-3} \cdot s^{-1}$$，求速率常数k_A及k_D。

解题过程　由于反应为二级反应，且反应物初始浓度$c_{A,0} = c_{B,0} = 0.2 mol \cdot dm^{-3}$

故反应速率$v = -\frac{dc_A}{dt} = k_A c_A c_B = k_A c_A^2$

将$v_0 = 5 \times 10^{-2} mol \cdot dm^{-3} \cdot s^{-1}$，$c_{A,0} = 0.2 mol \cdot dm^{-3}$代入

求得　$k_A = \frac{5 \times 10^{-2}}{0.2^2} mol^{-1} \cdot dm^3 \cdot s^{-1} = 1.25 mol^{-1} \cdot dm^3 \cdot s^{-1}$

由反应计量式得　$k_D = 2k_A$

故　$k_D = 2.50 mol^{-1} \cdot dm^3 \cdot s^{-1}$

11.11 某二级反应$A + B \longrightarrow C$，两种反应物的初始浓度皆为$1 mol \cdot dm^{-3}$，经10min后反应掉25%，求k。

解题过程　$\frac{1}{c_A} - \frac{1}{c_{A,0}} = kt$

经10min后，反应掉25%，则

$$\left(\frac{1}{1-0.25} - 1\right)\frac{1}{c_{A,0}} = kt$$

$$k = \frac{1-0.75}{1 mol \cdot dm^{-3} \times 10 min \times 0.75} = 0.0333 dm^3 \cdot mol^{-1} \cdot min^{-1}$$

11.12 在 OH^- 离子的作用下，硝基苯甲酸乙酯的水解反应

$$NO_2C_6H_4COOC_2H_5 + H_2O \longrightarrow NO_2C_6H_4COOH + C_2H_5OH$$

在15℃时的动力学数据如表11-6所示，两反应物的初始浓度皆为0.05mol·dm^{-3}，计算此二级反应的速率常数。

表 11-6

t/s	120	180	240	330	530	600
酯水解的转化率/%	32.95	41.75	48.8	58.05	69.0	70.35

分　析　二级反应 $\frac{1}{c_A} = kt + \frac{1}{c_{A,0}}$。

解题过程　根据题给反应及数据，可设定如下

	$NO_2C_6H_4COOC_2H_5$	$+ H_2O \longrightarrow$	$NO_2C_6H_4COOH$	$+ C_2H_5OH$
$t=0$ 时	c_0	c_0	0	0
$t=t$ 时	c	c	c_0-c	c_0-c

设转化率为 y，则根据转化率定义，得 $y=\frac{c_0-c}{c_0}$

所以 $c=c_0(1-y)$

由题中数据计算 $\frac{1}{c}$ 数据如表11-7所示。

表 11-7

t/s	120	180	240	330	530	600
c/(mol·dm^{-3})	0.033 5	0.029 1	0.025 6	0.021 0	0.015 5	0.014 8
1/[c/(mol·dm^{-3})]	29.85	34.33	39.06	47.68	64.52	67.45

以 $\frac{1}{c}$ 对 t 作图（如图11-3所示），因二级反应 $\frac{1}{c_A}=kt+\frac{1}{c_{A,0}}$，则

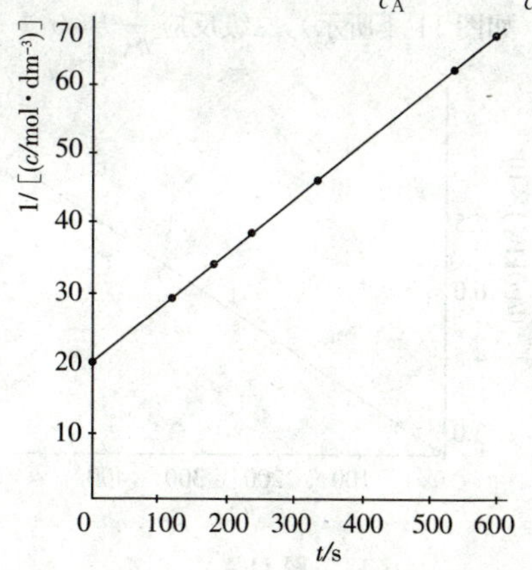

图 11-3

直线斜率为

$$k=\frac{(34.33-20)\mathrm{mol\cdot dm^{-3}}}{(180-0)\mathrm{s}}=8.0\times10^{-2}\mathrm{dm^3\cdot mol^{-1}\cdot s^{-1}}$$

11.13 某气相反应 $2A(g)\longrightarrow A_2(g)$ 为二级反应，在恒温恒容下的总压 p 数据如表 11-8 所示，求 k_A。

表 11-8

t/s	0	100	200	400	∞
p/kPa	41.330	34.397	31.197	27.331	20.665

解题过程　根据反应可做如下设定

$$2A(g)\longrightarrow A_2(g)$$

$t=0$ 时　p_0　　0

$t=t$ 时　p_A　　$\frac{1}{2}(p_0-p_A)$

$$p=p_A+\frac{1}{2}(p_0-p_A),\ p_A=2p-p_0$$

在恒温恒容下　$p_A=\frac{n_A}{V}RT=c_ART$

所以二级反应可表示为 $\frac{1}{p_A}=kt+\frac{1}{p_0}$

由题中数据计算出 p_A 及 $1/p_A$ 数据如表 11-9 所示。

表 11-9

t/s	0	100	200	400	∞
p_A/kPa	41.330	27.464	21.064	13.332	0
$1/(p_A$/kPa$)$	0.024 2	0.036 4	0.047 5	0.075 0	

以 $1/p_A$ 对 t 作图（如图 11-4 所示），二级反应 $\frac{1}{p_A}=kt+\frac{1}{p_0}$，则

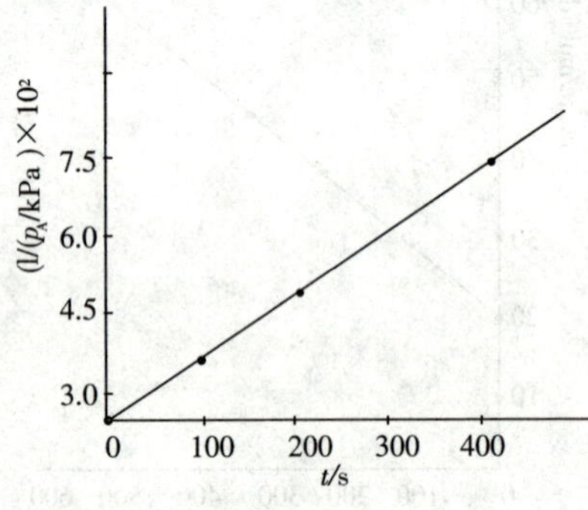

图 11-4

直线斜率为

$$k=\frac{(0.0475-0.0242)\text{kPa}^{-1}}{(200-0)\text{s}}=1.17\times10^{-7}\text{Pa}^{-1}\cdot\text{s}^{-1}$$

11.14 溶液反应

$$S_2O_8^{-2}+2Mo(CN)_8^{4-}\longrightarrow 2SO_4^{2-}+2Mo(CN)_8^{3-}$$

的速率方程为

$$-\frac{d[Mo(CN)_8^{4-}]}{dt}=k[S_2O_8^{2-}][Mo(CN)_8^{4-}]$$

20℃，反应开始时只有两反应物，其初始浓度依次为 0.01mol·dm^{-3} 和 0.02mol·dm^{-3}，反应 26h 后，测得$[Mo(CN)_8^{4-}]=0.01562$mol·dm^{-3}，求 k。

分　析　$c_{B,0}/b=c_{A,0}/a$，该反应为二级反应。

解题过程

	$S_2O_8^{2-}$	+	$2Mo(CN)_8^{4-}\longrightarrow 2SO_4^{2-}+2Mo(CN)_8^{3-}$
$t=0$ 时	0.01mol·dm^{-3}		0.02mol·dm^{-3}
$t=26$h 时			0.01562mol·dm^{-3}

$t=0$时，反应物的初始浓度比0.02∶0.01＝2∶1，则在任一时刻两反应物的浓度比均等于化学计量数比，所以

$$-\frac{d[Mo(CN)_8^{4-}]}{dt}=k[S_2O_8^{2-}][Mo(CN)_8^{4-}]=k\times\frac{1}{2}[Mo(CN)_8^{4-}][Mo(CN)_8^{4-}]$$

$$=k'[Mo(CN)_8^{4-}]^2$$

其中，$k'=\frac{1}{2}k$

上式积分得

$$\frac{1}{c[Mo(CN)_8^{4-}]^{2-}}-\frac{1}{c_0[Mo(CN)_8^{4-}]^{2-}}=k't$$

$$k'=\frac{(1/0.01562-1/0.02)\text{dm}^3\cdot\text{mol}^{-1}}{26\text{h}}=0.539\text{dm}^3\cdot\text{mol}^{-1}\cdot\text{h}^{-1}$$

$$k=2k'=(2\times0.539)\text{dm}^3\cdot\text{mol}^{-1}\cdot\text{h}^{-1}=1.08\text{dm}^3\cdot\text{mol}^{-1}\cdot\text{h}^{-1}$$

11.15 反应 $2NOCl(g)\longrightarrow 2NO(g)+Cl_2(g)$ 在 200℃ 下的动力学数据如表 11-10 所示。

表 11-10

t/s	0	200	300	500
[NOCl]/(mol·dm^{-3})	0.0200	0.0159	0.0144	0.0121

反应开始时只含有 NOCl，并认为反应能进行到底，求反应级数和速率常数。

分　析　一级反应速率常数：$k_1=\frac{1}{t}\ln\frac{c_{A,0}}{c_A}$

二级反应速率常数：$k_2=\frac{1}{t}\left(\frac{1}{c_A}-\frac{1}{c_{A,0}}\right)$

三级反应速率常数：$k_3=\frac{1}{2t}\left(\frac{1}{c_A^2}-\frac{1}{c_{A,0}^2}\right)$

解题过程 由题中数据分别按一、二、三级反应求出 k_1、k_2、k_3，如表 11-11 所示。

表 11-11

t/s	0	200	300	500
c(NOCl)/(mol·dm^{-3})	0.020 0	0.015 9	0.014 4	0.012 1
k_1/(s^{-1})		1.147×10^{-3}	1.095×10^{-3}	1.005×10^{-3}
k_2/(dm·mol^{-1}·s^{-1})		6.447×10^{-2}	6.481×10^{-2}	6.529×10^{-2}
k_3/(dm^{-6}·mol^{-2}·s^{-1})		3.638 8	3.870 9	4.330 1

由表可知 k_2 保持不变，故反应为二级反应，

反应常数 $k=\frac{(6.447+6.481+6.529)\times10^{-2}}{3}\text{dm}^3\cdot\text{mol}^{-1}\cdot\text{s}^{-1}$

$=0.0649\text{dm}^3\cdot\text{mol}^{-1}\cdot\text{s}^{-1}$

11.16 NO 与 H_2 进行如下反应：

$2NO(g)+2H_2(g)\longrightarrow N_2(g)+2H_2O(g)$

在一定温度下，某密闭容器中等物质的量之比的 NO 与 H_2 混合物在不同初压下的半衰期如表 11-12 所示。

表 11-12

p_0/kPa	50.0	45.4	38.4	32.4	26.9
$t_{1/2}$/min	95	102	140	176	224

求反应的总级数 n。

分　析 半衰期法，对于符合 $-\mathrm{d}c_A/\mathrm{d}t=kc_A^n$ 的化学反应，其半衰期 $t_{1/2}$ 与起始浓度 $c_{A,0}$ 间的关系为 $t_{1/2}=\frac{2^{n-1}-1}{(n-1)kc_{A,0}^{n-1}}$，通过作图比较进而可确定 n。

解题过程 $2NO(g)+2H_2(g)\longrightarrow N_2(g)+2H_2O(g)$

$p_{A,0}$　　　$p_{B,0}$

因为 $p_{A,0}=p_{B,0}$，所以 $p_{A,0}=\frac{1}{2}p$。

半衰期为

$$t_{1/2}=\frac{2^{n-1}-1}{(n-1)kp_{A,0}^{n-1}}=\frac{(2^{n-1}-1)\times2^{n-1}}{(n-1)kp_0^{n-1}}=\frac{2^{2n-2}-2^{n-1}}{(n-1)kp_0^{n-1}}$$

$$\ln t_{1/2}=(1-n)\ln p_0+\ln\frac{2^{2n-2}-2^{n-1}}{(n-1)k}$$

由题目提供数据计算 $\ln t_{1/2}$、$\ln p_0$，如表 11-13 所示。

表 11-13

p_0/kPa	50.0	45.4	38.4	32.4	26.9
$t_{1/2}$/min	95	102	140	176	224
$\ln(p_0/\text{kPa})$	3.912	3.816	3.648	3.478	3.292
$\ln(t_{1/2}/\text{min})$	4.554	4.625	4.942	5.170	5.412

以 $\ln(t_{1/2}/\text{min})$ 对 $\ln(p_0/\text{kPa})$ 作图，如图 11-5 所示。

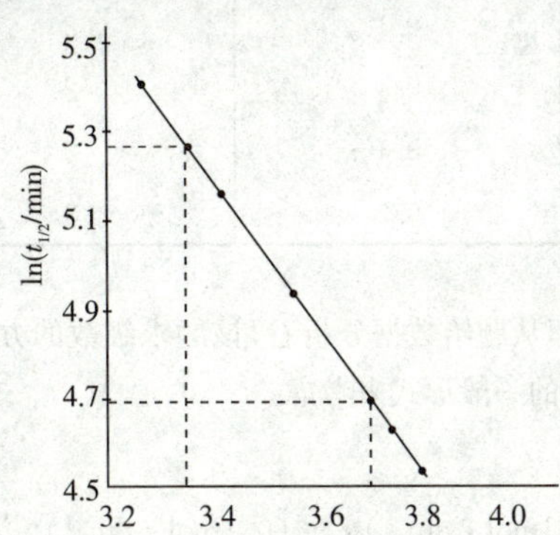

图 11-5

在图 11-5 中的直线上取两点，求直线斜率为

$$1-n=\frac{5.265-4.682}{3.8-3.4}=-1.4575$$

$$n=2.4575\approx2.5$$

小　结　根据半衰期法进行求解。

11.17　在 500℃ 及初压为 101.325kPa 时，某碳氢化合物的气相热分解反应的半衰期为 2s。若初压降为 10.133kPa，则半衰期增为 20s。求速率常数。

解题过程　因为 $p_0=101.325\text{kPa}, t_{1/2}=2\text{s}; p'_0=10.1325\text{kPa}, t'_{1/2}=20\text{s}$，由 $t_{1/2}=Bp_0^{1-n}$ 得

$$n=1+\frac{\lg(20/2)}{\lg(101.325/10.133)}=2$$

所以题述反应为二级反应，则

$$t_{1/2}=\frac{1}{kp_0}$$

故速率常数为

$$k=\frac{1}{101.325\text{kPa}\times2\text{s}}=4.93\times10^{-6}\,\text{Pa}^{-1}\cdot\text{s}^{-1}$$

11.18 在一定条件下,反应 $H_2(g)+Br_2(g) \longrightarrow 2HBr(g)$ 符合速率方程的一般形式,即

$$\frac{d[HBr]}{dt}=k[H_2]^{n_1}[Br_2]^{n_2}[HBr]^{n_3}$$

在某温度下,当 $[H_2]=[Br_2]=0.1mol \cdot dm^{-3}$ 及 $[HBr]=2mol \cdot dm^{-3}$ 时,反应速率为 v,其他不同浓度时的速率如表 11-14 所示,求反应分级数 n_1、n_2、n_3。

表 11-14

$[H_2]/(mol \cdot dm^{-3})$	$[Br_2]/(mol \cdot dm^{-3})$	$[HBr]/(mol \cdot dm^{-3})$	反应速率
0.1	0.1	2	v
0.1	0.4	2	$8v$
0.2	0.4	2	$16v$
0.1	0.2	3	$1.88v$

分　析　本题也是求级数,但从题给数据分析看,该题求级数的方法不能用微分法等方法,而应从数据和速率方程的一般形式来考虑。

解题过程　由题中数据可得

$$\frac{d[HBr]}{dt}=k\times(0.1mol \cdot dm^{-3})^{n_1}\times(0.1mol \cdot dm^{-3})^{n_2}\times(2mol \cdot dm^{-3})^{n_3}=v \qquad ①$$

$$\frac{d[HBr]}{dt}=k\times(0.1mol \cdot dm^{-3})^{n_1}\times(0.4mol \cdot dm^{-3})^{n_2}\times(2mol \cdot dm^{-3})^{n_3}=8v \qquad ②$$

$$\frac{d[HBr]}{dt}=k\times(0.2mol \cdot dm^{-3})^{n_1}\times(0.4mol \cdot dm^{-3})^{n_2}\times(2mol \cdot dm^{-3})^{n_3}=16v \qquad ③$$

$$\frac{d[HBr]}{dt}=k\times(0.1mol \cdot dm^{-3})^{n_1}\times(0.2mol \cdot dm^{-3})^{n_2}\times(3mol \cdot dm^{-3})^{n_3}=1.88v \qquad ④$$

式②除以式①得 $4^{n_2}=8, n_2=\frac{\ln 8}{\ln 4}=1.5$

式③除以式②得 $2^{n_1}=2, n_1=1$

式④除以式①得 $2^{n_2}\times 1.5^{n_3}=1.88, 2^{1.5}\times 1.5^{n_3}=1.88, n_3=-1$

11.19 某反应 $A+B \longrightarrow C$ 的速率方程为 $-\frac{dc_A}{dt}=kc_A^{n_1}c_B^{n_2}$,测得实验数据如表 11-15 所示。

表 11-15

实验序号	1	2	3	4
$c_{A,0}/(mol \cdot dm^{-3})$	0.1	0.1	0.1	0.2
$c_{B,0}(mol \cdot dm^{-3})$	1	2	0.1	0.2
t/h	5.15	11.20	1 000	500
$c_{A,t}/(mol \cdot dm^{-3})$	0.095	0.08	0.05	0.1

求 A 和 B 的分级数 n_1、n_2 及速率常数 k。

解题过程　由第3、4组实验数据分析可知$\frac{c_{A,0}}{c_{B,0}}=\frac{v_A}{v_B}=1$，故$c_A=c_B$

则$-\frac{dc_A}{dt}kc_A^{n_1}c_B^{n_2}=kc_A^{n_1+n_2}$

同时满足下列条件：

$c_{A,(3)}=0.05\text{mol}\cdot\text{dm}^{-3}=\frac{1}{2}c_{A,0(3)}=\frac{1}{2}\times0.01\text{mol}\cdot\text{dm}^{-3}$，故$t_{1/2,(3)}=t_{(3)}=1\ 000\text{h}$

$c_{A,(4)}=0.1\text{mol}\cdot\text{dm}^{-3}=\frac{1}{2}c_{A,0(4)}=\frac{1}{2}\times0.2\text{mol}\cdot\text{dm}^{-3}$，故$t_{1/2(4)}=t_{(4)}=500\text{h}$

因此$\frac{c_{A,0}(4)}{c_{A,0}(3)}=\frac{0.2}{0.1}=2$，而$\frac{t_{1/2(4)}}{t_{1/2(3)}}=\frac{500}{1\ 000}=\frac{1}{2}$

A的初始浓度与半衰期成反比，满足二级反应特征：$t_{1/2}(\text{A})\propto\frac{1}{c_{A,0}}$，即$n_1+n_2=2$。其速率常数

$$k=\frac{1}{t_{1/2,(4)}c_{A,0(4)}}=\frac{1}{500\times0.2}\text{dm}^3\cdot\text{mol}^{-1}\cdot\text{h}^{-1}=0.01\text{dm}^3\cdot\text{mol}^{-1}\cdot\text{h}^{-1}$$

对第1、2组实验数据分析可知：$c_{A,0}\ll c_{B,0}$，可认为反应过程中$c_B\approx c_{B,0}$为常数，此时速率方程近似写为

$$-\frac{dc_A}{dt}(kc_{B,0}^{n_2})c_A^{n_1}=k'c_A^{n_1}$$

为确定分级数n_1和n_2，采用尝试法。

假设$n_1=1,n_2=1$，则上述方程可简化为

$-\frac{dc_A}{dt}=k'c_A$（其中$k'=kc_{B,0}$）符合一级反应速率方程，故　$k'=\frac{1}{t}\ln\frac{c_{A,0}}{c_A}$

同时满足下列条件：$k'(1)=\frac{1}{t_{(1)}}\ln\frac{c_{A,0(1)}}{c_{A,(1)}}=\frac{1}{5.15\text{h}}\times\ln\frac{0.1}{0.095}=9.96\times10^{-3}\text{h}^{-1}$

故　$k_{(1)}=\frac{k'_{(1)}}{c_{B,0(1)}}=\frac{9.96\times10^{-3}\text{h}^{-1}}{1\text{mol}\cdot\text{dm}^{-3}}=9.96\times10^{-3}\text{mol}^{-1}\cdot\text{dm}^3\cdot\text{h}^{-1}$

$k'_{(2)}=\frac{1}{t_{(2)}}\ln\frac{c_{A,0,(2)}}{c_{A,(2)}}=\frac{1}{11.20\text{h}}\times\ln\frac{0.1}{0.08}=1.992\times10^{-2}\text{h}^{-1}$

故　$k_{(2)}=\frac{k'_{(2)}}{c_{B,0,(1)}}=\frac{1.992\times10^{-2}\text{h}^{-1}}{2\text{mol}\cdot\text{dm}^{-3}}=9.96\times10^{-3}\text{mol}^{-1}\cdot\text{dm}^3\cdot\text{h}^{-1}$

比较上述结果，由第1、2组数据计算所得速率常数k为常数，故假设成立，所以$n_1=1,n_2=1$。若$k_{(1)}\neq k_{(2)}$，可再尝试其他的假设数据。

11.20　对于$\frac{1}{2}$级反应 A ⟶ 产物，试证明：

(1)$c_{A,0}^{1/2}-c_A^{1/2}=\frac{k}{2}t$

(2)$t_{1/2}=\frac{\sqrt{2}}{k}(\sqrt{2}-1)c_{A,0}^{1/2}$

分　析　速率方程的一般形式 $-\frac{dc_A}{dt}=kc_A^{n_A}c_B^{n_B}$；当 $t=t_{1/2}$ 时，$c_A=\frac{1}{2}c_{A,0}$。

解题过程　(1) 因为 $n=\frac{1}{2}$，则 $\frac{-dc_A}{dt}=kc_A^{1/2}$

$$\frac{dc_A}{c_A^{1/2}}=-kdt$$

积分 $\int_{c_{A,0}}^{c_A}\frac{dc_A}{c_A^{1/2}}=\int_0^t(-k)dt$

$$2(c_A^{1/2}-c_{A,0}^{1/2})=-kt$$

即　$c_{A,0}^{1/2}-c_A^{1/2}=\frac{k}{2}t$

(2) 当 $t=t_{1/2}$ 时，$c_A=\frac{1}{2}c_{A,0}$ 由上问结论可知

$$\left(\frac{1}{2}c_{A,0}\right)^{1/2}-c_{A,0}^{1/2}=\frac{1}{2}kt_{1/2}$$

所以

$$t_{1/2}=-\frac{2}{k}c_{A,0}^{1/2}\left[\left(\frac{1}{2}\right)^{1/2}-1\right]=\frac{c_{A,0}^{1/2}}{k}\left[2-2\times\left(\frac{1}{2}\right)^{1/2}\right]=\frac{\sqrt{2}}{k}(\sqrt{2}-1)c_{A,0}^{1/2}$$

11.21　恒温恒容条件下发生某化学反应：$2AB(g)\longrightarrow A_2(g)+B_2(g)$。当 AB(g) 的初始浓度分别为 $0.02mol\cdot dm^{-3}$ 和 $0.2mol\cdot dm^{-3}$ 时，反应的半衰期分别为 125.5s 和 12.55s。求该反应的级数 n 及速率常数 k_{AB}。

解题过程　由半衰期与浓度的关系可知，以两个不同浓度进行反应时，反应级数

$$n=1+\frac{\lg\left(\frac{t_{1/2}}{t'_{1/2}}\right)}{\lg\left(\frac{a'}{a}\right)}$$

代入数据求得 $n=1+\frac{\lg\frac{125.5}{12.55}}{\lg\frac{0.2}{0.02}}=2$

故反应为二级反应，反应速率常数

$$k_{AB}=\frac{1}{at_{1/2}}=\frac{1}{0.02\times125.5}mol^{-1}\cdot dm^3\cdot s^{-1}=0.3984mol^{-1}\cdot dm^3\cdot s^{-1}$$

11.22　某溶液中反应 $A+B\longrightarrow C$。开始时反应物 A 与 B 的物质的量相等，没有产物 C。1h 后 A 的转化率为 75%，问 2h 后 A 尚有多少未反应？假设：

(1) 对 A 为一级，对 B 为零级。

(2) 对 A，B 皆为一级。

解题过程　设 A 的转化率为 α，t 时刻的转化率为 α_t。

(1) 当反应对 A 为一级，对 B 为零级时，反应速率常数

$$k=\frac{1}{t}\ln\frac{c_{A,0}}{c_A}$$

又当 $t_1=1\text{h}$ 时，$\alpha_{t_1}=75\%$，故当 $t_2=2\text{h}$ 时，α_{t_2} 有

$$\frac{t_2}{t_1}=\frac{\ln(1-\alpha_{t_2})}{\ln(1-\alpha_{t_1})}$$

求得 $1-\alpha_{t_2}=(1-0.75)^2=0.0625=6.25\%$

即 2h 后 A 尚有 6.25% 未反应。

(2) 对 A，B 均为一级，$c_{\text{A},0}=c_{\text{B},0}$，故

反应速率常数 $k=\frac{1}{t}\left(\frac{1}{c_\text{A}}-\frac{1}{c_{\text{A},0}}\right)=\frac{1}{t}\frac{\alpha}{c_{\text{A},0}(1-\alpha)}$

故 $\frac{t_2}{t_1}=\frac{\alpha_{t_2}(1-\alpha_{t_1})}{\alpha_{t_1}(1-\alpha_{t_2})}$

求得 $1-\alpha_{t_2}=1-\frac{6}{7}=\frac{1}{7}=14.3\%$

即 2h 后 A 尚有 14.3% 未反应。

11.23 反应 $A+2B\longrightarrow D$ 的速率方程为 $-\frac{dc_\text{A}}{dt}=kc_\text{A}c_\text{B}$，25℃ 时 $k=2\times10^{-4}\text{dm}^3\cdot\text{mol}^{-1}\cdot\text{s}^{-1}$。

(1) 若初始浓度 $c_{\text{A},0}=0.02\text{mol}\cdot\text{dm}^{-3}$，$c_{\text{B},0}=0.04\text{mol}\cdot\text{dm}^{-3}$，求 $t_{1/2}$。

(2) 若将过量的挥发性固体反应物 A 与 B 装入 5dm^3 密闭容器中，问 25℃ 时 0.5mol A 转化为产物需要多长时间？已知 25℃ 时 A 和 B 的饱和蒸气压分别为 10kPa 和 2kPa。

解题过程 (1) 因为 $\frac{c_{\text{A},0}}{c_{\text{B},0}}=\frac{1}{2}=\frac{v_\text{A}}{v_\text{B}}$，故对于任意时刻均有

$c_\text{B}=2c_\text{A}$，故速率方程为 $-\frac{dc_\text{A}}{dt}=2kc_\text{A}^2$

因此 $t_{1/2}=\frac{1}{2kc_{\text{A},0}}=1.25\times10^5\text{s}$

(2) 由于 A(s) 和 B(s) 过剩，则气相中 A 和 B 的饱和蒸气压不变。把蒸气视为理想气体，则

$c_\text{A}=\frac{n_\text{A}}{V}=\frac{p_\text{A}^*}{RT}$，$c_\text{B}=\frac{p_\text{B}^*}{RT}$

故速率方程可变为 $-\frac{dn_\text{A}}{Vdt}=k\frac{p_\text{A}^*p_\text{B}^*}{(RT)^2}$

得 $t=\frac{(-\Delta n_\text{A})(RT)^2}{Vk_\text{A}p_\text{A}^*p_\text{B}^*}$

$$=\frac{0.5\times(8.315\times298.15)^2}{5\times10^{-3}\times2\times10^{-7}\times10\times10^3\times2\times10^3}\text{s}$$

$$=1.54\times10^8\text{s}$$

11.24 反应 $C_2H_6(g)\longrightarrow C_2H_4(g)+H_2(g)$ 在开始阶段约为 3/2 级反应。910K 时速率常数为 $1.13\text{dm}^{3/2}\cdot\text{mol}^{-2}\cdot\text{s}^{-2}$。若乙烷初始压力为 (1) 13.332kPa，(2) 39.996kPa，求初始速率 $v_0=-\frac{d[C_2H_6]}{dt}$。

分　析 本题应首先求出初始速率，而反应速率题目要求以物质的量浓度表示，于是可通过公式

$c = p_A/RT$ 来求出起始浓度,然后用速率方程即可求解。

解题过程　由理想气体状态方程可知

$pV = nRT$

故　$c = \dfrac{n}{V} = \dfrac{p}{RT}$

$$-\frac{dc_A}{dt} = kc_A^{3/2} = k(\frac{p}{RT})^{3/2}$$

(1) 当初始压力 $p_{A,0} = 13.332\text{kPa}$ 时

$$-\frac{dc_{A,0}}{dt} = k\left(\frac{p_{A,0}}{RT}\right)^{3/2} = 1.13\text{dm}^{3/2}\cdot\text{mol}^{-1/2}\cdot\text{s}^{-1}\times\left(\frac{13.332\text{kPa}}{8.315\times 910\text{K}}\right)^{3/2}$$

$$= 1.13\text{dm}^{3/2}\cdot\text{mol}^{-1/2}\cdot\text{s}^{-1}\times 2.3388(\text{m}^{-3}\cdot\text{mol})^{3/2}$$

$$= 1.13\times(10^{-1}\text{m})^{3/2}\cdot\text{mol}^{-\frac{1}{2}}\cdot\text{s}^{-1}\times 2.3388(\text{m}^{-3}\cdot\text{mol})^{3/2}$$

$$= 8.35\times 10^{-2}\text{mol}\cdot\text{m}^{-3}\cdot\text{s}^{-1}$$

(2) 当初始压力 $p_{A,0} = 39.996\text{kPa}$ 时

$$-\frac{dc_{A,0}}{dt} = k\left(\frac{p_{A,0}}{RT}\right)^{3/2}$$

$$= 1.13\text{dm}^{3/2}\cdot\text{mol}^{-1/2}\cdot\text{s}^{-1}\times\left(\frac{39.996\text{kPa}}{8.315\text{J}\cdot\text{mol}^{-1}\cdot\text{K}^{-1}\times 910\text{K}}\right)^{3/2}$$

$$= 0.434\text{mol}\cdot\text{m}^{-3}\cdot\text{s}^{-1}$$

11.25　65℃ 时 N_2O_5 气相分解的速率常数为 0.292min^{-1},活化能为 $103.3\text{kJ}\cdot\text{mol}^{-1}$,求 80℃ 时的 k 和 $t_{1/2}$。

分　析　N_2O_5 的气相分解反应为一级反应,然后利用阿伦尼乌斯方程求解。

解题过程　当 $T = 338.15\text{K}$ 时

$$k = A\text{e}^{-E_a/(RT)} = A\exp\left(-\frac{103.3\text{kJ}\cdot\text{mol}^{-1}}{8.315\text{J}\cdot\text{mol}^{-1}\cdot\text{K}^{-1}\times 338.15\text{K}}\right)$$

且由题意可知气相分解速率 $k = 0.292\text{min}^{-1}$

由此可解得

$$A = \frac{0.292\text{min}^{-1}}{\exp\left(-\dfrac{103.3\text{kJ}\cdot\text{mol}^{-1}}{8.315\text{J}\cdot\text{mol}^{-1}\cdot\text{K}^{-1}\times 338.15\text{K}}\right)}$$

当 $T = 353.15\text{K}$ 时

$$k = A\text{e}^{-E_a/(RT)}$$

$$= \frac{0.292\text{min}^{-1}}{\exp\left(-\dfrac{103.3\text{kJ}\cdot\text{mol}^{-1}}{8.315\text{J}\cdot\text{mol}^{-1}\cdot\text{K}^{-1}\times 338.15\text{K}}\right)}\times\exp\left(-\frac{103.3\text{kJ}\cdot\text{mol}^{-1}}{8.315\text{J}\cdot\text{mol}^{-1}\cdot\text{K}^{-1}\times 353.15\text{K}}\right)$$

$$= 1.39\text{min}^{-1}$$

因为 k 的单位为 min^{-1},所以 N_2O_5 气相分解反应为一级反应,则

$$t_{1/2} = \frac{\ln 2}{k} = \frac{\ln 2}{1.39\text{min}^{-1}} = 0.498\text{min}$$

11.26 双光气分解反应 $ClCOOCCl_3(g) \longrightarrow 2COCl_2(g)$ 为一级反应。将一定量双光气迅速引入一个 280℃ 的容器中，751s 后测得系统压力为 2.710kPa；经很长时间反应完了后系统压力为 4.008kPa。305℃ 时重复实验，经 320s 系统压力为 2.838kPa；反应完了后系统压力为 3.554kPa。求活化能。

分　析　根据阿伦尼乌斯方程，欲求化学反应活化能，至少需要 T_1、T_2 两个温度及该温度所对应的速率常数 k_1 及 k_2。而 k_1 及 k_2 需要利用所给的实验数据结合一级反应的积分式来求。

解题过程

$$ClCOOCCl_3(g) \longrightarrow 2COCl_2(g)$$

$t=0$ 时	p_0	0
$t=t$ 时	p_A	$2(p_0-p_A)$
$t=\infty$ 时	0	$p_\infty=2p_0$

所以 $p_0=p_\infty/2, p=p_A+2(p_0-p_A), p_A=2p_0-p=p_\infty-p$

一级反应 $k=\dfrac{1}{t}\ln\dfrac{p_0}{p}$

当 $T=553.15\text{K}$ 时

$$k_1=\frac{1}{751\text{s}}\ln\frac{p_\infty/2}{p_\infty-p}=\frac{1}{751\text{s}}\ln\frac{2.004\text{kPa}}{(4.008-2.710)\text{kPa}}=5.78\times10^{-4}\text{s}^{-1}$$

当 $T=578.15\text{K}$ 时

$$k_2=\frac{1}{320\text{s}}\ln\frac{p_\infty/2}{p_\infty-p}=\frac{1}{320\text{s}}\ln\frac{1.777\text{kPa}}{(3.554-2.838)\text{kPa}}=2.84\times10^{-3}\text{s}^{-1}$$

由阿伦尼乌斯方程 $k=Ae^{-E_a/(RT)}$

$$\frac{\ln k_2}{\ln k_1}=-\frac{E_a}{R}\left(\frac{1}{T_2}-\frac{1}{T_1}\right)$$

$$E_a=\frac{RT_2T_1}{T_2-T_1}\ln\frac{k_2}{k_1}$$

$$=\frac{8.315\text{J}\cdot\text{mol}^{-1}\cdot\text{K}^{-1}\times578.15\text{K}\times353.15\text{K}}{(578.15-553.15)\text{K}}\ln\frac{2.84\times10^{-3}}{5.79\times10^{-4}}$$

$$=169\text{kJ}\cdot\text{mol}^{-1}$$

11.27 乙醛(A)蒸气的热分解反应如下：

$$CH_3CHO(g) \longrightarrow CH_4(g)+CO(g)$$

518℃ 下一定容积中的压力变化有如表 11-16 所示的两组数据。

表 11-16

纯乙醛的初压 $p_{A,0}$/kPa	100s 后的系统总压 p/kPa
53.329	66.661
26.664	30.531

(1) 求反应级数和速率常数。

(2) 若活化能为 $190.4\text{kJ}\cdot\text{mol}^{-1}$，问在什么温度下其速率常数为 518℃ 时的 2 倍？

分　析　因本题反应为非对行反应，所以无需考虑逆反应速率。由题意知，当 $p_{A,0}=55.329\text{kPa}$ 时

且 $t=100\text{s}$ 后，A 反应掉 1/4；$p_{A,0}=26.664\text{kPa}$ 时且 100s 后，A 反应掉 1/7，这说明不是一级反应，同时也不可能是零级反应，于是通过尝试法可判断为二级反应。

解题过程 (1) $CH_3CHO(g) \longrightarrow CH_4(g) + CO(g)$

$t=0$ 时 $\quad p_{A,0} \quad 0 \quad 0$

$t=t$ 时 $\quad p_A \quad p_{A,0}-p_A \quad p_{A,0}-p_A$

$p=p_A+2(p_{A,0}-p_A)$，$p_A=2p_{A,0}-p$

假设上述反应为二级反应，则

$$\frac{1}{p_A}-\frac{1}{p_{A,0}}=kt$$

$p_{A,0}=53.329\text{kPa}$ 时

$$k_1=\frac{1}{100\text{s}}\left[\frac{1}{(2\times 53.329-66.661)\text{kPa}}-\frac{1}{53.329\text{kPa}}\right]=6.25\times 10^{-5}\text{kPa}^{-1}\cdot\text{s}^{-1}$$

$p_{A,0}=26.664\text{kPa}$ 时

$$k_2=\frac{1}{100\text{s}}\left[\frac{1}{(2\times 26.664-30.531)\text{kPa}}-\frac{1}{26.664\text{kPa}}\right]=6.36\times 10^{-5}\text{kPa}^{-1}\cdot\text{s}^{-1}$$

k_1 与 k_2 基本相等，故反应为二级反应，$n=2$

$$k=\frac{k_1+k_2}{2}=6.3\times 10^{-5}\text{kPa}^{-1}\cdot\text{s}^{-1}$$

(2) 根据阿伦尼乌斯方程 $\ln\frac{k_2}{k_1}=-\frac{E_a}{R}\left(\frac{1}{T_2}-\frac{1}{T_1}\right)$，因为 $k_2/k_1=2$，所以有

$$\ln 2=-\frac{190.4\text{kJ}\cdot\text{mol}^{-1}}{8.315\text{J}\cdot\text{mol}^{-1}\cdot\text{K}^{-1}}\times\left(\frac{1}{T_2}-\frac{1}{518+273.15\text{K}}\right)$$

$T_2=810\text{K}$

11.28 恒温恒容条件下，某一 n 级气相反应的速率方程可以表示为 $-\frac{\mathrm{d}c_A}{\mathrm{d}t}=k_c c_A^n$，也可表示为 $-\frac{\mathrm{d}p_A}{\mathrm{d}t}=k_p p_A^n$。阿伦尼乌斯活化能的定义式为 $E_a=RT^2\frac{\mathrm{d}\ln k}{\mathrm{d}T}$。若用 k_c 计算的活化能记为 $E_{a,V}$，用 k_p 计算的活化能记为 $E_{a,p}$。

试证明理想气体反应的 $E_{a,p}-E_{a,V}=(1-n)RT$。

解题过程 由 n 级理想气体反应的 k_c 与 k_p 的关系：$k_p=k_c(RT)^{1-n}$ 可得

$$\begin{aligned}E_{a,p}&=RT^2\frac{\mathrm{d}\ln kp}{\mathrm{d}T}\\&=RT^2\frac{\mathrm{d}\ln[k_c(RT)^{1-n}]}{\mathrm{d}T}\\&=RT^2\frac{\mathrm{d}\ln k}{\mathrm{d}T}+RT^2\frac{\mathrm{d}\ln(RT)^{1-n}}{\mathrm{d}T}\\&=E_{a,V}+(1-n)RT\end{aligned}$$

故 $E_{a,p}-E_{a,V}=(1-n)RT$

11.29 反应 $A(g) \underset{k-1}{\overset{k_1}{\rightleftharpoons}} B(g) + C(g)$ 中，k_1 与 k_{-1} 在 25℃ 时分别为 $0.20s^{-1}$ 和 $3.947\,7 \times 10^{-3} MPa^{-1} \cdot s^{-1}$，在 35℃ 时二者皆增为 2 倍，试求：

(1)25℃ 时的平衡常数。

(2) 正、逆反应的活化能。

(3) 若上述反应在 25℃ 的恒容条件下进行，且 A 的起始压力为 100kPa。若要使总压力达到 152kPa，问需要反应多长时间？

解题过程 (1)25℃ 时

$$K_c = k_1/k_{-1} = \frac{0.20s^{-1}}{3.947\,7 \times 10^{-3} MPa^{-1} \cdot s^{-1}} = 5.066 \times 10^4 kPa$$

$$K_p^{\ominus} = K_c/p^{\ominus} = \frac{5.066 \times 10^4 kPa}{101.325kPa} = 500$$

(2) 对于正反应：$T_1 = 298.15K$，速率常数为 k_1；$T_2 = 308.15K$ 时，$k'_1 = 2k_1$，故

$$\ln \frac{k_2}{k_1} = -\frac{E_a}{R}\left(\frac{1}{T_2} - \frac{1}{T_1}\right)$$

$$\ln 2 = -\frac{E_{a,-1}}{8.315J \cdot mol^{-1} \cdot K^{-1}}\left(\frac{1}{308.15K} - \frac{1}{298.15K}\right)$$

$$E_{a,-1} = 53kJ \cdot mol^{-1}$$

所以 $\ln 2 = -\frac{E_{a,-1}}{8.315J \cdot mol^{-1} \cdot K^{-1}}\left(\frac{1}{308.15K} - \frac{1}{298.15K}\right)$

温度升高时，正、逆反应的速率常数增加的倍数是相同的，所以有 $E_{a,-1} = 53kJ \cdot mol^{-1}$

(3)

	$A(g)$	$\underset{k_{-1}}{\overset{k_1}{\rightleftharpoons}}$	$B(g)$	$+C(g)$
$t=0$	100kPa		0	0
$t=t$	$100kPa - p$		p	p

由 $p_{总} = 100kPa - p + p + p = 100kPa + p = 152kPa$，得 $p = 52kPa$

因为 $\frac{dp}{dt} = k_1 p_A - k_{-1} p_B p_C = k_1(100kPa - p) - k_{-1} p^2$，$p$ 的数值变化不大，且 $k_1/[k_1] \gg k_{-1}/[k_{-1}]$，所以 $k_1(100kPa - p) \gg k_{-1} p^2$，$\frac{dp}{dt} \approx k_1(100kPa - p)$，将上式移项并两边积分

$$\int_0^p = \frac{dp}{100kPa - p} = \int_0^t k_1 dt$$

得 $\ln \frac{100kPa}{100kPa - p} = k_1 t$

所以 $t = \frac{1}{k_1} \ln \frac{100kPa}{100kPa - p} = \frac{1}{0.20s^{-1}} \times \ln \frac{100}{100 - 52} = 3.67s$

11.30 在 80% 的乙醇溶液中，$(CH_2)_6C(Cl)(CH_3)$ 的水解为一级反应。测得不同温度 t 下的 k 如表 11-17 所示，求活化能 E_a 和指前因子 A。

表 11-17

t/℃	0	25	35	45
k/s^{-1}	1.06×10^{-5}	3.19×10^{-4}	9.86×10^{-4}	2.92×10^{-3}

分　　析　以 $\ln k$ 对 $1/T$ 作图，通过所得直线和斜率即可求得 E_a。

解题过程　由题中数据得 $\ln k$、$\frac{1}{T}$ 如表 11-18 所示。

表 11-18

$\frac{1}{T}\times10^3/K^{-1}$	3.660	3.354	3.245	3.143
$\ln(k/s^{-1})$	−11.455	−8.050	−6.922	−5.836

因阿伦尼乌斯方程 $\ln k=-\frac{E_a}{RT}+\ln A$，则 $\ln k-\frac{1}{T}$ 图为直线。

以 $\ln(k/s^{-1})$ 对$\frac{1}{T}\times10^3$ 作图，如图 11-6 所示。

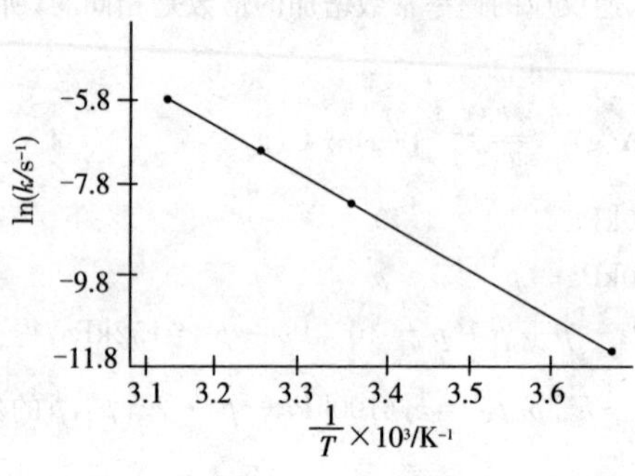

图 11-6

在直线上任取两点，求直线斜率为

$$-\frac{E_a}{R}=-\frac{(-9.673)-(-6.499)}{(3.5-3.2)\times10^{-3}}=10.58\times10^3$$

$$E_a=(8.315\times10.58\times10^3)\mathrm{J\cdot mol^{-1}}1=88\mathrm{kJ\cdot mol^{-1}}$$

当$\frac{1}{T}=3.143\times10^{-3}$ 时

$$-5.836=-\frac{E_a}{8.315}\times(3.143\times10^{-3})+\ln A$$

$\ln A = 27.427$

$A = 8.2 \times 10^{11}\,\mathrm{s}^{-1}$

11.31 在气相中，异丙烯基烯丙基醚(A)异构化为烯丙基丙酮(B)是一级反应，其速率常数k与热力学温度T的关系为

$k = 5.4 \times 10^{11}\,\mathrm{s}^{-1} \exp[-122\,500\mathrm{J \cdot mol^{-1}}/(RT)]$

150℃时，由101.325kPa的A开始，到B的分压达到40.023kPa，需要多长时间？

解题过程

$$\mathrm{A(g)} \longrightarrow \mathrm{B(g)}$$

$t = 0$ 时 $\quad p_{\mathrm{A},0}$

$t = t$ 时 $\quad p_{\mathrm{A}} \qquad p_{\mathrm{B}} = p_{\mathrm{A},0} - p_{\mathrm{A}}$

当 $p_{\mathrm{B}} = 40.023\mathrm{kPa}$ 时，$p_{\mathrm{A}} = p_{\mathrm{A},0} - p_{\mathrm{B}} = 61.302\mathrm{kPa}$

当 $T = 423.15\mathrm{K}$ 时

$k = \{5.4 \times 10^{11} \exp[-122\,500/(8.315 \times 423.15)]\}\mathrm{s}^{-1} = 4.092\,4 \times 10^{-4}\,\mathrm{s}^{-1}$

一级反应 $\ln \frac{c_{\mathrm{A},0}}{c_{\mathrm{A}}} = kt$

因为 $pV = nRT$，$c = \frac{p}{RT}$，所以

$$\ln \frac{c_{\mathrm{A},0}}{c_{\mathrm{A}}} = \ln \frac{p_{\mathrm{A},0}}{p_{\mathrm{A}}} = kt$$

$$t = \frac{\ln(101.325/61.302)}{4.0924 \times 10^{-4}\,\mathrm{s}^{-1}} = 1228\mathrm{s}$$

11.32 某药物分解反应的速率常数与温度的关系为 $\ln \frac{k}{\mathrm{h}^{-1}} = \frac{-8\,938}{T/\mathrm{K}} + 20.40$。

(1) 在30℃时，药物每小时的分解率是多少？

(2) 若此药物分解30%时即认为失效，那么药物在30℃下保存的有效期为多长时间？

(3) 欲使有效期延长到2年以上，则保存温度不能超过多少度？

解题过程 (1) 当 $T = 303.15\mathrm{K}$ 时，由速率常数与温度的关系求得

$k = 1.135 \times 10^{-4}\,\mathrm{h}^{-1}$，判断反应为一级反应。

设 $T = 303.15\mathrm{K}$ 时，药物每小时分解率为 x_1，由一级反应速率方程

$k = \frac{1}{t} \ln \frac{1}{1-x}$ 可得

$x_1 = 1 - \exp(-kt) = 1 - \exp(-1.135 \times 10^{-4} \times 1) = 1.135 \times 10^{-4}$

(2) 当 $T = 303.15\mathrm{K}$，$x_2 = 0.30$ 时，代入一级反应速率方程得

$$t_2 = \left(\frac{1}{1.135 \times 10^{-4}} \ln \frac{1}{1-0.30}\right)\mathrm{h} = 3.143 \times 10^{3}\,\mathrm{h}$$

(3) 设不能超过温度为 T_3 时能保存时间 $t_3 = 2$ 年 $= 17\,520\mathrm{h}$

由一级反应速率方程可得 T_3 时反应速率常数

$$k_3 = \frac{1}{17520} \ln \frac{1}{1-0.3} = 2.036 \times 10^{-5}\,\mathrm{h}$$

由题中关系知

$$T_3 = \frac{\ln \frac{k_T}{h^{-1}} - 20.40}{-8938}$$

代入数据得

$T_3 = 286.46\text{K} = 13.31℃$

故保存温度不能超过 13.31℃。

11.33 某一级对行反应 $A \underset{k_{-1}}{\overset{k_1}{\rightleftharpoons}} B$ 的速率常数、平衡常数与温度的关系式分别为 $\ln \frac{k_1}{s^{-1}} = \frac{-4605}{T/K} + 9.210$，$\ln K = \frac{4605}{T/K} - 9.210$，$K = k_1/k_{-1}$，且 $c_{A,0} = 0.5\text{mol} \cdot \text{dm}^{-3}$，$c_{B,0} = 0.05\text{mol} \cdot \text{dm}^{-3}$。

试计算：

(1) 逆反应的活化能。

(2) 400K 下，反应 10s 时 A、B 的浓度 c_A 和 c_B；

(3) 400K 下，反应达平衡时 A、B 的浓度 c_{Ae} 和 c_{Be}。

解题过程 (1) 由题上已知条件：$\ln \frac{k_{-1}}{s^{-1}} = \frac{-4\,605}{T/K} + 9.210$，得 $K = k_1/k_{-1}$ 得

$$\ln \frac{k_{-1}}{s^{-1}} = \ln \frac{k_1}{s^{-1}} - \ln K = \frac{-9210}{T/K} + 18.420 \quad ①$$

又阿伦尼乌斯方程 $\ln \frac{k}{[k]} = \frac{-E_a}{RT} + \ln A$ ②

由 ①② 求得 $E_a = 76.57\text{kJ} \cdot \text{mol}^{-1}$

(2) 当 $T = 400\text{K}$ 时，代入题中公式可得 $k_1 = 0.1\text{s}^{-1}$，$k_{-1} = 0.01\text{s}^{-1}$

设 A 反应掉的浓度 Δc，则有

$$-\frac{dc_A}{dt} = -\frac{d(c_{A,0} - \Delta c)}{dt} = \frac{d\Delta c}{dt}$$

又 $-\frac{dc_A}{dt} = k_1 c_A - k_{-1} c_B$

故 $\frac{d\Delta c}{dt} = k_1(c_{A,0} - \Delta c) - k_{-1}(c_{B,0} + \Delta c) = 0.049\,5 - 0.11\Delta c$

两边积分得 $\ln \frac{0.049\,5}{0.049\,5 - 0.11\Delta c} = 0.11t$

当 $t = 10\text{s}$ 时，$\Delta c = 0.3\text{mol} \cdot \text{dm}^{-3}$

故 $c_A = c_{A,0} - \Delta c = 0.2\text{mol} \cdot \text{dm}^{-3}$

$c_B = c_{B,0} - \Delta c = 0.35\text{mol} \cdot \text{dm}^{-3}$

(3) 当 $T = 400\text{K}$ 反应平衡时，则

$$\frac{d\Delta c}{dt} = k_1 c_{A,e} - k_{-1} c_{B,e} = k_1(0.5 - \Delta c_e) - k_{-1}(0.5 + \Delta c_e) = 0$$

求得 $\Delta c_e = 0.45\text{mol} \cdot \text{dm}^{-3}$

故 $c_A = c_{A,0} - \Delta c_e = 0.05\text{mol}\cdot\text{dm}^{-3}$

$c_B = c_{B,0} + \Delta c_e = 0.5\text{mol}\cdot\text{dm}^{-3}$

11.34 某反应由相同初始浓度开始到转化率达20%所需时间，在40℃时为15min，60℃为3min。试计算此反应的活化能。

分　析 此题未给出具体反应以及是何级反应，但只要反应的起始浓度相同，反应的转化率相同，就存在 $k_1 t_1 = k_2 t_2$。然后利用阿伦尼乌斯方程即可求出反应的活化能。

解题过程 对级数为 n 的反应，其反应的速率方程为

$$kt = \frac{1}{n-1}\left(\frac{1}{c_A^{n-1}} - \frac{1}{c_{A,0}^{n-1}}\right)$$

当初始浓度 $c_{A,0}$ 相同，达到相同转化率时，c_A 也相同，对同一反应 n 为常数，则

$$k_1 t_1 = k_2 t_2$$

由阿伦尼乌斯方程 $\ln\frac{k_2}{k_1} = -\frac{E_a}{R}\left(\frac{1}{T_2} - \frac{1}{T_1}\right)$

$$\ln\frac{k_2}{k_1} = \ln\frac{t_1}{t_2} = -\frac{E_a}{R}\left(\frac{1}{T_2} - \frac{1}{T_1}\right)$$

故 $E_a = \frac{\ln(t_1/t_2)R}{(1/T_1 - 1/T_2)} = \frac{\ln 5 \times 8.315\text{J}\cdot\text{mol}^{-1}\cdot\text{K}^{-1}}{1/313.15\text{K} - 1/333.15\text{K}} = 69.8\text{kJ}\cdot\text{mol}^{-1}$

11.35 反应 $\text{A} + 2\text{B} \longrightarrow \text{D}$ 的速率方程为

$$-\text{d}c_A/\text{d}t = kc_A^{0.5}c_B^{1.5}$$

(1) $c_{A,0} = 0.1\text{mol}\cdot\text{dm}^{-3}$，$c_{B,0} = 0.2\text{mol}\cdot\text{dm}^{-3}$；300K下反应20s后，$c_A = 0.01\text{mol}\cdot\text{dm}^{-3}$，问继续反应20s后，$c_A = ?$

(2) 初始浓度同上，恒温400K下反应20s后，$c_A = 0.003\,918\text{mol}\cdot\text{dm}^{-3}$，求活化能 E_a。

解题过程 因为 $c_{A,0} : c_{B,0} = 1 : 2 = v_A : v_B$，所以反应的任何时刻 $c_B = 2c_A$，则

$$-\frac{\text{d}c_A}{\text{d}t} = kc_A^{0.5}c_B^{1.5} = kc_A^{0.5} \times (2c_A)^{1.5} = 2^{1.5}kc_A^2 = k'c_A^2$$

积分得 $k't = \frac{1}{c_A} - \frac{1}{c_{A,0}}$

(1) 当 $t = 20\text{s}$ 时

$$k'_1 \times 20\text{s} = \left(\frac{1}{0.01\text{mol}\cdot\text{dm}^{-3}} - \frac{1}{0.1\text{mol}\cdot\text{dm}^{-3}}\right)$$

$$k'_1 = 4.50\text{mol}^{-1}\cdot\text{dm}^3\cdot\text{s}^{-1}$$

当 $t = 40\text{s}$ 时

$$k'_1 \times 40\text{s} = \left(\frac{1}{c_A} - \frac{1}{0.1\text{mol}\cdot\text{dm}^{-3}}\right)$$

$$c_A = 5.26 \times 10^{-3}\text{mol}\cdot\text{dm}^{-3}$$

(2) 在400K时

$$k'_2 \times 20\text{s} = \left(\frac{1}{0.003\,918\text{mol}\cdot\text{dm}^{-3}} - \frac{1}{0.1\text{mol}\cdot\text{dm}^{-3}}\right)$$

$k'_2 = 12.26\text{dm}^3 \cdot \text{mol}^{-1} \cdot \text{s}^{-1}$

由阿伦尼乌斯方程 $\ln\dfrac{k_2}{k_1} = -\dfrac{E_a}{R}\left(\dfrac{1}{T_2} - \dfrac{1}{T_1}\right)$

$$E_a = -\frac{\ln(k_2 - k_1) \times R}{(1/T_2 - 1/T_1)} = -\frac{\ln(12.26/4.50) \times 8.315\text{J} \cdot \text{mol}^{-1}\text{lK}^{-1}}{\left(\dfrac{1}{400\text{K}} - \dfrac{1}{300\text{K}}\right)} = 10.0\text{kJ} \cdot \text{mol}^{-1}$$

11.36 溶液中某光化学活性卤化物的消旋作用如下：

$R_1R_2R_3CX$(右旋) $\rightleftharpoons$ $R_1R_2R_3CX$(左旋)

在正、逆方向上皆为一级反应，且半衰期相等。若原始反应物为纯右旋物质，速率常数为 $1.9 \times 10^{-6}\text{s}^{-1}$，试求：

(1) 右旋物质转化 10% 所需时间。

(2) 24h 后的转化率。

解题过程 (1) $R_1R_2R_3CX$(右旋) $\rightleftharpoons$ $R_1R_2R_3CX$(左旋)

$t = 0$ $\quad c_{D,0} \qquad\qquad 0$

$t = t_1$ $\quad c_D = (1 - 0.1)c_{D,0} \qquad c_L = 0.1c_{D,0}$

由于正逆反应均为一级反应，由二级反应速率方程：

$$-\frac{dc_D}{dt} = k_1c_D - k_{-1}c_L = 2k(c_D - 0.5kc_{D,0})$$

得 $-\displaystyle\int_{c_{D,0}}^{c_D} \frac{dc_D}{-0.5c_{D,0}} = \int_0^t 2k\text{d}t$

即 $\ln\dfrac{c_{D,0}}{2c_D - c_{D,0}} = 2kt$

故 $t = \dfrac{1}{2k}\ln\dfrac{c_{D,0}}{2c_D - c_{D,0}} = \dfrac{1}{2 \times 1.9 \times 10^{-6}} \times \ln\dfrac{c_{D,0}}{0.8c_{D,0}}$

$= 5.872 \times 10^4\text{s}$

(2) 设 24h 后的转化率为 α，当 $t' = 24\text{h}$ 时，$c'_D = \dfrac{c_{D,0}}{2}[1 + \exp(-2kt')]$

故 $\dfrac{c'_D}{c_{D,0}} = \dfrac{1}{2}[1 + \exp(-2kt')] = \dfrac{1}{2}[1 + \exp(-2 \times 1.9 \times 10^{-6} \times 86\,400)] = 0.991\,4$

故转化率 $\alpha = \dfrac{c_{D,0} - c'_D}{c_{D,0}} = 1 - \dfrac{c'_D}{c_{D,0}} = 0.86\%$

11.37 若 $A \underset{k-1}{\overset{k_1}{\rightleftharpoons}} B$ 为对行一级反应，A 的初始浓度为 $c_{A,0}$；时间为 t 时，A 和 B 的浓度分别为 $c_{A,0} - c_B$ 和 c_B。

(1) 试证：$\ln\dfrac{c_{A,0}}{c_{A,0} - \dfrac{k_1 + k_{-1}}{k_1}c_B} = (k_1 + k_{-1})t$。

(2) 已知 k_1 为 0.2s^{-1}，k_{-1} 为 0.01s^{-1}，$c_{A,0} = 0.4\text{mol} \cdot \text{dm}^{-3}$，求 100s 后 A 的转化率。

分　析 正逆反应均为基元反应，且都是一级反应。

解题过程 (1) $\mathrm{A} \underset{k_{-1}}{\overset{k_1}{\rightleftharpoons}} \mathrm{B}$

$t=0 \qquad c_{A,0} \qquad 0$

$t=t$ 时 $\qquad c_A = c_{A,0} - c_B \qquad c_B$

$t=\infty$ 时 $\qquad c_{A,e} \qquad c_{B,e} = c_{A,0} - c_{A,e}$

$$K_c = \frac{k_1}{k_{-1}} = \frac{c_{B,e}}{c_{A,e}} = \frac{c_{A,0} - c_{A,e}}{c_{A,e}}$$

$$c_{A,e} = \frac{k_{-1}}{k_1 + k_{-1}} c_{A,0} \qquad ①$$

一级对应反应

$$\ln \frac{c_{A,0} - c_{A,e}}{c_A - c_{A,e}} = (k_1 + k_{-1})t \qquad ②$$

将式 ① 代入式 ② 中得

$$\ln \frac{c_{A,0} - \dfrac{k_{-1}}{k_1 + k_{-1}} c_{A,0}}{c_{A,0} - c_B - \dfrac{k_{-1}}{k_1 + k_{-1}} c_{A,0}} = (k_1 + k_{-1})t$$

化简得 $\ln \dfrac{k_1 c_{A,0}}{k_1 c_{A,0} - (k_1 + k_1) c_B} = (k_1 + k_{-1})t$

或 $\ln \dfrac{c_{A,0}}{c_{A,0} - \dfrac{k_1 + k_{-1}}{k_1} c_B} = (k_1 + k_{-1})t$

(2) 把 $k_1 = 0.2\mathrm{s}^{-1}$, $k_{-1} = 0.01\mathrm{s}^{-1}$, $c_{A,0} = 0.4\mathrm{mol \cdot dm^{-3}}$ 代入式 ① 所证明的结果中，得

$$\ln \frac{0.4\mathrm{mol \cdot dm^{-3}}}{0.4\mathrm{mol \cdot dm^{-3}} - \dfrac{0.21}{0.2} c_B} = 0.21\mathrm{s}^{-1} \times 100\mathrm{s}$$

由上式可解得

$$c_B = 0.381\mathrm{mol \cdot dm^{-3}}$$

转化率 $x = \dfrac{c_B}{c_{A,0}} = \dfrac{0.381}{0.4} = 95\%$

11.38 一级对行反应为 $\mathrm{A(g)} \underset{k_{-1}}{\overset{k_1}{\rightleftharpoons}} \mathrm{B(g)}$。

(1) 达到 $\dfrac{c_{A,0} + c_{A,e}}{2}$ 所需时间为半衰期 $t_{1/2}$，试证 $t_{1/2} = \dfrac{\ln 2}{k_1 + k_{-1}}$。

(2) 若初始速率为每分钟消耗 A 0.2%，平衡时有 80% 的 A 转化为 B，求 $t_{1/2}$。

解题过程 (1) 由一级对行反应速率方程

$$\ln \frac{c_{A,0} - c_{A,e}}{c_A - c_{A,e}} = (k_1 + k_{-1})t$$

将 $c_A = \dfrac{c_{A,0} + c_{A,e}}{2}$ 时得

$$t_{1/2}=\frac{1}{k_1+k_{-1}}\ln\frac{c_{A,0}-c_{A,e}}{\frac{c_{A,0}+c_{A,e}}{2}-c_{A,e}}=\frac{\ln 2}{k_1+k_{-1}}$$

(2) 初始速率指反应开始瞬间速率，B 未生成，故初始速率

$$v_0=\left(\frac{dc_A}{dt}\right)_{t=0}=k_1c_{A,0}$$

又 $v_0=0.002c_{A,0}/\text{min}$

求得 $k_1=\frac{v_0}{c_{A,0}}=0.002\text{min}^{-1}$

反应达平衡时有　$K_c=\frac{k_1}{k_{-1}}=\frac{c_{B,e}}{c_{A,e}}=\frac{c_{A,0}-c_{A,e}}{c_{A,e}}=\frac{0.8c_{A,0}}{0.2c_{A,0}}=4$

故　$k_{-1}=\frac{k_1}{K_c}=5\times10^{-4}\text{min}^{-1}$

所以　$t_{1/2}=\frac{\ln 2}{k_1+k_{-1}}=277.3\text{min}$

11.39　已知某恒温恒容反应的机理如下：

$$A(g)\begin{cases}\xrightarrow{k_1}B(g)\underset{k_4}{\overset{k_3}{\rightleftharpoons}}D(g)\\ \xrightarrow{k_2}C(g)\end{cases}$$

反应开始时只有 A(g)，且已知 $c_{A,0}=0.02\text{mol}\cdot\text{dm}^{-3}$，$k_1=3.0\text{s}^{-1}$，$k_2=2.5\text{s}^{-1}$，$k_3=4.0\text{s}^{-1}$，$k_4=5.0\text{s}^{-1}$。

(1) 试写出分别用 c_A、c_B、c_C、c_D 表示的速率方程。

(2) 求反应物 A 的半衰期。

(3) 当反应物 A 完全反应(即 $c_A=0$) 时，c_B、c_C、c_D 各为多少？

解题过程　(1) 速率方程如下：

① $-\frac{dc_A}{dt}=(k_1+k_2)c_A$

② $\frac{dc_B}{dt}=k_1c_A+k_4c_D-k_3c_B$

③ $\frac{dc_D}{dt}=k_3c_B-k_4c_D$

④ $\frac{dc_C}{dt}=k_2c_A$

(2) 将 ① 写成积分式为　$\ln\frac{c_{A,0}}{c_A}=(k_1+k_2)c_A$

反应物 A 的半衰期　$t_{1/2}=\frac{\ln 2}{k_1+k_2}=\frac{c_A\ln 2}{\ln\frac{c_{A,0}}{c_A}}$

又 $c_A=\frac{1}{2}c_{A,0}$

故 $t_{1/2}=0.126\text{s}$

(3)②式+③式得

$$\frac{\mathrm{d}c_B}{\mathrm{d}t}+\frac{\mathrm{d}c_D}{\mathrm{d}t}=k_1c_A+k_4c_D-k_3c_B+k_3c_B-k_4c_D=k_1c_A \qquad ⑤$$

$\frac{⑤式}{④式}$得 $\frac{\mathrm{d}c_B+\mathrm{d}c_D}{\mathrm{d}c_C}=\frac{k_1}{k_2}$

故 $\mathrm{d}(c_B+c_D)=\frac{k_1}{k_2}\mathrm{d}c_C$

所以 $c_B+c_D=\frac{k_1}{k_2}c_C$ ⑥

当 $c_A=0$ 时,$c_B+c_D+c_C=c_{A,0}$ ⑦

由⑥⑦得 $c_C=\frac{c_{A,0}}{1+k_1/k_2}=0.909\ 1\text{mol}\cdot\text{dm}^{-3}$

又B、D之间平衡时 $\frac{c_D}{c_B}=\frac{k_3}{k_4}$ ⑧

由⑥⑧得

$$c_D=\frac{k_1k_3c_{A,0}}{(k_1+k_2)(k_3+k_4)}=0.484\ 8\text{mol}\cdot\text{dm}^{-3}$$

$$c_B=\frac{k_1k_4c_{A,0}}{(k_1+k_2)(k_3+k_4)}=0.606\ 1\text{mol}\cdot\text{dm}^{-3}$$

11.40 高温下乙酸分解反应如下:

$$CH_3COOOH(A)\begin{cases}\xrightarrow{k_1} CH_4(B)+CO_2\\ \xrightarrow{k_2} CH_2=CO(C)+H_2O\end{cases}$$

在1089K时,$k_1=3.74\text{s}^{-1}$,$k_2=4.65\text{s}^{-1}$。

(1) 试计算乙酸反应掉99%所需的时间。

(2) 当乙酸全部分解时,在给定温度下能够获得乙烯酮的最大产量是多少?

解题过程 (1)由 k_1、k_2 知该反应为一级平行反应,由一级平行反应速率方程

$$\ln\frac{c_{A,0}}{c_A}=(k_1+k_2)t$$

$c_A=1-0.99=0.01$ 得

$$t=\frac{2\ln10}{k_1+k_2}=\frac{2\ln10}{3.74+4.65}\text{s}=0.55\text{s}$$

(2)若乙酸全部分解,则 $\frac{c_B}{c_C}=\frac{k_1}{k_2}$ ①

$c_B+c_C=c_{A,0}$ ②

由①②得 $c_C=\frac{k_2}{k_1+k_2}c_{A,0}=0.554c_{A,0}$

故给定温度下能够获得乙烯酮的最大产量是 $0.554c_{A,0}$。

11.41 对于两平行反应：

$$A \begin{cases} \xrightarrow{k_1} B, E_{2,1} \\ \xrightarrow{k_2} C, E_{2,2} \end{cases}$$

若总反应的活化能为 E_2，试证明

$$E_2 = \frac{k_1 E_{2,1} + k_2 + E_{2,2}}{k_1 + k_2}$$

分　析　对于平行反应，其总反应速率为 $-\dfrac{dc_A}{dt} = (k_1 + k_2)c_A$，对 T 微分后得到 $\dfrac{dk}{dT} = \dfrac{dk_1}{dT} + \dfrac{dk_2}{dT}$，然后利用阿伦尼乌斯方程即可求解。

解题过程　平行反应 $-dc_A/dt = (k_1 + k_2)c_A = kc_A$

$$k = k_1 + k_2$$

对 T 微分得

$$\frac{dk}{dT} = \frac{dk_1}{dT} + \frac{dk_2}{dT}$$

由阿伦尼乌斯方程，得

$$E_a = RT^2 \frac{d\ln k}{dT} = RT^2 \frac{dk}{k\,dT}$$

$$\frac{dk}{dT} = \frac{kE_a}{RT^2}$$

$$\frac{kE_a}{RT^2} = \frac{k_1 E_{a,2}}{RT^2} + \frac{k_2 E_{a,2}}{RT^2}$$

$$E_a = \frac{k_1 E_{a,1} + k_2 E_{a,2}}{k} = \frac{k_1 E_{a,1} + k_2 E_{a,2}}{k_1 + k_2}$$

11.42 当存在碘催化剂时，氯苯(C_6H_5Cl)与 Cl_2 在 CS_2 溶液中有以下二级平行反应：

$$C_6H_5Cl + Cl_2 \begin{cases} \xrightarrow{k_1} HCl + o\text{-}C_6H_4Cl_2 \\ \xrightarrow{k_2} HCl + p\text{-}C_6H_4Cl_2 \end{cases}$$

在室温、碘的浓度一定的条件下，当 C_6H_5Cl 和 Cl_2 在 CS_2 溶液中的初始浓度均为 $0.5mol \cdot dm^{-3}$ 时，30min后有15%的 C_6H_5Cl 转化为 o-$C_6H_4Cl_2$，有25%的 C_6H_5Cl 转化为p-$C_6H_4Cl_2$。试求反应速率常数 k_1 和速率常数 k_2。

解题过程　设 C_6H_5Cl 为A，则 $c_{A,0} = 0.5mol \cdot dm^{-3}$

$t = 30min$ 时生成 o-$C_6H_4Cl_2$ 的浓度 $\Delta c_1 = 15\% c_{A,0} = 0.075mol \cdot dm^{-3}$

生成 p-$C_6H_4Cl_2$ 的浓度 $\Delta c_2 = 25\% c_{A,0} = 0.125mol \cdot dm^{-3}$

反应掉 C_6H_5Cl 浓度为 $\Delta c = \Delta c_1 + \Delta c_2 = 0.2mol \cdot dm^{-3}$

由二级平行反应速率方程 $-\dfrac{dc_A}{dt} = (k_1 + k_2)c_A^2$ 得

$$-\frac{d(c_{A,0} - \Delta c)}{(c_{A,0} - \Delta c)^2} = (k_1 + k_2)dt$$

两边进行定积分得 $-\int_0^{\Delta c}\frac{d(c_{A,0}-\Delta c)}{(c_{A,0}-\Delta c)^2}=(k_1+k_2)\int_0^t dt$

故 $k_1+k_2=\frac{\frac{1}{c_{A,0}-\Delta c}-\frac{1}{c_{A,0}}}{t}=0.0444\text{dm}^3\cdot\text{mol}^{-1}\cdot\text{min}^{-1}$ ①

又 $\frac{d\Delta c_1}{dt}=k_1(c_{A,0}-\Delta c)^2$ ②

$\frac{d\Delta c_2}{dt}=k_2(c_{A,0}-\Delta c)^2$ ③

由②③得 $\frac{k_1}{k_2}=\frac{d\Delta c_1}{d\Delta c_2}=\frac{\Delta c_1}{\Delta c_2}=0.6$ ④

由①④得 $k_1=1.665\times10^{-2}\text{mol}^{-1}\cdot\text{dm}^3\cdot\text{min}^{-1}$

$k_2=2.775\times10^{-2}\text{mol}^{-1}\cdot\text{dm}^3\cdot\text{min}^{-1}$

11.43 气相反应 $I_2(g)+H_2(g)\xrightarrow{k}2HI(g)$ 是二级反应。现在一个含有过量固体碘的反应器中充入 50.663kPa 的 $H_2(g)$。已知 673.2K 时该反应的速率常数 $k=9.869\times10^{-9}(\text{kPa}\cdot\text{s})^{-1}$，固体碘的饱和蒸气压为 121.59kPa(假设固体碘与碘蒸气处于快速平衡)，且没有逆反应。

(1) 计算所加入的 $H_2(g)$ 反应掉一半所需要的时间。

(2) 验证下述机理符合二级反应速率方程：

$I_2\underset{k_{-1}}{\overset{k_1}{\rightleftharpoons}}2I\cdot$ 快速平衡，$K=k_1/k_{-1}$

$H_2+2I\cdot\xrightarrow{k_2}2HI$ 慢步骤

解题过程 (1) 此二级反应的速率方程为 $v=k_1p(I_2)p(H_2)$。由于碘过量，故碘的蒸气压保持不变，故 $k'=kp(I_2)=(9.869\times10^{-9}\times121.59)\text{s}^{-1}=1.2\times10^{-6}\text{s}^{-1}$

题目中的反应为假一级反应，故半衰期

$t_{1/2}=\frac{\ln2}{k'}=\frac{\ln2}{1.2\times10^{-6}}$

(2) 第一步反应为快速平衡，故 $K=\frac{k_1}{k_{-1}}=\frac{p^2(I)}{p(I_2)}$，所以 $p^2(I)=Kp(I_2)$，第二步反应为慢步骤，故

$v=k_2p(H_2)p^2(I)=k_2p(H_2)[Kp(I_2)]$

又 $k_2=\frac{k}{K}$

故 $v=kp(H_2)p(I_2)$ 为二级反应速率方程，所以该机理是对的。

11.44 某气相反应的机理如下：

$A\underset{k_{-1}}{\overset{k_1}{\rightleftharpoons}}B$ $B+C\xrightarrow{k_2}D$

其中对活泼物质 B 可运用稳态近似法处理。求该反应的速率方程，并证明此反应在高压下为一级，低压下为二级。

解题过程　设反应在 $t=t$ 时,A、B、C、D 的浓度分别为 c_A、c_B、c_C、c_D,

则反应 $B+C \xrightarrow{K_2} D$ 的速率方程为 $\frac{dc_D}{dt}=k_2c_Bc_C$　①

对活泼物质 B 采用稳态近似法,即 $\frac{dc_B}{dt}=k_2c_A-k_{-1}c_Bc_C=0$

由此得出 $c_B=\frac{k_1c_A}{k_{-1}+k_2c_C}$　②

由 ①② 得 $\frac{dc_D}{dt}=\frac{k_1k_2c_Ac_C}{k_{-1}+k_2c_C}$

高压下:由于 $k_2c_C \gg k_{-1}$,故 $\frac{dc_D}{dt}\approx\frac{k_1k_2c_Ac_C}{k_2c_C}=k_1c_A$,为一级反应;

低压下:由于 $k_2c_C \ll k_{-1}$,故 $\frac{dc_D}{dt}\approx\frac{k_1k_2c_Ac_C}{k_{-1}}$,为二级反应。

11.45　若反应 $A_2+B_2 \longrightarrow 2AB$ 有如下机理,求各机理以 v_{AB} 表示的速率方程:

(1) $A_2 \xrightarrow{k_1} 2A$(慢),$B_2 \xrightleftharpoons{K_2} 2B$(快速平衡,$K_2$ 很小)

$A+B \xrightarrow{k_3} AB$(快)(k_1 是以 c_A 变化表示的速率常数)

(2) $A_2 \xrightleftharpoons{K_1} 2A$,$B_2 \xrightleftharpoons{K_2} 2B$(皆为快速平衡,$K_1$、$K_2$ 很小)

$A+B \xrightarrow{k_3} AB$(慢)

(3) $A_2+B_2 \xrightarrow{k_1} A_2B_2$(慢),$A_2B_2 \xrightarrow{k_2} 2AB$(快)

解题过程　(1) 由于该机理中反应物 A 生成很慢,消耗快,故认为 A 很活泼。B 在反应过程中始终与 B_2 保持平衡,因此可采用稳态近似法处理。

即 $\frac{dc_A}{dt}=k_1c_{A_2}-k_3c_Ac_B=0$,由此得 $c_A=\frac{k_1c_{A_2}}{k_3c_B}$

又 $v_{AB}=\frac{dc_{AB}}{dt}=k_3c_Ac_B$

故 $v_{AB}=k_1c_{A_2}$

(2) 该机理中前两步均处于快速平衡,第三步慢,故适合用平衡态近似法处理,即

$K_1=\frac{c_A^2}{c_{A_2}}$,$K_2=\frac{c_B^2}{c_{B_2}}$

故 $c_A=(K_1c_{A_2})^{1/2}$,$c_B=(K_2c_{B_2})^{1/2}$

又 $v_{AB}=\frac{dc_{AB}}{dt}=k_3c_Ac_B$

故 $v_{AB}=k_3K_1^{1/2}K_2^{1/2}c_{A_2}^{1/2}c_{B_2}^{1/2}$

(3) 该机理 A_2B_2 生成速率慢而消耗速率快,故可以认为 A_2B_2 很活泼

因此采用稳态近似法处理。即

$\frac{dc_{A_2B_2}}{dt}=k_1c_{A_2}c_{B_2}-\frac{1}{2}k_2c_{A_2}c_{B_2}=0$

由此得 $c_{A_2B_2} = \frac{2k_1}{k_2} c_{A_2} c_{B_2}$

又 $v_{AB} = \frac{dc_{AB}}{dt} = k_2 c_{A_2} c_{B_2} = k_2 \frac{2k_1}{k_2} c_{A_2} c_{B_2} = 2k_1 c_{A_2} c_{B_2}$

11.46 气相反应 $H_2 + Cl_2 \longrightarrow 2HCl$ 的机理为

$Cl_2 + M \xrightarrow{k_1} 2Cl\cdot + M$

$Cl\cdot + H_2 \xrightarrow{k_2} HCl\cdot + H\cdot$

$H\cdot Cl_2 \xrightarrow{k_3} HCl + Cl\cdot$

$2Cl\cdot M \xrightarrow{k_4} Cl_2 + M$

试证：

$$\frac{dc_{HCl}}{dt} = 2k_2\left(\frac{k_1}{k_4}\right) c_{H_2} c_{Cl_2}^{1/2}$$

分　析　上述反应为一连锁反应，连锁反应因其活性中间组分(自由基或原子)极活泼，所以在反应过程中浓度很小而且基本不随时间而变，因此，求其活泼中间产物的浓度可以采用稳态近似法。

解题过程　由反应机理可知生成 HCl 的净速率方程为

$$\frac{dc_{HCl}}{dt} = k_2 c_{Cl}\cdot c_{H_2} + k_3 c_H \cdot c_{Cl2}$$

Cl・和 H・两自由基均为活泼中间产物，可用稳态近似法求出 Cl・和 H・的浓度。

$$\frac{dc_{Cl\cdot}}{dt} = k_1 c_{Cl_2} c_M - k_2 c_{Cl\cdot} c_{H_2} + k_3 c_{H\cdot} c_{Cl_2} - k_4 c_{Cl\cdot}^2 c_M = 0 \qquad ①$$

$$\frac{dc_{H\cdot}}{dt} = k_2 c_{Cl\cdot} c_{H_2} - k_3 c_H \cdot c_{Cl_2} = 0 \qquad ②$$

把式②代入式①可得 $c_{Cl\cdot} = (k_1/k_4)^{1/2} c_{Cl_2}^{1/2}$

$$c_{H\cdot} = \frac{k_2 c_{H_2} c_{Cl\cdot}}{k_3 c_{Cl_2}} = \frac{k_2 c_{H_2} (k_1/k_4)^{1/2} c_{Cl_2}^{1/2}}{k_3 c_{Cl_2}} = \frac{k_1^{\ 1/2} k_2 c_{H_2}}{k_4^{\ 1/2} k_3 c_{Cl_2}^{1/2}}$$

$$\frac{dc_{HCl}}{dt} = k_2 c_{Cl\cdot} c_{H_2} + k_3 c_{H\cdot} c_{Cl_2} = k_2 \frac{k_1^{\ 1/2}}{k_4^{1/2}} c_{Cl_2}^{1/2} c_{H_2} + k_3 \times \frac{k_1^{1/2} k_2}{k_4^{1/2} k_3} c_{H_2} c_{Cl_2}^{1/2}$$

$$= \frac{2k_2 k_1^{\ 1/2}}{k_4^{1/2}} c_{Cl_2}^{1/2} c_{H_2} = 2k_2\left(\frac{k_1}{k_2}\right)^{1/2} c_{H_2} c_{Cl_2}^{1/2}$$

11.47 若反应 $3HNO_2 \longrightarrow H_2O + 2NO + H^+ + NO_3^-$ 的机理如下，求以 $v[NO_3^-]$ 表示的速率方程：

$2HNO_3 \overset{K_1}{\rightleftharpoons} NO + NO_2 + H_2O$　　　　(快速平衡)

$2NO_2 \overset{K_2}{\rightleftharpoons} N_2O_4$　　　　(快速平衡)

$N_2O_4 + H_2O \overset{K_3}{\rightleftharpoons} HNO_2 + H^+ + NO_3^-$　　　　(慢)

解题过程　$\frac{d[NO_3^-]}{dt} = k_3[N_2O_4][H_2O]$

对于中间产物 N_2O_4 来说，$2HNO_3 \xrightleftharpoons{K_1} NO + NO_2 + H_2O$，$2NO_2 \xrightleftharpoons{K_2} N_2O_4$ 皆为快速平衡。

由近似平衡可得

$$K_1 = \frac{[NO][NO_2][H_2O]}{[HNO_2]^2}$$

$$[NO_2] = \frac{K_1[HNO_2]^2}{[NO][H_2O]}$$

同理 $K_2 = \dfrac{[N_2O_4]}{[NO_2]^2}$

$$[N_2O_4] = K_2[NO_2]^2 = \frac{K_2K_1^2[HNO_2]^4}{[NO]^2[H_2O]^2}$$

由上可知

$$\frac{d[NO_3^-]}{dt} = k_3[N_2O_4][H_2O] = \frac{k_3K_2K_1^2[HNO_2]^4}{[NO]^2[H_2O]^2}[H_2O] = k_3K_2K_1^2\frac{[HNO_2]^4}{[NO]^2[H_2O]}$$

11.48 有氧存在时，臭氧的分解机理为

$$O_3 \underset{k_{-1}}{\overset{k_1}{\rightleftharpoons}} O_2 + \dot{O} \quad \text{（快速平衡）}$$

$$\dot{O} + O_3 \xrightarrow[E_{a,2}]{k_2} 2O_2 \quad \text{（慢）}$$

其中，$k_{-1} \gg k_2$。

(1) 分别导出用 O_3 分解速率和 O_2 生成速率所表示的速率方程，并指出二者的关系。

(2) 已知臭氧分解反应的表观活化能为 $119.2\text{kJ}\cdot\text{mol}^{-1}$，$O_3$ 和 $\dot{O}$ 的标准摩尔生成焓分别为 $142.7\text{kJ}\cdot\text{mol}^{-1}$ 和 $249.17\text{kJ}\cdot\text{mol}^{-1}$，求上述第二步反应的活化能 $E_{a,2}$。

解题过程　(1)O_3 的分解速率方程为

$$-\frac{d[O_3]}{dt} = k_1[O_3] - k_{-1}[O_2][O] + k_2[O][O_3] \qquad ①$$

O_2 的生成速率方程为

$$\frac{d[O_2]}{dt} = k_1[O_3] - k_{-1}[O_2][O] + 2k_2[O_3][O] \qquad ②$$

由于第一步反应很快，第二步反应慢，故可以认为中间产物 O 很活泼，因此采用稳态近似法处理，即 $\dfrac{d[O]}{dt} = k_1[O_3] - k_{-1}[O_2][O] - k_2[O_3][O] = 0$

故有 $[O] = \dfrac{k_1[O_3]}{k_{-1}[O_2] + k_2[O_3]}$　③

故 ①②③ 得 $-\dfrac{d[O_3]}{dt} = \dfrac{2}{3}\dfrac{d[O_2]}{dt}$

(2) 反应速率 $v = \dfrac{1}{3}\dfrac{d[O_2]}{dt} = \dfrac{k_1k_2[O_3]^2}{k_{-1}[O_2] + k_2[O_3]}$

由于 $k_{-1} \gg k_2$，则 $k_{-1}[O_2] \gg k_2[O_3]$，所以 $k_{-1}[O_2]+k_2[O_3] \approx k_{-1}[O_2]$

故 $v=\dfrac{k_1k_2}{k_{-1}}\dfrac{[O_3]^2}{[O_2]}=k_{表观}\dfrac{[O_3]^2}{[O_2]}$，故 $k_{表观}=\dfrac{k_2k_1}{k_{-1}}$

所以 $E_{表观}=E_{a,1}-E_{a,-1}+E_{a,2}$

当快速平衡反应，压力不大时有

$$
\begin{aligned}
E_{a,1}-E_{a,-1} &= \Delta_r U_m=\Delta_r H_m \\
&= \Delta_f H_m^{\ominus}(O_2,g)+\Delta_f H_m^{\ominus}(O,g)-\Delta_f H_m^{\ominus}(O_3,g) \\
&= (249.17+0-142.7)\text{kJ}\cdot\text{mol}=106.47\text{kJ}\cdot\text{mol}
\end{aligned}
$$

又 $E_{表观}=119.2\text{kJ}\cdot\text{mol}$

故 $E_{a,2}=E_{表观}-(E_{a,1}-E_{a,-1})=12.73\text{kJ}\cdot\text{mol}^{-1}$

11.49 反应 $H_2+I_2 \longrightarrow 2HI$ 的机理为

$I_2+M \xrightarrow{k_1} 2I\cdot+M \qquad E_{a,1}=150.6\text{kJ}\cdot\text{mol}^{-1}$

$H_2+2I\cdot \xrightarrow{k_2} 2HI \qquad E_{a,2}=20.9\text{kJ}\cdot\text{mol}^{-1}$

$2I\cdot+M \xrightarrow{k_3} I_2+M \qquad E_{a,3}=0$

(1) 推导该反应的速率方程（k_1、k_2 均是以 I· 表示的速率常数）。

(2) 计算反应的表观活化能。

解题过程 (1) 对于自由基 I· 采用稳态近似法，即

$$\frac{d[I\cdot]}{dt}=k_1[I_2][M]-k_2[H_2][I\cdot]^2-k_3[I\cdot]^2[M]=0$$

故 $[I\cdot]^2=\dfrac{k_1[I_2][M]}{k_2[H_2]+k_3[M]}$

因为 $E_{a,3}=0$，$E_{a,0}>0$，故 $k_3[M] \gg k_2[H_2]$，即 $k_2[H_2]+k_3[M] \approx k_3[M]$

故该反应的速率方程

$$
\begin{aligned}
\frac{d[HI]}{dt} &= k_2[H_2][I\cdot]^2 \approx \frac{k_1k_2[I_2][M][H_2]}{k_3[M]} \\
&= \frac{k_1k_2}{k_3}[I_2][H_2]
\end{aligned}
$$

(2) 由(1)知 $k_{表观}=\dfrac{k_1k_2}{k_3}$

故 $E_{表观}=E_{a,1}+E_{a,2}-E_{a,3}=171.5\text{kJ}\cdot\text{mol}^{-1}$

11.50 已知质量为 m 的气体分子的平均速率为

$$\bar{v}=\left(\frac{8k_BT}{\pi m}\right)^{1/2}$$

求证同类分子间 A 对于 A 的平均相对速率 $\bar{u}_{AA}=\sqrt{2}\bar{v}$。

（提示：对于同类分子 A，先证 $\mu_{AA}=m/2$。）

解题过程 对于同类分子 A，其折合质量为

$$\mu=\frac{m\cdot m}{m+m}=m/2$$

所以 A 对 A 的平均相对速率为

$$\bar{u}_{AA}=\left(\frac{8k_BT}{\pi m/2}\right)^{1/2}=\sqrt{2}\left(\frac{8k_BT}{\pi m}\right)^{1/2}$$

因为 $\bar{v}=\left(\frac{8k_BT}{\pi m}\right)^{1/2}$，所以 $\bar{u}_{AA}=\sqrt{2}\bar{v}$

11.51 利用上题结果试证同类分子 A 与 A 间的碰撞次数

$$Z_{AA}=8r_A^2\left(\frac{\pi k_BT}{m_A}\right)^{1/2}C_A^2$$

（提示：对于异类分子是先求 $Z_{A\to B}$，再求 Z_{AB}，若按此法求 Z_{AA}，则在每两个 A 分子之间，甲碰乙与乙碰甲计算中作为两次碰撞，实际为一次碰撞。）

解题过程 由题 11.50 可知，$u_{AA}=\sqrt{2}\left(\frac{8k_BT}{\pi m_A}\right)^{1/2}$

由于同类分子中，甲碰乙与乙碰甲在实际中为一次碰撞，则

$$Z_{AA}=\frac{1}{2}\pi(r_A+r_A)^2u_{AA}C_AC_A=\frac{1}{2}\pi(2r_A)^2\times\sqrt{2}\left(\frac{8k_BT}{\pi m_A}\right)^{1/2}C_A^2=8r_A^2\left(\frac{\pi k_BT}{m_A}\right)^{1/2}C_A^2$$

11.52 利用上题结果试证：气体双分子反应 $2A\longrightarrow B$ 的速率方程（设概率因子 $P=1$）为 $-\frac{dC_A}{dt}=16r_A^2\left(\frac{\pi k_BT}{m_A}\right)^{1/2}n_A^2e^{-E_a/(RT)}$。

解题过程 用单位时间体积反应掉的反应物的分子个数表示的速率方程为

$$-\frac{dn_A}{dt}=Z_{AA}e^{-E_a/(RT)}$$

对于气体双分子反应 $2A\longrightarrow B$

$$Z_{AA}=2\times8r_A^2\left(\frac{\pi k_BT}{m_A}\right)^{1/2}n_A^2$$

则 $-\frac{dC_A}{dt}=16r_A^2\left(\frac{\pi k_BT}{m_A}\right)^{1/2}n_A^2e^{-E_a/(RT)}$

11.53 乙醛气相热分解为二级反应，活化能为 $190.4kJ\cdot mol^{-1}$，乙醛分子的直径为 $5\times10^{-10}m$。

(1) 试计算 101.325kPa、800K 下的分子碰撞数。

(2) 计算 800K 时以乙醛浓度变化表示的速率常数 k。

解题过程 (1) 设乙醛分子为 A，由 $pV=nRT$，$c_A=\frac{n}{v}$ 得 $c_A=\frac{p}{RT}$

故 $C_A=Lc_A=Lp/(RT)$

$=[6.022\times10^{23}\times101325/(8.315\times800)]m^{-3}$

$=9.174\times10^{24}m^{-3}$

故分子碰撞数

$$Z_{AA}=8r_A^2\left(\frac{\pi k_B T}{m_A}\right)^{1/2}C_A^2=8\left(\frac{d_A}{2}\right)^2\left(\frac{\pi k_B T}{M_A/L}\right)^{1/2}C_A^2$$

$$=\left\{8\times\left(\frac{5\times10^{-10}}{2}\right)^2\left[\frac{\pi\times1.318\times10^{-23}\times800}{44.052\times10^{-3}/(6.022\times10^{23})}\right]^{1/2}\times(9.174\times10^{24})^2\right\}\mathrm{m^{-3}\cdot s^{-1}}$$

$$=2.899\times10^{34}\,\mathrm{m^{-3}\cdot s^{-1}}$$

(2) 乙醛气相分解反应为二级反应，故

$$-\frac{dC_A}{dt}=16r_A^2\left(\frac{\pi k_B T}{m_A}\right)^{1/2}\exp\left(\frac{E_a}{RT}\right)C_A^2$$

又 $C_A=Lc_A$

所以 $-\dfrac{dc_A}{dt}=16r_A^2\left(\dfrac{\pi k_B T}{m_A}\right)^{1/2}\exp\left(\dfrac{E_a}{RT}\right)Lc_A^2=kc_A^2$

由此得 $k=16r_A^2\left(\dfrac{\pi k_B T}{m_A}\right)^{1/2}\exp\left(-\dfrac{E_a}{RT}\right)L=16\left(\dfrac{d_A}{2}\right)^2\left(\dfrac{\pi k_B T}{M_A/L}\right)^{1/2}\exp\left(\dfrac{-E_a}{RT}\right)L$

$$=16\times\left(\frac{5\times10^{-10}}{2}\right)\left[\frac{3.1416\times(1.381\times10^{-23})\times800}{44.052\times10^{-3}}\right]^{1/2}\times(6.022\times10^{23})^{3/2}$$

$$\exp\left(-\frac{190.4\times10^3}{800\times8.315}\right)\mathrm{m^3\cdot mol^{-1}\cdot s^{-1}}$$

$$=0.1533\,\mathrm{dm^3\cdot mol^{-1}\cdot s^{-1}}$$

11.54 若气体分子的平均速率为 $\bar{v}$，则一个 A 分子在单位时间内碰撞其他 A 分子的次数为

$$Z_{A\to A}=\pi(2r_A)^2\sqrt{2}\bar{v}C_A$$

试证每一个分子在两次碰撞之间所走过的平均距离为

$$\lambda=\frac{1}{\sqrt{2}\pi d^2C_A}$$

式中：$d=2r_A$，λ 称为平均自由度。

解题过程 单位时间一个 A 分子与走过的距离为 $\bar{v}$，且由题意知碰撞次数 $Z_{A\to A}$，则

$$\lambda=\frac{\bar{v}}{Z_{A\to A}}=\frac{\bar{v}}{\pi(2r_A)^2\sqrt{2}\bar{v}C_A}=\frac{1}{\sqrt{2}\pi d^2C_A}$$

11.55 试由 $k=(k_BT/h)K_c^{\neq}$ 及范特霍夫方程证明：

(1) $E_a=\Delta^{\neq}U^{\ominus}+RT$。

(2) 对双分子气相反应：$E_a=\Delta^{\neq}H^{\ominus}+2RT$。

分　析 阿伦尼乌斯方程 $\dfrac{d\ln k}{dT}=\dfrac{E_a}{RT^2}$；范特霍夫方程 $\dfrac{d\ln K_c}{dT}=\dfrac{\Delta U^{\ominus}}{RT^2}$。

解题过程 (1) 由过渡状态理论得 $k=(k_BT/h)K_c^{\neq}$

取对数，再对 T 微分得 $\dfrac{d\ln k}{dT}=\dfrac{1}{T}+\dfrac{d\ln K_c^{\neq}}{dT}$

又由范特霍夫方程 $\dfrac{d\ln K_c}{dT}=\dfrac{\Delta U^{\ominus}}{RT^2}$ 可得

$$\frac{d\ln k}{dT}=\frac{1}{T}+\frac{\Delta^{\neq}U^{\ominus}}{RT^2}=\frac{RT+\Delta^{\neq}U^{\ominus}}{RT^2}$$

由阿伦尼乌斯方程得

$$\frac{\mathrm{dln}k}{\mathrm{d}T}=\frac{E_a}{RT^2}$$

$$\frac{E_a}{RT^2}=\frac{RT+\Delta^{\neq}U^{\ominus}}{RT^2}$$

$$E_a=RT+\Delta^{\neq}U^{\ominus}$$

(2) 对于气相双原子反应

$$\Delta^{\neq}H^{\ominus}=\Delta^{\neq}U^{\ominus}+\Delta(pV)$$

由 $pV=nRT$ 可得

$$\Delta(pV)=\Delta nRT=-RT$$

$$\Delta^{\neq}H^{\ominus}=\Delta^{\neq}U^{\ominus}-RT$$

$$\Delta^{\neq}U^{\ominus}=\Delta^{\neq}H^{\ominus}+RT$$

由(1) 可知

$$E_a=\Delta^{\neq}U^{\ominus}+RT=\Delta^{\neq}H^{\ominus}+RT+RT=\Delta^{\neq}H^{\ominus}+2RT$$

11.56 试由教材式(11.9.10)及上题结论证明双分子气相反应

$k=\frac{k_B T}{hc^{\ominus}}e^2 e^{\Delta^{\neq}S^{\ominus}/R}e^{-E_a/(RT)}$,即 $A=e^2\frac{k_B T}{hc^{\ominus}}e^{\Delta^{\neq}S^{\ominus}/R}$

分　析　$k=\frac{k_B T}{h}K_c^{\neq}$

解题过程　$k=\frac{kT}{h}e^{\Delta^{\neq}S^{\ominus}/R}e^{-\Delta H^{\neq}/(RT)}$　①

由上题可知 $E_a=\Delta H^{\neq}+2RT$　②

$\Delta H^{\neq}=E_a-2RT$

将式 ② 代入式 ① 得

$k=\frac{k_B T}{h}e^{\Delta^{\neq}S^{\ominus}/R}e^{-(E_a-2RT)/(RT)}=\frac{k_B T}{h}e^{\Delta^{\neq}S^{\ominus}/R}e^{-E_a/(RT)}e^2$　③

对比阿伦尼乌斯方程式 $k=k_0 e^{-E_a/(RT)}$　④

式 ③ 和式 ④ 左边相等,所以 $A=e^2\frac{k_B T}{hc^{\ominus}}e^{\Delta^{\neq}S^{\ominus}/R}$

11.57 在 500K 附近,反应 $H\cdot+CH_4\longrightarrow H_2+CH_3$ 的指前因子 $A=10^{13}\,cm^3\cdot mol^{-1}\cdot s^{-1}$。求该反应的活化熵 $\Delta^{\neq}S^{\ominus}$。

分　析　$A=\frac{k_B T}{hc^{\ominus}}e^2 e^{\Delta^{\neq}S^{\ominus}/R}$

解题过程　根据艾林方程的热力学表达式,得 $k=\frac{k_B T}{hc^{\ominus}}e^2 e^{\Delta^{\neq}S^{\ominus}/R}e^{-E_a/(RT)}$,与阿伦尼乌斯方程中 $k=Ae^{-E_a/(RT)}$ 指数相比,得

$$A=\frac{k_B T}{hc^{\ominus}}e^2 e^{\Delta^{\neq}S^{\ominus}/R}$$

取对数 $\ln A = \ln(\frac{k_B T}{hc^{\ominus}}) + 2 + \Delta^{\neq} S^{\ominus} / R$

$$\Delta^{\neq} S^{\ominus} = R\{\ln A - \ln(\frac{k_B T}{hc^{\ominus}}) - 2\}$$

$$= 8.315\text{J}\cdot\text{mol}^{-1}\cdot\text{K}^{-1}\times\left[\ln(10^7\text{m}^3\cdot\text{mol}\cdot\text{s}^{-1}) - \ln\frac{1.381\times10^{-24}\text{J}\cdot\text{K}^{-1}\times500\text{K}}{6.626\times10^{-34}\text{J}\cdot\text{s}\times10^3\text{mol}\cdot\text{m}^{-3}} - 2\right]$$

$$= -174.4\text{J}\cdot\text{mol}^{-1}\cdot\text{K}^{-1}$$

11.58 试估算室温下，碘原子在已烷中进行原子复合反应的速率常数。已知 298K 时，已烷的黏度为 $3.26\times10^{-4}\text{kg}\cdot\text{m}^{-1}\cdot\text{s}^{-1}$。

分　析　本题中反应物是在溶剂中进行反应的，而且溶剂对反应物无明显作用，且碘原子较活泼，则整个复合反应为扩散控制。

解题过程　因为在反应过程中溶剂对反应物无明显的作用，且碘原子较活泼，则整个反应为扩散控制，这样扩散控制的二级反应速率常数为

$$k = \frac{8RT}{3\eta} = \frac{8\times8.315\text{J}\cdot\text{mol}^{-1}\cdot\text{K}^{-1}\times298\text{K}}{3\times3.26\times10^{-4}\text{kg}\cdot\text{m}^{-1}\cdot\text{s}^{-1}} = 2.0\times10^{10}\text{mol}^{-1}\cdot\text{dm}^3\cdot\text{s}^{-1}$$

11.59 计算每摩尔波长为 85nm 的光子所具有的能量。

解题过程

$$E = Lhc/\lambda\{0.119\,6\times(\lambda/\text{m})^{-1}\}\text{J}\cdot\text{mol}^{-1}$$

$$= \{0.1196\times(85\times10^{-9}\text{m/m})^{-1}\}\text{J}\cdot\text{mol}^{-1}$$

$$= 1.41\times10^6\text{J}\cdot\text{mol}^{-1}$$

11.60 在波长为 214nm 的光照射下，发生下列反应

$$HN_3 + H_2O \xrightarrow{hv} N_2 + NH_2OH$$

当吸收光的强度 $I_a = 0.055\,9\text{J}\cdot\text{dm}^{-3}\cdot\text{s}^{-1}$，照射 39.38min 后，测得$[N_2] = [NH_2OH] = 24.1\times10^{-5}\text{mol}\cdot\text{dm}^{-3}$。试求量子效率。

分　析　直接利用量子效率公式求解。

解题过程　1mol 光子的能量为

$$E = Lhc/\lambda = \{0.119\,6\times(214\times10^{-9})^{-1}\}\text{J}\cdot\text{mol}^{-1} = 5.589\times10^5\text{J}\cdot\text{mol}^{-1}$$

则在 1dm^3 溶液中，经 39.38min 后所吸收光子的物质的量为

$$\frac{(39.38\times60)\text{s}\times0.055\,9\text{J}\cdot\text{dm}^{-3}\cdot\text{s}^{-1}\times1\text{dm}^3}{5.589\times10^5\text{J}\cdot\text{mol}^{-1}} = 23.62\times10^{-5}\text{mol}$$

量子效率为

$$\varphi = \frac{24.1\times10^{-5}\text{mol}\cdot\text{dm}^{-3}}{23.62\times10^{-5}\text{mol}\cdot\text{dm}^{-3}} = 1.02$$

11.61 在 $H_2(g) + Cl_2(g)$ 的光化学反应中，用 480nm 的光照射，量子效率约为 1×10^6，试估算每吸收 1J 辐射能将产生 HCl(g) 多少摩尔？

分　析　此反应的量子效率不为 1，说明是产生次级反应，要估算吸收 1J 辐射能产生多少物质的

量的 HCl(g)，则仍需从量子效率定义出发去计算。

解题过程 在 $\lambda = 480\text{nm}$ 下，1mol 光子所具有的能量为

$$E = Lhc/\lambda = \{0.1196 \times (480 \times 10^{-9})^{-1}\}\text{J} \cdot \text{mol}^{-1} = 2.492 \times 10^{5}\text{J} \cdot \text{mol}^{-1}$$

1J 辐射能相应的光子物质的量为

$$n(\text{光子}) = \frac{1\text{J}}{2.492 \times 10^{5}\text{J} \cdot \text{mol}^{-1}} = 4.013 \times 10^{-6}\text{mol}$$

产生的 HCl(g) 的物质的量为

$$n(\text{HCl}) = 2\varphi n(\text{光子}) = 2 \times 1 \times 10^{6} \times 4.013 \times 10^{-6}\text{mol} = 8.03\text{mol}$$

11.62 以 $PbCl_2$ 为催化剂，将乙烯氧化制乙醛的反应机制如教材 11.14 节中络合催化部分所述。试由此机理推导该反应的速率方程：

$$-\frac{\text{d}[C_2H_4]}{\text{d}t} = k\frac{[PdCl_4^{2-}][C_2H_4]}{[Cl^-]^2[H^+]}$$

推导中可假定前三步为快速平衡，第四步为慢步骤。

分　析 本题考查平衡近似法和稳态近似法。

解题过程 乙烯氧化制乙醛的反应如下：

$$C_2H_4(g) + \frac{1}{2}O_2(g) \xrightarrow[\text{和 } CuCl_2 \text{ 溶液}]{PdCl_2} CH_3CHO$$

反应机理为

$$①C_2H_4 + [PdCl_2]^{2-} \underset{\text{快速平衡}}{\overset{K_1}{\rightleftharpoons}} [C_2H_4PdCl]^- + Cl^-$$

$$②[C_2H_4PdCl_3]^- + H_2O \underset{\text{快速平衡}}{\overset{K_2}{\rightleftharpoons}} [C_2H_4PdCl_2(H_2O)] + Cl^-$$

$$③[C_2H_4PdCl_2(H_2O)] + H_2O \underset{\text{快速平衡}}{\overset{K_3}{\rightleftharpoons}} [C_2H_4PdCl_2(OH)]^- + H_3O^+$$

$$④[C_2H_4PdCl_2(OH)]^- \underset{\text{慢}}{\overset{k_4}{\rightleftharpoons}} [HOC_2H_4PdCl_2)]^-$$

$$⑤[HOC_2H_4PdCl_2]^- \underset{\text{快}}{\rightleftharpoons} CH_3CHO + Pd + HCl + Cl^-$$

由 ⑤ 可得

$$\frac{\text{d}[CH_3CHO]}{\text{d}t} = -\frac{\text{d}[HOC_2H_4PdCl_2]^-}{\text{d}t}$$

由 ④、⑤ 可知，$[HOC_2H_4PdCl_2]^-$ 产生慢，但消耗快，可认为比较活泼，由稳态近似法可得 $-\frac{\text{d}[HOC_2H_4PdCl_2]^-}{\text{d}t} = k_4[C_2H_4PdCl_2(OH)]^-$

①、②、③ 均快速平衡，由平衡近似法得

$$K_1 = \frac{[C_2H_4PdCl]^-[Cl^-]}{[C_2H_4] \cdot [PdCl_2]^{2-}} \quad ①$$

$$K_2 = \frac{[C_2H_4PdCl_2(H_2O)]^-[Cl^-]}{[C_2H_4PdCl_3]^-[H_2O]} \quad ②$$

$$K_3 = \frac{[C_2H_4PdCl_2(OH)]^-[H_3O^+]}{[C_2H_4PdCl_2(H_2O)][H_2O]} \quad ③$$

①×②×③得

$$K_1K_2K_3 = \frac{[C_2H_4PdCl_2(OH)^-]\cdot[Cl^-]^2\cdot[H_3O^+]}{[H_2O]^2[PdCl_4{}^{2-}][C_2H_4]}$$

$$[C_2H_4PdCl_2(OH)]^- = \frac{K_1K_2K_3[H_2O]^2[PdCl_4^{2-}][C_2H_4]}{[Cl^-]^2[H_3O^+]}$$

因水是大量的，且活度为1，并且$[H_3O^+]=[H^+]$

$$[C_2H_4PdCl_2(OH)]^- = \frac{K_1K_2K_3[PdCl_4^{2-}]}{[Cl^-]^2[H^+]}$$

$$\frac{d[CH_3CHO]}{dt} = -\frac{d[HOC_2H_4PdCl_2^-]}{dt} = k_4[C_2H_4PdCl_2(OH)^-]$$

$$= \frac{k_4K_1K_2K_3[PdCl_4^{2-}][C_2H_4]}{[Cl^-]^2[H^+]} = \frac{k[PdCl_4^{2-}][C_2H_4]}{[Cl^-]^2[H^+]}$$

由总反应式可知

$$-\frac{d[C_2H_4]}{dt} = \frac{d[CH_3CHO]}{dt} = k\frac{[PdCl_4^{2-}][C_2H_4]}{[Cl^-]^2[H^+]}$$

小　　结　此题综合运用平衡近似法和稳态近似法，同学们需要掌握。

11.63　计算900℃时，在Au表面的催化下分解经2.5h的N_2O的压力，已知N_2O的初压为46.66kPa。计算转化率达95%所需的时间。已知该温度下$k=2.16\times10^{-4}s^{-1}$。

分　　析　一级反应$\ln\frac{c_{A,0}}{c_A}=kt$。

解题过程　由于k的单位为s^{-1}，所以题述反应为一级反应。当反应2.5h后

$$\ln\frac{p_0}{p}=kt$$

$$\ln\frac{46.66kPa}{p}=2.16\times10^{-4}s^{-1}\times2.5\times3\,600s$$

$$p=6.68kPa$$

当转化率达到95%时

$$\ln\frac{p_0}{(1-95\%)p_0}=kt$$

$$t=\frac{\ln20}{2.16\times10^{-4}s^{-1}}=231min$$

11.64　25℃时，$SbH_3(g)$在Sb上分解的数据如表11-19所示。

表 11-19

t/s	0	5	10	15	20	25
$p(SbH_3)/kPa$	101.3	74.07	51.57	33.13	14.15	9.42

试证明此数据符合速率方程$-dp/dt=kp^{0.6}$，计算k。

分　析　速率方程 $-\frac{dc_A}{dt} = kc_A^n$，其积分形式 $\frac{1}{n-1}\left(\frac{1}{c_A^{n-1}} - \frac{1}{c_{A,0}^{n-1}}\right) = kt$。

解题过程　由速率方程 $-dp/dt = kp^{0.6}$ 得 $n = 0.6$

则积分可得

$$\frac{1}{0.6-1} \times \left(\frac{1}{p_A^{0.6-1}} - \frac{1}{p_{A,0}^{0.6-1}}\right) = kt$$

$$k = -\frac{2.5(p_A^{0.4} - p_{A,0}^{0.4})}{t}$$

采用尝试法的计算法把题中数据按上式计算出 k 值如表 11-20 所示。

表 11-20

t/s	0	5	10	15	20	25
$p(SbH_3)$/kPa	101.3	74.07	51.57	33.13	14.15	9.42
$k/(kPa^{0.4} \cdot s^{-1})$		0.374	0.376	0.381	0.385	0.389

由以上数值可以认为 k 大致不变，则说明题述反应符合速率方程 $-dp/dt = kp^{0.6}$。

所以 $k = \left(\frac{0.374+0.376+0.381+0.385+0.389}{5}\right) kPa^{0.4} \cdot s^{-1} = 0.387 kPa^{0.4} \cdot s^{-1}$

小　结　掌握速率方程 $-\frac{dc_A}{dt} = kc_A^n$ 及其积分形式并会用尝试法计算。

11.65　1100K 时，$NH_3(g)$ 在 W 上的分解数据如表 11-21 所示。

表 11-21

NH_3 的初压 p_0/kPa	35.33	17.33	7.73
半衰期 $t_{1/2}$/min	7.6	3.7	1.7

试证此反应约为零级反应，求平均 k。

分　析　半衰期 $t_{1/2} = \frac{2^{n-1}-1}{(n-1)kc_{A,0}^{n-1}}$。

解题过程　半衰期 $t_{1/2} = \frac{2^{n-1}-1}{(n-1)kp_{A,0}^{n-1}}$，则 $k = \frac{2^{n-1}-1}{t_{1/2}(n-1)p_{A,0}^{n-1}}$。

假设 $n = 0$，当 $p_{A,0} = 35.33$kPa 时，$k = 2.324 kPa \cdot min^{-1}$

当 $p_{A,0} = 17.33$kPa 时，$k = 2.342 kPa \cdot min^{-1}$

当 $p_{A,0} = 7.73$kPa 时，$k = 2.274 kPa \cdot min^{-1}$

由以上数值可以看出，k 值基本不变，所以 $n = 0$。

$$k = \frac{2.324+2.342+2.274}{3} kPa \cdot min^{-1} = 2.31 kPa \cdot min^{-1}$$

11.66 当有几种气体同时吸附在某固体表面达吸附平衡时，对第 i 种气体满足：

$$\theta_i = b_i p_i \left(1 - \sum_{i=1}^{n} \theta_i\right)$$

$$\sum_{i=1}^{n} \theta_i = \sum_{i=1}^{n} b_i p_i - \sum_{i=1}^{n} b_i p_i \sum_{i=1}^{n} \theta_i$$

移项整理后得

$$\sum_{i=1}^{n} \theta_i \left(1 + \sum_{i=1}^{n} b_i p_i\right) = \sum_{i=1}^{n} b_i p_i$$

或 $$\sum_{i=1}^{n} \theta_i = \frac{\sum_{i=1}^{n} b_i p_i}{1 + \sum_{i=1}^{n} b_i p_i}$$

试证：

(1)$\theta_i = b_i p_i \left(1 - \sum_{i=1}^{n} \theta_i\right) = \dfrac{b_i p_i}{1 + \sum_{i=1}^{n} b_i p_i}$。

(2) 若第 i 种气体的吸附很弱，即 $\theta_i = 0$，则 $b_i p_i$ 在 $\sum b_i p_i$ 中可忽略不计。

(3) 对反应 A+B⟶R，若 A、B 和 R 的吸附皆不能忽略，则有 $-\dfrac{dp_A}{dt} = k_s \theta_A \theta_B$，

试证：

$$-\frac{dp_A}{dt} = \frac{k p_A p_B}{(1 + b_A p_A + b_B p_B + b_R p_R)^2}$$

(4) 若 A 为强吸附，B 和 R 为弱吸附，则 $-\dfrac{dp_A}{dt} = k \dfrac{p_B}{p_A}$。

解题过程 (1) 将 $\sum_{i=1}^{n} \theta_i = \dfrac{\sum_{i=1}^{n} b_i p_i}{1 + \sum_{i=1}^{n} b_i p_i}$ 代入 $\theta_i = b_i p_i \left(1 - \sum_{i=1}^{n} \theta_i\right)$ 得

$$\theta_i = b_i p_i \left(1 - \frac{\sum_{i=1}^{n} b_i p_i}{1 + \sum_{i=1}^{n} b_i p_i}\right) = \frac{b_i p_i}{1 + \sum_{i=1}^{n} b_i p_i}$$

(2) 当吸附平衡时，第 i 种气体的吸附等温式为 $\theta_i = \dfrac{b_i p_i}{1 + \sum_{i=1}^{n} b_i p_i}$

若第 i 种气体为弱吸附，即 $\theta_i = 0$ 时，则 $1 + \sum_{i}^{n} b_i p_i \gg b_i p_i$。故 $b_i p_i$ 在 $\sum b_i p_i$ 中可忽略不计。

(3) 对于反应 A+B⟶R，若 A、B 和 R 的吸附皆不能忽略时，则气体在 A 上的覆盖率

$$\theta_A = \frac{b_A p_A}{1 + b_A p_A + b_B p_B + b_R p_R}$$

在 B 上的覆盖率

$$\theta_B = \frac{b_B p_B}{1 + b_B p_B + b_A p_A + b_R p_R}$$

故 $-\frac{dp_A}{dt} = k_s \theta_A \theta_B = \frac{k_s b_A p_A b_B p_B}{(1 + b_A p_A + b_B p_B + b_R p_R)^2}$

设 $k = k_s b_A b_B$

则 $-\frac{dp_A}{dt} = \frac{k p_A p_B}{(1 + b_A p_A + b_B p_B + b_R p_R)^2}$

(4) 若 A 为强吸附，B 和 R 为弱吸附，即 $b_A p_A \gg (b_B p_B + b_R p_R)$

则 $-\frac{dp_A}{dt} = \frac{k_s b_A p_A b_B p_B}{(1 + b_A p_A + b_B p_B + b_R p_R)^2} \approx \frac{k_s b_A b_B p_A p_B}{(b_A p_A)^2} = \frac{k_s b_B p_B}{b_A p_A}$

令 $k = k_s b_A b_B$，则

$$-\frac{dp_A}{dt} = k\frac{p_B}{p_A}$$

第十二章

胶体化学

知识点归纳

一、胶体系统特点

分散相粒子在某方向上在 1～1 000mm 范围的高分散系统称为胶体。可分溶胶、高分子溶液、缔合胶体 3 类。具有可透明或不透明性，但均可发生光散射，胶体粒扩散速率慢，不能透过半透膜，具有较高的渗透压的特点，其主要特征是高度分散的多相性和热力学不稳定性。

二、光学性质

当将点光源发出的一束可见光照射到胶体系统时，在垂直于入射光的方向上可观察到一个发亮的光锥，此现象称为丁铎尔现象。丁铎尔现象产生的原因是胶体粒子大小小于可见光的波长，而发生光的散射的结果。散射光的强度 I 可由瑞利公式计算：

$$I=\frac{9\pi^2V^2C}{2\lambda^4l^2}\left(\frac{n^2-n_0^2}{n^2+2n_0^2}\right)^2(1+\cos^2\alpha)I_0 \tag{12.1}$$

式中，I_0 及 λ 表示入射光的强度与波长；n 及 n_0 分别为分散相及分散介质的折射率；α 为散射角，即观测方向与入射光之间的夹角；V 为单个分散相粒子的体积；C 为分散相的数密度；l 为观测者与散射中心的距离。此式适用于粒子尺寸小于入射光波长，粒子看成点光源，而且不导电，还有不考虑粒子的散射光相互发生干涉。

三、胶体系统的动力性质

1. 布朗运动

胶体粒子由于受到分散介质分子的不平衡撞击而不断地做不规则的运动，称此运动为布朗运动。其平均位移 $\bar{x}$ 可按下列爱因斯坦－布朗位移公式计算

$$\bar{x} = [(RTt/(3L\pi r\eta)]^{1/2} \tag{12.2}$$

式中，t 为时间；r 为粒子半径；η 为介质的黏度。

2. 扩散、沉降及沉降平衡

扩散：指当有浓度梯度存在时，特质粒子（包括胶体粒子）因热运动而发生宏观上的定向迁移现象。

沉降：指胶体粒子因受重力作用而发生下沉的现象。

沉降平衡：当胶体粒子的沉降速率与其扩散速率相等时，胶体粒子在介质的浓度随高度形成一定分布并且不随时间而变，这一状态称为胶体粒子处在沉降平衡。其数密度 C 与高度 h 的关系为

$$\ln(C_2/C_1) = -[Mg/(RT)][\{1-(\rho_0/\rho)\}(h_2-h_1)] \tag{12.3}$$

式中，ρ 及 ρ_0 分别为粒子及介质的密度；M 为粒子的摩尔质量；g 为重力加速度。此式适用于单级分散粒子在重力场中的沉降平衡。

四、胶体的电学性质

胶粒表面电荷来源于电离作用、吸附作用和摩擦带电荷等。

施特恩(Stern) 双层模型表示为如图 12-1 所示。若固体表面带正电荷，则双电层的溶液一侧由两层组成，第一层是吸附在固体表面的反离子（与固体表面所带电荷相反），称为紧密层，第二层为扩散层。固体表面与溶液本体之间的电势差 φ_0 称为热力学电势；紧密层与扩散层的分界处同溶液本体之间的电势差 φ_δ 称为施特恩电势；滑动面与溶液本体之间的电势差称为 ζ 电势（亦称电动电势）。

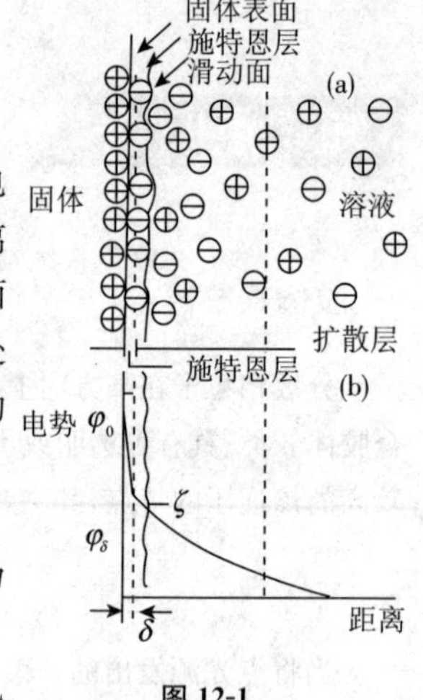

图 12-1

1. 电动现象

在外电场的作用下，胶体粒子在分散介质中定向移动的现象，称为电泳。

若在多孔膜（或毛细管）的两端施加一定电压，分散介质将通过多孔膜而定向流动，称为电渗。

在外力的作用下，迫使分散介质通过多孔隔膜（或毛细管）定向流动，多孔隔膜两端所产生的电势差（它是电渗的逆现象）称为流动电势。

分散相粒子在重力场或离心力场的作用下迅速移动时，在移动方向的两端所产生的电势差（它是电泳的逆现象）称为沉降电势。

2. 胶团的结构

胶团的结构（以 KI 过量的 AgI 溶胶为例）可表示为

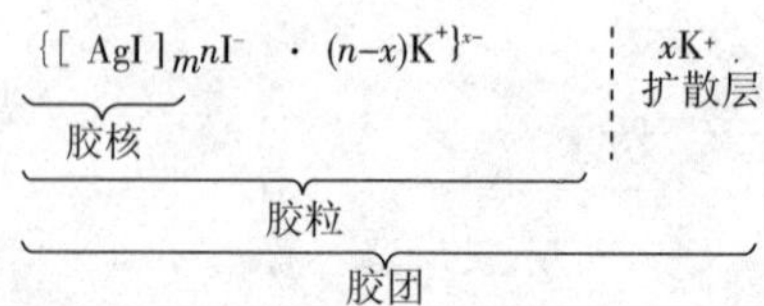

胶核一般选择吸附与胶核同组分的离子或能与胶核表面反应生成难溶物的物质。

五、溶胶的稳淀与聚沉

溶胶稳定的原因有3个:胶体粒子带电、溶剂化作用和布朗运动。

聚沉:是指溶胶中胶粒互相聚结变成大颗粒,直到最后发生沉淀的现象。导致溶胶聚沉的因素很多,但电解质加入溶胶发生聚沉的作用是显著的,为比较不同电解质对溶胶聚沉作用的大小而引进聚沉值,聚沉值是指令溶胶发生明显的聚沉所需的电解质最小浓度。聚沉值的倒数值称为聚沉力。

应指出:起聚沉作用的主要是与胶粒带相反电荷的离子(即反离子),反离子价数越高则聚沉值越小。离子价数及个数均相同的不同反离子,其聚沉能力亦不相同,如

$$H^+ > Cs^+ > Rb^+ > NH_4^+ > K^+ > Na^+ > Li^+$$

$$F^- > Cl^- > Br^- > NO_3^- > I^- > SCN^- > OH^-$$

课后习题全解

12.1　如何定义胶体系统?胶体系统的主要特征是什么?

解题过程　分散相粒子在某方向上的线度在1～1 000nm范围内的高分散系统称为胶体系统。胶体系统的主要特征是高分散性、多相性和热力学不稳定性。

12.2　丁铎尔效应的实质及产生条件是什么?

解题过程　1869年丁铎尔发现,将一束汇聚的光通过溶胶,则从侧面(即与光束垂直的方向)可以看到一个发光的圆锥体,这就是丁铎尔现象。丁铎尔现象的实质是胶体粒子对光的散射。

产生条件:溶胶粒子的大小一般在$1\times10^{-9}\sim1\times10^{-7}$m,小于可见光的波长,才能出现丁铎尔现象。

12.3　简述斯特恩双电层模型的要点,指出热力学电势、斯特恩(Stern)电势和ξ电势的区别。

解题过程　斯特恩在古依－查普曼扩散双电层模型的基础上,提出了吸附扩散双电层模型。模型认为,紧密层约1～2个分子层厚,紧密吸附在表面上,在紧密层中,反离子的电性中心构成所谓的斯特恩面,从斯特恩面到胶核表面的区域为斯特恩层,斯特恩面往外,有一切动面,切动面处的电势即为ξ－电势,从切动面到扩散层终端即为古依扩散层。

区别:热力学电势指质点表面的电势,斯特恩电势是斯特恩面的电势,ξ电势则是固、液两相发生相对移动时,滑动面与液本体之间的电势差。

12.4　溶胶能够在一定的时间内稳定存在的主要原因是什么?

解题过程　胶体粒子带电、溶剂化作用和布朗运动是溶胶稳定存在的3个重要原因。

胶体粒子表面通过以下两种方式而带电:(1) 固体表面从溶液中有选择性地吸附某种离子而带电;(2) 固体表面上的某些分子、原子在溶液中发生解离,使固体表面带电。各胶体粒子带同种电荷,彼此之间相互排斥,有利于溶胶稳定存在。

溶剂化作用也是使溶胶稳定的重要原因。对于水为分散介质的胶体系统，胶料周围存在一个弹性的水化外壳，增加了溶胶聚合的机械阻力，有利于溶胶稳定。

分散相粒子的布朗运动足够强时，能够克服重力场的影响而不下沉，这种性质称为溶胶的动力稳定性。布朗运动是溶胶稳定的原因之一。

12.5 破坏溶胶最有效的方法是什么？试说明原因。

解题过程 破坏溶胶最有效的方法是在溶胶系统中加入过量的含有高价反号离子的电解质。这主要是因为电解质的浓度或价数增加时，都会压缩扩散层，使扩散层变薄，ξ 电势降低，斥力势能降低，当电解质的浓度足够大时就会使溶胶发生聚沉；若加入的反号离子发生特性吸附，斯特恩层内的反号离子数量增加，使胶体粒子的带电量降低，而导致碰撞聚沉。过量的电解质加入，还将使胶体粒子脱水，失去水化外壳而聚沉。

12.6 K、Na 等碱金属的皂类作为乳化剂时，易形成 O/W 型的乳状液；Zn、Mg 等高价金属的皂类作为乳化剂时，则有利于形成 W/O 型乳状液。试说明原因。

解题过程 乳化剂分子具有一端亲水而另一端亲油的特性，其两端的横截面常大小不等。当它吸附在乳状液的界面层时，常呈现“大头”朝外，“小头”向里的几何构型，就如同一个个的楔子密集地钉在圆球上。采取这样的几何构型，可使分散相液滴的表面积最小，界面吉布斯函数最低，而且可以使界面膜更牢固。当 K、Na 等碱金属的皂类作为乳化剂时，含金属离子的一端是亲水的“大头”，非极性的一端是亲油的“小头”，故易形成油在里的 O/W 型乳状液；而当 Zn、Mg 等高价金属的皂类作为乳化剂时，非极性的一端是亲油的“大头”，含金属离子的一端是亲水的“小头”，故有利于形成水在里的 W/O 型乳状液。

12.7 某溶胶中粒子平均直径为 4.2×10^{-9}m，设 25℃ 时其黏度 $\eta=1.0\times10^{-3}$ Pa·s。计算：

(1) 25℃ 时，胶体粒子因布朗运动在 1s 内沿 x 轴方向的平均位移。

(2) 胶体的扩散系数。

解题过程 (1) 由爱因斯坦－布朗平均位移公式可知，25℃ 时平均位移

$$\bar{x}=\left(\frac{RTt}{3L\pi r\eta}\right)^{1/2}=\left(\frac{8.315\times298.15\times1}{3\times6.022\times10^{23}\times3.14\times21\times10^{-10}\times0.001}\right)^{1/2}\text{m}$$

$$=1.44\times10^{-5}\text{m}$$

(2) 由单级分散的球形粒子组成的稀溶胶，其粒子的扩散系数

$$D=\frac{RT}{6L\pi r\eta}=\frac{\bar{x}^2}{2t}=1.04\times10^{-10}\text{m}^2\cdot\text{s}^{-1}$$

12.8 某金溶胶粒子半径为 30nm。25℃ 时，于重力场中达到沉降平衡后，在高度相距 0.1mm 的某指定体积内粒子数分别为 277 个和 166 个，已知金与分散介质的密度分别为 $19.3\times10^3\text{kg}\cdot\text{m}^{-3}$ 及 $1.00\times10^3\text{kg}\cdot\text{m}^{-3}$。试计算阿伏加德罗常数。

解题过程 由于粒子平均摩尔质量 $M=RT\ln\frac{C_2}{C_1}\Big/\left[g\left(1-\frac{\rho_0}{\rho}\right)(h_2-h_1)\right]$ ①

又在 h_2-h_1 范围内的球形粒子平均摩尔质量

$$M = \rho(\text{粒})V(\text{粒})L = \frac{4}{3}\pi r^3(\text{粒})\rho(\text{粒})L \qquad ②$$

由 ①② 得

$$L = RT\ln\frac{C_2}{C_1}\Big/\left[\frac{4}{3}\pi r^3(\text{粒})\rho(\text{粒})g\left(\frac{\rho_0}{\rho(\text{粒})}-1\right)(h_2-h_1)\right]$$

$$= \frac{8.315\times 298.15\ln(\frac{166}{277})}{\frac{4}{3}\times 3.1416\times 3.0\times 10^{-8}\times 19.3\times 10^3\times 9.8\times\left(\frac{1\times 10^3}{19.3\times 10^3}-1\right)\times 1\times 10^{-4}}\text{mol}^{-1}$$

$$= 6.258\times 10^{23}\text{mol}^{-1}$$

12.9 通过电泳实验测定 $Ba(SO_4)_2$ 溶胶的 ζ 电势。实验中，两极之间电势差为150V，距离为30cm，通电30min，溶胶界面移动25.5mm，求该溶胶的 ζ 电势。已知分散介质的相对介电常数 $\varepsilon_r = 81.1$，黏度 $\eta = 1.03\times 10^{-3}$ Pa·s，相对介电常数 ε_r、介电常数 ε 及真空介电常数 ε_0 间有如下关系：

$\varepsilon_r = \varepsilon/\varepsilon_0 \qquad \varepsilon_0 = 8.854\times 10^{-12}\text{F}\cdot\text{m}^{-1} \qquad 1\text{F} = 1\text{C}\cdot\text{V}^{-1}$

解题过程 由 $\varepsilon_r = \varepsilon/\varepsilon_0$，电势梯度 $E = V/l$，胶粒电泳速度 $v = l(\text{界面})/t$

$$\text{得}\ \zeta = \frac{\eta v}{\varepsilon E} = \frac{1.03\times 10^{-3}\times[25.5\times 10^{-3}/(30\times 60)]}{81.1\times 8.854\times 10^{-12}\times[150/(30\times 10^{-2})]}\text{V}$$

$$= 40.6\times 10^{-3}\text{V}$$

12.10 在NaOH溶液中用HCHO还原 $HAuCl_4$ 可制得金溶胶：

$HAuCl_4 + 5NaOH \longrightarrow NaAuO_2 + 4NaCl + 3H_2O$

$2NaAuO_2 + 3HCHO + NaOH \longrightarrow 2Au(s) + 3HCOONa + 2H_2O$

$HAuO_2$ 是上述方法制得金溶胶的稳定剂，写出该金溶胶胶团结构的表示式。

解题过程 该金溶胶胶团结构的表示式为

$$\underbrace{\underbrace{\underbrace{[(Au)_m}_{\text{胶核}}\cdot \underbrace{nAuO_2^-]\cdot(n-x)Na^+}_{\text{吸附层}}]^{x-}}_{\text{胶粒}}\cdot \underbrace{xNa^+}_{\text{扩散层}}}_{\text{胶团}}$$

12.11 在 $Ba(NO_3)_2$ 溶液中滴加 Na_2SO_4 溶液可制备 $BaSO_4$ 溶胶。分别写出(1) $Ba(NO_3)_2$ 溶液过量，(2) Na_2SO_4 溶液过量时的胶团结构表示式。

解题过程 (1) $Ba(NO_3)_2$ 为稳定剂，胶团结构式为

$$\underbrace{\underbrace{\{\underbrace{[Ba(NO_3)_2]_m}_{\text{胶核}}\cdot \underbrace{nBa^{2+}\cdot(2n-x)NO_3^-}_{\text{吸附层}}\}^{x+}}_{\text{胶粒}}\cdot \underbrace{xNO_3^+}_{\text{扩散层}}}_{\text{胶团}}$$

(2) Na_2SO_4 为稳定剂,胶团结构式为

$$\underbrace{\{\underbrace{\underbrace{[Ba(NO_3)_2]_m}_{\text{胶核}} \cdot \underbrace{nSO_4^{2-} \cdot (2n-x)Na^+}_{\text{吸附层}}\}^{x-}}_{\text{胶粒}} \cdot \underbrace{xNa^+}_{\text{扩散层}}}_{\text{胶团}}$$

12.12 在 H_3AsO_3 的稀溶液中通入 H_2S 气体,生成 As_2S_3 溶胶。已知 H_2S 能解离成 H^+ 和 HS^-。试写出 As_2S_3 胶团的结构,比较电解质 $AlCl_3$、$MgSO_4$ 和 KCl 对该溶胶聚沉能力的大小。

解题过程 H_2S 为稳定剂,胶团结构式为

$$\underbrace{[\underbrace{\underbrace{(As_2S_3)_m}_{\text{胶核}} \cdot \underbrace{nHS^- \cdot (n-x)H^+}_{\text{吸附层}}]^{x-}}_{\text{胶粒}} \cdot \underbrace{xH^+}_{\text{扩散层}}}_{\text{胶团}}$$

As_2S_3 溶胶粒子带负电荷,所以对其起聚沉作用的是正离子。因为反粒子价数越高,聚沉能力越强,聚沉能力大小为

$AlCl_3 > MgSO_4 > KCl$

12.13 以等体积的 $0.08mol \cdot dm^{-3}$ $AgNO_3$ 溶液和 $0.1mol \cdot dm^{-3}$ KCl 溶液制备 AgCl 溶胶。

(1) 写出胶团结构式,指出电场中胶体粒子的移动方向。

(2) 加入电解质 $MgSO_4$、$AlCl_3$ 和 Na_3PO_4 使上述溶胶发生聚沉,则电解质聚沉能力大小顺序是什么?

解题过程 (1) KCl 为稳定剂,胶团结构式为

$$\underbrace{[\underbrace{\underbrace{(AgCl)_m}_{\text{胶核}} \cdot \underbrace{nCl^- \cdot (n-x)K^+}_{\text{吸附层}}]^{x-}}_{\text{胶粒}} \cdot \underbrace{xK^+}_{\text{扩散层}}}_{\text{胶团}}$$

AgCl 胶粒带负电荷,电场中向正极移动。

(2) 对 AgCl 溶胶起聚沉作用的为正离子,因为反粒子价数越高,聚沉能力越强,故聚沉能力大小为 $AlCl_3 > MgSO_4 > Na_3PO_4$。

12.14 某正溶胶,KNO_3 作为沉淀剂时,聚沉值为 $50 \times 10^{-3} mol \cdot dm^{-3}$,若用 K_2SO_4 作为沉淀剂,其聚沉值大约为多少?

解题过程 对正溶胶起聚沉作用的为负离子，即 NO_3^- 和 SO_4^{2-}。设 K_2SO_4 的聚沉值为 x，由舒尔策－哈迪价数规则得

$$\frac{x}{50\times10^{-3}\text{mol}\cdot\text{dm}^{-3}}=\left[\frac{z(NO_3^-)}{z(SO_4^{2-})}\right]^6=\left(\frac{1}{2}\right)^6$$

故 $x=0.78\times10^{-3}\text{mol}\cdot\text{dm}^{-3}$

12.15 在3个烧瓶中分别盛有 0.020dm^3 的 $Fe(OH)_3$ 溶胶，分别加入 NaCl、Na_2sO_4 和 Na_3PO_4 溶液使溶胶发生聚沉，最少需要加入：$1.00\text{mol}\cdot\text{dm}^{-3}$ 的 NaCl 0.021dm^3；$5.0\times10^{-3}\text{mol}\cdot\text{dm}^{-3}$ 的 Na_2SO_4 0.125dm^3 和 $3.333\times10^{-3}\text{mol}\cdot\text{dm}^{-3}$ 的 Na_3PO_4 0.0074dm^3。试计算各电解质的聚沉值、聚沉能力之比，并指出胶体粒子的带电符号。

分　析 根据聚沉值 C 的计算公式 $C=\dfrac{n(\text{电解值})}{V(\text{溶液})+V(\text{电解质})}$ 及聚沉能力为聚沉值的倒数来计算。

解题过程 聚沉值 C 的计算公式为

$$C=\frac{n(\text{电解质})}{V(\text{溶胶})+V(\text{电解质})}$$

所以，题给各电解质的聚沉值如下：

$$C(\text{Nacl})=\frac{1\times0.021}{0.02+0.021}\text{mol}\cdot\text{dm}^{-3}=0.512\text{mol}\cdot\text{dm}^{-3}$$

$$C(Na_2SO_4)=\frac{0.005\times0.125}{0.02+0.125}\text{mol}\cdot\text{dm}^{-3}=4.31\times10^{-3}\text{mol}\cdot\text{dm}^{-3}$$

$$C(Na_3PO_4)=\frac{0.003\,333\times7.4\times10^{-3}}{0.02+7.4\times10^{-3}}\text{mol}\cdot\text{dm}^{-3}=9.00\times10^{-4}\text{mol}\cdot\text{dm}^{-3}$$

聚沉能力为聚沉值的倒数，故3种电解质的聚沉能力之比为

$$\frac{1}{0.512}:\frac{1}{4.31\times10^{-3}}:\frac{1}{9.00\times10^{-4}}=1:120:569$$

3种电解质的负离子价态不同，聚沉值差别很大。故对 $Fe(OH)_3$ 溶液聚沉起主要作用的是负离子，因而胶粒带正电。

12.16 直径为 $1\mu\text{m}$ 的石英微尘，从高度为 1.7m 处(人的呼吸带附近)降落到地面需要多少时间？已知石英的密度为 $2.63\times10^3\text{kg}\cdot\text{m}^{-3}$。

分　析 根据斯托克斯方程进行求解。

解题过程 根据斯托克斯方程，并忽略空气的密度 ρ_0，石英微尘沉降的速度为

$$v\approx\frac{2r^2}{9\eta}\rho g$$

查得静止空气的黏度 $\eta=1.81\times10^{-5}\text{Pa}\cdot\text{s}^{-1}$，则石英微尘降落到地面所需的时间 t 为

$$t=\frac{h}{v}=\frac{9\eta h}{2r^2\rho g}=\frac{9\times1.81\times10^{-5}\times1.7}{2(0.5\times10^{-6})^2\times2.63\times10^3\times9.8}\text{s}\approx6\text{h}$$

12.17 如图 12-2 时，在 27℃ 时，膜内某高分子水溶液的浓度为 $0.1 mol \cdot dm^{-3}$，膜外 NaCl 浓度为 $0.5 mol \cdot dm^{-3}$，R^+ 代表不能透过膜的高分子正离子，试求平衡后溶液的渗透压为多少？

R^+, Cl^-		Na^+, Cl^-
0.1 , 0.1		0.5 , 0.5

图 12-2

分　析　根据渗透压 $\Pi = \Delta c \cdot RT$ 进行计算。

解题过程　设达到膜平衡时，膜两边各离子溶液（$mol \cdot dm^{-3}$）为 $[R^+] = 0.1 mol \cdot dm^{-3}$，$[Na^+]_{内} = x$，$[Cl^-]_{内} = 0.1 mol \cdot dm^{-3} + x$，$[Na^+]_{外} = [Cl^-]_{外} = 0.5 mol \cdot dm^{-3} - x$，则由膜平衡条件知

$$[Cl^-]_{内}[Na^+]_{内} = [Cl^-]_{外}[Na^+]_{外}$$

即　$(0.1 mol \cdot dm^{-3} + x)x = (0.5 mol \cdot dm^{-3} - x)^2$

得　$x = 0.227\,3 mol \cdot dm^{-3}$

所以平衡时

$$[Cl^-]_{内} = 0.327\,3 mol \cdot dm^{-3} = 327.3 mol \cdot m^{-3}$$

$$[Na^+]_{内} = 0.227\,3 mol \cdot dm^{-3} = 227.3 mol \cdot m^{-3}$$

$$[Cl^-]_{外} = [Na^+]_{外} = 0.272\,7 mol \cdot dm^{-3} = 272.7 mol \cdot m^{-3}$$

又因渗透压是因膜两边粒子数不同（即浓度不同）而引起的，所以

$$\Pi = \Delta c \cdot RT = \{([R^+] + [Cl^-]_{内} + [Na^+]_{内}) - ([Cl^-]_{外} + [Na^+]_{外})\}RT$$
$$= \{[(100 + 327.3 + 227.3) - (272.7 + 272.7)] \times 8.315 \times 300.15\} Pa = 269.5 kPa$$

12.18 实验测得聚苯乙烯—苯溶液的比浓黏度 η_{sp}/ρ_B 与溶质的浓度 ρ_B 的关系有如表12-1 所示的数据，且已知经验方程式 $[\eta] = KM_r^{\alpha}$ 中的常数项 $K = 1.03 \times 10^{-7} g^{-1} \cdot dm^3$，$\alpha = 0.74$，试计算聚苯乙烯的相对分子质量为多少？

表 12-1

$\rho_B/(g \cdot dm^{-3})$	0.780	1.12	1.50	2.00
$\eta_{sp}/\rho_B(10^{-3} g^{-1} \cdot dm^3)$	2.65	2.74	2.82	2.96

分　析　根据特性黏度 $[\eta]$ 与比浓黏度 η_{sp}/ρ_B 的关系进行求解。

解题过程　因为特性黏度 $[\eta]$ 与比浓黏度 η_{sp}/ρ_B 的关系为

$$[\eta] = \lim_{\rho_B \to 0} \frac{\eta_{sp}}{\rho_B}$$

将 η_{sp}/ρ_B 对 ρ_B 进行线性拟合（图 12-3），得一直线方程

$$\frac{\eta_{sp}}{\rho_B} = 2.51 \times 10^{-4} \rho_B + 2.45 \times 10^{-3}$$

则截距边 $[\eta]$ 的值，即

$[\eta]=2.45\times10^{-3}\,g\cdot dm^{-3}$

所以 $M_r=\left(\frac{[\eta]}{K}\right)^{1/\alpha}=\left(\frac{2.45\times10^{-3}}{1.03\times10^{-7}}\right)^{1/0.74}=8.20\times10^{5}$

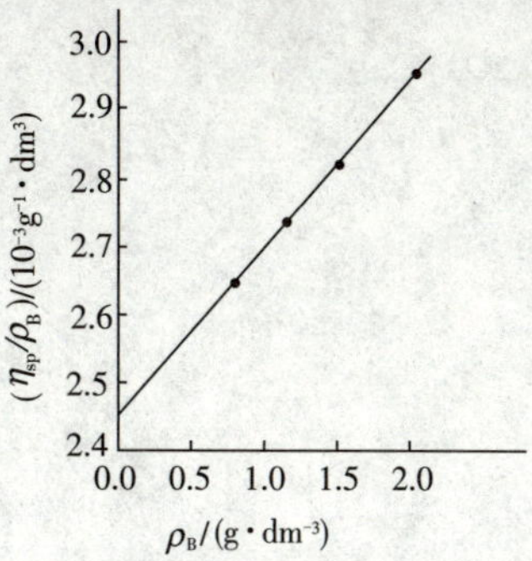

图 12-3